Karsten Brensing
Das Mysterium der Tiere

KARSTEN BRENSING

DAS MYSTERIUM DER TIERE

Was sie denken, was sie fühlen

Mit 64 Abbildungen

MIX
Papier aus verantwor-
tungsvollen Quellen
FSC® C083411

ISBN 978-3-351-03682-9

Aufbau ist eine Marke der Aufbau Verlag GmbH & Co. KG

2. Auflage 2017
© Aufbau Verlag GmbH & Co. KG, Berlin 2017
Einbandgestaltung zero-media.net, München
Satz und Reproduktion LVD GmbH, Berlin
Druck und Binden CPI books GmbH, Leck, Germany
Printed in Germany

www.aufbau-verlag.de

INHALT

Als Kind galt für mich im Umgang mit Tieren eine einfache Regel meiner Eltern:

»Was du nicht willst, das man dir tu, das füg auch keinem andern zu.«

I. WAS MICH UMHAUT
(ODER SCHLICHT: EINLEITUNG)

Delfine rufen sich beim Namen, und Orcas leben in einer über 700 000 Jahre alten Kultur. Schimpansen führen strategische Kriege, und Bonobos lieben Dirty talks. Buckelwale folgen dem Diktat der Mode, Fische benutzen Werkzeug und spielen mit Thermometern. Ratten feiern gern Partys, und Raben fahren auf verschneiten Dächern Snowboard. Ameisen erkennen sich im Spiegel und putzen sich heraus, bevor sie nach Hause gehen. Entenküken bestehen komplizierte Tests zum abstrakten Denken, und Schnecken drehen freiwillig Fitnessrunden im Hamsterrad. Hunde bestrafen Unehrlichkeit, doch sie können verzeihen, wenn man sich entschuldigt. Spinnen treffen ihre Berufswahl auf Grundlage ihrer Persönlichkeit und individuellen Vorlieben. Menschen stehen verwundert vor einem Rätsel.

Was ist nur los mit den Tieren? Es vergeht kaum eine Woche, in der nicht eine Meldung über verblüffende tierische Fähigkeiten durch die Presse geht. Wir staunen und sind verwundert, doch was Tiere denken und was in ihnen vorgeht, bleibt uns ein Rätsel.

Mein bisher bester Freund war ein Hund. Oje, wie armselig, werden Sie denken, und zugegeben, ein bisschen armselig klingt das schon, denn was sagt das über mein Sozialleben? Zum Glück ist Letzteres nicht das Thema dieses Buches, denn es geht um Tiere und zum großen Teil um ihr oft unglaubliches Sozialleben mit Kollegen, Freunden, Verwandten, Feinden und strategisch geplanten Territorialkriegen. Das Mysterium, das uns hier beschäftigen soll, spielt sich ausschließlich in Tieren und genau genommen in deren Nervengewebe ab und ist somit für uns Menschen nicht direkt wahrnehmbar. Natürlich können wir gut beobachten, wie sich Tiere verhalten, und wir können daraus unsere Schlüsse zie-

11

hen, doch wir können sie nicht einfach fragen, ob wir damit richtig liegen.

Vermutlich hat unsere Vorstellung sogar eher selten etwas mit der Realität zu tun, wie das folgende, für mich sehr beschämende Beispiel zeigt: Ich bin mit Flipper groß geworden, und einmal mit Delfinen zu schwimmen war ein Kindheitstraum von mir. Meine Doktorarbeit in der Verhaltensbiologie habe ich darum auch über die Interaktion zwischen Menschen und Delfinen in Schwimmprogrammen und in der sogenannten Delfintherapie geschrieben. In meiner Pilotstudie, die jeder gewiefte Forscher vorher durchführt, um nicht komplett danebenzuliegen, habe ich getreu meinen Beobachtungen geschrieben, dass die Delfine in den Schwimmprogrammen offensichtlich die Nähe zu Menschen im Wasser suchen. Mit dieser Beobachtung machen auch die unzähligen Anbieter von Schwimmprogrammen Werbung. Nach einem Jahr Videobeobachtung und detaillierter Auswertung stellte sich aber genau das Gegenteil heraus: Die Delfine versuchten – und das mit deutlich statistischer Signifikanz – den Schwimmern auszuweichen, keine leichte Sache in einem Becken, so groß wie der Kinderschwimmbereich in einem Hallenbad. Damit platzte nicht nur ein naiver Kindheitstraum, sondern auch meine damalige Berufsplanung. Wie konnte ich mich nur so gewaltig irren?

Vor einigen Jahrzehnten wurde eine Gruppe Orcas für ein Delfinarium in British Columbia gefangen. Die drei Tiere wurden, wie alle anderen, mit Fisch gefüttert, verweigerten aber die Nahrung. Die Betreiber hatten die Wahl: Warten wir ab, was passiert, oder bringen wir die Tiere wieder zurück? Sie warteten – bis ein Tier verhungerte, was die anderen motivierte, Fisch zu fressen. Weigerten sich die Tiere aus Protest gegenüber ihren Entführern, oder mochten sie nur keinen Fisch? Im selben Gebiet brachte der Tankerunfall der »Exxon Valdez« mehrere Orcapopulationen der Ausrottung nahe, aber sie paarten sich nicht mit vorbeischwimmenden Orcagruppen. Ein Verhalten gegen jede Logik der Evolutionstheorie, nach der die Tiere sich überglücklich auf die Besucher hätten stürzen müssen, um ihren Genpool zu vergrößern. Heute wissen wir mehr: Die Tiere leben in einer über 700 000 Jahre alten Kultur mit einem Verhaltenskodex, der den einen verbietet, sich mit den säugetierverschlingenden Mörder-Orcas abzugeben, und den anderen, Fisch zu fressen. Die Finanzkrise und das Verhalten der Marktteilnehmer hat die Welt erschüttert, und das Fehlverhalten weniger hat ganze Volkswirtschaften in den Niedergang gerissen. Überraschenderweise liegt die Ursache der Krise aber nicht in der Gier Einzelner, wie uns glauben gemacht wird, sondern in irrationalen, über 30 Millionen Jahre alten Verhaltensmustern, die wir mit anderen Primaten teilen.

Insekten, die Werkzeuge benutzen, oder Fische, die in einer Kultur leben, Delfine, die sich Namen geben, oder Elefanten, die ihre Toten beerdigen, Tiere, die sich fair verhalten oder mit Absicht lügen, Tiere, die sich mit Antibiotika heilen oder uns Menschen für sich arbeiten lassen. Doch was bedeutet es, wenn ein Rabe sich gedanklich in einen anderen Raben hineinversetzen kann, um sein Verhalten vorauszusehen, oder wenn eine Elster sich im Spiegel selbst erkennt, oder, ganz allgemein, wenn Tiere in Tests der Kognitionsforschung genau so gut abschneiden wie wir Menschen? Wie müssen wir diese Fähigkeit einordnen, wo stehen diese Tiere im Vergleich zu uns Menschen, und wann und unter welchen Umständen haben wir all diese Fähigkeiten erworben?

Diese und ähnliche Begleitfragen werde ich anhand unzähliger Beobachtungen versuchen zu beantworten. Am Ende werden Sie sich vermutlich fragen: Was unterscheidet uns denn noch von Tieren? Nicht viel, doch so viel kann ich verraten: Wir Menschen haben eine klitzekleine Eigenart, auf der unser Erfolg als Art beruht, und dies ist nicht unsere Sprache. Am menschlichen Thron wird somit nicht gerüttelt, doch in der Welt, in der Sie nach der Lektüre dieses Büchleins leben, werden Sie und alle anderen Menschen nicht mehr allein sein, sie werden gemeinsam mit anderen ihrer selbst bewussten und fühlenden Wesen leben, und vielleicht grüßen Sie von nun an höflich den einen oder anderen Raben in Ihrer Nachbarschaft.

II. TIERISCH GUTER SEX

Vor einiger Zeit war ich fasziniert von allem, was sich mit Bewusstseinserweiterung beschäftigte, und bin bei meiner Suche nach dem Stein der Weisen über Tantra gestolpert. Sie wissen schon, diese indischen Sexpraktiken mit den ungewöhnlichen Stellungen und dem verhinderten Orgasmus mit Erleuchtung. Also stand ich irgendwann im Kulturkaufhaus Dussmann und griff beherzt in ein gut sortiertes Regal. Obwohl mich wirklich die bewusstseinserweiternden Aspekte des Tantra interessierten, so galt mein erster Blick im Inhaltsverzeichnis doch dem Thema Sex. Überraschenderweise wurde ich erst im 5. Kapitel auf Seite 83 fündig. Nun raten Sie mal, mit welchen Worten mich der Autor begrüßt hat? »Ja, an dieser Stelle hätte ich auch begonnen, das Buch zu lesen.« Erwischt!

Obwohl sich der Autor redlich bemüht hatte, Tantra ins rechte Licht zu rücken und die westliche sexfixierte Betrachtung zu relativieren, hat mich das Thema Sex doch magisch angezogen: Sex sells! Egal, ob auf dem Titelbild der Fernsehzeitung oder auf der Motorhaube eines SUV, nackte Haut verführt zum Hingucken und mehr. Sex ist eine unglaublich starke Quelle innerer Motivation und macht Spaß. Das ist auch gut so, denn sonst hätten unsere Urahnen faul in den Bäumen gesessen und nasebohrend in den Himmel geschaut, und uns hätte es erst gar nicht gegeben.

Doch bevor wir uns mit Dirty talks und tierischen Sexspielzeugen bei Primaten, den unglaublichsten Sexpraktiken in deutschen Vorgärten und geistigen Glanzleistungen zur Erlangung von Befriedigung bei Delfinen beschäftigen, müssen wir einige grundsätzliche Aspekte klären.

Sex ist eine der ältesten und womöglich die wichtigste Erfindung von Mutter Natur überhaupt, sogar älter als die Erfindung der Geschlechter und hat eigentlich nur einen Nachteil: den Tod.

Aber eines nach dem anderen. Einfache einzellige Organismen vermehren sich durch Teilung. Während des Prozesses der sogenannten Mitose wird eine identische Kopie des Erbgutes angefertigt und diese dann an die Tochterzelle, die eher ein Klon ist, abgegeben. Letztlich bedeutet dies: eine vollständige, ununterbrochene Kette bis zurück zum Ursprung des Lebens. Man könnte in diesem Fall zu Recht von so etwas wie Unsterblichkeit sprechen. Vielleicht denken Sie bei Ihrem nächsten Hefeweizen oder Merlot mit ein wenig Respekt an die fleißigen, Jahrmillionen alten Hefezellen, die ihrem Getränk den richtigen Drive gegeben haben.

Mehrzellige Organismen haben schon recht früh erkannt, dass es sinnvoll ist, genetisches Material mit anderen »Individuen« auszutauschen. So haben auch die ersten Mehrzeller zu einer Zeit, in der man noch nicht einmal zwischen Tieren und Pflanzen unterscheiden konnte, ihre Erbinformation verdoppelt und auf die Reise geschickt. Diese einzelligen Gameten hatten den klaren Auftrag, sich mit anderen einzelligen Gameten inniglich zu vereinigen, um ihr Erbgut zu vermischen. Der Sex war erfunden. Mit der Vermischung des Erbgutes wurde aber die Kette der Unsterblichkeit durchschnitten, denn jeder neue Organismus war ein klein wenig anders als die beiden Elternteile. Sex ist somit die einzige echte Todsünde.

Dennoch hatte diese Strategie enorme Vorteile, denn durch die Kombination der unterschiedlichen Erbgüter kam es zu einer Häufung von Mutationen, also zu Veränderungen des ursprünglichen Erbgutes. Der Schlüssel für das Erblühen des irdischen Lebens in all seiner Pracht und Biodiversität war erfunden. Zur Ehrenrettung der Bakterien muss man aber ergänzen, dass auch sie so etwas Ähnliches wie Sex haben, man nennt es Konjugation. Sie tauschen mit sogenannten Sexpili kleine Schnipsel ihres Erbgutes aus. Wenn die kodierte Information irgendwie Sinn macht, dann wird diese Information, die eine bestimmte Fähigkeit beinhaltet, bei der Teilung an die Tochterklone weitergegeben. Wenn nicht, stört es vielleicht nicht, oder aber es ist das Ende der Bakterie. No risk, no fun.

Doch in den Anfangsjahrmillionen war der Sex noch nicht so ganz ausgereift. Es war leicht möglich, dass sich die Samenzellen eines Stammorganismus mit sich selbst kreuzten und damit den ganzen Aufwand zunichtemachten. Im Prinzip dreht sich auch heute noch alles um dieses Problem, und das Spektrum der ergriffenen Maßnahmen reicht von der Erfindung der Geschlechter über das schamhafte Bedecken der Samen bei Pflanzen bis hin zu kniffligen sozialen Regeln, die festlegen, wer mit wem darf und wer nicht. Letzteres ist nicht nur Bestandteil unserer menschlichen Kultur, sondern auch Triebkraft für die Entstehung der komplexesten sozialen Netzwerke, die wir im Tierreich beobachten können. So galt die Bildung von Allianzen dritter Ordnung noch vor kurzem als rein menschliche Domäne, bis man das Verhalten von Delfinen vor Westaustralien besser verstanden hatte, doch dazu später mehr.

1. Aliensex

Beginnen wir mit etwas ganz Naheliegendem: mit dem Sexualleben unserer direkten Nachbarn und Untermieter.

Ich schaue gerade aus dem Fenster meines Arbeitszimmers in meinen Garten, und ich wette, Sie haben keine Ahnung, welche abgefahrenen Sexpraktiken das vielleicht unglaublichste Tier auf unserem Planeten direkt vor Ihren Augen und in Ihrem Garten oder Blumenkasten so treibt. Es geht um das Bärtierchen, ein nur ca. 0,5 Millimeter großes, sehr niedliches Tierchen, das es praktisch überall auf der Erde, im Wasser, aber auch im erdnahen Orbit gibt. Ähnlich wie die Chordatiere, zu denen wir Menschen, aber auch Fische, Vögel und Reptilien gehören, bildet es sogar einen eigenen Tierstamm mit circa 1000 unterschiedlichen Arten.

Mit den Augen eines Mikroskops würden Sie in Ihrem Garten ab und an Folgendes beobachten: Ein Liebhaber pirscht sich verstohlen an ein Weibchen heran, um es zu verführen. Nach einiger Zeit des Umschwärmens kommt es endlich zu einem innigen Kuss. Dieser Kuss ist nicht nur der Prototyp eines Zungenkusses, nein, er geht weit darüber hinaus, denn dieser Kuss ist die Begattung selbst. Die Forscher vermuten, dass bei diesem Akt der männliche Samen übergeben wird. Möglicherweise bewahrt das Weibchen diesen bis zur nächsten Häutung auf und legt ihn dann gemeinsam mit ihren Eiern in ihr ehemaliges, nun die Brut schützendes Exoskelett. Vielleicht wird das Sperma aber auch einfach geschluckt. Es gibt sogar echte zwittrige (hermaphroditische) Arten, die sowohl männlich als auch weiblich sind. Leider weiß niemand, ob und wie die sich selbst küssen. Neben diesen zärtlichen Varianten geht es aber auch auf die brutale Tour. Bei dieser Spielart reißt der Bräutigam der Braut nicht die Kleider vom Leib, son-

Das Bärtierchen

dern den Bauch auf und stopft seinen Samen einfach rein, fertig.[1] Wohl auch eine Form der inneren Befruchtung. Sie denken jetzt, so etwas würde in Ihrem Bett gewiss nicht stattfinden. Weit gefehlt, die gemeine Bettwanze, ein klassischer Parasit des Menschen, geht ganz ähnlich vor. Der scharfe, als Hohlnadel geformte

Phallus des Männchens sticht in den Bauch und pumpt das Sperma in den Blutkreislauf des Weibchens.[2]

Bei all diesen Spielarten ist es vielleicht nicht überraschend, dass einige Arten der Bärtierchen auch zur Jungfernzeugung, der sogenannten Parthenogenese, fähig sind und dem Sex in jeder Form abgeschworen haben. Dabei befruchten sich die Weibchen einfach selbst, ohne dabei zwittrig zu sein. Damit dies funktioniert, wird dem Körper durch eigene Hormone vorgegaukelt, er hätte ein befruchtetes Ei. Der gleiche Trick funktioniert auch bei einigen Reptilien und Würmern. Evolutionär natürlich problematisch und für Männchen sicher deprimierend, aber wenn ich Weibchen bin und an einen entlegenen Ort ohne Männchen verschlagen werde, ist es von großem Vorteil, wenn ich ganz allein eine neue Bevölkerung/Population aufbauen kann. Wenn diese dann groß genug ist, kommt es oft zur Zeugung von Männchen, und der Spaß kann wieder beginnen.

Nun muss ich natürlich noch das Rätsel lösen, wie ein richtiges mehrzelliges Tier mit einem Nervensystem, Muskeln und einem Verdauungsapparat in den erdnahen Orbit gelangt und dort überlebt. Bärtierchen sind wahre Überlebenskünstler: Man kann sie auf über 250 Grad Celsius erhitzen, dem Druck der Tiefsee aussetzen und eben auch in den Weltraum schießen, ohne sie zu töten. Letzteres hat der Biologe Bob Goldstein von der University of North Carolina bewiesen, indem er die Tierchen für zehn Tage mit einer Sojus-Rakete in den Himmel schickte und sie dem absoluten Vakuum und der kosmischen Strahlung aussetzte. Zurück auf der Erde, konnte er einen Großteil der Astronauten im Raumanzug mit einem simplen Wassertröpfchen wiederbeleben. Der Trick: Wenn die possierlichen Tierchen langsam austrocknen, können sie sich mit einer Art Kapsel umgeben, die sie schützt und in der sie ihre Lebensfunktionen praktisch einstellen. Kein Wunder, dass bereits darüber spekuliert wird, ob die Tierchen wohl mittels Meteoriten zu uns gereist sind.

Aber auch andere Arten haben wahrhaft explosive Überraschungen in ihrem Sexualleben zu bieten. Sie alle kennen das, im Moment der Momente entweicht den Beteiligten ein wohliges Stöhnen. Zum Glück ist es nicht unser letzter Stöhner wie bei den armen Bienenmännchen. Es ist allgemein bekannt, dass die männlichen Bienen, genannt Drohnen, nach dem Akt sterben. Aber wussten Sie wie? Sie explodieren, und ihr Selbstmordattentat hat sogar Signalwirkung. Die Drohnen sind dem Pheromon der Königin, einem Duft mit Lockwirkung, völlig verfallen. Nehmen sie ihn wahr, drehen sie sich gegen den Wind und dann geht es der »Nase« nach bis zur verlockend duftenden und empfängnisbereiten Bienenkönigin. Auf sie wird sich dann noch im Flug gestürzt, und das Begattungsorgan klinkt sich an der Königin fest. In diesem Moment ist es um den Bienenmann geschehen, er versteift sich, und die Königin zieht ihn mittels Kontraktion ihrer Hinterleibsmuskulatur an sich. Dies tut sie mit solcher Inbrunst, dass der arme Drohn mit einem oft hörbaren Knall zerplatzt.[3] Was von ihm übrig bleibt, ist sein Begattungsorgan, das am Hinterleib der Königin festsitzt. Manche Arten, wie der Maulwurf und einige Nager, hinterlassen übrigens eine Art Keuschheitsgürtel, indem sie mit einem klebrigen Pfropfen die weibliche Geschlechtsöffnung verschließen. Nicht so unsere Drohnen: Das für uns orangefarbene Gewebe des männlichen Endophallus, das zudem im, für uns unsichtbaren ultravioletten Lichtspektrum leuchtet, ist im wahrsten Sinne des Wortes ein Leuchtfeuer für weitere begattungsfreudige Drohnen. Die Bienenkönigin sammelt bei den folgenden Begattungen genug Sperma für den Rest ihres Lebens.

Doch es gibt eine friedliche Ausnahme: Die Kap-Biene *Apis mellifera capensis*, die nur in Südafrika lebt, kommt ganz ohne Männchen aus. Die Arbeiterinnen dieser Bienenart legen die Eier, und aus diesen schlüpfen dann wieder Arbeiterinnen. Ein Rätsel, das offenkundig einen Widerspruch zur Logik der sexuellen Vermehrung darstellt und den Biologen großes Kopfzerbrechen bereitet.[4] Andererseits ist es doch logisch, dass die Männchen keine Lust haben, bei der Befruchtung zu explodieren, und sich daher auf Nimmerwiedersehen verzogen haben.

Ein anderes, außergewöhnlich befremdliches Verhalten habe ich als Kind in unserem Aquarium beobachtet. Wenn ich mal wieder

Fernsehverbot hatte, saß ich stundenlang vor dem Becken mit unserem Buntbarschpärchen der Art *Pseudo-crenilabrus nicholsi* und beobachtete fasziniert, wie die kleinen Jungfische bei Gefahr im Mund ihrer Eltern verschwanden. Für mich war das immer ein Riesenschreck, denn ich hatte furchtbare Angst, dass die kleinen Fische einfach gefressen werden. Doch Sekunden später schlüpften sie erneut aus dem Maul und schwammen munter weiter. Das sogenannte Maulbrüten, das je nach Art von Weibchen, Männchen, aber auch von beiden Geschlechtern gemeinsam betrieben wird, ist eine echte Herausforderung. Wie ich später lernte, müssen die Tierchen während der Brutzeit fasten, damit meine kindliche Befürchtung nicht grausige Realität wird. Doch wie es im Leben so ist, solch eine Hingabe und Liebe wird leicht ausgenutzt, und so versteckt der Kuckucks-Fiederbartwels seine Eier im Gelege von Maulbrütern.

Doch nicht nur Maulbrütermännchen kümmern sich rührend um ihre Jungen. Ein anderer Fisch, der aber mehr wie ein kleines Pferdchen aussieht, hat den Weibchen den Rang vollständig abgelaufen. Die Männchen der Seepferdchen lassen ihre Samen von den Eiern der Weibchen befruchten. Die befruchteten Zygoten werden dann im Bauchsack ausgebrütet, und das Männchen gebiert später lebende kleine Fischlein.

Nachdem wir uns mit dem breiten Spektrum der Sexpraktiken wie geschlechtlicher und ungeschlechtlicher Fortpflanzung, Parthenogenese und Hermaphroditismus beschäftigt haben, nähern wir uns nun vertrauten Gestaden und beginnen mit Sexspielzeug.

2. Sexspielzeug

Kürzlich fragte mich ein Journalist, ob ich schon einmal etwas davon gehört hätte, dass Tiere Dildos benutzen. Tatsächlich gibt es im übertragenen Sinne so etwas wie Sexspielzeug bei Schimpansen, aber von einem Dildo hatte ich noch nichts gehört. Allerdings wollte ich auch nicht gleich nein sagen, denn ganz ausgeschlossen ist so etwas natürlich nicht. Ich habe also den Journalisten vertröstet und eine kleine Bildrecherche zu »animal + Dildo« gemacht. Zu meiner großen Überraschung musste ich feststellen, dass es wohl unzählige Tierliebhaber gibt. Das Internet ist voll mit Gummitierpenissen. Da ich davon ausgehe, dass weder ein Schwertwal noch ein Pferd im Internet bestellen, muss wohl das menschliche Interesse an anderen Arten für die Nachfrage verantwortlich sein. Dildos, die von Tieren zur Selbstbefriedigung gebastelt wurden, fand ich aber nicht. Über das Niveau von Anekdoten und ein paar skurrilen Bildern hinaus war nichts zu finden. Es scheint nur einen wissenschaftlichen Artikel zu geben, in dem eine solche Beobachtung erwähnt wurde, und der ist von 1978. In ihm heißt es, dass Orang-Utans auf Sumatra sich an Lianen und Ästen reiben und diese möglicherweise auch vaginal einführen.[5] Das ist doch schon sehr nah dran, aber als Sexspielzeug oder Dildos geht dies nicht durch. Zumindest nicht im Sinne unserer menschlichen Interpretation, denn ein Dildo entspricht im weitesten Sinne einem Werkzeug, und da gibt es kleine, aber wichtige Unterschiede, wie wir noch sehen werden.

Allerdings ist das Schubbern an einer Liane eine Masturbation, und die ist im Tierreich weit verbreitet. Unzählige Tiere tun es und das aus gutem Grund. Viele Tiere reproduzieren sich nur saisonal. Möglicherweise wären diese Tierarten schon ausgestorben, wenn sie sich nicht selbst befriedigen würden. Die männlichen Samen können im Gegensatz zu den Eiern der Frau ständig nachproduziert werden. Dies hat aber auch den Nachteil, dass sie schnell alt und langsam werden. Die Selbstbefriedigung hat den großen Vorteil, dass immer junger frischer Samen bereitsteht, um bei den seltenen echten Gelegenheiten auch erfolgreich zu sein. Darüber hinaus entspannt die Selbstbefriedigung und macht weniger aggressiv.[6] Dies führt zu sehr skurrilen Beobachtungen. So wurde ein Kapuzineräffchen gefilmt, das eine Ente vergewaltigt,[7] oder ein Schimpanse, der Oralsex mit einem Frosch hat.[8] Auch musste schon so mancher überraschte Schwimmer in einem gebuchten Schwimmprogramm mit Delfinen als Sexdoll herhalten. Eine befreundete Delfintrainerin lief nach einer solchen Liebesattacke einige Wochen mit einem blauen Oberschenkel umher. Meine Empfehlung an alle in einer solchen Situation: Bitte missverstehen Sie die ersten Berührungen nicht als Sympathiebekundung. Das Tier kennt Sie ja gar nicht, und so können Sie ihm auch nicht sympathisch sein. Wenn sich ein Tier, ob in Gefangenschaft oder im Freiland, auf diese Weise nähert, dann, weil es das kann und Sie ihm im Wasser ausgeliefert sind. Ein solches Verhalten sollte sofort durch klare Gesten und einen geordneten Rückzug unterbunden werden. Meine lieben männlichen Leser, davon sind nicht nur Frauen betroffen, männliche Delfine sind da nicht wählerisch.

Nachdem Sie nun über die wahren Hintergründe der Masturbation informiert sind, haben Sie vielleicht etwas mehr Verständnis für die etwas dümmlich aussehenden Hunde, die sich mit einem Kissen selbst befriedigen. Im Übrigen gibt es Abhilfe: Im Gegensatz zu den menschlichen Sexdolls im Wasser gibt es auch echte Sexdolls für gelangweilte Haustiere, etwa die der Firma Hotdoll.[9]

An dieser Stelle muss ich aber mit einer weitverbreiteten Voreingenommenheit, die wir den Verhaltensbiologen des vergangenen Jahrhunderts verdanken, aufräumen. Sex wurde als ein Trieb angesehen, der ausschließlich dem Fortbestand der Art dienen sollte. Das ist zwar richtig, aber daraus zu schlussfolgern, dass es Tiere nur zur Fortpflanzung tun und daran keinen Spaß haben, ist zu kurz gedacht. Tatsächlich ist der Spaß oder die damit verbundenen angenehmen Gefühle das zentrale Element und die Selbstbefriedigung ein wichtiger Zwischenschritt zur erfolgreichen Reproduktion. Wir werden uns in den Kapiteln »Die Spaßgesellschaft« und »Gefühlsduselei« noch mit den zugrunde liegenden Mechanismen beschäftigen, aber eines sei vorweggenommen: Die schönen Gefühle, die uns den Sex attraktiv machen, erzeugen eine hohe innere Motivation, ihn zu wiederholen. Diese Motivation haben wir mit großer Wahrscheinlichkeit mit fast allen Wirbeltieren gemeinsam, die eine innere Befruchtung betreiben. Letztlich muss Mann/Frau den Partner sehr nah an sich heranlassen, ja, es muss sogar das Risiko einer Übertragung von Krankheiten durch Körperflüssigkeiten in Kauf genommen werden. Außerdem ist Frau/Mann für die Zeit des Aktes gegenüber Feinden praktisch wehrlos. Solche Risiken geht man nur ein, wenn die Motivation hoch genug ist. Doch was motiviert uns? Letztlich ist es ein Cocktail aus freigesetzten Hormonen und Neurotransmittern, die uns alle Risiken vergessen lassen. Auf diesem Niveau der Verhaltenssteuerung funktionieren alle Säugetiere und vermutlich auch Vögel gleich. Wir dürfen also getrost davon ausgehen, dass sich beim Akt ein Nilpferd, Wal oder Schwein ganz ähnlich fühlt wie wir.

Doch das Fühlen ist nur ein Aspekt. Je komplexer ein Gehirn ist und je mehr unterschiedliche Reize und Informationen verarbeitet werden können, desto aktiver und dominanter kann es in hormongesteuerte Prozesse eingreifen. Unsere armen Bienendrohnen haben diese Wahl nicht. Auch wenn das Aussehen der Bienenkönigin keinen Einfluss auf sie hat, ihrem Duft sind sie machtlos ausgeliefert. Für uns Menschen ist der Geruch ebenfalls wichtig, aber wir können uns dank unserer komplexen Gehirne darüber hinwegsetzen. Beispielsweise interessiert uns die Schönheit eines Partners. Diese ist aber ein Produkt unserer Kultur. Rubens' Schönheiten hätten auf dem heutigen Modelmarkt wohl nicht den Hauch einer Chance. Bisher kennen wir nur wenige Arten, bei denen die Kultur Einfluss auf das Sexualleben hat. Im Kapitel »Unbekannte Kulturen« werden wir beispielsweise erfahren, dass Orcas eine mehrere 100 000 Jahre alte Kultur haben, die Sex mit einer bestimmten anderen Gruppe von Orcas verbietet, und dass Buckelwale genauso wie wir dem Diktat der Mode unterliegen. Auch wenn wir mit dem Dildo nicht weitergekommen sind: Gibt es vielleicht andere Beispiele für Sexspielzeug im Tierreich? Die Antwort ist: ja. Der Cambridge-Professor William McGrew hat in einem Übersichtsartikel zur Nutzung von Technologie bei Primaten eine ganz besondere Form von Werkzeugen für den Sex erwähnt.[10] Er zog in einem Interview mit der »New York Times«[11] eine Entdeckung aus dem Jahre 1980 als Beispiel heran.[12] Darin wird folgende Situation beschrieben: Die männlichen Schimpansen sitzen breitbeinig und mit erigiertem Penis da und knistern mit Blättern herum …

Ja und, werden Sie denken, wann kommen der Sex und das Spielzeug ins Spiel? Alles eine Sache der Betrachtung. Als erstes müssen wir klären, was eigentlich ein Werkzeug ist. Als Werkzeug gilt ein Objekt, das nicht zum Körper gehört und das der Erreichung eines Zieles dient.[13] Betrachten wir zunächst das Blatt selbst genauer. Leaf-clipping,[14] also das Knacken und geräuschvolle Zerbröseln von trockenen Blättern, ist eine Geste, mit der Schimpansen versuchen, Aufmerksamkeit zu erregen. Das ist so, als würden wir im Wald durch das Rascheln von Laub darauf aufmerksam werden, dass dort im Gebüsch ein Vogel sitzt. Wir spitzen die Ohren und schauen zum Gebüsch. Nicht anders reagiert das angesprochene Weibchen. Was es nun sieht, lässt sie reagieren. Das dargebotene und einsatzbereite Instrument der Freude zwischen den Beinen des Männchens spricht eine eindeutige Sprache. Aber bitte seien Sie nicht neidisch, das funktioniert selten sofort, und oft muss das arme Männchen mit seinem geschwollenen Penis eine ganze Zeit weiter mit Blättern knistern, bis sich das Weibchen endlich lüstern nähert und ihm ihren Popo präsentiert. In diesem Moment haben wir alles, was wir brauchen, um von einem Werkzeug zu sprechen. Ein Objekt, das nicht zum Körper gehört und das benutzt wird, um ein Ziel zu erreichen.

Die männlichen Schimpansen im Taï-Nationalpark in der Elfenbeinküste teilen ihr Bedürfnis übrigens durch Fingerknöchelknacken (knuckle-knock) mit.[15] Doch Vorsicht, es könnte nicht jugendfrei werden, wenn wir verschiedene Schimpansengruppen zusammenbringen würden. Bei den Schimpansen in Bossou knacken auch die Jungtiere. Aber sie wollen nur spielen.

Nun geht Knöchelknacken nicht als Sexspielzeug (Werkzeug) durch, denn der Knöchel gehört ja zum Körper. Doch die Taï-Schimpansen knacken auch mit Blättern. Sie tun es, wenn sie auf sich aufmerksam machen wollen. Meist folgt dem Knacken dann eine wichtige Mitteilung.

Bei der in Afrika weitverbreiteten Klicksprache klingen die Klicks übrigens ebenfalls so wie knackende Blätter, und es wird darüber spekuliert, ob dieses Geräusch ein Element der ersten Sprache war.[16] Ein faszinierender Gedanke, dass das Knacken und Zerbröseln von Blättern vielleicht das erste wirklich symbolische Element in unserer Sprachentwicklung war. Bedenkt man dies, gewinnt das Knuspern von leckeren Chips eine ganz neue Bedeutung. Versuchen Sie doch einfach mal Ihr Glück auf der nächsten Party, und greifen Sie beherzt zur nächsten Rolle Pringles. Mal sehen, was passiert, wenn Sie laut knuspernd die Person Ihrer Begierde anstarren. Vielleicht zünden ja uralte, tief verwurzelte animalische Triebe, womit wir schon beim nächsten Thema sind.

3. Vergewaltigung

Randy Thornhill und Craig Palmer, zwei Evolutionsbiologen, haben sich intensiv mit dem Thema Vergewaltigung im Tierreich beschäftigt. In ihrem Buch »Eine Naturgeschichte der Vergewaltigung«[17] haben sie anhand unzähliger Beispiele die Logik, die hinter dieser Strategie steckt, erläutert. Das Buch wurde in der deutschen, aber auch in der internationalen Presse nicht mit Wohlwollen kommentiert. Problematisch war die Tatsache, dass die Autoren aus den Beobachtungen im Tierreich Rückschlüsse auf das menschliche Verhalten gezogen haben. Zu sehr klang der mit großer Schlüssigkeit dargelegte biologische Sachverhalt nach Ausrede und Rechtfertigung für sexuelle Gewalt unter Menschen.

Ich möchte Ihnen an dieser Stelle das Pro und Contra des durchaus provokativ daherkommenden Buches nicht zumuten. Aber vielleicht gefällt Ihnen das folgende Beispiel, in dem gezeigt wird, dass die Evolution durchaus auch Mittel und Wege parat hält, um allzu extremen männlichen Bedürfnissen Einhalt zu gebieten. Es handelt sich um ein Tier, dass wir meist mit blutverschmiertem Kopf und ekliges Aas fressend in Erinnerung haben. Leider haben Tierdokumentationen mit solchen Bildern aus den Tüpfelhyänen keinen Sympathieträger gemacht. Ganz zu Unrecht, denn sie pflegen ein ausgesprochen beeindruckendes Sozialleben (mehr dazu in »Gemeinschaftssinn«) und haben den vielleicht merkwürdigsten Sexualakt der Säugetiere erfunden. Männliche Hyänen spielen in der Hierarchie der Hyänengemeinschaft eine geringe Rolle, sie sind oft kleiner als die Weibchen, und selbst das rangniedrigste Weibchen kann ihnen sagen, wo es langgeht.

Stärke schützt aber nicht vor Vergewaltigung, denn Männchen könnten sich zusammentun (siehe »Gangbangs«) und gemeinschaftlich vergewaltigen, eine bewährte Strategie. Bei Hyänenweibchen

Bei Hyänen haben Männchen (rechts) und Weibchen einen Penis.
Bei Letzteren erfüllt er den Zweck eines Keuschheitsgürtels.

ist dies allerdings zwecklos, denn sie tragen einen Keuschheitsgürtel. Das gute Stück sieht tatsächlich so aus wie das gute Stück und baumelt mit Penis und Hodensack zwischen ihren Beinen. Hyänenweibchen haben aus ihrer Klitoris einen erigierbaren Pseudopenis und aus ihren Schamlippen einen mit Fettkörpern ausgefüllten Beutel gebildet.[18]

Die ganze Konstruktion braucht den Vergleich mit dem männlichen Pendant nicht zu scheuen. Auf diese Weise wurde die äußere vaginale Öffnung verschlossen. Die einzige Möglichkeit für einen Penis, seine wertvolle Fracht abzuliefern, besteht darin, erigiert in den als Hohlkörper ausgebildeten, ebenfalls erigierten Pseudopenis einzudringen. Dazu muss das Männchen von hinten fast unter das Weibchen kriechen, und beide Partner müssen ihre Penisse gut koordiniert ineinanderstecken. An diesem perfekten Vergewaltigungsschutz gibt es nur einen Nachteil: Auch die Nachkommen müssen diesen Weg nehmen. Eine Hyänengeburt ist somit eine überaus schmerzhafte Angelegenheit, und nicht selten wird der Penis dabei zerrissen und braucht Wochen, um zu heilen.

Der Penis bzw. der Pseudopenis erfüllt aber noch eine andere Funktion. Die gegenseitige Begrüßung ist bis zu einem gewissen Grad ritualisiert. Man stellt sich nebeneinander, Kopf an Po, und das rangniedere Tier hebt sein Bein, damit das dominante Tier bei ihm schnuppern kann. Als weiterer Ausdruck der Unterlegenheit ist in diesem Moment der Penis bzw. der Pseudopenis erigiert.[19] Potenzprobleme können da ein echtes Problem werden.

In einem Schlangenknäuel (mating ball) wird die Partnerwahl zum Problem.

Leichter hat es die Rotseitige Strumpfbandnatter, die in Nordamerika lebt. Ihr Keuschheitsgürtel ist ein extrem starker Muskel vor der Vagina, mit dem sie jedes Eindringen verhindert.[20] Da sie auf alte Männer steht, kommt dieser Muskel nur bei jungen Männchen zum Einsatz. Wie sie das hinbekommt, ist mir allerdings ein Rätsel, denn auf ein Weibchen stürzen sich mehrere Männchen, um schließlich in einem sogenannten mating ball, also einem Schlangenknäuel, zu kopulieren. Im Gegensatz zu den meisten Reptilien, die Eier legen, gebären sie schließlich lebende Junge.

Tatsächlich gibt es aber auch konstruierte Keuschheitsgürtel aus Stroh und anderen Materialien. Sie sehen bezaubernd aus und werden überdies attraktiv dekoriert. Doch, wer hätte das gedacht, gebaut werden sie von den Männchen. Mehr dazu im Kapitel »Tierische Architekten«.

4. Gangbangs

Der eine oder andere hat vielleicht schon gesehen, wie eine arme Ente gleich von mehreren Erpeln überfallen und zum Sex gezwungen wird. Auch unter den süßen Adeliepinguinen ist es nicht unüblich, dass auf ein von der Jagd erschöpftes Weibchen an Land eine Gruppe sexlüsterner Männchen wartet. Eine Froschart (*Rhinella proboscidea*) im Amazonas treibt das Gruppenspiel auf die Spitze. Die armen Weibchen werden so lange bedrängt, bis sie sterben, dann hüpfen die Männchen auf ihrem Bauch herum und pressen ihre Eier heraus, die sie dann extern befruchten. Die Forscher sprechen von »Functional necrophilia«, also einer funktionellen Vergewaltigung bei Leichen.[21]

Doch Gruppensex muss nicht per se unangenehm sein, wie uns das Liebesleben der Bonobos zeigt. Bonobos sehen auf den ersten Blick genauso aus wie Schimpansen. Genau genommen sind es auch Schimpansen, denn die Gattung hat zwei Arten, den Gemeinen Schimpansen und den Bonobo. Er wird zu Unrecht oft Zwergschimpanse genannt, denn er ist fast genauso groß. Beide Schimpansenarten sind übrigens näher mit uns als mit den Orang-Utans verwandt, die ebenfalls zu den Menschenaffen zählen. Ein sehr einfaches Unterscheidungsmerkmal ist die Stirn. Bei Bonobos ist sie perfekt gescheitelt und im Gegensatz zu den Gemeinen Schimpansen unbehaart. Gegenüber den oft aggressiven Schimpansen gelten sie als die friedfertigen Hippies unter den Menschenaffen. Viele halten sie für Vegetarier, aber es gibt auch Ausnahmen.[22] Ihr sexueller Variationsreichtum ist kaum überschaubar. Weibchen machen es mit Weibchen, Männchen mit Männchen, Weibchen mit Männchen und Jung mit Alt. Auch die Techniken sind vielschichtig, neben der Standardvariante (doggystyle) gibt es die Missionarsstellung und einige schwer zu beschreibende Varianten, bei

31

denen man an Bäumen hängt. Es wird mit Zunge geküsst, und Oralsex ist willkommen.[23] Das beeindruckendste Unterscheidungsmerkmal ist allerdings ihre Friedfertigkeit, die sie ohne Zweifel ihrem intensiven Sexleben verdanken.

Stellen Sie sich vor, Sie machen eine Wanderung mit Freunden. Die Wanderung ist anstrengend, und zu allem Überfluss nerven die Freunde Ihrer Freunde mit sinnlosen Befindlichkeiten. Nun knurrt auch noch Ihr Magen, doch Sie haben Glück, die Berghütte ist schon in Sicht. Leider sind Sie, dank der Befindlichkeiten, viel zu spät, und das Buffet ist fast leer. Die Stimmung sinkt auf den Tiefpunkt. Bei den Bonobos wäre das anders. Unsere nächsten Verwandten bekämen erst mal eine Erektion, und auch bei den Weibchen wäre der erste Gedanke Sex. Unabhängig von jedweder Hierarchie würde ein entspanntes Treiben beginnen. Die Person mit den nervenden Befindlichkeiten würde sich, ihrer Belastung für die Gruppe bewusst und entsprechend der von Ihnen gezeigten Abneigung, nähern und durch eindeutige Gesten deutliches Interesse an Ihren äußeren Geschlechtsorganen bekunden. Nach dem nun folgenden Techtelmechtel ist es natürlich schwer, noch sauer zu sein, und alles ist vergeben.

Eine Kolonie von Adeliepinguinen in der Antarktis. Kommt ein erschöpftes Weibchen zurück an Land, läuft sie Gefahr, gleich von mehreren wollüstigen Jungs überfallen zu werden.

Ganz im Gegensatz zum Gemeinen Schimpansen, bei dem es an einer Nahrungsquelle oft handgreiflich wird, teilen Bonobos nach ihrem gemeinschaftlichen Miteinander die Nahrung friedlich. Diese Verhaltensweise wurde sowohl im Freiland als auch im Zoo beobachtet.[24] Außerdem konnte gezeigt werden, dass männliche Bonobos schon lange, bevor es zur Sache geht, freundlichen Kontakt zu ihrer Erwählten pflegen.[25] Die Männchen bauen also zuerst eine Beziehung auf, bevor man sich auf das harte Geschäft der Reproduktion einlässt. Darüber hinaus sind bei Bonobos die Geschlechter gleichberechtigt. Es gibt kein Geschlecht, das das andere dominiert, wie es bei uns und den anderen Menschenaffenarten der Fall ist.

Uns allen ist klar, wie stark sexuell motiviertes Handeln sein kann. Ohne jeden materiellen oder sozialen Nutzen gehen selbst Menschen, trotz ihres hochentwickelten Bewusstseins und der Fähigkeit, strategisch zu denken und vorausschauend die Folgen des eigenen Handelns zu erfassen, das Risiko ein, einen anderen Menschen zu vergewaltigen. Sie tun es allein oder in Gruppen oder nur in ihrer Phantasie.

Auch die ach so lieben Delfine sind in Sachen Sex bei der Wahl ihrer Mittel nicht zimperlich. Aus unserer menschlichen Perspektive könnten wir ihr Verhalten sogar für extrem verabscheuenswürdig halten, denn in dieser Gattung entführen mehrere Männchen ein Weibchen, um sich, oft tagelang, mit ihm zu vergnügen. Für viele Delfinliebhaber ist es schon schwer zu verkraften, dass Delfine Raubtiere und keine Vegetarier sind, vermutlich würden sie ihre emotionale Bindung kündigen, wenn sie von diesen Gangbangs wüssten. Doch lassen wir Ethik und Voreingenommenheit einen Moment beiseite, denn um ihr Ziel zu erreichen, bilden männliche Delfine die komplexesten bisher in der Natur beobachteten sozialen Netzwerke.

Dazu müssen wir kurz ausholen, und ich muss Ihnen ein bisschen was über das Leben von Delfinen erzählen. Im Gegensatz zu Zoos und Delfinarien, in denen ein männlicher Delfin immer eine Gruppe von Weibchen dominiert, leben die Tiere im Freiland getrennt voneinander und begegnen sich saisonal nur alle

Gangbang unter Delfinen vor Westaustralien. Der Mangel an Weibchen hat zu dem bisher komplexesten sozialen Netzwerk im Tierreich geführt.

paar Jahre zum Sex. Der Sex mit Delfinen des anderen Geschlechts ist bei den meisten Populationen also eher die Ausnahme als die Regel. Im Normalfall kuscheln die Mädels mit den Mädels und die Jungs mit den Jungs. Dennoch wird einmal im Jahr der Drang zur Paarung mit einem andersgeschlechtlichen Artgenossen übergroß, und die Jungs, die normalerweise als stabile schwule Zweier- oder Dreiergruppen ein Leben lang gemeinsam durch die Ozeane pflügen, bilden größere Gruppen. Mittels zahlenmäßiger Überlegenheit gelingt es ihnen, einzelne fruchtbare Weibchen aus ihren Lebensgemeinschaften herauszudrängen und für mehrere Tage zu entführen, um letztlich, einer nach dem anderen, zum Zuge zu kommen. Beleuchten wir aber kurz, wie es überhaupt zu dieser Situation, die man besonders bei der Delfinpopulation vor Westaustralien beobachtet hat, kommt.

Delfinbabys kommen ganz ähnlich wie wir Menschen relativ dumm auf die Welt. Im Prinzip müssen sie fast alles außer Atmen und Schwimmen lernen, und so sind die Kleinen über viele Jahre auf ihre Mütter angewiesen. Nun muss man wissen, dass bei Delfinen etwa gleich viele Männchen und Weibchen geboren werden. Wenn nun aber die Weibchen mehrere Jahre mit ihren Jungtieren beschäftigt sind, fallen sie als Reproduktionspartner aus. Die potentiellen weiblichen Sexualpartner sind also entweder jung oder haben ihre Nachkommen gerade über den Berg gebracht. Auf diese Art und Weise kommen auf ein potentielles Weibchen oft fünf und mehr hochmotivierte Jungs. Mit anderen Worten: Der Konflikt ist vorprogrammiert. Nun ist der freie Ozean, anders als unser Leben an Land, ein dreidimensionaler Raum ohne Ecken und Kanten und Begrenzungen. Es ist somit zwangsläufig relativ schwer, ein einzelnes Individuum aus einer Gruppe herauszulösen, denn es gibt einfach zu viele Richtungen, in die ein Weibchen entfliehen kann. Wenn ich aber mit einer Gruppe von acht oder 15 anderen auf »Jagd« gehe, dann sehen die Chancen schon besser aus. Die lüsternen Jungs müssen also ein Team zusammenstellen, auf das sie sich verlassen können. Schließlich geht es nicht nur darum, das Weibchen erfolgreich zu entführen, nein, man muss sich auch sicher sein, dass die anderen zurückstehen, wenn man selber an der Reihe ist. Letztlich ist der eigentliche Akt weniger brutal, als wir ihn uns vielleicht unter den gegebenen Umständen vorstellen. Festhalten ist nicht, und Wasser ist wirklich sehr nachgiebig. In einem dreidimensionalen Raum ist Sex ein Akt, an dem sich beide aktiv beteiligen müssen und bei dem jede Störung zu einem erfolglosen Versuch führen kann. Ein unkoordiniertes Gedränge geiler »Böcke«, bei denen jeder Angst hat, dass der andere ihn ausbootet, ist also fehl am Platz. Ich kann und will nicht viel zu dem beteiligten Weibchen sagen, außer dass die Natur nicht unseren Vorstellungen von moralischem Verhalten folgt. Aber die Gruppenbildung der Männchen ist ausgesprochen gut und über Jahrzehnte untersucht und die veröffentlichten Ergebnisse sind mehr als eine Sensation, denn es handelt sich um den ersten Beleg einer Allianz dritter Ordnung.[26] Was das genau ist, erfahren Sie im Kapitel »Facebook mal anders«.

5. Hormone, die Bewohner der Chefetage

Die Wirkung von Hormonen entzieht sich meist unserer bewussten Wahrnehmung und Kontrolle. Oft ist ihr Einfluss sogar so stark, dass wir selbst beim bewussten Erkennen nicht anders können, als uns so zu verhalten, wie wir es eben müssen. Jeder, der schon mal von PMS gehört hat, weiß, welche katastrophalen Auswirkungen ein schwankender Hormonspiegel auf Stimmung und partnerschaftliche Harmonie haben kann. Es geht aber auch schlimmer. Kalmare sind sehr friedliche Zeitgenossen. Sie schwimmen gern in Gruppen, und Aggressionen untereinander sind selten oder nicht existent. Berühren aber Männchen ein frisch gelegtes Ei, rasten sie von einem Moment zum nächsten aus. Für den abrupten Sinneswandel ist ein kleines Protein mit dem Namen b-MSP-like Pheromone verantwortlich. Es wird von den Weibchen produziert und auf die Außenhaut ihrer Eier geklebt. Kommt ein Männchen in Kontakt zu einem so präparierten Ei, ist es um seine Gelassenheit geschehen.[27] Die sofortige Aggression ist insofern erstaunlich, als normalerweise aggressives Verhalten nur durch die Reize verschiedener Sinneseindrücke ausgelöst wird. Man muss seinen Gegner sehen, hören und im Zweifelsfall auch schmerzhaft fühlen, um so richtig in Rage zu geraten. Darüber hinaus ist Aggression selbst auch eine recht komplexe Handlung. Anders als bei einem Lockstoff, bei dem man nur in die richtige Richtung schwimmen muss, müssen die Kalmare erst mal ihre Gegner identifizieren und beispielsweise zwischen Männchen und Weibchen unterscheiden und eine komplexe Kampfhandlung koordinieren.

Besonders deutlich wird die Steuerung durch Hormone beim Verhalten der unterschiedlichen Geschlechter. Wir alle werden nach einem genetischen Bauplan konstruiert und sind zuerst meist

Männliche Kalmare, die gewöhnlich friedlich in großen Gruppen zusammen schwimmen, werden durch Pheromone von einem Moment zum nächsten zu Kampfmaschinen.

weiblich. Erst später in der embryonalen Entwicklung entstehen männliche Individuen.

Es geht aber auch umgekehrt wie beim Clownfisch (*Amphiprion percula*), den wir als Nemo in unsere Herzen geschlossen haben. Die kleinen Anemonenfische werden allesamt als Männchen geboren und leben in einer sogenannten Polyandrie. Sie werden also von einem Weibchen, der Herrscherin der in Symbiose lebenden Anemone, regiert. Doch halt, an der Rechnung stimmt etwas nicht, wenn nur Männchen geboren werden, wo kommen denn dann die Weibchen her? Stirbt ein Weibchen oder verlässt leichtsinnigerweise die Heimatanemone und wird gefressen, dann beginnt die Geschlechtsumwandlung des stärksten Männchens. Nach gerade mal einer Woche gibt es eine neue Herrscherin in der Anemone, und obwohl es sich um dasselbe Tier handelt, so hat sich doch das Verhaltensrepertoire vollständig geändert.[28] Umweltbedingungen und Mechanismen der sogenannten Epigenetik können aber auch dafür verantwortlich sein, dass sich Weibchen wieder in Männchen verwandeln, so zum Beispiel bei dem tropi-

Der Oberclown(fisch) einer Anemone ist das einzige Weibchen, aber es gebiert nur Männchen.

schen Blaukopf-Junker und dem einheimischen Kuckuckslippfisch, der vor Helgoland wohnt.

Die Änderung des Verhaltens bei der Unterdrückung oder zusätzlichen Gabe von Hormonen macht man sich in vielfältiger Weise bei Tieren, aber auch bei Menschen zunutze. Wenn beispielsweise ein männlicher Delfin im Delfinarium sich männlich verhalten soll, bekommt er das Medikament Megastat (ein weibliches Hormon) und ändert sein Verhalten. Vielleicht werden Sie sich fragen, warum sollte man denn so etwas tun? Aus ganz praktischen Gründen, denn auf diese Weise gelingt es, eine Gruppe Delfine in Gefangenschaft in einem kleinen Becken zu halten, ohne dass die Tiere aufeinander losgehen. Im Kapitel »Facebook mal anders« werden wir uns mit dieser Situation, die ich aus dem Nürnberger Zoo kenne, genauer auseinandersetzen. Weniger exotisch ist die Kastration bei Haus- und Nutztieren, auch hier werden ungewollte männliche Verhaltensweisen unterdrückt. Nehmen wir einen Hengst als Beispiel. Wird er kastriert, wird er zum sprichwörtlichen Wallach, folgsam, weniger störrisch, ein bisschen gemütlicher, langsamer und rein muskulär auch schwächer. Die Verträglichkeit hat unter den Haltungsbedingungen durchaus Vorteile für das Tier, denn ein Wallach führt meist ein soziales Leben. Vielen Hengsten wird dies versagt, und die einzigen Artgenossen, mit denen sie Kontakt aufnehmen dürfen, sind Weibchen, die sie besteigen sollen.

Aus evolutionärer Sicht ist die Kastration natürlich wenig wünschenswert, aber unter bestimmten Haltungsbedingungen oder in gesellschaftlichen Systemen kann so ein schwerer Eingriff in die Persönlichkeit sogar bei uns Menschen durchaus von Vorteil sein. Eunuchen, also menschliche Kastraten, waren in vielen Kulturen wie in China oder dem Osmanischen Reich wichtige Persönlichkeiten. In unserer westlichen Kultur denken wir natürlich sofort an einen prächtigen Harem und an einen dicklichen, in bunte Tücher gehüllten Aufseher. Die historische Realität sah aber ganz anders aus. Eunuchen sind nicht besonders ehrgeizig und können kein Kuckucksei in das königliche Nest legen. Sie sind somit keine Gefahr für den Thron. Im Gegenteil, sie standen im Ruf, hervorragende Beamte und strategisch kluge Militärs zu sein.

Bei unseren Verwandten, den Orang-Utans, einer der vier Menschenaffenarten in Südostasien, funktioniert das ähnlich, aber das ist Tarnung. Es gibt dort zwei männliche Geschlechter. Die kleineren Männchen sehen so aus wie Weibchen, sie sind in ihrer Entwicklung angehalten. Oft verweilen sie in diesem Stadium ihr ganzes Leben. Macht ein Großer Platz, verändern sie sich hormongesteuert und wachsen zu großen Männchen mit deutlichen geschlechtsspezifischen Merkmalen wie Kehlsäcken und Wangenwülsten heran.

Bis dahin ist Tarnung alles, denn anders als unsere Eunuchen sind sie geschlechtsreif und warten nur auf die Gunst der Stunde. Sie sind bei den Weibchen zwar nicht so begehrt, aber das hält sie nicht davon ab, vom Boss unbemerkt, ihre Gene zu verbreiten.[29]

Kastriert man ein männliches Säugetier, so hat dies je nach Alter, also vor oder nach der Pubertät, tiefgreifende Folgen für die Persönlichkeitsentwicklung. Aber das alleinige Entfernen der Hoden reduziert nur die Bildung von Testosteron. Ein Mann wird dadurch nicht zur Frau. Einerseits wird Testosteron auch in der Nebenniere gebildet, und andererseits basieren die feinen Verhaltensunterschiede zwischen männlichen und weiblichen Säugetieren auf einem komplexen Interagieren vieler Hormone. Aus heutiger Sicht erscheint die These, dass geschlechtsspezifisches Verhalten reine Erziehung sei, als völlig absurd. Unzählige Versuche an Menschen und Säugetieren zeigen eine lückenlose Entwicklung der Geschlechterrollen, und viele der vermeintlich anerzogenen Verhaltensweisen treffen auch auf unsere nächsten Verwandten zu. Ein sehr einfaches Experiment, das, zumindest für mich, sehr viel Überzeugungskraft hat, ist folgendes: Stellen Sie sich vor, Sie sind ein sechs Monate altes Kind. Sie liegen den ganzen Tag auf dem Rücken und können sich nicht bewegen. Ihr Kopf und Ihr Körper sind einfach viel zu schwer für Ihre kleinen Muskeln. Das Einzige, was Sie tun können, ist, ein bisschen mit den Armen zu wackeln, und das tun Sie für ihr Leben gern. Wann immer etwas in Ihr Gesichtsfeld kommt, versuchen Sie, mit Ihren Ärmchen und Händchen danach zu greifen, und es gibt kaum etwas Schöneres als einen großen, runden, roten Luftballon. Leider sind Sie Proband in einem wissenschaftlichen Experiment. Der Luftballon wird plötzlich weggezogen, und Sie starren in zwei Monitore. Auf dem einen hält ein Erwachsener den Luftballon zärtlich mit beiden Händen fest, und auf dem anderen springt der Luftballon lustig hin und her, weil ihn ein Erwachsener anstößt. Nach einiger Zeit gehen die Monitore wieder aus, und Sie bekommen ihren Luftballon zurück. Wenn Sie ein Junge gewesen wären, dann hätten Sie mit sehr großer Wahrscheinlichkeit viel länger auf den Monitor geblickt, in dem sich der Luftballon hin und her bewegt hat, und Sie würden nun ebenfalls den Luftballon mit ihren Händchen versuchen zu stoßen. Wenn Sie ein Mädchen wären, könnten Sie sich nicht entscheiden und würden sich mal so und mal so verhalten.[30] Bedenkt man diesen grundsätzlichen Unterschied, dann verwundert es vermutlich nicht, dass Jungen lieber mit beweglichem Spielzeug wie Autos und Mädchen lieber mit Puppen spielen. Vielleicht überrascht es Sie aber, dass man

Orang-Utan mit voll ausgeprägten männlichen Geschlechtsmerkmalen, den Wangenwülsten.

die gleichen Ergebnisse bekommt, wenn man jungen Rhesusaffen Autos und Puppen zum Spielen gibt.[31] Die Untersuchungen wurden natürlich an gefangenen Tieren gemacht, und man darf zu Recht fragen, wie natürlich es ist, wenn Affen mit Menschenspielzeug spielen. Aus diesem Grund wurde untersucht, ob es auch im Freiland Hinweise auf unterschiedliches Spielverhalten gibt. Tatsächlich wurde man fündig, und es zeigte sich, dass männliche Schimpansen Stöcke eher als Waffen und weibliche eher als soziale Interaktionspartner benutzten.[32] Wer an solcher Art wissenschaftlicher Fakten Interesse hat, dem empfehle ich das Buch »The Blank Slate«[33] von Steven Pinker, einem der einflussreichsten Forscher unserer Zeit. Eine andere Forscherpersönlichkeit, die für mich stark mit dem Thema Hormone verknüpft ist, ist Alan Turing. Er war homosexuell zu einer Zeit, als dies strafbar war, und so hatte er die Wahl zwischen dem Gefängnis und weiblichen Hormonen. Er entschied sich für das vermeintlich kleinere Übel, dem Östrogen. Er erkrankte unter dessen Einfluss an Depressionen und vergiftete sich schließlich selbst. Herrn Turing verdanken wir nicht nur einige grundlegende Ideen für die Konstruktion der ersten Computer und ein bahnbrechendes Experiment zur Mensch-Maschine-Interaktion: den Turing-Test, er rettete außerdem durch die Entschlüsselung des deutschen Enigma-Geheimcodes Hunderttausenden das Leben und entschied wie keine andere Einzelperson den Ausgang des Zweiten Weltkrieges mit. Allein durch die Gabe von Östrogen wurde aus einem der kreativsten Denker des letzten Jahrhunderts ein deprimierter Selbstmörder. Hormone, die Bewohner der Chefetage.

Eine weitere Person, die uns hilft, die Macht der Hormone besser zu verstehen, ist David Reimer. Er wurde gemeinsam mit Brian Reimer, seinem eineiigen Zwilling, 1962 in Kanada geboren und dank eines ärztlichen Kunstfehlers seines Penis' beraubt. Auf Anraten des damals sehr bekannten Sexualforschers John Money entschied sich die Familie für einen radikalen Eingriff in das Leben von David. Dem damals Zweijährigen wurden die Hoden entfernt, und es wurde aus dem Hodensack chirurgisch eine Vagina konstruiert. David hieß fortan Brenda und wurde als Mädchen aufgezogen. Da der Fall wissenschaftlich gut dokumentiert wurde und verdeutlichen sollte, dass geschlechtsspezifische Verhaltensweisen anerzogen sind, galt der Fall lange Zeit als bahnbrechend. 1975 erwähnte ihn z. B. Alice Schwarzer in ihrem Buch »Der kleine Unterschied und seine großen Folgen« und nutzte ihn als Beleg für die damals intensiv diskutierte Hypothese, dass Männer und Frauen bis auf die Gebärfähigkeit gleich seien. Die biologische Realität sieht, wie oben gezeigt, anders aus, und so konnte auch das Experiment mit den Zwillingsbrüdern kein glückliches Ende finden. Brenda erfuhr 1980 von ihrer Geburt als Junge und entschloss sich zu einer Geschlechtsumwandlung. Er heiratete, adoptierte die drei Kinder seiner Frau, trennte sich und beging schließlich Selbstmord.[34]

Es gibt aber nicht nur geschlechtsspezifische Hormone. Die Bindung zwischen einzelnen Individuen ist bei einigen Säugetierarten, unter anderem auch beim Menschen, hormonell kontrolliert. Es mag unromantisch erscheinen, aber selbst Gefühle wie Liebe[35] werden mit dem Wirken von Hormonen, wie zum Beispiel Oxytocin, erklärt.

Zur Zeit meiner Doktorarbeit, als ich mich intensiv mit der sogenannten Delfintherapie beschäftigte, sollte dieses Hormon sogar für den vermeintlichen Erfolg dieser tiergestützten Therapieform verantwortlich sein. Oxytocin sorgt nämlich für Bindung und das Gefühl von Vertrauen.[36]

An dieser Stelle entführe ich Sie kurz nach Nordamerika. Dort leben, als Schädlinge gehasst, die Präriewühlmäuse. Kleine possierliche Tierchen, die wegen ihres über zwei Tage währenden Liebesaktes eine gewisse Berühmtheit erlangt haben. Dies machte wiederum einige Forscher, die sich mit Bindungsverhalten beschäftigten, auf sie aufmerksam. Sex über vierzig Stunden, das geht nur auf Trip. Dazu muss man wissen, dass die meisten typischen Versuchstiere im Labor, also Mäuse oder Ratten, keine enge Bindung zu bestimmten Individuen eingehen, sie leben nicht monogam, sondern in größeren sozialen Gemeinschaften. Vielleicht ist Ihnen schon mal aufgefallen, dass die meisten Säugetiere, im Gegensatz zu vielen Vögeln, nicht monogam leben. Genau genommen sind wir Männer seit der Erfindung des Stillens bei der Aufzucht des Nachwuchses abgeschrieben. Monogamie bei Säugetieren scheint nur Sinn zu machen, wenn »Mann« durch seine Treue verhindert, dass ein Konkurrent die Nachkommen tötet, damit das Weibchen schneller wieder empfängnisbereit wird.[37]

Bei Vögeln sieht das ganz anders aus, denn sie müssen zu gleichen Teilen brüten und das Futter für ihre Nachkommen besorgen, und so ist eine feste Bindung zumindest für eine Brutsaison sehr häufig. Es war somit für die Forscher gar nicht so einfach, unter den vielen Säugetieren eine Art zu finden, die monogam lebt und eventuell als Modellorganismus für ein Leben in einer lebenslangen Beziehung dienen kann. Doch im Gegensatz zu den nah verwandten Bergwühlmäusen ist unsere Präriewühlmaus monogam.

Wenn man sich als Forscher für die Wirkung eines Stoffes interessiert, dann hemmt man ihn chemisch und schaut, was passiert. Bingo, mit unwirksamem Oxytocin verhielten sich unsere Mäuschen wie ihre Verwandten in den Bergen, und die lebenslange Partnerschaft war vergessen. In einer erst kürzlich erschienenen

Vierzig Stunden Sex nonstop, das geht nur auf Trip.

Studie konnte sogar gezeigt werden, dass Oxytocin nicht nur für eine lange monogame Partnerschaft verantwortlich ist. Es initiiert auch Verhalten, das eine Partnerschaft fördert, denn wenn es einem schlecht geht, dann tröstet selbst ein Nager.[38]

Vielleicht denken Sie, nur gut, dass wir Menschen mit unserem Verstand diesen Gefühlen nicht so hilflos ausgeliefert sind. In diesem Fall hätten Sie sich zu früh gefreut, denn selbst die kühlen Rechner am Finanzmarkt sind oxytocingesteuert. So vergaben Testpersonen, die an einem Oxytocinspray geschnüffelt hatten, eher einen Kredit als die, denen man ein Placebospray verabreicht hatte.[39] Natürlich hat die Vergabe von Krediten nichts mit Liebe zu tun. Doch fragen Sie sich bitte: Was verwandelt Liebe in Hass? Richtig, Eifersucht, sie entzieht einer Liebe die Grundlage. Ohne Vertrauensbasis geht jede Beziehung zugrunde. Mit einer Prise Oxytocin aus dem Spray wäre auch in diesem Fall geholfen. Oxytocin erzeugt ein Gefühl von Vertrauen, und das ist der wahre so-

Buntbarsche der Art *Neolamprologus pulcher* pflegen gemeinschaftlich ihre Brut. Ihr Sozialleben steht unter der Kontrolle des Hormons Isotocin, der fischigen Variante unseres Bindungshormons Oxytocin.

ziale Kleber. Das gilt sogar für Fische, die dem Oxytocin-Derivat Isotocin erliegen.[40]

Oxytocin wirkt sogar zwischen verschiedenen Arten: Gibt man Hunden mittels Nasenspray eine Prise, dann folgen sie besser und sind weniger aggressiv.[41] Vielleicht sollten Militärstrategen mal darüber nachdenken, daraus eine chemische Kampfwaffe zu machen, dann gewinnt der Spruch »Make love, not war!« eine ganz neue Dimension.

Entdeckt wurde Oxytocin übrigens schon 1906 im Zusammenhang mit Geburt und Stillen, und es ist schon viele Jahre Praxis, nach einem Kaiserschnitt Oxytocin zu geben, damit es zum Milchfluss kommt. Ganz nebenbei wird damit auch die Mutterliebe getriggert, denn ohne den eigentlichen Geburtsprozess kommt es nicht zu der extrem starken Ausschüttung von Oxytocin und somit zu der fast schmerzhaft festen Bindung zwischen Mutter und Kind. Evolutionär gesehen ist diese starke Bindung von großem Vorteil, denn so ist die Mutter geneigt, das Kindeswohl und damit den Fortbestand der Art über das eigene Wohl zu stellen. Bei unseren Milchkühen ist dies übrigens ganz ähnlich. Auch ihre Milchproduktion muss durch die Geburt und starke Oxytocinschübe alle zwölf Monate neu angeregt werden. Was mögen die vier Millionen deutschen Milchkühe wohl empfinden, wenn ihnen nach Stunden oder Tagen ihre Kälber weggenommen werden?

Doch vielleicht darf man das menschliche Empfinden gar nicht als Vergleich zugrunde legen, vielleicht empfindet eine Kuh ganz anders? Leider ist es sehr wahrscheinlich, dass alle Säugetiere verhältnismäßig ähnlich empfinden (siehe das Kapitel »Gefühlsduselei«). Im Übrigen ist dies ein Glücksfall für die Pharmaindustrie, denn all die Psychopharmaka und Wunderpillen, die unsere Gefühlswelt wieder ins rechte Lot bringen sollen, sind auf Tierversuche angewiesen.

6. Pheromon-Partys

Sie kennen sicher die bunten Bälle in den Spiellandschaften. Die Dinger haben circa sechs Zentimeter Durchmesser. Stellen Sie sich nun vor, Sie müssten auf der Fläche von acht Fußballstadien den einzigen gelben Ball finden. Das wäre eine reife Leistung, aber für Ihre große Liebe wären sie bereit, dies zu tun. Leider bedecken die Bälle nicht nur den Fußboden, sondern sind 2000 Kilometer hoch gestapelt, eine unmögliche Aufgabe. Das Seidenspinnermännchen bewältigt sie allerdings mit Hilfe seiner fächerförmigen Fühler, die dazu in der Lage sind, selbst einzelne Moleküle zu erkennen.

Nicht ganz so empfindlich ist die Wahrnehmung der Gewöhnlichen Strumpfbandnatter. Sie lebt in Nordamerika und ist die vielleicht am besten erforschte Schlange überhaupt. Auch ihre Männchen folgen dem Geruch der weiblichen Pheromone. Die gewieften Jungs haben aber einen kleinen Trick auf Lager. Auch die Männchen können die weiblichen Pheromone produzieren und legen damit eine falsche Spur, der ihre verzauberten Artgenossen zwanghaft folgen müssen.[42]

Diese Art von Pheromonen sind somit Lockstoffe, die auch über große Distanzen wirken können. Es ist ganz egal, wer kommt, Hauptsache, ein geschlechtsreifes Männchen. Die meisten Säugetiere sind aber überhaupt nicht darauf angewiesen, so sensibel zu sein, da sie in sozialen Gemeinschaften leben. In diesen sind andere Steuermechanismen wichtig. Das sogenannte Jacobson-Organ hilft vielen Wirbeltieren, ganz spezifische Signalstoffe zu identifizieren. Je nach Art kann es sich dabei um Reviermarkierungen, um Alarmstoffe, um gelegte Spuren oder Ausdruck der Rangfolge handeln.

Menschen besitzen kein Jacobson-Organ, und doch hilft uns unsere Nase in der Drogerie bei der Wahl des richtigen Deos. Die meisten Menschen benutzen ein Deo, damit sie nicht irgendwann

Der Seidenspinner (*Bombyx mori*), ein Schmetterling aus China, fliegt auf Bombykol, einen sexuellen Lockstoff (Pheromon), der von Adolf Butenandt 1959 aus 500 000 Duftdrüsen weiblicher Seidenspinner isoliert wurde. Die kammförmigen Fühler der Männchen können extrem kleine Konzentrationen des chemisch einfach gebauten Moleküls Bombykol wahrnehmen.

in einem stressigen Meeting oder nach einem langen Tag anfangen zu müffeln. Diese Entscheidung treffen wir ganz bewusst und planvoll, denn wir denken voraus und kombinieren. Die Entscheidung, mit welchem Deo wir dieses Ziel erreichen, fällt allerdings eine andere Instanz. Für unser Geruchsorgan riechen Deos, die unseren eigenen Geruch unterstützen, besser als andere. Müssten wir dann nicht viel stärker stinken? Natürlich nicht, denn stinken tun die Stoffwechselendprodukte unzähliger Mikroorganismen, die sich an unserem Schweiß und abgestorbenen Hautschuppen gütlich tun. Deos haben antibakterielle Inhaltsstoffe, die das Wachstum der Mikroben begrenzen, und wirken daher geruchshemmend. Unabhängig davon haben sie aber auch Duftstoffe, die uns angenehm oder unangenehm sind. Dass dieser Geruch unser Verhalten steuert, ist überraschenderweise tief in dem ewigen Kampf zwischen Einzellern und Mehrzellern sowie Parasiten und Wirten verwurzelt.

Auch die Männchen der Gewöhnlichen Strumpfbandnatter (*Thamnophis sirtalis*) können den Lockstoff der Weibchen produzieren. Sie legen so eine falsche Spur und führen Rivalen in die Irre.

Ich habe in Kiel Meeresbiologie studiert, und eines Tages fragte mich eine Kommilitonin, ob sie ein bisschen Achselhaar von mir bekommen könne, ich dürfe mich aber auf keinen Fall vorher waschen. Unter Biologen und Medizinern gibt es manchmal komische Gespräche und wunderliche Fragen, also tat ich so, als wäre mir die Sache kein bisschen peinlich. Meine Bekannte nahm als Versuchsperson an einem Test teil, bei dem untersucht wurde, ob der Geruch auf die Partnerwahl Einfluss hat. Ich habe nie erfahren, was bei dem Test herausgekommen ist, aber sie ist heute glücklich verheiratet, und zwar nicht mit mir.

Doch was macht den einen Geruch attraktiver als einen anderen, und warum kann man manche Menschen einfach nicht riechen? Vielleicht ist Ihnen schon einmal aufgefallen, dass Ihnen der Geruch von engen Familienmitgliedern unangenehm ist. Eine tolle Sache, denn so wird Inzucht und damit der Ausbruch von Erbkrankheiten verhindert. Die Geschichte ist aber noch viel phantastischer, denn was wir riechen, sind nicht die Erbkrankheiten, sondern unser Immunsystem. Um das zu verstehen, muss ich kurz ausholen. Damit unser körpereigenes Immunsystem nicht unsere eigenen Zellen attackiert, ist jede einzelne Zelle markiert. Die Markierung ist ein ganz spezielles, eigens für uns selbst erfundenes Protein, welches sich bei nahen Verwandten ähnelt. Diese speziellen Proteine werden an der Oberfläche der Zellmembranen auf kleinen Tellerchen, den MHC-Molekülen (major histocompatibility complex), präsentiert. Wir kennen bisher neun MHC-Gene beim Menschen, von denen es jeweils 100 Allele (Genvarianten) gibt. Die Natur kann also mit einer großen Anzahl von Möglichkeiten würfeln, und jeder Mensch hat mindestens zwölf unterschiedliche Allele. Mit diesen Bauanleitungen werden dann die unterschiedlichen MHC-Moleküle gebastelt. Nun spielen bei jeder Immunantwort auch noch Antigene, Antikörper, Gedächtniszellen und viele weitere Bestandteile eine wichtige Rolle, doch belassen wir es vorerst dabei, dass die Anzahl und Variabilität der MHC-Moleküle für die Fähigkeiten unseres Immunsystems repräsentativ ist. Bei der Partnerwahl geht es nun darum, jemanden zu finden, der das eigene Immunsystem ergänzt und neue Abwehrmechanismen mit in die Beziehung einbringt. Auf diese Weise wird sichergestellt, dass sich Fähigkeiten und Erfahrungen eines individuellen Immunsystems in der gesamten Population verbreiten.[43] Als ob das nicht kompliziert genug wäre, muss unsere Nase nicht nur herausschnüffeln, wer unser Immunsystem ergänzt, sondern auch, wer zu unterschiedlich ist, denn in diesem Fall laufen wir Gefahr, dass unsere Nachkommen ein Immunsystem bekommen, welches überreagiert und den eigenen Körper attackiert.[44]

Warum erzähle ich Ihnen das alles? Das adaptive Immunsystem, also der Teil unseres Immunsystems, der sich auf neue Krankheitserreger einstellt und dem wir die Fähigkeit der Immunität durch Gedächtniszellen verdanken, haben wir mit allen Wirbeltieren gemeinsam. Alle Wirbeltiere, einschließlich uns Menschen, haben das gleiche Problem. Wir suchen nach einem Partner, der unser Immunsystem sinnvoll ergänzt, damit unsere Nachkommen noch fitter sind. Die wichtigsten Erkenntnisse zu den Mechanismen der Partnerwahl stammen nicht aus Tests mit Studenten, die an Achselhaaren oder getragenen T-Shirts schnüffeln, sondern von Stichlingen. Diese kleinen Fischlein ließ man in fließendem Wasser schwimmen, in dem unterschiedliche MHC-Moleküle gelöst waren. Weibliche Stichlinge mit geringer MHC-Allelanzahl schwammen in Richtung Männchen mit hoher Anzahl an MHC-Allelen und umgekehrt.[45] In diesen Experimenten verhalten sich also fünf Zentimeter große Stichlinge bei der Partnerwahl genauso wie die menschlichen Besucher von Pheromon-Partys.[46] Die für sie lebenswichtige Entscheidung, wen erwähle ich als Partner?, wird genauso wie bei uns Menschen auf biochemischer Grundlage gefällt. Verstoßen wir gegen diese unbewusste Empfehlung, ist es gut möglich, dass wir unseren Partner im wahrsten Sinne des Wortes nicht riechen können. In diesem Sinne ist eine Pheromon-Party, bei der man an Dutzenden verschwitzten T-Shirts schnüffelt, ein geschickter erster Schritt.

Versetzen wir uns mit diesem neuen Wissen in die Welt einer Hündin, die von einem Rüden gedeckt werden soll. Das Weibchen ist läufig und in einem großen Umkreis dank der Pheromone als »heiß« wahrnehmbar. Kommt nun ein fescher Kerl vorbei, hat sie die innere Motivation, an ihm zu riechen. Gefällt ihr der Geruch, wird sie sich mit Freuden sexuell stimulieren lassen. Gefällt ihr der Geruch nicht, wird sie versuchen, den Rüden wegzubeißen. Letzteres würde dazu führen, dass der Rüde nicht zum Zuge käme. Seine anstrengenden Avancen würden ihn irgendwann erschöpfen, und er würde sich trollen, vielleicht auch mit einem Geruch in der Nase, der ihm sowieso nicht gefallen hat. Das Weibchen würde hingegen auf einen weiteren Interessenten warten. Mit arrangierten Ehen, wie sie die Besitzer von Rassehunden gern vereinbaren, ist das so eine Sache. Wenn Rassehund mit Rassehund kopuliert, werden zwar alle lieb gewonnenen Eigenschaften, wie die lustigen Ohren und die süße Schnauze, aber auch wie beim Yorkshire-Terrier eine Augenkrankheit, bei der die Linse verrutscht, vererbt. Letztlich hat die willkürliche Partnerwahl der Natur ein Schnippchen geschlagen, und wir haben die Erklärung, warum Rassehunde gegenüber Infektionen empfindlicher sind als Mischlinge, die ihrem Herrchen entwischt und die Partnerwahl selbst in die Hand bzw. Nase genommen haben.

7. BDSM

Wir Menschen lieben BDSM, zumindest in unserer Phantasie. Anders ist der Erfolg von Fifty Shades of Grey nicht zu erklären. Ich muss an dieser Stelle gestehen, dass ich lange nicht wusste, was BDSM eigentlich heißt. Ich wusste natürlich, dass es etwas mit Sado-Maso-Spielchen zu tun hat, aber was es genau heißt, wusste ich nicht. Wikipedia sagt, die Abkürzung steht für »Bondage & Discipline, Dominance & Submission, Sadism & Masochism«, also Fesseln und Disziplin, Dominanz und Gehorsam, Sadismus und die Lust, Schmerzen zu erleiden. Letztlich läuft alles darauf hinaus, dass ein Individuum ein anderes Individuum in eine Situation bringt, in der es hilflos ist, ausgebeutet wird und Schmerzen erleidet. Alles in allem Situationen, die normalerweise den sofortigen Fluchtreflex auslösen. Wie wir oben schon beschrieben haben, können Tiere mit einem komplexeren Gehirn bestimmte durch Hormone oder Neurotransmitter vermittelte Verhaltensreaktionen unterdrücken. Die Frage ist: Finden nur wir Menschen an BDSM Gefallen oder auch einige Tierarten? Um diese Frage zu beantworten, haben sich kluge Forscher überlegt, mit welchem Experiment man sich dieser Frage nähern kann.

Wer zum ersten Mal Wasabi-Chips isst, weiß, welche körperlichen Reaktionen scharfes Essen auslösen kann: Der Schmerz entzündet erst die Zunge, gleitet dann die Speiseröhre hinab und wandert im Anschluss daran als pulsierende Konvulsion das Rückenmark nach oben, um schließlich, im Nacken angekommen, an jeder Haarwurzel zu kribbeln.

Es überrascht daher nicht, dass die oben erwähnten Forscher für ihr Experiment auf Chilischoten verfallen sind. Die lösen zwar keinen Fluchtreflex aus, machen aber Nahrung völlig ungenießbar und lösen eine extrem starke Abscheu aus, zumindest so lange, bis man an dem Kick Gefallen gefunden hat. Sie versuchten also ihr Glück mit unserem klassischen Labortier, der Ratte. Die Forscher haben alles versucht, die Ratten zum Verzehr von Chili anzuregen. Sie steigerten langsam die Konzentration, fütterten bereits Jungtiere damit, mixten Chili mit der absoluten Lieblingsnahrung usw., es half nichts. Erst nach der chemischen Zerstörung der Geschmacksnerven konnten Ratten dazu bewegt werden, Nahrung mit Chili anzunehmen.[47] Das ist insofern verwunderlich, als an Chili nichts schädlich ist, es schmeckt eben nur sehr scharf. Im Gegensatz zu Ratten und vielen weiteren getesteten Tierarten mögen viele Menschen diesen Geschmack, gerade weil er so extrem ist. Chili ist kein Einzelfall, ich kann mich noch gut daran erinnern, wie ich mich bei meinem ersten Bier geschüttelt habe. Alles in mir hat sich gegen diesen vergammelten Geschmack gewehrt. Die Liste ließe sich beliebig erweitern: Whiskey, Achterbahn, Horrorfilme usw. Der Widersinn dieser Präferenzen beschäftigt Forscher schon seit Jahrzehnten.[48] Die Literatur ist unüberschaubar, aber als ein gemeinsamer Nenner galt die Bereitschaft, Risiken einzugehen. Heute wird dies etwas spezifischer diskutiert. Der Wunsch, Risiken einzugehen, geht nicht unbedingt mit der Liebe zu Scharfem einher. Vielmehr stehen die Menschen, die Scharfes bevorzugen, auf möglichst viele und intensive Sinneseindrücke.[49] Womit wir wieder beim Sex und seinen Spielarten wären.

Ich würde Ihnen jetzt gern eine Liste mit Tieren präsentieren, die sich ähnlich wie wir Menschen über den Fluchtreflex hinwegsetzen und sich freiwillig quälen, ausbeuten, pervertieren, erniedrigen und beleidigen lassen, aber die scheint es nicht zu geben. Tiere lassen sich auf solche Spielchen nicht ein. Ich lasse mich gern belehren, doch bis dahin haben wir unser erstes Alleinstellungsmerkmal der Tierart Mensch gefunden.

III. UNBEKANNTE KULTUREN

Ich gebe es zu, seit ungefähr vier Jahren bin ich ein ziemlicher Kulturmuffel. Ich kann mich noch gut daran erinnern, dass uns einige Freunde vor der Geburt unserer Zwillinge geraten haben: Geht noch mal aus, macht was Schönes, ab ins Theater, lasst es noch mal krachen. Unsere Freunde hatten Recht. Im ersten Jahr ging gar nichts, im zweiten Jahr sind wir langsam wieder zu uns gekommen, und ab dem dritten Jahr konnten wir zumindest theoretisch darüber nachdenken, was wir machen würden, wenn die Omas und Opas die Kleinen ins Bett bringen. Doch obwohl ich mich als Kulturmuffel gesehen habe und selbst zum Fernsehen keine Zeit hatte, war ich tatsächlich kulturell aktiv, denn Kultur ist viel mehr als nur ins Theater zu gehen. Wir alle sind von unserer Kultur geformt, und letztlich habe ich nach diesem Vorbild auch die Kultur meiner Kinder geformt. Vermutlich war ich damit kulturell aktiver als jemals zuvor.

Ich habe mit einem gewissen Kalkül das Kapitel Kultur hinter das Kapitel Sex gestellt, denn beide Mechanismen sind für die lebendige Welt, wie wir sie kennen, verantwortlich. Sex ist zweifelsfrei eine tolle Sache und stand als die vielleicht wichtigste Erfindung der Biologie ganz am Anfang der Evolution. Sex hat aber einen gewaltigen Nachteil: Er dauert ewig! Natürlich geht der eigentliche Sexualakt recht schnell vonstatten, aber der Sinn des Ganzen entfaltet sich erst nach Generationen. Wenn also unser Bärtierchen von seinen Sexualpraktiken abweichen will, dann muss sich eine Verhaltensänderung von Generation zu Generation entwickeln und sich im genetischen Code niederschlagen.

Viel schneller lässt sich eine Verhaltensänderung durch Kultur erreichen.

Kultur im Tierreich?! Jetzt übertreibt er aber! Keineswegs, Sie werden sehen.

Die genetische Selektion ist ein Prozess, bei dem die Anpassung an bestimmte Umweltbedingungen und Verhältnisse über Generationen andauert. Kulturelle Veränderungen, die im Übrigen auch einen Einfluss auf die Evolution haben können, gehen viel schneller vonstatten und sind der Grund für die menschliche Bevölkerungsexplosion. Wirft man einen Blick in die einschlägigen Lexika, dann beschreiben sie Kultur als etwas, das der Natur gegenübersteht. Damit folgen sie einer mehr als 200 Jahre alten Definition des Anthropologen E. B. Tylor.[50] Auch wenn sich der Begriff und der Inhalt für das, was wir Kultur nennen, über die Zeit und in unterschiedlichen »Kulturen« verändert hat, so bleibt doch meist der gemeinsame Nenner erhalten: Das, was wir Menschen tun, ist Kultur. Wir gehen ins Theater, hören Klassik-Radio oder schauen »Titel, Thesen, Temperamente«. Wir fühlen uns dann kulturell aktiv und bilden uns kulturell weiter. Gerade der letzte Punkt, die Weiterbildung oder das Lernen von anderen schlechthin, ist der Kern einer kulturellen Tradition. Ein bestimmtes Verhalten oder eben eine Tradition kann nur dann Bestand haben, wenn die entsprechende Information von einem Individuum an ein anderes weitergegeben wird.

Aus diesem Grund haben sich in den vergangenen Jahren viele Biologen darüber Gedanken gemacht, ob es nicht auch Kultur in einem weiteren, also nicht mehr nur auf den Menschen bezogenen Sinn gibt. In einem der ersten Artikel, die sich mit dem Thema »Kultur bei Walen und Delfinen« beschäftigt, listen die Forscher allein 16 unterschiedliche Definitionen von Kultur auf.[51] Die derzeit vermutlich beste Definition lautet: Kultur ist durch soziales Lernen von anderen Artgenossen erworbene Information oder erworbenes Verhalten.[52] Diesem Verhalten stellt man dann andere Verhaltensäußerungen gegenüber. Gemeint sind tierische Handlungen, die entweder vererbt wurden oder die eine Anpassung an den Lebensraum darstellen.[53] Das Erbgut und die Umgebung gelten bei den allermeisten Tieren als der wesentliche Einfluss und Motor für ein bestimmtes Verhalten. Daher dürfen wir nur in wenigen Fällen und dann auch nur mit großer Vorsicht bestimmte Verhaltensweisen als Kultur bezeichnen. Das Problem ist nur: Man sieht es dem Verhalten nicht an, ob es sich um ein Kulturgut handelt oder nicht. Umgangssprachlich basiert tierisches Verhalten ohnehin nur auf Instinkt. Wir meinen damit irgendeine innere (intrinsische) Motivation, die ein Tier das eine oder andere tun lässt. Doch, um ehrlich zu sein, wissen wir eigentlich nicht, was wir damit meinen. Mit dieser Betrachtung tun wir den Tieren unrecht und hindern uns selbst daran, unsere Umwelt besser zu verstehen. Daher müssen wir mit detektivischem Spürsinn das Leben der Tiere beobachten und analysieren. Und wer wäre besser dazu geeignet, uns bei der Suche nach wirklicher tierischer Kultur zu unterstützen, als der weltberühmte Detektiv Sherlock Holmes?

8. Wie hätte Sherlock Holmes entschieden?

Die Phantasiegestalt des britischen Schriftstellers Sir Arthur Conan Doyle, Sherlock Holmes, ist nicht nur der Vater aller Kriminalkommissare, sondern auch Ausdruck der geistigen Revolution am Ende des 19. Jahrhunderts. Sherlock Holmes ist so etwas wie der Archetyp des logisch denkenden Wissenschaftlers, der die Welt aufgrund genauer Beobachtungen erklären kann. Seine Prämisse bei der Entscheidungsfindung war einfach und konsequent: »Wenn man alles Unmögliche ausschließt, muss das, was übrig bleibt, und sei es auch noch so unwahrscheinlich, die Wahrheit sein!« Heute bezeichnet man diese Herangehensweise schlicht als Ausschlussverfahren (»method of exclusion«). In unserem Fall bedeutet dies: Wenn alle anderen Ursachen für ein bestimmtes Verhalten auszuschließen sind und nur noch ein kultureller Austausch als Erklärung infrage kommt, dann muss es sich um Kulturen handeln.

In der Einleitung ihres Buches »The Question of Animal Culture« nennen die bekannten Wissenschaftler Kevin Laland und Bennett Galef eine Reihe von unglaublichen Beispielen für tierisches Verhalten. Sie berichten von Schimpansen, die mit Stöckchen essen oder die Steine zur Essenszubereitung benutzen, von Orang-Utans, die mit Sexspielzeug und selbstgebastelten Puppen hantieren, und Kapuzineräffchen, die sich gegenseitig die Hand küssen.[54] Doch sind diese Beispiele Ausdruck einer kulturellen Entwicklung? Die Meinungen gehen teilweise weit auseinander, und verschiedene Forscher kritisieren zu Recht, dass oft zu voreilig mit einer Kultur argumentiert wird, ohne wirklich sicher alle anderen Ursachen ausgeschlossen zu haben.[55] Etwas provokant sprechen die Kritiker von einer ethnografischen Betrachtung und unterstellen den betroffenen Forschern eine gewisse Voreingenommenheit und Vermenschlichung bei der Betrachtung der Dinge.

Die Forscher weisen diese Kritik natürlich von sich und sprechen ganz im Sinn von Sherlock Holmes von der korrekten Anwendung der »method of exclusion«.[56] Die Kritiker begründen ihre Skepsis damit, dass man niemals sicher sein kann, alle möglichen, vielleicht auch bisher unbekannten Einflüsse berücksichtigt zu haben. In gewissem Sinn haben sie damit natürlich Recht. Es scheint ein systemimmanentes Problem zu sein, dass eine wissenschaftlich gelöste Frage oft eine Vielzahl von weiteren Fragen aufwirft. Wir können die Welt nur so weit erklären, wie wir sie verstehen, und alles, was uns dabei hilft, sollten wir beherzt anwenden, auch wenn wir uns niemals restlos sicher sein können, richtig geschlussfolgert zu haben. Daher lassen wir die Streitereien der Forscher beiseite und beleuchten einige allgemeine Grundsätze, bevor wir uns den realen Beobachtungen zuwenden.

Unser kulturelles Erbe unterscheidet uns von anderen. In meiner Heimatstadt gibt es beispielsweise einen Unterschied zwischen Menschen, die im Norden der Stadt aufgewachsen sind, und jenen aus dem Süden. Unsere Nachbarn, die Franzosen, sind irgendwie anders, von den Moslems ganz zu schweigen. Obwohl wir unterschiedlich sozialisiert wurden, gehören wir alle zu einer biologischen Art und dürfen uns Menschen nennen. Kultur gibt es also grundsätzlich nur innerhalb einer Art, was jedoch nicht ausschließt, dass es nicht auch einen kulturellen Transfer von einer Art auf eine andere gibt. Wir konzentrieren uns jedoch vorerst auf das Spektrum möglicher Verhaltensmechanismen innerhalb einer Art. Vertreter ein und derselben Art können manchmal entweder unterschiedlich aussehen und sich gleich verhalten oder sich unterschiedlich verhalten und gleich aussehen. Sicherheit gibt nur eine genetische Analyse, und damit wird es auch möglich, unterschiedliche Populationen innerhalb einer Art zu unterscheiden. Unterschiede innerhalb einer Art führen oft zur Aufspaltung in zwei Arten. Das ist die Grundlage der Evolution. Man spricht von einer allopatrischen Artbildung, wenn sich eine Art aufgrund von sich verändernden Umweltbedingungen in zwei Arten aufteilt. Der Einfluss kommt also von außen. Man spricht dagegen von einer sympatrischen Artbildung, wenn die Teilung von innen heraus erfolgt. Ein Beispiel sind die Mittel-Grundfinken,[57] eine der vierzehn von Darwin auf den Galápagos-Inseln entdeckten Finkenarten. Unter den Männchen gibt es zwei unterschiedlich große Schnabeltypen. Bedingt durch die Schnabelform, klingen die Rufe der beiden Männchengruppen unterschiedlich, und manche Mädels bevorzugen den einen, manche den anderen Klang.

Wenn man den Effekt mit dem Schnabel nicht kennen würde, könnte man leicht versucht sein, das Verhalten der beiden unterschiedlichen Gruppen als eine unterschiedliche Kultur zu betrachten. Man könnte davon ausgehen, dass jede einzelne Gruppe einer bestimmten kulturellen Tradition folgt. Dieses Verhalten könnte ein bestimmter Gesang sein, der nur innerhalb einer bestimmten kulturellen Gruppe weitergegeben wird. Tatsächlich sind wir aber dabei, die Aufspaltung einer Art in zwei unterschiedliche Arten aufgrund eines kleinen morphologischen Unterschieds zu beobachten. Die Beobachtung ist für Evolutionsforscher von großer Bedeutung, denn sie lässt uns praktisch bei der Entstehung der Arten zuschauen. Das hat aber nichts mit kultureller Differenzierung zu tun.

Doch, abgesehen von unterschiedlichen Rufen, welche Verhaltensweisen gibt es noch? Da sind zum Beispiel die Reflexe: Dabei handelt es sich um sehr einfache, genetisch vorgegebene Verhaltensweisen wie den Saugreflex eines neugeborenen Säugetieres. Charakteristisch dafür ist die Tatsache, dass das Verhalten über sehr lange Zeiträume unverändert bleibt und sich oft über mehrere Arten erstreckt.

Die wenigsten wissen, dass auch das Tragen von Babys bei den Kleinen einen Reflex auslöst. Manch einer mag glauben, dass es sich dabei um ein zutiefst menschliches Verhalten, das durch Liebe und Zuwendung erzeugt wird, handelt, aber Mäusebabys reagieren genauso. In einem Experiment wurde ihre Wahrnehmung medikamentös unterdrückt, und sie wurden von ihren Müttern getrennt, die Muttertiere hatten aber die Möglichkeit, ihre Kleinen zurückzutragen. Dummerweise zappelten die Mäusebabys wie verrückt, und die Mütter brauchten viel länger für ihre Rettungsaktion.[58] Im Normalfall, also ohne den medikamentösen Einfluss, verfallen die Tiere sofort in die sogenannte Tragestarre. Dieser Reflex kann bei den allermeisten Säugetieren ausgelöst werden und ermöglicht den Elterntieren, ihre Kinder schnell in Sicherheit zu bringen. Allen Vätern und Müttern, die frustriert feststellen, dass ihr beim Herumtragen friedliches Baby sofort wieder anfängt zu schreien, sobald es im Bett liegt, sei gesagt: Das ist ganz normal, denn der Tragereflex wird dann nicht mehr ausgelöst. Eigentlich kann man das Tragen auch gleich ganz sein lassen, denn die Ursache des Problems – Hunger, Durst, eine volle Windel – wird dadurch nicht behoben. Wir sind eben doch alle nur kleine Tierchen. Dann gibt es Verhalten, das genetisch prädisponiert ist. Dabei handelt es sich um ein erlerntes, oft artspezifisches Verhalten. Typisch hierfür ist, dass es durch das Individuum besonders leicht erworben werden kann. Ein gutes Beispiel dafür ist vielleicht eine musische Begabung: Wenn wir zwei Kinder beobachten, wie sie Gitarre spielen lernen, dann ist es nicht unwahrscheinlich, dass ein Kind aus einer musikalischen Familie, in der schon seit Generationen Musik eine wichtige Rolle spielt, das Instrument besser und leichter spielen lernt als ein Kind, für dessen Vorfahren Musik keine bedeutsame Rolle gespielt hat. Wenn die beiden Kinder aber nicht mit Instrumenten konfrontiert werden, wird die unterschiedliche genetische Prädisposition überhaupt nicht zutage treten. Für Verhaltensbeobachtung an Tieren heißt das, dass bestimmte Verhaltensweisen nur unter bestimmten Umweltbedingungen auftreten.

Ein weiterer Punkt ist die Art und Weise, wie gelernt bzw. wie ein Verhalten erworben wird. Wenn nun ein Tier eine neue Verhaltensweise zeigt, ist es gut möglich, dass es sich diese Verhaltensweise selbst beigebracht hat bzw. durch Erfahrungen erworben hat. Auch in diesem Fall würde es sich nicht um ein Kulturgut handeln. Wenn nun aber dieses selbsterlernte und nicht genetisch prädisponierte Verhalten von anderen Tieren abgeschaut und imitiert wird, dann handelt es sich tatsächlich um kulturelle Informationsweitergabe.

Sie sehen also, wie kompliziert es sein kann, ein Verhalten eindeutig als kulturelle Errungenschaft zu belegen. Eindeutige Beobachtungen im Freiland sind ausgesprochen selten und Experimente dazu ausgesprochen kompliziert.

Verhaltensbiologen suchen sich gerne möglichst einfache Systeme zum Experimentieren. Dies tun sie natürlich nicht, weil sie faul sind, sondern weil ein einfaches System einfacher zu testen ist und so mögliche Fehlerquellen reduziert werden können. In einem solchen relativ einfachen Experiment gelang es, eine Kultur bei Korallenfischen nachzuweisen.[59]

Wenn Tiere sich paaren, erfordert das ihre ganze Aufmerksamkeit. Daher bleiben nicht mehr viel Zeit und Energie übrig, um zum Beispiel auf Feinde zu achten. Aus diesem Grund gehen Biologen davon aus, dass Paarungsgebiete bestimmte Eigenschaften haben müssen. Buckelwale aus dem Nordpazifik schwimmen zum Beispiel zur Paarung und zur Aufzucht ihrer Jungen in die flachen, geschützten Gewässer der Hawaii-Inseln. Es müsste somit grundsätzlich möglich sein, die erforderlichen Bedingungen eines Paarungsgebietes zu beschreiben. Somit könnte man über ein bestimmtes Gebiet vorhersagen, dass es als Paarungsgebiet tauglich ist. Um das experimentell zu beweisen, müsste man also eine entsprechende Population nehmen und in einer anderen Umwelt aussetzen. Im Anschluss daran könnte man beobachten, ob die vorhergesagten Gebiete tatsächlich eher genutzt werden als andere. Nun kann man aus ethischen, aber auch aus praktischen Gründen nicht einfach die Buckelwalpopulation aus dem Pazifik in den Atlantik umsetzen, um zu sehen, ob sie in der Karibik ähnliche Buchten aufsuchen. Demgegenüber gibt es verhältnismäßig wenige Probleme, wenn man mit Fischen experimentiert. So wurde die gesamte lokale Population eines kleinen Korallenfisches namens Blaukopf-Junker (*Thalassoma bifasciatum*) weggefangen und in einem anderen Areal ausgesetzt. Dazu muss man wissen, dass die entsprechende Population bereits über viele Jahre und über mehrere Generationen hinweg beobachtet wurde. Die Forscher wussten daher, dass die Tiere immer wieder ein bestimmtes Gebiet zur Paarung aufsuchen. Wenn nun die Umweltbedingungen für die Wahl des Gebietes ausschlaggebend wären, dann müssten

Der Blaukopf-Junker (*Thalassoma bifasciatum*) lebt in einer Kultur, in der man sich zum Sex nur an einer bestimmten Stelle verabredet.

die Tiere in ihrem neuen Areal ein ähnliches Gebiet zur Paarung aufsuchen.

Blaukopf-Junker geben sich nicht besonders viel Mühe bei der Aufzucht ihrer Jungtiere. Genau genommen müssen sie nur eines: zur richtigen Zeit am richtigen Ort sein. Männchen und Weibchen müssen dann gemeinsam ihre Eier und Samen ins Wasser entlassen. »That's it«, um den Rest kümmert sich Mutter Natur. Daher ist es umso wichtiger, dass die Koordination zwischen den beiden Geschlechtern hundertprozentig funktioniert. Nachdem die Population umgesetzt wurde, nutzten sie tatsächlich ein neues Paarungsgebiet, das über viele Generationen stabil blieb. Die Forscher kamen allerdings zu dem Schluss, dass die Wahl des Gebiets und die Stabilität der Nutzung nichts mit Umweltbedingungen zu tun hatten. Es schien eher eine Art Konvention zwischen den Tieren zu sein. Diese wurde dann als Information von einer Generation an die nächste weitergegeben. Dieses Beispiel zeigt, dass sehr einfache kulturelle Informationen auch von relativ niedrig entwickelten Tierarten transportiert werden können. In diesem Fall sind die Jungfische einfach mit den Älteren mitgeschwommen, und deren Nachkommen haben sich wieder an ihnen orientiert. Einfach und effizient! Kultur als solche ist also gar keine überragende kognitive Leistung. Das Lernen von anderen ist einfach ein recht praktischer Mechanismus. Doch das, was von einer Generation zur nächsten weitergegeben wird, kann sich in seiner Komplexität extrem unterscheiden. Einige Forscher sind daher der Meinung, dass die Lernleistung unserer Fischlein keine Kultur ist. Sie sprechen von »one-trick ponies« und fordern, dass die infrage kommenden Tiere nicht nur zu einer spezifischen Leistung fähig sind, sondern grundsätzlich die Voraussetzung für eine Kultur haben, also auch anderes oder Neues aufgreifen und weitergeben können.[60] Die Fischlein leben somit in einer Art Halbkultur. Wie so vieles in der Natur ist also auch die Fähigkeit zu einem kultivierten Lebensstil schrittweise entstanden. Es ist sogar möglich, ein Halbselbstbewusstsein zu haben (mehr dazu im Kapitel »Selbstbewusstsein«). Es ist somit sowohl evolutionär als auch kognitiv ein langer Weg vom einfachen Hinterherschwimmen bis hin zum Schreiben und Lesen von Büchern oder dem Stöbern im Internet.

Um diesem Spektrum gerecht zu werden, haben zwei Vorreiter in der Kulturdebatte, die Forscher Whiten und van Schaik, ein Stufenmodell vorgeschlagen.[61]

SOZIALES LERNEN durch Imitation ist im Tierreich häufig zu beobachten. Allerdings muss man zwischen genetisch vorprogrammiertem Lernen und dem Lernen von Neuem unterscheiden. Ein Vogelküken, das von den Eltern fliegen lernt, lernt zwar auch im weitesten Sinne sozial und durch Imitation, es lernt aber ein genetisch vorprogrammiertes Verhalten. Wenn Tiere allerdings in der Lage sind, neues Verhalten nachzuahmen, dann entsprechen sie dieser Kategorie.

TRADITION ist die Weitergabe von sozial gelerntem neuem Verhalten (oft über mehrere Generationen) innerhalb einer Gruppe oder einer Population. Beispiele dafür sind die Dialekte bei Orcas, Staren und Mäusen (siehe »Geheimsprache«).

KULTUR wird als Konglomerat verschiedener Traditionen gesehen. Eine Kultur besteht somit aus einer Vielzahl einzelner Traditionen oder, besser gesagt, der Fähigkeit, jederzeit neue Traditionen in die eigene Kultur aufzunehmen. Diese Unterscheidung soll deutlich machen, dass eine einzelne Tradition, wie wir sie bei

Fischen kennengelernt haben, nicht grundsätzlich bedeutet, dass die Tiere dazu fähig sind, eine komplexe dynamische Kultur zu entwickeln.

KUMULIERTE KULTUR billigt man nur Menschen und einigen wenigen anderen Arten zu. Kumulierte Kultur repräsentiert unter anderem die Fähigkeit, sich in Gruppen aufzuteilen und zu spezialisieren. Ein Beispiel dafür wäre die Jagdstrategie bei Schimpansen, bei der es verschiedene Rollen gibt (siehe »Strategisches Denken und Kreativität«).

Dieses Modell wurde erst kürzlich durch eine interdisziplinäre Arbeitsgruppe ergänzt und in dem Buch »The Nature of Culture« veröffentlicht.[62] Der Begriff Kultur wurde in Basiskultur umbenannt, und kumulierte Kultur wurde in drei Kapazitäten unterteilt:

- Modularkultur: Werkzeuge werden mit Hilfe von Werkzeugen hergestellt.
- Kompositkultur: unterschiedliche Objekte werden zu einer Werkzeugeinheit kombiniert.
- Kollektivkultur: eine resultierende Handlung basiert auf den zusammengeführten unterschiedlichen Einzelhandlungen verschiedener Gruppenmitglieder.

Diese Umbenennung und Erweiterung erschien besonders den Forschern wichtig, die versuchen, die menschliche Entwicklung besser zu verstehen. Zweifelsfrei bringt diese Spezifizierung mehr Klarheit in die Debatte. Aus meiner Sicht gibt es aber ein Problem: Die unterschiedlichen Aspekte der kumulierten Kultur basieren fast ausschließlich auf dem Gebrauch von Werkzeugen. Es ist aber nicht auszuschließen, dass andere Arten kumulierter Kultur auf eine ganz andere Art und Weise gestaltet werden. Möglicherweise haben andere Arten mehr Wert auf soziale oder emotionale Aspekte gelegt und pflegen bestimmte Riten, die sich uns nicht erschließen. Solche kumulativen Kulturen entziehen sich möglicherweise unserer Beobachtung und lassen sich zwangsläufig schlechter erforschen, denn wir können ja keine archäologischen Hinterlassenschaften in Form von Steinäxten untersuchen. Daher konzentrieren wir uns lieber auf die Kulturpyramide.

Der Tanz auf der Rückenflosse ist ein unnatürliches Showelement. Doch eine ganze Generation von Delfinen hat sich den Trick von einem ehemals gefangenen Tier abgeschaut. Einer der wenigen eindeutig belegten Fälle für Kultur im Tierreich.

Mein ehemaliger Kollege Mike Bossley forscht seit vielen Jahren an der lokalen Delfinpopulation in Adelaide im Süden Australiens, und er machte vor einigen Jahren eine Beobachtung, die wir erst heute richtig verstehen. Die Delfindame Billie hatte in den achtziger Jahren Pech und verirrte sich in der Schleuse eines Hafenbeckens. Sie wurde gefangen und für einige Wochen in einem Delfinarium gehalten. Zu ihrem Glück entschloss man sich, sie nach einiger Zeit wieder freizulassen. Zur großen Überraschung aller Beteiligten hatte sie aber etwas aus dem Delfinarium mitgebracht. Es handelte sich um ein völlig unnatürliches Verhalten. Wenn Sie schon einmal eine Delfinshow besucht haben, dann haben Sie bestimmt gesehen, dass Delfine rückwärts auf ihrer Schwanzflosse balancieren können. Dies ist ein beliebtes Element in jeder Show, denn der Körper der Tiere kommt dabei fast vollständig aus dem Wasser und ist für die Zuschauer gut zu sehen. Zum natürlichen Verhaltensrepertoire gehört dies nicht, und so gibt es auch in der freien Natur auf der ganzen Welt kein einziges Tier, das auf dem Schwanz balanciert, außer unserer Delfindame Billie. Sie hatte sich diesen Trick bei den Delfinen im Delfinarium abgeschaut. Be-

Dieser Orang-Utan ahmt menschliches Verhalten nach und wäscht Wäsche. Sein Verhalten erfolgt ohne Training und ist völlig selbst-motiviert.

achtlich ist, dass sie überhaupt nicht trainiert wurde, weder auf diesen Trick noch auf irgendetwas anderes. Vermutlich empfand sie dieses Verhalten aber als so spektakulär, dass sie es irgendwann, zurück im Meer, einfach ausprobiert hat. Es handelt sich somit eindeutig um ein soziales Lernen durch Imitation, bei dem ein völlig neues Verhalten übernommen wurde. Interessant ist auch, dass sie dieses Verhalten im Delfinarium nicht zeigte, offenkundig konnte sie sich also an ihre Zeit im Delfinarium zurückerinnern. Ein vergleichbares Beispiel finden wir bei Orang-Utans auf Borneo. Hier ahmen einige Tiere, die ebenfalls von Menschen in Gefangenschaft gehalten wurden, menschliches Verhalten nach, indem sie Socken oder andere stoffähnliche Materialien waschen.[63] Auch in diesem Fall handelt es sich um soziales Lernen durch Imitation, die sich hier auf menschliches Verhalten bezieht.

Die Geschichte unseres Delfins in Australien geht aber noch weiter, denn circa 15 Jahre später beobachtete mein Kollege, dass auch andere Tiere begannen, auf dem Schwanz zu balancieren.[64] Wir konnten also beobachten, wie aus einer Imitation eine Tradition wurde. Gemeinsam mit anderen erlernten Verhaltensweisen, wie den typischen Rufen oder besonderen Jagdstrategien, haben wir ein eindeutiges Beispiel für Kultur. Betrachtet man die unterschiedliche Rollenverteilung bei bestimmten Jagdstrategien, dann handelt es sich sogar um eine Form der kumulierten Kultur.

Nach so viel Theorie haben Sie sich nun aber ein paar spannende Beispiele verdient, und so beginnen wir gleich mit etwas, das die meisten Menschen ausschließlich unserer eigenen Art zutrauen.

9. Musik und Mode

Testen wir nun unser eben erworbenes Wissen am Beispiel der Buckelwallieder, von denen vermutlich jeder zweite von Ihnen eine CD im Schrank hat. Zunächst einmal ist akustische Kommunikation auch eine Form von Verhalten. Der Gebrauch von Kommunikationssignalen kann geerbt, aber auch erlernt werden. Beispiele für ererbte Signale sind das Bellen der Hunde oder das Miauen der Katzen. Erlernt ist der Gesang der Singvögel. Gerade die akustische Kommunikation bietet für die Erforschung von Kultur einige Vorteile: Dabei sind Tiere, die akustische Ereignisse imitieren können, ausgesprochen geeignete Kandidaten, um kulturelle Leistungen zu erforschen. Das liegt einfach daran, dass sich akustische Signale leicht ändern lassen und sehr unterschiedlich sein können. Wissenschaftler sprechen dabei von Plastizität. Es bedarf dazu also keiner spezifischen Umweltbedingungen wie zum Beispiel der Anwesenheit von bestimmten Ressourcen. So muss man nicht warten, bis man eine bestimmte Jagdstrategie für eine bestimmte Beute beobachten kann, und man muss auch nicht suchen, bis man einen Termitenhügel gefunden hat, an dem Schimpansen mit Stäbchen nach den schmackhaften Ameisen angeln. Darüber hinaus kosten akustische Signale nicht viel Energie, man kann sie jederzeit erzeugen – ideale Voraussetzungen, wenn man die Weitergabe von Informationen von einem Tier an eine ganze Population beobachten möchte.

Bereits seit mehreren Jahrzehnten wissen wir, dass sich die Gesänge der Buckelwale über die Jahre verändern. Die Buckelwale im Nordatlantik erfinden zum Beispiel jedes Jahr circa ein Drittel ihrer Lieder neu, und Forscher haben beobachtet, dass sich das Liedrepertoire nach 15 Jahren vollständig erneuert hat.[65] Bei den Buckelwalen an der Ostküste Australiens reichen dazu schon zwei Jahre.[66] Diese

Die Lieder der Buckelwale sind Kulturgut.

Zeit ist natürlich viel zu kurz, um Raum für irgendwelche Spekulationen über genetische Ursachen zuzulassen. Auch die Tatsache, dass sich alle Tiere der Population bemühen, jedes Jahr die gleichen neuen Veränderungen in ihr Repertoire aufzunehmen, spricht eindeutig für ein im sozialen Kontext erlerntes Verhalten. Wir haben also hier den klassischen Fall eines echten Kulturgutes.

Durch die Ergebnisse an der Ostküste Australiens ermutigt, untersuchten Wissenschaftler auch andere Populationen von Buckelwalen im Pazifik. Daraufhin sprachen die Forscher von regelrechten kulturellen Wellen, die über mehrere Jahre durch den Pazifik wandern.[67]

Die Forscher gehen davon aus, dass die neuen Elemente im Liedrepertoire die »Sänger« attraktiver machen bzw. dass die schnellere Aufnahme eines neuen Elementes ein Zeichen für biologische Fitness ist. Dies ist vergleichbar mit dem Diktat unserer Mode, denn auch wir wollen dadurch zeigen, dass wir auf der Höhe der Zeit sind und mit der Mode gehen. Dass wir den neuen Popsong, den Schnitt eines Hemdkragens oder eine neue Farbkombination für attraktiver und moderner halten, gaukelt uns unser Gehirn vor. Irgendein innerer, für uns nicht nachvollziehbarer Antrieb lässt uns die Dinge des aktuellen Zeitgeistes für besser halten, und wir stecken

Year	East Australia	New Caledonia	Tonga	American Samoa	Cook Islands	French Polynesia
1998						
1999						
2000						
2001						
2002						
2003						
2004						
2005						
2006						
2007						
2008						

Die farbigen Kästen repräsentieren unterschiedliche Lieder und ihren Nachweis in unterschiedlichen Regionen des Pazifik. Die Forscher sprechen von einer kulturellen Welle, die über die Jahre von Westen noch Osten rollt.

beachtlichen Aufwand in das Projekt »up to date« sein. Vermutlich ist aber genau das der biologische Trick, denn nur wer fit ist, kann sich so viel Aufwand für Nichts überhaupt leisten. Objektiv betrachtet sind die Wallieder von gestern oder die Mode von vor zwanzig Jahren genauso gut wie die von heute. Aber es funktioniert und ist gut für die Wirtschaft. Man denke nur einmal daran, wie viele Arbeitsplätze dieser geschickte Kniff der Biologie geschaffen hat.

10. Vom guten Geschmack

Nein, es geht hier nicht um Schweizer Schokolade oder italienisches Zimteis, es geht um kulturellen Geschmack und daraus resultierende oftmals sehr strenge Regeln, die mit Nachdruck und unter Umständen sogar mit Gewalt durchgesetzt werden. Eine Bekannte von mir ist Mikrobiologin und arbeitet in einem der weltweit angesehensten Labore, sie ist promoviert und gilt als Kapazität auf ihrem Gebiet. Ihre Eltern haben sie bereits vor Jahren an den Sohn eines befreundeten Ehepaars versprochen. Eine andere Freundin ist glücklich verheiratet und Mutter, doch die Ehe war erst möglich, nachdem sie zu einer anderen Religion übergetreten war. In beiden Fällen hat die ältere Generation Einfluss auf die Partnerwahl und sorgt auf diese Weise für den Erhalt der eigenen Kultur. Auch wenn beide Beispiele aus meinem privaten Umfeld in Deutschland stammen, so gehören sie doch nicht zu unserer westlichen Kultur. In unserer Wahrnehmung erscheint ein solches Verhalten rückschrittlich, weil wir die Bedürfnisse des Individuums sehr schätzen und der Überzeugung sind, dass Individualität mehr Freiheit und Kreativität schafft. Den Vertretern der beiden in Deutschland fremden Kulturen aus Indien und der Türkei mag es allerdings kulturlos erscheinen, wenn die ältere Generation *keinen* Einfluss auf die Partnerwahl hat. Wenn Orcas das Konzept unserer Kulturen verstehen könnten, dann würden sie sich vermutlich eher mit der türkischen oder indischen Kultur verbunden fühlen. Überrascht?

An der Westküste Kanadas gibt es drei Gruppen von Orcas: die Residents, die Transients und die Offshore-Orcas. Alle drei Gruppen nutzen zumindest zeitweise denselben Lebensraum, und es ist so etwas wie ein Mysterium, dass sie sich nicht miteinander paaren. Genau genommen wäre ihre Paarung aus genetischer Sicht sogar ausgesprochen sinnvoll, da Inzucht vermieden und der Genpool vergrößert würde. Genetische Untersuchungen haben aber gezeigt, dass sich die Transients vermutlich vor 700 000 Jahren von den Residents und den Offshore-Orcas getrennt haben, wohingegen Residents und Offshore-Orcas erst seit 150 000 Jahren getrennte Populationen bilden.[68] Zum Vergleich: Die Entwicklung des menschlichen Gehirns wurde vor circa 200 000 Jahren abgeschlossen und hat sich seither im Aufbau nicht wesentlich geändert.

Offshores und Residents scheinen sich auch heute noch ab und an zu paaren und das, obwohl sie sich seltener begegnen als Transients und Residents. Interessanterweise teilen Residents und Offshore-Orcas auch andere Gewohnheiten: Sie fressen keine Säugetiere, sondern nur Fisch, und beide Gruppen sind bei der Jagd recht »gesprächig«, also akustisch aktiv. Transients hingegen sind bei der Jagd fast stumm, denn sie wollen von ihrer Beute nicht gehört werden.

Die gut dokumentierte Kommunikationsfähigkeit der Orcas lässt sich nach allem, was wir hier über Kultur gelernt haben, nur kulturell erklären. Aus diesem Grund und nach Ausschluss aller bisher bekannten möglichen Einflüsse auf das unterschiedliche Verhalten der Tiere kamen verschiedene Forschergruppen letztlich zu dem Schluss, dass es sich bei den Orca-Populationen tatsächlich um divergierende Kulturen handeln muss.[69] Aktuelle Untersuchungen gehen sogar noch einen Schritt weiter und betrachten dieses Beispiel als einen der wenigen bisher beobachteten Fälle, bei dem ein kultureller Unterschied Einfluss auf die genetische Evolution hat.[70] Ein vergleichbares Beispiel bei uns Menschen ist die Laktoseintoleranz bei vielen Völkern.[71] Wie Sie vermutlich aus eigener Erfahrung wissen, sind wir Menschen die einzige Tierart, die als Erwachsene Babynahrung zu sich nehmen. Diejenigen Völker, die intensiv Viehzucht betreiben und bei denen sich auch Erwachsene von Milch ernähren, entwickelten im Verlauf der vergangenen 10 000 bis 15 000 Jahre eine Toleranz gegenüber Milchzucker. Wohingegen die meisten Menschen im Süden Asiens, in Südamerika und in Afrika eine den natürlichen Ernährungsge-

Das Sozialleben der Orcas unterliegt strengen kulturellen Regeln. Genetische Untersuchungen legen nahe, dass diese Regeln 700 000 Jahre alt sind.

wohnheiten der Menschen entsprechende Laktoseintoleranz behielten und Milch nicht gut vertragen. Ein typischer Fall, bei dem eine kulturelle Errungenschaft – in diesem Fall die Nutztierhaltung – Einfluss auf die genetische Evolution hatte. Bisher ging man davon aus, dass nur bei uns Menschen der kulturelle Einfluss ausreichend stark ausgeprägt ist, um die Evolution zu beeinflussen.

Doch was könnte bei den Orcas die Ursache für die Ausbildung der unterschiedlichen Populationen sein? Ganz ehrlich: Wir können nicht erklären, warum diese Orcas so verschiedene Kulturen pflegen. Eines wissen wir aber recht genau: Transients und Residents wollen seit Hunderten von Generationen nichts miteinander zu tun haben. Die folgenden beiden Beispiele verdeutlichen vielleicht, wie tief das kulturelle Erbe bei den Tieren verwurzelt ist.

Die Vorliebe für bestimmte Nahrung ist bekanntermaßen in der menschlichen Kultur weit verbreitet. Ein Moslem isst kein Schwein, ein Inder würde nie eine Kuh anrühren, und Vertretern der westlichen Kultur dreht sich der Magen um, wenn ein Chinese genüsslich an einem Hundebeinchen knabbert. Doch wie weit würden wir gehen? Würden wir für diese Vorliebe in Kauf nehmen zu verhungern? Eine Gruppe von drei Transients, die 1970 für ein Delfinarium in British Columbia gefangen wurden, haben sich vielleicht eine ähnliche Frage gestellt: Ganze 75 Tage weigerten sie sich, Fisch zu fressen, bis eines der Tiere verhungerte. Die verbliebenen entschieden sich daraufhin, die angebotene Nahrung zu akzeptieren. Interessanterweise wurden beide Tiere wieder in die Wildnis entlassen. Und was fraßen sie dort? Richtig, ihre ursprüngliche oder traditionelle Nahrung: Säugetiere.[72]

Ein anderes Beispiel: Nach der Havarie des Öltankers »Exxon Valdez« in Alaska kam es zu einer der größten durch Menschen verursachten Umweltkatastrophen. Unter anderem starben neun Orcas des im Prince William Sound lebenden Orcapods AT 1. Der Verlust dieser neun Tiere machte 41 Prozent der lokalen Population aus. Zwanzig Jahre nach dem Unglück gab es in der Bucht nur noch zwei geschlechtsreife Weibchen. Leider konnte nicht beobachtet werden, dass sich die Tiere mit anderen Orcas paaren, und die Wissenschaftler gehen davon aus, dass diese lokale Population aufgrund der »Exxon Valdez«-Katastrophe aussterben wird.[73]

Beide Beispiele zeigen, wie tief die kulturelle Tradition bei den Tieren verwurzelt sein muss. Selbst in einer lebensbedrohlichen Situation oder wenn die gesamte Population bedroht ist, zögern die Tiere, etwas zu tun, was für sie theoretisch kein Problem wäre. Die Frage ist nur: Was genau ist es, das die Tiere dazu bringt, sich so zu verhalten? Gibt es so etwas wie ein Wal-Ethos, nach dem Motto: »Wir essen doch keinen stinkenden Fisch« oder »Wir fangen doch nichts mit den Residents an!«

Kultur bei Orcas hat man auch bei gefangenen Tieren beobachtet. In dem Delfinarium »Marine Land« in Niagara Falls kam ein Orca auf die Idee, mit Ködern Möwen zu fangen.[74] Er spuckte einige Fischstücke seiner letzten Mahlzeit wieder aus und legte sich auf die Lauer, bis eine freche Möwe sich auf den Fund stürzte. Es dauerte nicht lange, bis der jüngere Halbbruder des Orcas sich den Trick abgeschaut hatte und selbst auf Möwenjagd ging. Ihm folgten zwei adulte Orcaweibchen. Ein klarer Fall von Kulturtrans-

Orang-Utans können sich einen Drink nach eigenem Geschmack zusammenstellen. Sie erinnern sich dabei an die unterschiedlichen Geschmacksrichtungen der Ingredienzien und kombinieren sie wie ein Barkeeper. Eine Form des planvollen Handelns auf Basis einer Abstraktion, das man bisher nur Menschen zugetraut hat.

fer – und keine Möglichkeit, das Verhalten in irgendeiner Weise anders zu interpretieren.

Vielleicht lässt uns der folgende Gedanke etwas selbstkritisch über unsere Kultur reflektieren: Als Gattung Mensch blicken wir Homo sapiens, aber auch einige ausgestorbene Vertreter unserer Gattung wie der Homo habilis, Homo rudolfensis, Homo erectus und der Homo neanderthalensis auf etwa zwei Millionen Jahre Nutzung von Steinen als Werkzeuge zurück.[75] Eine beachtliche Leistung, und wir dürfen zu Recht stolz darauf sein, aber es ist ein Nichts im Vergleich zu der Orcakultur. Warum? Tatsächlich ist es relativ schwer, in ein und demselben Lebensraum zwei unterschiedliche Kulturen zu erhalten. Wir Menschen haben irgendwann damit begonnen, Zäune aufzustellen. Diese haben wir mit großer Leidenschaft hin und her geschoben, und so dominierte mal die eine und mal die andere Kultur in einem bestimmten Gebiet. In unserer Geschichte gibt es nur wenige Beispiele für Kulturen, die sich unabhängig von einem eigenen Territorium und innerhalb einer anderen Kultur über lange Zeit erhalten konnten.

Beispiele dafür wären vielleicht die Sinti und Roma mit einigen hundert Jahren oder das Judentum mit einigen tausend Jahren Tradition. Doch was ist das im Verhältnis zu den 700 000 Jahre alten Kulturen der Orcas an der Westküste Kanadas?

Zu guter Letzt gönne ich Ihnen aber doch noch eine Anekdote zum guten Geschmack, auch wenn der Kulturbeweis noch aussteht. Wenn Sie bisher dachten, wir Menschen wären die Einzigen, die gern leckere Menüs oder Cocktails mixen, dann haben Sie sich geirrt. Der 21-jährige Naong, ein Orang-Utan-Männchen, versteht sich auf die schmackhafte Komposition genau so gut wie die in der Vergleichsstudie betrachteten Studenten.[76] Doch mehr zum besseren Verständnis dieser unglaublichen Leistung, wenn wir uns mit Erinnerung, abstraktem Denken und Kreativität im Kapitel über das Denken und Fühlen beschäftigen.

11. Patentamt oder Open-Source

Einer meiner Lieblingsfilme als Kind war »Robinson jr.«. In der Komödie strandet ein vom technischen Luxus verwöhnter Manager einsam auf einer Tropeninsel. Er hat Hunger und Durst, und um ihn herum liegen massenhaft Kokosnüsse. Seine unzähligen schmerzhaften Versuche, diese zu öffnen, sind der Running Gag des Films. In unserer heutigen kumulierten Kultur ist dies natürlich kein Problem. Bevor wir eine Kokosnuss das erste Mal öffnen, öffnen wir YouTube und werden mit Dutzenden Lösungsvorschlägen überschüttet. Wir bekommen sogar Angebote für ein spezielles kokosnussöffnendes Werkzeug. Es sieht aus wie ein Schraubenzieher für 1,50 Euro, kostet aber 20 Euro, und man kann damit keine Schrauben anziehen.

Dieses einfache Beispiel zeigt, wie wichtig es ist, Informationen zu teilen und zu kooperieren. Wir Menschen haben es in dieser Disziplin zur Meisterschaft gebracht. Dazu ein Beispiel, das Sie alle kennen. Sie surfen im Internet, wollen eine Bestellung abschicken oder sich anmelden und werden aufgefordert ein CAPTCHA einzugeben. Das sind diese schwer lesbaren Folgen von Buchstaben und Zahlen, die oft verzerrt dargestellt werden.

Diese kleinen Bildchen sind derzeit von Computern nicht lesbar, doch das menschliche Gehirn schafft das mit Leichtigkeit. Im Durchschnitt brauchen Sie zehn Sekunden für die Eingabe. Weltweit geschieht dies zwei Millionen Mal pro Tag. Addiert man diese Zeit zusammen, dann gehen pro Jahr 240 Lebensjahre flöten. Diese Lebensjahre gehen auf das Konto von Luis von Ahn, dem Erfinder dieser Technik. Luis von Ahn ist ein kluger Mann, dem dies nicht einerlei ist, und so hat er seine Erfindung um eine Kleinigkeit erweitert.[77] Seither gibt es viele Webseiten, auf denen Sie aufgefordert werden, zwei Worte einzugeben. Vermutlich waren

Sie wie ich von dieser Entwicklung genervt und haben sich gefragt, wann man wohl einen ganzen Satz in die Felder schreiben muss. Doch weit gefehlt. Es kostet Sie nicht viel mehr Zeit, das zweite Wort einzugeben, und es hat auch nichts mit gesteigerter Sicherheit zu tun. Das zweite Wort stammt aus einem alten Buch, das digitalisiert wurde und von Computerprogrammen nicht eindeutig gelesen werden konnte. Mit anderen Worten, wenn Sie ein doppeltes CAPTCHA eingeben, beteiligen Sie sich an einem der wichtigsten Projekte der Menschheit. Sie helfen dabei, altes Wissen in das Computerzeitalter zu retten. Wir haben somit Werkzeuge entwickelt, mit deren Hilfe wir als Menschheit gemeinsam kooperieren, und dies sogar, ohne es zu wissen.

Dieses Projekt knüpft an die Wurzeln unseres Informationsmanagements an. Bevor wir entdeckten, dass Wissen und Informationen Macht bedeuten, lebten wir in einer Open-Source-Gemeinschaft, in der Erkenntnisse fix geteilt wurden. Der Informationsaustausch mit anderen steinzeitlichen Gemeinschaften schuf eine Situation, in der sich kulturelle Errungenschaften anreichern konnten, daher auch der Begriff kumulierte Kultur.

Die Erfindung von Patentämtern und die verrückte Idee, Informationen geheim zu halten, sind somit genau das Gegenteil von dem, was uns als Gesellschaft hat wachsen lassen. Wikipedia, Wikileaks und ganz allgemein die Open-Source-Revolution der vergangenen Jahre laufen diesem Trend zum Glück entgegen. Leider haben unsere nächsten Verwandten, die drei Menschenaffenarten Schimpansen, Gorillas und Orang-Utans, nicht mehr die Möglichkeit, eine solche kumulierte Kultur zu entwickeln. Wir haben sie in Schutzgebieten isoliert und ihnen somit die Möglichkeit geraubt, sich weiterzuentwickeln. Wie nahe sie diesem wichtigen Entwicklungsschritt gekommen sind, zeigt das folgende Beispiel einer mindestens 4000 Jahre alten materiellen Kultur.

»Schimpansen-Steinzeit«

Auch einige unserer nächsten Verwandten, die Schimpansen, kennen das Problem von unserem »Robinson jr.«: Sie möchten gern Nüsse knacken, die sie allein mit ihrer Körperkraft nicht öffnen können. Die begehrten Coulanüsse sehen ein bisschen aus wie Walnüsse und werden daher auch Afrikanische Walnuss genannt. Beide Früchte sind aber nicht miteinander verwandt. Die Schalen der Coulanuss sind so hart, dass es selbst viele Keimlinge nicht schaffen, ihren eigenen Schutzwall zu durchbrechen. Ohne Werkzeug ist da kein Rankommen. Als hätten unsere schlauen Verwandten YouTube gesehen, nutzen sie Hämmer, um die Nüsse zu knacken. Interessant ist, dass verschiedene Gruppen, obwohl sie die gleichen Lebensbedingungen haben, unterschiedliche Hämmer nutzen. Die einen nehmen sowohl hölzerne als auch steinerne Hämmer, die anderen ausschließlich steinerne Hämmer.[78] Selbstverständlich gibt es in beiden Territorien Holz und Steine als Rohmaterial. Vielleicht erinnern Sie sich noch an unsere Einführung zur Kultur und die Bemühung der Forschung, den Begriff kumulierte Kultur zu differenzieren. Ein wichtiges Kriterium war, dass Werkzeuge aus verschiedenen Bestandteilen zusammengesetzt sind. Nein, halt, zu früh gefreut, Schimpansen sind nicht in der Lage, Steine an Holzstangen zu befestigen, um sich so einen echten Hammer herzustellen. Aber sie haben einen anderen beachtlichen Trick auf Lager. Wer schon einmal im Dschungel war, kennt das Gefühl, dass bei jedem Schritt die Erde dumpf, oft sogar federnd nachgibt. Die oberflächlichen Erdschichten bestehen aus abgestorbenen pflanzlichen Überresten und unzähligen kleinen und großen Krabbeltieren, die sich davon ernähren. Nimmt man einen Hammer und schlägt damit eine auf dem Boden liegende harte Nuss, verschwindet diese und vermutlich auch der Hammer in selbigem. Der Trick mit dem Hammer funktioniert nur mit einer harten Unterlage, und da im Dschungel weder ein gefliester Fußboden noch eine steinerne Küchenplatte zur Verfügung steht, nutzen unsere Verwandten Wurzeln als eine Art Amboss. Auf diese Weise erfüllen sie das Kriterium eines zusammengesetzten Werk-

Schimpansen nutzen seit mindestens 4300 Jahren Hammer und Amboss, um Nüsse zu knacken; die Forscher sprechen von der »Schimpansen-Steinzeit«.

zeugs, denn weder mit dem Amboss noch mit dem Hammer allein würde sich das angestrebte Ziel erreichen lassen.

Vielleicht fragen Sie sich jetzt, ob unsere Verwandten in Afrika tatsächlich YouTube gesehen haben oder ob sie sich den Trick bei uns Menschen abgeschaut haben. Für die Wissenschaftler bot sich bei der Beantwortung dieser Frage eine grandiose Gelegenheit, denn endlich konnten sie mit Methoden der Archäologie Kultur bei Tieren erforschen. Also steckte man ein kleines Gebiet ab und begann mit den Grabungen nach alten Steinhämmern. Resultat: Manche Pflanzenreste, die noch an den Steinhämmern klebten, waren über 4300 Jahre alt, und zu dieser Zeit gab es in der Taï-Region an der Elfenbeinküste noch keine Menschen. Nicht überraschend, dass die Forscher seither von der »Schimpansen-Steinzeit« sprechen.[79] Darüber hinaus gibt es experimentelle Untersuchungen zur Ausbreitung unterschiedlicher Ernährungsstrategien an gefangenen Tieren, die eindeutig belegen, dass die Schimpansen zu kulturellen Leistungen fähig sind.[80]

Beim sogenannten Ant-Dipping werden keine Chips in Sauce ge-
dippt, sondern Stöckchen in Ameisenhügel. Ein Trick, um an begehrte
Proteine zu kommen.

Aber Vorsicht, eines der bekanntesten Beispiele für eine materielle Kultur entpuppte sich als Irrtum und dient heute als Beispiel
dafür, wie schnell wir uns irren. Es handelt sich um das sogenannte
»Ant-Dipping«.[81] Dabei stochern Schimpansen mit eigens dafür
präparierten Stöckchen in Ameisenhügeln herum. Die erbosten
Insekten stürzen sich auf den vermeintlichen Eindringling und
verbeißen sich in das Stöckchen. In diesem Moment werden Sie
abrupt aus ihrem Bau gezogen, und eine Sekunde später sind sie
bereits von unserem klugen Schimpansen abgeleckt und verspeist.
Die so verspeisten Ameisen sind vermutlich eine wichtige, wenn
auch entbehrliche Nährstoffquelle, denn nicht alle Schimpansen
in Afrika ernähren sich von Ameisen.[82] Nun beobachteten die Forscher, dass unterschiedliche Gruppen unterschiedlich lange Stöckchen verwendeten. Es ist daher nicht verwunderlich, dass die Forscher bei den unterschiedlich langen Stöckchen sofort darüber
spekulierten, dass es sich wohl um eine kulturelle Tradition handeln müsse. Bei genauerer Untersuchung stellte sich allerdings
heraus, dass die Länge der Stöckchen mit der Aggressivität und

der Schnelligkeit der Ameisen korrelierte. Lange Stöckchen wurden bei aggressiven Ameisen und kurze bei weniger aggressiven verwendet.[83] Somit entpuppte sich die vermeintliche Kultur als einfache Anpassung an die gegebenen Verhältnisse.

Dennoch, unsere nahen Verwandten schauen sich bei Anderen weit weniger ab, als man vielleicht erwarten würde. Vermutlich lernen die meisten den Gebrauch von Werkzeugen durch eigenes Ausprobieren, also nicht voneinander. Im Experimentieren sind sie allerdings Meister, und es konnte in einer Untersuchung gezeigt werden, dass sie sich dabei genauso verhalten wie Menschenkinder. Dabei konfrontierten die Forscher zwei- bis vierjährige Kinder und Menschenaffen mit kniffligen Aufgaben, die nur durch die spontane Zuhilfenahme von Werkzeugen zu lösen waren. Es stellte sich dabei heraus, dass es kaum Unterschiede in der Art und Weise gab, wie die Probleme gelöst wurden. Die Forscher schlussfolgerten daraus, dass die kognitiven Grundlagen zum spontanen Werkzeuggebrauch bei allen Menschenaffenarten, also auch bei uns, vergleichbar sind.[84]

Schwere Nomaden und luftige Nüsseknacker

Elefanten leben ebenfalls in einer Kultur, und zwar in einer Kultur, die wir als Nomadenkultur bezeichnen müssten. Ihre Wanderrouten und die Art und Weise, wie die unterschiedlichen Ressourcen wie Wasser und Nahrung beschafft werden, folgen bestimmten Traditionen.[85] Afrikanische Elefanten nutzen dabei aktiv einen Lebensraum von 10 000 Quadratkilometern. Das ist immerhin viermal so groß wie das Saarland. Dieses Heimatgebiet kennen sie seit Generationen sehr genau und vermutlich weit besser als ich meine Heimat.

Diese Wanderungen haben nichts mit dem Durchstreifen eines Territoriums durch ein Raubtier oder mit saisonalen Wanderungen von Vögeln oder Walen zu tun. Ihre Wanderungen folgen eigenen Mustern, die nicht durch äußere Einflüsse wie die Qualität oder das Vorhandensein von Nahrung, die Präsenz von Raub-

Elefantenbad. Die Lichtung um das Wasserloch herum wird von den Elefanten frei gehalten.

tieren usw. erklärt werden können. Sie haben ihre Landschaft sogar kultiviert, denn an einigen Plätzen gibt es sogenannte Elefantenbäder. Das sind kleine Wasserpfuhle, um die herum die Elefanten eine Lichtung frei halten.

Sie haben die Eigenschaften ihres Territoriums von ihren Eltern und Großeltern gelernt und durchstreifen das Gelände nun ganz ähnlich, wie unsere Vorfahren es getan haben oder wie noch heute nomadische Völker wandern. Beim Durchstreifen gibt es aber ein lästiges Problem. Denn auch die Dickhäuter sind nicht davor gefeit, von Blutsaugern angezapft zu werden, und so bauen sie sich diverse »Fliegenklatschen«[86] aus Büschen. Allerdings kann man bei dieser Form der Werkzeugherstellung vermutlich nicht von einer Kultur sprechen, denn die Wahrscheinlichkeit ist zu hoch, dass die Tiere diesen Trick von allein erfinden. Schließlich besteht ihr Nahrungserwerb zum großen Teil aus dem Abreißen von Blättern und Buschwerk. Lustig ist aber, dass sie sich ihre Stöckchen bei Nichtgebrauch genauso hinter die Ohren klemmen wie ein Handwerker seinen Bleistift.

Ganz anderer Natur sind die Probleme einiger Vogelarten, die wie unsere Schimpansen an den Inhalt von schmackhaften Nüssen kommen möchten. Auch sie nutzen Werkzeuge, nämlich Autos,[87] und bedienen sich eines ebenso cleveren Tricks wie Luis von Ahn beim Entziffern alter Bücher.

Verschiedene Krähenarten fliegen mit Nüssen oder Muscheln in die Luft und lassen sie dann fallen, in der Hoffnung, dass sie unten zerspringen und so ihren leckeren Inhalt freigeben. Natürlich ist jeder Flug mit einem gewissen Energieverbrauch verbunden, und umso ärgerlicher ist es, wenn die harte Schale nicht zerspringt. Einigen Krähen muss dann aufgefallen sein, dass Straßen recht hart sind und dass selbst die härtesten Nüsse kaputtgehen, wenn ein Auto darüberfährt. Nun sind Straßen aber auch recht gefährlich, und das Risiko, den begehrten Happen mit dem Leben zu bezahlen, ist recht hoch. Irgendwann mag eine Krähe auf die Idee gekommen sein, ihr Werk an einer Kreuzung zu verrichten. Oh, welch Wunder, wie durch Zauberhand bleiben die schweren stinkenden Dinger stehen, wenn ein kleines rotes Lichtlein leuchtet. Leuchtet ein gelbes, muss man schnell von der Straße verschwinden. Ein weiterer Vorteil der Methode war, dass man noch nicht mal weit nach oben fliegen musste. Zweifellos eine beeindruckende Leistung, auch wenn sie durch Zufall und nicht durch strategische Überlegungen entstanden sein mag. Aber das, was danach passiert, ist wirklich beeindruckend. Die Tiere haben sich gegenseitig den Trick abgeschaut, und nun, fast dreißig Jahre nach der ersten Beobachtung, ist die Methode in Japan weit verbreitet. Die Weitergabe dieser Technik lässt sich in einem so kurzen Zeitraum zwangsläufig nicht genetisch erklären, und es ist auch nicht wahrscheinlich, dass nur in Japan die Krähen durch Zufall auf die gleiche Idee gekommen sein sollen, während die Krähen im Rest der Welt ahnungslos blieben. Nach allem, was wir wissen, bleibt also nur die Entstehung einer Tradition und mithin eine kulturelle Erklärung übrig.

Kürzlich gelang es der Forscherin Lucy Aplin aus Oxford sogar, einen experimentellen Beweis für Kultur bei Vögeln zu erbringen. Sie trainierte einige wild gefangene Meisen, einen einfachen Mechanismus zu bedienen. Dabei handelte es sich um einen kleinen

Oben: Eine kleine Meise lernt, einen Futterkasten zu öffnen. Ihr Verhalten leitet später ihr gesamtes soziales Netzwerk an, sich die neue Futterquelle zu erschließen.

Unten: Dargestellt ist ein soziales Netzwerk von Meisen. Die gelben Punkte stellen Individuen dar, denen eine spezielle Form des Nahrungserwerbs beigebracht wurde. Die beiden Abbildungen stammen aus einem Video, in dem dargestellt wird, wie sich das Wissen über die neue Methode in der Population verbreitet. Die zugrunde liegende Veröffentlichung gilt als der erste experimentelle Beweis einer Kultur bei Vögeln.

Kasten, der nach kurzem Picken Futter freigibt. Diese Kästen wurden dann im Freiland aufgestellt, und die gefangenen Vögel wurden wieder freigelassen. Es dauerte nur eine Woche, und die meisten Tiere hatten das neue Verhalten erlernt. Der eindeutige Beweis für kulturelle Mechanismen bei Vögeln war so beeindruckend, dass er in »Nature«, der bedeutendsten wissenschaftlichen Zeitschrift, veröffentlicht wurde.[88] Ein Video der Netzwerkanalyse kann man aus dem Internet herunterladen.[89]

Schwamm drüber, eine Form des Lifestyle

Der Duden definiert Lifestyle als Lebensstil und charakteristische Art und Weise, das Leben zu gestalten. Ist es möglich, dass auch Tiere unterschiedlichen Lifestyle pflegen? Sind vielleicht unterschiedliche Jagdstrategien ein und derselben Art Lifestyle? Wohl eher nicht, denn Lifestyle ist dadurch charakterisiert, dass Menschen, die unter den gleichen Umweltbedingungen leben, sich für eine unterschiedliche Lebensführung entscheiden. Ökos, Esos, Yuppies, Fitfor-Funies, Normalos und Spießer, um nur einige zu nennen.

In der Natur ist dies schwer vorstellbar, obwohl die Grundlagen (wie wir im Kapitel »Wer bin ich, und wer bist eigentlich du?« noch sehen werden) gelegt sind. Am ehesten kommt vielleicht die unterschiedliche Lebensführung der oben beschriebenen Orca-Populationen infrage. Ihre Lebensweise ist aber kulturell so festgelegt, dass eine freiwillige Entscheidung nicht möglich scheint. Dennoch finden wir in der Gruppe der Delfine ein beeindruckendes Beispiel für Lifestyle. Stellen Sie sich vor, Sie müssen die Küchenoberfläche reinigen oder Holz für den Kamin holen oder einen Reifen am Auto wechseln. Zu welcher Gruppe gehören Sie, zu den Handschuhträgern oder jenen, die das mal schnell so erledigen? Nach meiner Erfahrung ist es kaum möglich, einen Handschuhträger dazu zu bewegen, diese Arbeiten ohne Handschuhe zu verrichten. Er könnte es, macht es aber nur sehr ungern, es ist einfach nicht sein Style. Genauso könnte das auch bei Delfinen der Fall sein.

Überall auf der Welt kann man bei Delfinen, die im Flachwasser leben, ein typisches Verhalten beobachten. Sie bohren gern, auf dem Kopf stehend, ihren Schnabel in den Sand oder Schlickboden hinein. Währenddessen senden sie mit ihrem Ultraschall

»Spongers«, also Schwammträger, heißen Delfine vor Westaustralien, die Schwämme als eine Art Handschuh benutzen und so ihre empfindliche Schnauze beim Buddeln im Boden schützen.

und hoffen darauf, einen kleinen Fisch zu erbeuten, der sich dort versteckt hat. An der Küste von Westaustralien gibt es allerdings Handschuhträger. Natürlich tragen die Delfine keinen Handschuh, denn sie haben keine Hände, aber sie nehmen einen Schwamm vor ihre Schnauze und schützen sich damit vor scharfkantigen Muschelgehäusen und Steinen.[90]

Die Forscher haben sie »Spongers« genannt, und sie halten mit dieser Form des Werkzeuggebrauchs sogar einen Rekord unter allen Tieren. Normalerweise benutzen Tiere Werkzeuge nur selten, und die Nutzungsdauer beträgt kaum mehr als zehn Prozent pro Tag. Bei den »Spongers« sind es aber 17 Prozent. Doch nicht nur dies gibt uns Rätsel auf. Es ist bisher völlig ungeklärt, warum nur circa 50 der etwa 2000 Tiere der Gesamtpopulation Schwämme verwenden.[91] Fakt ist, sie sind miteinander verwandt. Fakt ist aber auch, dass nicht alle Tiere dieser Verwandtschaftslinie Schwämme benutzen und dass es meist nur die Weibchen sind. Die Tiere haben also die freie Wahl, weshalb die Forscher dieses Verhalten auch als Lifestyle bezeichnet haben.

Nun wird es aber spannend, denn im Gegensatz zum weitverbreiteten freien Informationsaustausch in einer Open-Source-

»Shellers«, also Muschel- oder Schneckennutzer, heißen Delfine, die ein leeres Meeresschneckengehäuse nutzen, um Fische zu fangen.

Gemeinschaft scheinen diese Tiere ihr Geheimnis bewahren zu wollen. Zwei Punkte müssen Sie dazu wissen. Erstens, wenn mit Schwämmen gejagt wird, sind die Tiere meist allein, und nur in sechs Prozent der Beobachtungszeit waren »Nicht-Spongers« in der Nähe. Zwar würden ein paar Sekunden reichen, um die Technik abzugucken, aber dennoch scheint diese Jagdstrategie relativ kompliziert zu sein. Denn die Jungtiere lernen sie erst sehr spät, und nachdem sie schon erfahrene kleine Raubtiere geworden sind. Es scheint fast so, als würden die Tiere ihr Geheimnis hüten und nur an ihre Verwandten weitergeben. Haben Sie den Mehrwert ihrer Technik erkannt? Dies wäre eine plausible Erklärung dafür, dass sich die Technik innerhalb der Population noch nicht weiter verbreitet hat.

Allem Anschein nach bringt diese Form des Werkzeuggebrauchs aber keinen Vorteil. Egal, ob »Spongers« oder »Nicht-Spongers«, es gibt keinen Unterschied in der Fitness, der Lebenserwartung oder der erfolgreichen Reproduktion. Vielleicht ist es ja eben doch nur ein Lifestyle.

Alles in allem stehen die Forscher aber vor einem Rätsel. In jedem Fall handelt es sich um eine materielle Kultur,[92] denn es kann deutlich beobachtet werden, wie die Jungtiere von den älteren Tieren lernen und die »Spongers« zunehmen. Außerdem fällt jede andere Erklärungsmöglichkeit aus.

Doch die »Spongers« sind nicht die alleinigen Nutzer von Werkzeugen. Unter den Delfinen gibt es auch »Shellers«. »Shellers« benutzen shells, also Schneckengehäuse, um aus ihnen kleine Fische zu schnabulieren.[93] Es ist derzeit aber noch unklar, ob die Muscheln wirklich als Werkzeuge benutzt werden oder ob man sich ihre Eigenschaft als geschütztes Domizil der kleinen Fische nur zunutze macht. Um ein echtes Werkzeug zu sein, müssten die Muscheln aktiv als Fangwerkzeug eingesetzt werden. Man sieht es einer Muschel, die auf dem Boden liegt, aber nicht an, ob Sie einfach nur daliegt oder ob ein Delfin sie als Falle dorthin gelegt hat, insofern ist die Frage des Werkzeuggebrauchs noch offen.

Tierische Architekten

Ich gebe zu, Zeichnen ist nicht meine Stärke. Es ist für mich ein Mysterium, wie jemand auf ein flaches Blatt Papier eine Landschaft oder eine Häuserschlucht zeichnen kann. Wie soll man die dreidimensionale Welt auf ein flaches zweidimensionales Blatt Papier bekommen? Alles eine Sache der Perspektive, werden Sie sagen, und natürlich hätten Sie Recht. Stellen Sie sich nun einfach vor, Sie würden eine Straße zeichnen müssen, die irgendwo in der Ferne verschwindet. Die Straße wäre aus großen Steinplatten gefertigt, und es wäre für Sie als geübten Zeichner gar kein Problem, die Straße nach hinten hin immer schmaler und die Steinplatten immer kleiner zu zeichnen. Der Effekt ist simpel, aber effektiv, die Steine vor Ihnen sind groß und die Straße ist breit, die weiter von Ihnen entfernten Steine sind viel kleiner und verlieren sich in der Weite. Auch ein Baum, der ganz hinten an der Straße steht, würde entsprechend klein erscheinen.

Stellen Sie sich nun vor, Sie würden die Größe der Steine umkehren. Die Straße würde immer noch nach hinten spitz zulaufen, aber direkt vor Ihnen wären viele kleine Steine gezeichnet

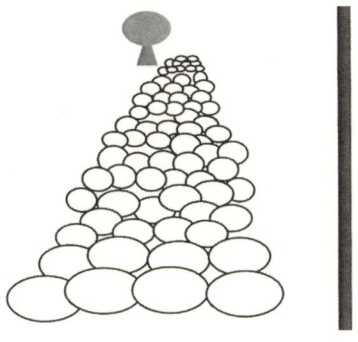

Ein kleiner optischer Trick lässt den rechten Baum größer erscheinen. Laubenvögel machen sich dies zunutze, um etwas größer und imposanter zu erscheinen.

und weiter von Ihnen entfernt die großen. Von einem Augenblick zum anderen würde sich der optische Eindruck ändern, und entfernte Objekte wie unser Baum sähen ein bisschen größer aus. Genau diesen Effekt nutzen Laubenvögel, um selbst größer zu erscheinen.[94] Doch damit ist der Einfallsreichtum unserer kleinen

Männliche Laubenvögel bauen kleine Häuser, um ihre Künftige zu bezirzen. Die ersten europäischen Besucher in Neuguinea und Australien hielten die Kunstwerke für Puppenstuben der einheimischen Kinder.

Piepmätze noch lange nicht erschöpft. Am Ende der Straße steht nicht nur ein einsamer Vogel. Nein, unser Laubenvogel steht vor einem herrschaftlichen Prunkbau.

Laubenvögel sind nahe Verwandte der Paradiesvögel, aber ganz im Gegensatz zu ihnen sind die wenigsten Arten farbenprächtig. Die meisten sind auffällig unspektakulär, und ihr schlichtes Federkleid und der Körperbau erinnern eher an einen asketischen Intellektuellen oder schlicht an eine Amsel. Aber wie ihr Name schon sagt, bauen die Laubenvögel Lauben. Allerdings wäre, verglichen mit anderen tierischen Konstruktionen, der Begriff Palast eher angebracht, denn sie sind wahre Meisterarchitekten. Mit anderen Vogelnestern haben die Konstruktionen so wenig zu tun wie Marshmallows mit Gurkensalat. Aussehen und Zweck ist ein ganz anderer: Es sind Liebesnester, die ganz ähnlich einer bunten Feder oder einem roten Cabriolet die Fitness und Attraktivität des Männchens repräsentieren. Es ist aber nicht nur das Nest selbst, auch die Dekoration spielt eine Rolle, und so sind die Männchen von einer fast manischen Sammelleidenschaft befallen. Tausende kleine Objekte werden, fein säuberlich nach Farben getrennt, vor der Hütte platziert, und manche Arten streichen die Wände mit Beerensaft.[95] Angeblich gibt es sogar Beobachtungen, nach denen sie kleine Bündel von Borke als Pinsel benutzen.[96] Die fertigen Arrangements sind völlig nutzlos, aber wunderschön. Sie erfüllen nur einen Zweck, sie sollen die Weibchen von der Kreativität des Konstrukteurs überzeugen.

Man könnte nun versucht sein, auch der Laube lediglich ästhetischen Wert zuzusprechen, doch einige Forscher, die sich den Vorgang der Paarung sehr genau angesehen haben, vermuten eine ganz andere Funktion. Ihrer Meinung nach hemmen die Lauben eine potentielle Vergewaltigung. Dies überrascht im ersten Moment, denn man würde ja erwarten, dass die Laube eine Art Falle ist, aus der die Weibchen nicht wieder entweichen können. Doch das Gegenteil ist der Fall. Nachdem ein Weibchen, fasziniert von der Dekoration und der Größe der Laube, diese betritt, wird sie von ihrem Verehrer von hinten bedrängt. Das Weibchen hat nun einen überraschenden Vorteil, denn sie muss sich nur mit dem

Kopf in Richtung Ausgang drehen. Ihr Verehrer, bemüht, ihr Hinterteil irgendwie zwischen die Flügel zu kriegen, muss seine Position am Eingang aufgeben, und unser unlustiges Weibchen hat freie Bahn nach draußen. Ein Widerspruch zu den häufigen Beobachtungen, bei denen die Vergewaltigung eine erfolgreiche Fortpflanzungsstrategie ist. Die Forscher erklären sich die evolutionäre Entstehung dieses ungewöhnlichen Antivergewaltigungsmechanismus mit der Überlegung, dass die Männchen, die besonders vergewaltigungssicher gebaut haben, letztlich von den Weibchen bevorzugt wurden. Somit würden sich die Gene, die für den Bau von vergewaltigungssicheren Lauben verantwortlich sind, durchsetzen. Einige Lauben sind sogar noch sicherer, denn es sind eher schmale Alleen, die von einem Weibchen fast ausgefüllt werden. Will sich ein Männchen nähern, muss es außen um seine eigene Konstruktion herum. Ein unwilliges Weibchen ist in dieser Zeit ganz sicher verschwunden.

Aber die unscheinbaren Vögel haben noch mehr Überraschungen zu bieten. Obwohl sich die fleißigen Vogelmännchen auch gern mal beim Nachbarn bedienen und ganz nebenbei auch deren Konstruktion einreißen, nehmen sie die Jungspunde in die Lehre. Dieses Training endet natürlich abrupt, wenn sich eine potentielle Gemahlin nähert, aber bis dahin sind sie fleißige Lehrer. Da werden die Grundsätze der Statik, die Tricks für die oben beschriebene optische Täuschung und Farblehre und Gestaltung vermittelt. Für menschliche Beobachter sähe die Szene übrigens nicht wie eine organisierte Unterrichtsstunde, sondern vielmehr wie Chaos aus. Hier kommen einige Jungvögel und reißen Teile der Laube wieder ein, während ein aufgeregter Lehrer schnell alles wieder richtet. Ein Trick, den auch unsere Kinder beherrschen, oder haben Sie sich noch nie gefragt, warum Kinder gern alles kaputt machen? Richtig, sie können beim Aufbau und der Reparatur zusehen. Als Gegenleistung bekommen wir dann jede erdenkliche Unterstützung. Genauso ist es bei den Laubenvögeln, die Kleinen sind fleißige und uneigennützige Sammler, die den Reichtum des Baumeisters vermehren. Haben die Jungvögel die Grundzüge begriffen, basteln sie in Eigenregie Probebauten, die nicht mal bei Nacht und Nebel eine Besucherin anziehen würden, sie dienen ausschließlich Übungszwecken und zur Vertiefung des Gelernten.

Interessant ist auch die unter Vogelkundlern bekannte Geschichte von Billi. Billi war ein Fleckenlaubenvogel, und er dekorierte seine Bauten, wie alle seiner Art, am liebsten mit Weiß, Grün und Rot. Eines Tages verschlug es ihn in ein Tal, in dem nur Seidenlaubenvögel lebten. Hier wurde nur mit blauen Nadeln dekoriert. Es dauerte nicht lange, und er begann die Dekoration mit den blauen Nadeln zu kopieren.[97] Dies ist ganz erstaunlich, denn normalerweise können Tiere von einmal gelerntem Verhalten nicht mehr abweichen, und es verdeutlicht das vermutlich lebenslange soziale Lernen bei den Tieren.

Ein weiteres Indiz für kulturellen Informationstransfer sind die Rufe der Laubenvögel. Vermutlich ist es sexy, neue Rufe in das Vokabular der Verführung aufzunehmen, und so hören sich die kleinen Vögel plötzlich wie vorbeigaloppierende und wiehernde Pferde an. Wenn aber in dem Areal keine Pferde anwesend sind, wirft eine solche Beobachtung Fragen auf. Eine Recherche ergab, dass es fünfzig Jahre zuvor sehr wohl Pferde gab. Die Geräusche wurden somit als Rufe von Generation zu Generation weitergegeben. Wie wir beim Thema materielle Kultur schon erfahren haben, ist unterschiedliches Verhalten in verschiedenen Populationen, die sonst unter den gleichen Umweltbedingungen leben, ein starker Hinweis auf kulturellen Informationstransfer. In Ermangelung einer anderen Erklärungsmöglichkeit wird folglich auch bei Laubenvögeln eine Kultur für sehr wahrscheinlich gehalten.[98]

Die Bauten sind übrigens so attraktiv, dass sich unter Umständen ein Weibchen einer anderen Laubenvogelart einfindet und sich zu einem Stelldichein hinreißen lässt. Die fortpflanzungsfähigen Hybriden haben dann natürlich der Evolution ein Schnippchen geschlagen, denn eigentlich müssten durch diesen Mechanismus die Arten verschmelzen, das tun sie aber nicht. Vermutlich werden die Tiere noch einige Überraschungen für uns bereithalten.

Am Ende sei noch erwähnt, dass die romantisch eingefädelte Lovestory so endet wie im wahren Leben. Nach erfolgreicher Begattung schmeißt unser Blender das Weibchen raus. Der Herr hat Wichtigeres zu tun, denn sein Prunkbau wäre ja die totale Verschwendung, wenn er nicht Dutzende betören könnte. Zur Ehrenrettung der Vögel muss man aber erwähnen, dass die meisten Vogelväter, im Gegensatz zu den meisten Säugetiervätern, treu sorgende Papas sind.

Werkzeuge ohne Kultur

Bitte denken Sie nun aber nicht, dass alle Tiere, die Werkzeuge benutzen, auch eine Kultur besitzen. Dennoch ist die Nutzung von Werkzeugen eine besondere Leistung, und noch vor hundert Jahren hat man das keinem Tier zugetraut. Heute ist es allgemein bekannt, dass z. B. Rabenvögel Werkzeuge herstellen und nutzen und Seeotter Steine zum Knacken von Muscheln verwenden. Doch wussten Sie, dass dies auch Lippfische tun?[99] Sie schwimmen eine Weile umher, bis sie den passenden Stein gefunden haben, heben ihn auf, schwimmen wieder zurück und schmeißen das Steinchen mit beachtlicher Geschwindigkeit gegen die Beute.[100]

Eine ganz andere Art, Steine zu verwenden, hat sich die Grabwespe der Gattung *Ammophila* ausgedacht. Gleich unseren Verdichtungsstampfern, mit denen der Untergrund von Terrassen, Wegen und Straßen verfestigt wird, stampfen Sie mit für sie kopfgroßen Steinen die Erde um ihre Verstecke fest.[101]

Sie alle kennen Hänsel und Gretel aus der Märchensammlung der Brüder Grimm. In dem schaurigen Märchen werden zwei Kinder im Wald ausgesetzt. Klug, wie sie sind, markieren sie ihren Weg mit Krümeln ihrer letzten Brotscheibe.

Auf die gleiche Art und Weise legen verschiedene Ameisenarten, wie zum Beispiel *Aphaenogaster rudis*, eine Spur. Nachfolgende Ameisen folgen dann den Ködern zu der begehrten Nahrungsquelle. Die Wissenschaftler nennen dies *debris dropping*, und es wird zweifelsfrei als eine Form des Werkzeuggebrauchs beschrieben.[102]

Erinnern Sie sich an unsere mit Ködern fischenden Orcas? Ein Tier hatte den Trick entdeckt, und die anderen haben es ihm nach-

Eine Grabwespe verfestigt mit einem Steinhammer den Eingang ihres Verstecks.

gemacht. Die Grundidee ist aber nicht nur von den Ameisen, sondern möglicherweise schon von den Dinosauriern vor 200 Millionen Jahren erfunden worden. Dinosaurier sind die gemeinsamen Vorfahren von Vögeln und Reptilien, und es wurde in beiden Gruppen das Fischen mit Ködern beobachtet. Einige Möwen-[103] und Reiherarten[104] und möglicherweise auch Krähen[105] locken beispielsweise Fische mit Beeren, Federn oder Brotstückchen, der in Amerika heimische Kaninchenkauz lockt Käfer mit Kuhmist an.[106] Einige Krokodilarten[107] ködern Vögel mit Stöckchen, die sie sich auf ihre Schnauze legen. Hat ein leichtsinniger Vogel diese als geeignet zum Nestbau erkoren, hat sein letztes Sekündchen geschlagen.

Ob es sich bei all diesen Beispielen um Kultur handelt, ist jedoch fraglich. Wurden die Methoden neu erfunden und durch Lernen an andere weitergegeben, oder ist die Technik evolutionär, also durch Selektion entstanden? Im Kapitel »Vom Denken« werden wir noch viel über strategisches Denken hören und wie gut einige Vögel darin sind, knifflige Aufgaben zu lösen. Vielleicht war Oren Hasson, ein Wissenschaftler und Hobbyfilmer aus Israel, durch Zufall dabei, als die oben erwähnte Krähe das Fischen mit Ködern entdeckte. Wer weiß, möglicherweise fischen in ein paar Jahren alle Krähen in Ramat Gan nahe Tel Aviv mit Ködern. In diesem Fall hätten wir einen schlüssigen Beweis für eine Kultur, wie bei den Krähen, die in Japan mit Hilfe von Autos Nüsse knacken.

Auch wenn wir glauben, unsere Umwelt schon gut verstanden zu haben, beim Verhalten von Tieren tappen wir noch immer viel zu sehr im Dunkeln. Wer weiß, vielleicht entdecken Sie in Ihrem eigenen Garten, dem Teich um die Ecke oder im nächsten Urlaub ein weiteres unglaubliches Verhalten. Wir müssen einfach nur die Augen aufmachen.

12. Die Geheimsprache der Tiere

Die Sprache der Tiere ist uns ein Geheimnis. Ich kann mich noch gut daran erinnern, wie grandios ich als Kind die Vorstellung fand, die Sprache der Tiere sprechen zu können. Da gab es einen russischen Helden, der sieben Jahre lang nur Bücher las und danach mit Tieren sprechen konnte. Für mich, der zu dieser Zeit noch nicht gern las, was dies eine ziemliche Motivation. Doch können wir überhaupt die Sprache von Tieren lernen, oder ist die liebe Mühe vergebens, weil sie gar keine haben? Begleiten Sie mich in die Welt der tierischen Kommunikation, und lassen Sie uns klären, welche Tierarten eine Sprache haben könnten, welche kognitiven Voraussetzungen erfüllt sein müssen und warum ich mich wohl nie mit meinem Hund unterhalten werde.

Wie Sie sicher schon bemerkt haben, nutze ich gern Tiervideos auf YouTube, um besser zeigen zu können, was ich meine. In den meisten Fällen ist es nicht unbedingt erforderlich, die Videos zu sehen. Bei dem folgenden möchte ich Sie aber ausdrücklich dazu ermuntern, sich erst das Video anzusehen und dann weiterzulesen.[108] Sie sehen einen Orang-Utan in einem Schutzgebiet, wie er sich mit Gebärdensprache per Skype mit einem taubstummen Mädchen unterhält.

Haben Sie das Video gesehen? Es war ein Fake, aber ein wirklich guter, denn tatsächlich wurden so ähnliche Gespräche mit Großen Menschenaffen schon geführt. Außerdem war es für eine gute Sache, denn es war lehrreich und eine unglaublich geniale Werbeidee für die Umweltschutzorganisation Rainforest Action Network.

Für uns Menschen ist Kommunikation und Sprache eins, doch wenn wir uns mit dem Informationsaustausch im Tierreich beschäftigen, müssen wir präziser sein. Selbst Einzeller kommunizieren miteinander, und letztlich ist ihre Kommunikation dafür verantwortlich, dass es überhaupt mehrzellige Organismen wie uns gibt. Doch Einzeller können nicht sprechen. Bisher kennen wir nur eine einzige Tierart, die sprechen kann, und das sind wir. Dennoch können Tiere hervorragend untereinander und auch mit uns kommunizieren, und es gibt einige Arten, die zumindest theoretisch eine Sprache haben oder entwickeln könnten. Auf diese wollen wir uns hier konzentrieren.

Vermutlich ist die menschliche Sprache das wichtigste Kulturgut unserer Spezies, und wir dürfen zu Recht stolz darauf sein, sprechen zu können. Doch was braucht man eigentlich, um eine Sprache entwickeln zu können? Um diese Frage zu beantworten, müssen wir uns über zwei wichtige Aspekte im Klaren sein. Sie werden dann verstehen, warum die kluge Border-Collie-Hündin Betsy mit ihrem talkshowerprobten Vokabular von 340 Worten niemals eine Sprache beherrschen kann und warum Fledermäuse dazu in der Lage sein könnten.

Lautsprache

Die beiden wichtigsten Ingredienzien einer Sprache sind die Fähigkeit zu vokalem Lernen und das Verständnis der Zeigegeste. Border-Collie-Hündin Betsy ist zweifellos ein besonders intelligenter Hund, und sowohl sie als auch ihr menschliches Rudel nötigen mir tief empfundenen Respekt ab. Um diese Leistung zu erbringen, ist viel Fleiß, Zeit, Geduld und auch Vertrauen erforderlich. Dennoch könnte ihr nicht beigebracht werden, miau zu machen. Kein Hund könnte das. Es kann auch keine Katze wauwau machen oder ein Schwein muh. Die meisten Tiere sind bei ihrer akustischen Kommunikation darauf angewiesen, die Geräusche zu machen, die ihnen in die Wiege gelegt wurden. Mit anderen Worten, sie sind genetisch festgelegt und nicht dazu in der Lage, auch nur einen einzigen Ruf hinzuzulernen. Glücklicherweise haben auch Tiere eine unterschiedliche Aussprache, und so sind einige Tierarten wenigstens dazu in der Lage, aus einem Ruf herauszuhören, wer diesen Ruf abgegeben hat. Aber die meisten Tiere können auch das nicht. Somit mangelt es den meisten Tieren sowohl an der Fähigkeit, differenzierte sprachliche Elemente zu verstehen oder sie selbst produzieren zu können. Trotz dieses Mankos können die meisten Tiere jedoch hervorragend kommunizieren.

Vielleicht haben Sie in einer Tierdokumentation schon einmal die eichhörnchenähnlichen Erdhörnchen gesehen. Sie können tatsächlich einzelne Individuen an der Stimme erkennen. Die Frage ist aber, wozu brauchen sie das? Erdhörnchen betreiben Arbeitsteilung. Eine der wichtigsten und verantwortungsvollsten Aufgaben, die ein Erdhörnchen übernehmen kann, ist Wachehalten. Dabei richten die Tiere sich weit auf und blicken hin und her. Nähert sich ein Raubvogel aus der Luft, ertönt der Ruf »Ab in den Bau!«, und nähert sich eine Schlange ertönt der Ruf »Ab auf die Bäume!«.[109] Die Wachposten genießen einen hohen sozialen Status und müssen sich nicht an der Nahrungssuche beteiligen, denn ihr Job ist es, die Umgebung im Auge zu behalten. Als Gegenleistung werden sie von den anderen versorgt. Was passiert aber, wenn einer auf die Idee kommt, nur so zu tun, als würde er Wache halten, um sich danach von den anderen füttern zu lassen? Er hätte einen Vorteil, denn er würde mit wenig Aufwand an viel Nahrung kommen. Tiere, die gegenüber anderen im Vorteil sind, haben aber eine höhere Chance, sich erfolgreich zu vermehren, und so würde sich dieses Verhalten genetisch verfestigen und ein Bestandteil der evolutionären Entwicklung der Tierart werden. Blöd ist nur, dass die Gruppe dann nicht mehr bewacht würde, der Nutzen des Einzelnen würde den Bestand der ganzen Gruppe gefährden. Die soziale Gemeinschaft sollte also nicht darauf vertrauen, dass Einzelne das Richtige tun.

Doch welche Mechanismen könnten eine solche Entwicklung verhindern? Unser kleiner Lügner ist durchaus glaubwürdig, denn auch er ruft ab und an und erweckt so den Eindruck, fleißig aufzupassen. Die Mitglieder der Gemeinschaft haben es somit wirklich schwer, einen Lügner zu erkennen. Die einzige Möglichkeit, die Sie haben, um ihr Überleben zu sichern, ist die Identifikation des Lügners. Es ist also nicht mehr nur wichtig, den Ruf richtig zu verstehen, sondern es ist auch wichtig, den Rufer zu identifizieren. Diese Fähigkeit in Kombination mit einem guten Gedächtnis sorgt dafür, dass unsere Erdhörnchen Wachleute, die oft Fehlalarm geben, ignorieren und nicht mit durchfüttern. Es ist also für soziale Gemeinschaften von Vorteil, einzelne Tiere identifizieren zu können und sich deren Verhalten zu merken. Eine kleine Leistung für so ein Hörnchen, doch ein großer Schritt im Verlauf der Evolution. Auch Hunde sind dazu in der Lage, andere Hunde am Gebell zu erkennen.[110] Das Sozialleben in einem Wolfsrudel ist offenkundig so komplex, dass sich diese Fähigkeit entwickelt hat. Hunde können das natürlich auch, ein Aspekt, der das Sozialleben mit ihnen so angenehm und natürlich macht.

Doch Hunde sind genauso wenig wie die Erdhörnchen dazu in der Lage, neue Elemente in ihr akustisches Repertoire aufzunehmen. Tiere, die, ohne jemals einen Ruf der eigenen Art gehört zu haben, so rufen, wie die Art normalerweise ruft, müssen ihre Rufe nicht lernen, die Rufe sind genetisch vorgegeben. Wir Menschen beispielsweise können schon von Geburt an schreien, und auch taube Kinder beginnen irgendwann, lachende Geräusche zu produzieren. Tiere, die ihre Rufe erst lernen müssen, aber niemals Rufe hören, weil sie entweder taub sind oder isoliert gehalten werden, werden niemals selbst rufen. Ihnen fehlt der auditive Input, aber auch das auditive Feedback. Manche Vögel und auch wir Menschen sind darauf angewiesen, die Laute, die wir produzieren, auch zu hören. Nur dann können wir sie so wiedergeben, wie wir sie gehört haben. Eigentlich logisch, oder? Eine Ausnahme sind natürlich taubstumme Menschen, die mit viel Mühe und Unterstützung versuchen, die menschliche Sprache korrekt auszusprechen.

Einige Vogelarten sind wahre Meister, und ich spreche hier noch nicht einmal von Papageien. Bei Raben gibt es Belege für eine kulturelle Weitergabe von bestimmten Rufen.[111] Interessant ist, dass die meisten Rufe geschlechtsspezifisch weitergegeben werden und mithin ein gewisser Anteil an Rufen nur von Männchen oder nur von Weibchen verwendet wird. Von Eichelhähern weiß man, dass sie vierzehn verschiedene Ruftypen kennen und unterschiedliche Warnrufe für Falken und Eulen haben.[112] Beide sind je anders gefährlich und erfordern eine spezielle Reaktion. Bei Elstern auf Sri Lanka hat man festgestellt, dass sie die Rufe ihrer natürlichen Feinde imitieren und damit ihre Artgenossen, aber auch andere Tiere warnen.[113]

Grundsätzlich aber gilt, wenn ich nicht in der Lage bin, neue Rufe zu lernen, dann kann ich auch keine Sprache erwerben. Das sogenannte Vocal Learning oder stimmliche Lernen ist eine absolute Voraussetzung zur Entwicklung einer Sprache, und wir können mit hundertprozentiger Sicherheit davon ausgehen, dass Tiere, die keine neuen Signale in ihr Repertoire aufnehmen können, auch nicht sprechen können. Eine Sprache ist somit eindeutig ein Kulturgut, denn es wird von einem anderen Individuum gelernt. Doch gibt es überhaupt Tiere, die theoretisch sprechen könnten, weil sie die Fähigkeit des vocal learning besitzen?

Tatsächlich gibt es die, und es gibt neben Papageien sogar drei Tiere, die so klingen wie wir. Das eine Tier steckt dabei die Nase in den Mund, das andere macht nicht einmal den Mund dazu auf, und das dritte macht's wie wir. Nummer eins ist ein asiatischer Elefant mit dem Namen Koshik, der immerhin vier koreanische Worte sprechen kann.[114] Nummer zwei heißt Noc (ausgesprochen wie: no-sie) und ist ein Belugawal, der dadurch bekannt wurde, dass er einen Marinetaucher aufforderte aufzutauchen.[115] Seine Stimme[116] klingt zwar ein bisschen wie Kindergebrabbel, aber immerhin hat er dazu seine eigene Sprachfrequenz drastisch abgesenkt. Das dritte Tier ist ein Seehund namens Hoover, der damit berühmt wurde, Zoobesucher mit »Hey, you! Get outta there!« (He, du! Mach dich da raus!) zu begrüßen.[117] Alle drei teilen ein gemeinsames Schicksal, sie wurden viel zu früh von ihren Müttern getrennt und von Menschen aufgezogen. Hoover wurde verlassen gefunden, Noc und Koshik wurden von ihren künftigen Besitzern aus der freien Wildbahn entnommen. Grundsätzlich spielt es aber keine Rolle, ob ein Tier die menschliche Sprache nachahmen kann, wichtig ist die Fähigkeit, das eigene Repertoire über das gesamte Leben erweitern zu können. Die meisten Vögel können ihre

Lieder nur in ihrer Jugend lernen. Für die Entwicklung einer Sprache ist dies natürlich fatal, denn die erwachsenen Tiere könnten ihre Erfahrung ja nicht weitergeben. Ein weiterer wichtiger Punkt ist, dass beide Geschlechter die Fähigkeit besitzen. Bei vielen Vögeln sind es oft nur die Männchen, die akustisch aktiv sind. Vermutlich gibt es viele Menschen beiderlei Geschlechts, die dankbar dafür wären, wenn ihr Partner nicht sprechen könnte. Tatsächlich gibt es aber einige Vogelarten, Elefanten, Wale und Delfine, bei denen beide Geschlechter zu lebenslangem vocal learning fähig sind.[118]

Doch die absoluten Profis in diesem Bereich sind die Papageien, allen voran Alex, ein Graupapagei, den seine Besitzerin Irene Pepperberg nach »Avian-Language-Experiment« (Vogel-Sprach-Experiment) benannt hat. Alex war nicht nur in der Lage, seinem Repertoire Worte und Geräusche hinzuzufügen, er verstand auch die Bedeutung. So war er in der Lage zu zählen und Adverbialbestimmungen der Art und Weise kontextgerecht anzuwenden.[119] Er kannte sieben Farben, fünf Formen und konnte bis sechs zählen. Auf die Frage: Wie viele Ringe siehst du?, hätte er beispielsweise mit vier geantwortet. Wenn man ihn dann noch gefragt hätte: Welcher Ring ist anders als die anderen?, so wäre er in der Lage gewesen zu antworten: der rote![120] Ob er diese Fähigkeiten auch in seiner natürlichen Umgebung entwickelt hätte, bleibt vorerst unklar. Fakt ist aber, dass Graupapageien sehr soziale Lebewesen sind, die, wenn man sie von ihrer Gruppe trennt, dazu in der Lage sind, mit Menschen ein nahes Verhältnis aufzubauen. Ob ihm seine Einzelhaltung in Menschenhand, die in Deutschland übrigens verboten ist,[121] gutgetan hat und ob er die Nähe zu Menschen angenehm fand, bleibt unbekannt, er starb aufgrund eines Herzleidens bereits nach der Hälfte seiner möglichen Lebensspanne.

Ein weiterer berühmter Papagei ist Snowball, ein tanzender Rockstar. Sein YouTube-Video[122] hat fast zwei Millionen Klicks. Wir finden dieses Video lustig, aber die wenigsten fragen sich, warum es nicht viel mehr Tiere gibt, die tanzen können. Vocal Learning und tanzen wird durch die Interaktion zweier unterschiedlicher Gehirnareale ermöglicht. Genauso wie bei der Produktion von Lauten muss auch die Produktion von Bewegung mit dem, was man hört, in Einklang gebracht werden. Daher ist es nicht verwunderlich, dass nur Tierarten tanzen können, die auch zum vocal learning fähig sind.[123] Der Tanzbär gehört übrigens nicht in diese Kategorie, denn seine tänzerischen Bewegungen wurden durch eine heiße Platte erzeugt, die ihm die empfindlichen Fußsohlen verbrannte.

Unsere nächsten Verwandten, die Menschenaffen, sind aufgrund der Anatomie des Kehlkopfes nicht dazu in der Lage, Sprache in der Form zu artikulieren, wie wir es tun.[124] Unser Kehlkopf ist im Hals weiter nach unten gewandert und hat im Rachen mehr Spielraum für die Zunge gelassen. Im Gegensatz zu Affen oder Hunden kann sich unsere Zunge dreidimensional bewegen. Der so entstandene Hohlraum hat gemeinsam mit unseren Stimmbändern dazu geführt, dass wir anatomisch in die Lage versetzt wurden zu sprechen. Unsere nächsten Verwandten, die Menschenaffen, hatten dieses Glück nicht und sind, wie die meisten anderen Tiere, auf die Laute angewiesen, die ihnen genetisch mit auf den Weg gegeben wurden.

Die Großen Tümmler, also die Delfinart, die wir aus Delfinarien oder aus dem Film »Flipper« kennen, sind Meister im lebenslangen vocal learning. Dennoch haben sich einige Forscher wie John Lilly[125] jahrelang vergeblich bemüht, ihnen auch nur ein Wort unserer menschlichen Sprache zu entlocken. Genauso erfolglos wäre es hingegen auch, wenn wir versuchen würden, Menschen beizubringen, wie Delfine zu pfeifen. Kein Mensch kann auch nur annähernd so schnell pfeifen wie ein Delfin. Aus diesem Grund nutzt die Forscherin Denise Herzing ein Unterwasserkeybord, auf dem man Delfinpfiffe spielen kann.[126] Außerdem besitzt das Gerät einen kleinen Computer, der mit einer Musikerkennungssoftware ähnlich der Shazam-App[127] funktioniert. Die Software ist darauf trainiert, die Delfinpfiffe zu erkennen und diese, wenn bekannt, Gegenständen zuzuordnen. In ihrem Blog schreibt Denise Herzing, dass sie es kaum glauben konnte, als ihr das Gerät Sargassum zuflüsterte.[128] Sargassokraut oder Golftang ist eine Braunalge, die vor den Bahamas weit verbreitet ist und mit der Delfine gern spielen. Nach der Alge ist sogar ein Teil des Nordatlantiks benannt, die sogenannte Sargassosee. Die Algen schweben dort teilweise in so großer Dichte zusammen, dass sie regelrechte Algenwälder bilden. Angeblich können sich sogar Boote in der dichten Algenmasse verfangen, und so mancher sieht darin eine natürliche Ursache für den Mythos des Bermuda-Dreiecks.

Da springt also jemand von seinem Boot und versucht, mit frei lebenden Delfinen zu kommunizieren. Man stelle sich vor, jemand würde bei uns in den Wald gehen und versuchen, mittels eines technischen Geräts mit Tieren zu sprechen. Völlig absurd und wenn überhaupt, dann würde über den Verrückten in einem lokalen Blättchen berichtet. Anders bei Denise Herzing, sie ist Autorin unzähliger wissenschaftlicher Artikel und eine anerkannte Expertin in der Welt der Delfinforscher.[129] Tatsächlich hat sie sogar ausgesprochen gute Gründe für ihr Projekt, denn es ist bereits gelungen, zu beweisen, dass Delfine eine Sprache verstehen können. Es handelte sich dabei um eine angepasste Gebärdensprache, die auf Hawaii entwickelt wurde. Der Forscher Luis Herman konnte durch seine Experimente beweisen, dass Delfine nicht nur ohne Probleme neue Begriffe anwenden und abstrahieren können, sondern dass sie sogar in der Lage sind, kurze Sätze mit vorher festgelegter Grammatik zu verstehen und sich entsprechend zu verhalten.[130] Seine eigens entwickelte Gebärdensprache wurde im Verlauf der Experimente immer abstrakter. Zuerst sahen die Delfine Menschen am Beckenrand, die die Gebärdensprache machten. Später sahen die Delfine nur einen Monitor hinter einem Unterwasserfenster, und schließlich wurde die gezeigte Geste auf zwei weiße Handschuhe im Monitor reduziert. Dazu trugen die Trainer schwarze Kleidung vor schwarzem Hintergrund und es waren auf den Videos nur noch die sich bewegenden Hände zu sehen.[131] Zweifelsfrei ein hoher Grad an Abstraktion.

Doch wie kann man testen, ob es sich nicht vielleicht doch nur um ein besonders gelungenes Training handelt? Dazu muss man beweisen, dass die gelernten Begriffe tatsächlich von ihrem Konzept her begriffen wurden. Um das herauszufinden, benutzt Luis Herman eine Methode, die auch wir gern verwenden, um die Aufmerksamkeit oder das Verständnis von anderen zu testen. Ein ganz einfaches Beispiel ist folgendes: Die Delfine waren in der Lage, einen bestimmten Gegenstand an einen bestimmten Ort zu bringen. Man konnte ihnen also sagen: Bring den roten Ball in den quadratischen Korb. Die Delfine brachten dann den roten und eben nicht den blauen Ball zu dem quadratischen und eben nicht zu dem runden Korb. Sie kannten aber auch Begriffe für andere Gegenstände aus ihrer Umgebung. Es wäre also auch möglich gewesen, das folgende Kommando zu geben: Bring den runden Korb zum blauen Ball. Oder bring den blauen Ball zum Unterwasserlautsprecher. Doch was passiert, wenn man das Kommando gibt: Bringe den Unterwasserlautsprecher zum quadratischen Korb. Tiere, die nur darauf trainiert sind, Kommandos auszuführen, würden nun versuchen, an dem Unterwasserlautsprecher herumzumanipulieren. Die untersuchten Delfine reagierten aber anders. Ihnen war klar, dass der Unterwasserlautsprecher nicht abgebaut werden kann, und so schwammen sie auch nicht zum Lautsprecher, sondern starrten ihre Trainer auffordernd an in der Hoffnung, als Nächstes vielleicht ein sinnvolleres Kommando zu bekommen.

Doch die Experimente zum Verständnis des Konzepts Sprache gingen noch weiter.[132] Der besonders begabten Delfindame Akeakamai wurden Fragen gestellt, die sie mittels zweier Tasten mit Ja oder Nein beantworten konnte. Nachdem sie das Konzept von Ja und Nein verstanden hatte, war sie dazu in der Lage, folgende Frage zu beantworten: Ist der blaue Ball im Becken? Wenn er nicht da war, antwortete sie mit Nein. Die meisten Tiere können das nicht, sie haben keine Vorstellung von etwas, was nicht da ist (siehe »Gedankenbilder«). Die allermeisten Tiere können beispielsweise mit großer Ausdauer einer Spur folgen oder nach einem bestimmten vertrauten Gegenstand suchen, aber sie sind nicht in der Lage, zu artikulieren, dass der Gegenstand einfach nicht da ist. Die Leistungen von Akeakamai sind übrigens keine Ausnahme unter Delfinen, denn von anderen Forschern wurden die Beobachtungen reproduziert.[133]

Die oben erwähnte Freilandforscherin Denise Herzing versucht somit, eine Bestätigung dafür zu erbringen, dass die sprachlichen Fähigkeiten, die in Gefangenschaft beobachtet wurden, auch in der Wildnis angewendet werden. Vielleicht fragen Sie sich, warum man das nicht einfach bei der Interaktion zwischen den Delfinen selbst beobachten kann. Das wäre tatsächlich der Traum vieler Forscher, aber es gibt ein kleines Problem. Ähnlich wie unser Beluga bei der Nachahmung der menschlichen Sprache müssen Delfine ihren Mund nicht aufmachen, um zu rufen. So lapidar es klingt, aber wenn ich ein Unterwasservideo aufnehme und dort eine Gruppe von Delfinen beobachte, ist es nicht möglich, herauszufinden, welcher Delfin was sagt.[134] Hinzu kommt noch, dass Delfine unterschiedliche Laute produzieren können. Am besten untersucht sind die Pfiffe, zu denen wir im Kapitel »Wer bin ich, und wer bist eigentlich du?« noch kommen werden. Darüber hinaus gibt es Klicks, deren Hauptenergie im für uns nicht hörbaren Ultraschallbereich liegt, und eine Reihe von Quietschlauten. Hinzu kommt ein allgemeines Problem der Bioakustik. Wenn die Aufnahmen analysiert werden, ist nicht klar, was ein Begleitgeräusch und was das eigentliche Signal ist. Die Aufnahmen wurden sowohl von Menschen als auch von Computern ausgewertet, und was sich auf den ersten Blick als einfach darstellt, ist unglaublich schwer.

Interessanterweise versucht man daher das Problem gemeinsam mit Astronomen zu lösen, die auf der Suche nach außerirdischem Leben sind. Die Forscher dieser Disziplin haben nämlich das gleiche Problem: Sie können nicht genau zwischen Rauschen und Signal unterscheiden.[135]

Letztlich darf nicht vergessen werden, dass eine Gruppe von Delfinen praktisch immer in einem dreidimensionalen Raum in Bewegung ist. Dies gilt im übrigen auch für die Forschung an Papageien,[136] so dass die beiden Gruppen mit der höchsten Wahrscheinlichkeit, so etwas wie eine Sprache entwickelt zu haben, im Freiland nicht gut erforscht werden können. Es ist viel einfacher, eine Gruppe von Menschenaffen, die verhältnismäßig ruhig an einem Fleck sitzt, zu untersuchen als eine Gruppe von Delfinen oder Vögel. Insofern werden wir wohl noch einige Zeit darauf warten müssen, uns mit ihnen zu unterhalten.

Es gibt aber Vogelarten, die in ihrer natürlichen Umgebung weit weniger schwer zu erforschen sind. Ich singe jeden Abend zum Einschlafen für meine Kinder das kleine Liedchen:»Kleine Meise, kleine Meise, sag, wo kommst du denn her« In dem Lied geht es um eine hungrige Meise im Winter, und ich singe es mit dem unguten Gefühl, dass ich eigentlich gegen die Fütterung von Wildtieren bin. Zu oft hat die Fütterung negative Auswirkungen auf die Umwelt oder das Verhalten. Man kann das leicht an jedem Stadtteich beobachten. Bei Enten steigert die Fütterung die Aggression untereinander auf ein völlig unnatürliches Maß, und im Sommer beginnen viele Gewässer zu stinken, weil nicht alle Brotkrümel gefuttert wurden und dann am Boden verfaulen. Aber bei unseren einheimischen Singvögeln, die sich entschieden haben zu überwintern, darf und soll man bei besonders harten Wetterlagen durchaus füttern, und so bin ich mit dem Liedchen versöhnt. Seit heute werde ich das Lied allerdings mit anderen Gedanken singen, denn bei meiner Recherche bin ich über einen Artikel gestolpert, der, obwohl ungeheuerlich, von der Presse kaum aufgegriffen wurde, und auch sonst hat mich niemand in meinem Netzwerk darauf aufmerksam gemacht. Tatsächlich ist es in einem Mischwald in der Nähe der Stadt Karuizawa in Japan gelungen, erstmalig experimentell in der Wildnis zu belegen, dass Tiere auch fähig sind, eine Syntax, also einen Satzbau mit grammatikalischen Regeln, zu verwenden.

Gegenstand der Forschung waren unsere Kohlmeisen, die sich aus dem Orient sowohl nach Europa als auch nach Asien ausgebreitet haben. Den quirligen Tierchen wurden ihre eigenen Lieder vorgespielt. In den Liedern gab es unterschiedliche Aufforderungen. So bedeutet die Abfolge der Laute A B C: *Gib acht!* Eine Art Alarmruf, mit dem höhere Wachsamkeit ausgelöst werden soll. Dann gab es eine Lautfolge D, die bedeutet: *Komm her!* Die Tiere kombinieren auch gerne A B C mit D und meinen somit: *Gib acht* und *Komm her.* Spielt man den Tieren A B C – D vor, dann verhalten sie sich der Aufforderung entsprechend. Spielt man ihnen hin-

Die Kohlmeise (Parus major) ist das bisher einzige Tier, bei dem man eine Syntax, also einen Satzbau in der Kommunikation, experimentell nachweisen konnte.

gegen D – ABC vor, dann passiert nichts.[137] Der Satz macht für die kleinen, nur etwas 15 Gramm schweren Tiere einfach keinen Sinn.

Ein unglaublich einfaches Experiment mit unglaublich weitreichenden Konsequenzen. Wir reden hier über den ersten im Freiland gewonnenen Beweis für Ansätze einer echten Sprache bei Tieren, und wir reden hier »nur« über Meisen. Aber warum bin ich überhaupt überrascht? Wir haben doch oben schon gelernt, dass

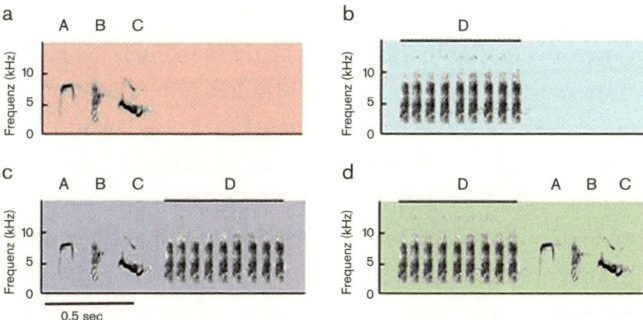

Der Satzbau ist entscheidend. Pfeift eine Meise A-B-C-D, ist die Aufforderung eindeutig. Spielt man ihnen aber D-A-B-C vor, passiert nichts, denn ohne den richtigen Satzbau sind die Rufe Nonsens.

die Tiere sogar in einer Kultur leben. Solche Momente machen mir klar, wie falsch unsere bisherig Vorstellung vom Leben, Denken und Handeln von Tieren ist. Allerdings beginnen wir langsam zu verstehen, wie sich überhaupt eine Sprache entwickeln konnte und warum Tiere begonnen haben, ihr Signalportfolio zu erweitern, und wie es zum Vocal Learning kam. Es wird Sie überraschen, aber selbst unsere kleinen Hausmäuse sind auf dem besten Weg zur Sprachentwicklung, denn alles beginnt mit dem Dialekt.

Dialekte im Tierreich

Uns Menschen fällt es relativ schwer, uns etwas nur halb oder graduiert vorzustellen. Beispielsweise kenne ich niemanden, der mir halbwegs anschaulich erklären könnte, wie sich ein halbes Selbstbewusstsein anfühlt. Bei dieser Art von Dingen kennen wir nur ja oder nein oder schwarz und weiß. Ganz ähnlich ist das mit dem Vocal Learning. Wir denken, entweder kann ein Tier neue Signale lernen oder eben nicht. Wir mögen es, wenn man einen klaren Strich ziehen kann. In diesem Fall zwischen Tieren, die definitiv nicht in der Lage sind, eine Sprache zu erwerben, und jenen, die es zumindest theoretisch könnten. Die Natur ist aber weitaus komplexer als unser Vorstellungsvermögen, in ihr kann auch etwas für uns Unvorstellbares völlig normal sein. Dialekte sind dafür ein gutes Beispiel.

Wenn wir von einem Dialekt sprechen, dann meinen wir kleine Nuancen unserer Sprache, die uns als Mitglied einer bestimmten Gruppe ausweisen. Wir leben zum Beispiel in einem bestimmten Gebiet, und in diesem wird eben Platt oder Bayerisch gesprochen. Ganz ähnlich verhält es sich mit dem Slang, der typischerweise von einer bestimmten sozialen Gemeinschaft gesprochen wird. Diese Färbung unserer Sprache schafft Gemeinsamkeit und grenzt gegenüber anderen ab. Man fühlt sich als ein Teil einer Gemeinschaft stark und dadurch geborgen. Mit großer Wahrscheinlichkeit hat gerade das Bedürfnis nach Geborgenheit, Stärke und Schutz dazu geführt, dass die angeborenen Laute ein klein wenig geändert wurden. Auf diese Weise konnte man sich leicht erkennen, und die Schlüsseltechnologie des Vocal Learning öffnete ein Fenster zum Spracherwerb.

Orcas: Zu Beginn meines Studiums schlug eine Veröffentlichung über Dialekte bei Orcas wie eine Bombe ein. Bis zu diesem Zeitpunkt hielt man so etwas für Unsinn, und ich kann mich noch gut daran erinnern, wie kritisch die ersten Veröffentlichungen diskutiert wurden. Zum besseren Verständnis dieser Entdeckung müssen wir uns das Sozialleben von Orcas ansehen. Die am besten erforschten, weil ortstreuen Residents in British Columbia an der Westküste Kanadas leben in kleinen matrilinearen Familiengruppen von bis zu acht Tieren. Jede dieser Familiengruppen wird von einem erfahrenen Muttertier geführt. Bis zu drei dieser Familien bilden einen sogenannten Pods. Mehrere dieser Pods bilden einen Klan, und jeder Klan hat seinen Dialekt.[138] Im Prinzip entspricht dies einer kleinen eingeschworenen Dorfgemeinschaft, die sich gegenüber einem Nachbardorf durch kleine Sprachnuancen abgrenzt. Dabei bleiben bestimmte Rufe über Generationen unverändert und stabil, wohingegen andere einer Abwandlung unterliegen.[139] Nachdem man die Dialekte an der kanadischen Küste entdeckt hatte, wurden auch die Rufe an der russischen Pazifikküste untersucht. Dabei stellte sich heraus, dass die Tiere nicht nur Dialekte kennen, sondern sich in grundsätzlichen Eigenheiten unterscheiden.[140] Die Forscher verglichen dies mit unseren Phonemen. So kennt die englische Sprache kein »kn«, und die Japaner bekommen kein »st« über die Lippen. Diese Unterschiede werden nicht nur von uns Menschen, sondern auch von den einheimischen Robben erkannt. Die fischfressenden Orcas sind für diese logischerweise völlig ungefährlich und werden ignoriert, während auf die Transients mit Panik reagiert wird.[141]

Bisher können wir allerdings noch nicht sagen, wofür diese Dialekte eigentlich gut sind. Da sich nur Tiere mit unterschiedlichem Dialekt paaren, könnte man spekulieren, dass auf diese Weise Inzucht vermieden wird. Andererseits habe ich keinen Zweifel daran, dass die Tiere auch ohne den Dialekt ihre Familienmitglieder erkennen würden. Auch die Hypothese, dass die Tiere auf diese Weise über große Distanz hinweg ihren Aufenthaltsort mitteilen können, ist nicht ganz schlüssig, denn sie können sich mit großer Wahrscheinlichkeit auch an ihrer Stimme erkennen. Darüber hinaus überraschten Beobachtungen, nach denen die Tiere die Dialekte anderer Gruppen imitierten. Sie können sogar die Laute anderer Tiere nachahmen, denn es wurde beobachtet, dass gefangene und von ihren Artgenossen isoliert gehaltene Orcas Laute von Seelöwen[142] und Delfinen[143] nachahmen. Alles in allem stehen wir aber vor einem Rätsel. Wir können weder den Grund für ihre Kultur noch eine Ursache für die Dialekte erkennen. Alles, was wir wissen, ist, dass wir keine einfache Erklärung für unsere Beobachtungen haben. Im Umkehrschluss könnte man sogar sagen, dass ihr Sozialleben für unseren Verstand einfach zu komplex ist.

Vögel: Viele Vogelarten sind bekanntermaßen hervorragende Nachahmer und wahre Naturtalente im Vocal Learning. Es mag daher nicht überraschen, dass wir in dieser artenreichen Gruppe auch Dialekte finden. Auch gibt es besonders bei Zugvögeln eine ausgesprochen überzeugende Erklärung für die Herausbildung von Dialekten. So ist es beispielsweise denkbar, dass sich Vögel nach einer Wanderung in ihre Winter- oder Sommergebiete an ihrem Dialekt wiedererkennen und dann gemeinsam Ressourcen nutzen und verteidigen. Bei Staren hat man beispielsweise festgestellt, dass sie ihr Nachtlager mit Staren des gleichen Dialektes teilen.[144] Darüber hinaus kommt es bei Raben zur Übernahme von Rufen. Um dies zu beobachten, wurde ein gefangenes Rabenpaar benutzt. Wild lebende Artgenossen wurden dann mit diesem Paar konfrontiert, und es wurde beobachtet, in welcher Form die Elemente des gefangenen Paares in das Repertoire der Wildtiere aufgenommen wurden.[145]

Fledermäuse: Zunächst eines vorweg. Fledermäuse sind keine Nagetiere und somit auch nicht mit Mäusen verwandt. Tatsächlich haben sie mehr mit Walen und Raubtieren gemein. Doch ihre stammesgeschichtliche Entwicklung ist hier nicht von Bedeutung. Von Bedeutung ist ihr Sozialleben, bei dem oftmals unterschiedliche Fledermausarten friedlich zusammenleben. Das ist recht selten, und mir fällt gerade nur ein einziges weiteres Beispiel ein. Auch Delfine und Wale schwimmen oft in Gruppen mit unterschiedlichen Arten. Auf Menschen übertragen, würde dies bedeuten, dass wir gemeinsam mit anderen Menschenaffen, also Gorillas, Orang-Utans und Schimpansen, zusammenleben oder Wanderungen unternehmen würden. Die Gruppen, in denen die Tiere zusammenleben, sind oft riesig und umfassen mehrere 1000 Tiere wie in der Kalkberghöhle in Bad Segeberg oder in der Zitadelle Spandau in Berlin. In der Bracken-Höhle bei Austin in Texas leben sogar etwa 20 Millionen Tiere zusammen. Das sind immerhin so viele Fledermäuse wie Menschen in New York. In dieser Menge ist es von großer Bedeutung, über kleinere und überschaubare soziale Netzwerke zu verfügen. Möglicherweise haben die Tiere aus diesem Grund unterschiedliche Dialekte entwickelt. Ganz neu ist die Erkenntnis, dass sie sogar in der Lage sind, den Dialekt einer anderen Gruppe anzunehmen.[146] Wenn noch jemand Zweifel daran gehegt hat, ob die Tiere zum Vocal Learning fähig sind, dann sollte dieser nunmehr ausgeräumt sein.

Ausgesprochen spannend ist auch die Tatsache, dass sich die Tiere, ganz ähnlich wie unsere oben erwähnten Erdhörnchen, an der Stimme erkennen können.[147] Ich hoffe aber, dass kein Forscher beweist, dass sich die 20 Millionen Tiere in Texas alle kennen und erkennen. In diesem Fall wären wir Menschen von unserem Thron geschubst. Die meisten Menschen kennen nur ein paar Hundert Artgenossen, je nach Lebensführung und Beruf können es natürlich schnell mehr werden. Mein Outlook kennt knapp 3000 Menschen, doch ohne meine Notizen zu den einzelnen Personen würde ich vermutlich mit einer großen Zahl von Namen nichts mehr anfangen können.

Menschenaffen: Wie wir oben bereits erfahren haben, sind die anderen drei Menschenaffenarten nicht besonders gut im Vocal Learning, da ihr Sprachapparat das einfach nicht hergibt. Umso überraschter waren die Forscher, als sie verschiedene Schimpansengruppen analysierten und gruppenspezifische Rufe fanden.[148] Da die Unterschiedlichkeit der Rufe nicht genetisch bedingt war, blieb nur eine Erklärung übrig: Die Tiere haben die Rufe gelernt und sind somit, wenn auch begrenzt, zum Vocal Learning fähig.

Elefanten: Wie das Beispiel unseres sprechenden Elefanten gezeigt hat, sind auch Elefanten zum Vocal Learning fähig. Es ist keine Überraschung, dass die Tiere auch ein gutes Rhythmusgefühl haben. In Lampang im Nordosten von Thailand gibt es sogar ein Elefanten-Orchester.[149] Im Gegensatz zu den Elefantengemälden, die reine Show sind, denn Elefanten sind farbenblind, macht so ein Orchester sogar Sinn. Auch wenn ich nichts über die Haltungsbedingungen in Lampang sagen kann, so ist doch die Elefantenmusik ein gutes Beispiel für die komplexe kognitive Leistung der Tiere.

Ein beliebtes Souvenir aus Thailand sind Gemälde von Elefanten. Leider ist das alles Fake, denn Elefanten sind farbenblind und werden zudem auf diese »Arbeit« trainiert.

Die Kommunikation von Mäusen ist uns zu hoch, darum haben wir sie bisher überhört und beginnen erst langsam, ihr Vokabular zu verstehen. Eine Forschergruppe aus Plön beschreibt die kontextabhängige, mit unterschiedlichen Vokabeln geführte Unterhaltung als »Schwätzchen am Gartenzaun«.

Hausmäuse: Zweifelsfrei ist die Gruppe der Vocal Learner ein sehr kleiner, ja fast schon erlesener Kreis kognitiv hoch entwickelter Tiere. Doch hätten Sie sich vorstellen können, dass wahrscheinlich auch unsere kleine Hausmaus dazugehört?[150] Auch bei ihnen sorgen entsprechende neuronale Feedbackmechanismen dafür, dass sie die Geräusche, die sie selber produzieren, hören können. Dadurch sind sie in der Lage, neue Rufe so wiederzugeben, wie sie sie gehört und gelernt haben. Diese Fähigkeit nutzen sie für gruppenspezifische Dialekte, und die Männchen steigern ihre Qualität als Minnesänger, um die Weibchen zu beeindrucken.

Es rufen aber nicht nur die Männchen. 2016 veröffentlichte eine kleine Arbeitsgruppe des Max-Planck-Instituts für Evolutionsbiologie in Plön einen Artikel mit dem Titel »Schwätzchen am Gartenzaun«[151]. Damit ist aber kein nichtssagender Schrebergartenplausch gemeint, sondern eine kontextabhängige, mit unterschiedlichen Vokabeln geführte Unterhaltung im Rahmen des Soziallebens von Mäuseweibchen. Doch wie konnten diese Erkennt-

115

nisse so lange verborgen bleiben? Wie so oft haben wir einfach nicht richtig hingesehen bzw. hingehört. Die Kommunikation unter Mäusen findet zum großen Teil in dem für uns nicht wahrnehmbaren Bereich statt. Elefanten und Bartenwale können sich im Infraschallbereich, also unterhalb unserer Hörfähigkeit, verständigen und Delfine und Fledermäuse im Ultraschallbereich, also oberhalb dessen, was wir hören. Mäuse gehören zu der letzten Gruppe, ihre Rufe sind uns einfach zu hoch. Die sogenannte Ultraschallvokalisation (USV) wurde einfach überhört. Die Forscher aus Plön, die zwei große Mäusegruppen in einem Terrain von circa 20 Quadratmetern halten und ihnen so einen verhältnismäßig natürlichen Lebensraum bieten, schließen ihren Bericht mit der Feststellung, dass man bisher die Kommunikation unter Mäusen unterschätzt habe. Letztlich bedeutet diese sachliche Feststellung, dass wir in Sachen Mäusesprache noch einige Überraschungen erleben werden.

Aktuell versuchen die Forscher, eine bessere Vorstellung von dem sozialen Netzwerk, in dem die Tiere leben, zu erlangen[152] (mehr dazu im Kapitel »Facebook mal anders«).

Menschen: Es ist keine Frage, dass wir Menschen Meister im Vocal Learning sind. Doch bis vor kurzem ist man davon ausgegangen, dass uns die Imitationsfähigkeit in die Wiege gelegt wird und somit angeboren ist. Dies ist aber vermutlich falsch, denn es sieht so aus, als würden wir diese Fähigkeit erst in den ersten Wochen bis Monaten lernen.[153]

Dirty Talks

»Ooooh!«, »Aaaaah!«, »Jaaaaah!« macht zwar an, geht aber als Dirty Talk nicht durch. Es sind eher Geräusche, auch wenn wir sie mit großer Inbrunst und Überzeugungskraft ausstoßen. Etwas wie: »He, komm mal rüber«, lasziv hingehaucht, oder »Fass mich an«, mit einem provozierenden Blick untermalt, passt schon besser und lässt sich steigern. Wenn wir also von schmutziger Rede sprechen, dann geht es um Reden, und wer redet, bedient sich eines gemeinsamen Satzes von eindeutigen Zeichen.

Stellen Sie sich vor, Sie sind in einem fremden Land, dessen Sprache Sie nicht beherrschen. Sie stehen auf einem exotischen Markt und würden gern eine von diesen gelblichen, etwa zwetschgengroßen Früchten, die in Bündeln an dem Holzregal hängen, probieren. Natürlich sind Sie ein neugieriger und offener Mensch und scheuen sich nicht, mit Ihrer nackten Hand auf das Objekt Ihrer Begierde zu zeigen. In einer weiteren Geste führen Sie Ihre Finger zum Mund und öffnen ihn. Natürlich versteht Sie der Verkäufer und reicht Ihnen eine Longan. Sie knacken die Schale und »hm«, schmeckt wie Litschi, aber der Kern ist scheußlich bitter. Sie haben in dieser Situation eine Frage gestellt, sind verstanden worden und haben infolgedessen Ihr Ziel erreicht. Ohne es zu wissen, haben Sie jahrtausendealte und erprobte Verhaltensmuster angewandt, und rein theoretisch könnten Sie sich so auch mit unseren nächsten Verwandten, den Menschenaffen, verständigen.

Alle Schimpansen, Gorillas und Orang-Utans nutzen etwa ein Drittel ihrer genetisch vererbten Gebärden und Gesten gemeinsam,[154] und alle sind, wie wir, Menschenaffen. Wir Menschen verstehen diese Gesten, auch wenn wir sie nicht mehr aktiv anwenden.[155] Gesten, gepaart mit kleinen Pantomimen, standen mit großer Wahrscheinlichkeit am Beginn unserer Sprachentwicklung.

Einige Forscher spekulieren nun darüber, dass die körpersprachliche Verständigung zur Einleitung eines Techtelmechtels der Ursprung unserer Sprache sei.[156] So wurde beobachtet, dass Bonobo-Damen, eine Menschenaffenart, untereinander auf diese Weise Angebote unterbreiten. Eine deutende Geste und ein unmissverständlicher Hüftschwung, der den Akt vorwegnimmt, und schon geht's los.

Gemeinsam mit dem oben beschriebenen Leaf-clipping liegt es gar nicht so fern, Dirty Talks als den Ursprung unserer Sprache zu betrachten. Damit stünde erneut der Sex im Mittelpunkt der inneren Motivation, und wir haben einen guten Grund, uns näher mit der Körpersprache zu befassen.

Gebärden und Symbole

Auch wenn Tiere die menschliche Sprache nicht sprechen können, so gibt es doch ein Tier, das eine menschliche Sprache gelernt hat und sich damit hervorragend verständigen konnte. Das Tier hieß Washoe, war eine Schimpansin und sprach ASL (American Sign Language[157]). Sie wurde 1965 in Westafrika gefangen, um als Versuchstier für die amerikanische Air Force zu dienen. Bereits zwei Jahre später begann die Forscherin Beatrix Gardner, sie in ASL zu trainieren.[158] Das Besondere an ihrem Training war die Art, wie mit ihr umgegangen wurde. Man gab ihr gewisse Freiräume und trennte die Futtergabe von ihrer Ausbildung. Dies ist ungewöhnlich, denn normalerweise machen Wildtiere nur etwas, wenn sie dafür direkt belohnt werden. In Delfinarien kann man das gut beobachten, denn obwohl Delfine beim richtigen Umgang in der Lage sind, Leistungen freiwillig zu erbringen, bekommen sie in den Unterhaltungsshows der Zoos für die erbrachte Leistung einen Fisch. Wenn man von Wildtieren eine Show haben möchte, ist es schlicht einfacher, sie währenddessen zu füttern. Der Verzicht auf die Fütterung während des Trainings war somit ein gewisses Risiko und nur durch viel Vertrauen auf beiden Seiten möglich. Doch dieses Vertrauen zahlte sich aus, denn Washoe war eine gute Schülerin und beherrschte mehr als 130 Gesten. Irgendwann überraschte sie ihre Trainer und die Forscher gleichermaßen, indem sie selbständig einen Schwan als Wasser-Vogel bezeichnete und damit zwei ihr bekannte Begriffe zu einem neuen zusammensetzte. Sie erlangte auch in den Medien eine gewisse Berühmtheit, so wundert es nicht, dass die »New York Times« einen Nachruf auf sie verfasste.[159] Doch sie ist kein Einzelfall, denn auch andere Tiere überraschten mit neuen Wortschöpfungen. So wurde ein scharfes Radieschen als »Schrei-Schmerz-Essen«[160] und eine Fanta als »Cola, die orange ist«[161] bezeichnet.

Einen anderen Weg schlug Sue Savage-Rumbaugh ein, sie erfand eine Sprache namens Yerkish, die auf Symbolen basiert.[162] Dabei sind die Zeichen nicht ikonisch, sondern völlig abstrakt, man kann also die Bedeutung nicht aus dem dargestellten Bild herauslesen. Das Bonobo-Männchen Kanzi ist vermutlich der berühmteste Sprecher oder besser Anwender dieser Sprache. Er ist in der Lage, beinahe 400 Symbole zu verwenden.[163] Über sein Verhalten wird in fast 5000 wissenschaftlichen Publikationen berichtet.

Zusammenfassend lässt sich sagen, dass sowohl Delfine als auch Menschenaffen in der Lage sind, einfache Dreiwortsätze zu verstehen und anzuwenden. Ob sie diese Fähigkeiten auch in freier Natur verwenden, ist allerdings nach wie vor unklar. Im Freiland gelang allerdings der überraschende Nachweis einer Syntax (Satzbau) bei Gibbons,[164] den sogenannten »Kleinen Menschenaffen«. Sie sind außer uns Menschen die einzigen Primaten mit einem reichen Schatz an akustischen Signalen. Ihre Rufe werden oft sogar als Gesänge bezeichnet.[165]

Körpersprache und Pointing

Neben der akustischen Kommunikation werden im Tierreich auf alle nur erdenklichen Arten Informationen ausgetauscht. Die Körpersprache ist uns dabei am vertrautesten. Einerseits weil wir sie selbst anwenden, andererseits weil sie für unsere Sinne leicht wahrnehmbar ist. Bei unseren nächsten Verwandten, den Menschenaffen, hat man fast 100 Gesten mit unterschiedlicher Bedeutung gefunden, und auch bei vielen anderen Tieren spielt die Körpersprache eine wichtige Rolle. Ich möchte an dieser Stelle aber nur auf eine einzige Geste eingehen, da sie das Grundelement einer jeden Sprache ist. Es geht um die für uns Menschen so selbstverständliche Geste des Zeigens, Pointing genannt. Außerdem hat gerade diese Geste in den vergangenen Jahren zu einem umfangreichen wissenschaftlichen Disput geführt.

Kurz nach dem Studium war ich gemeinsam mit meiner Frau für einige Wochen im Ausland. Wir wollten unseren Hund Captain Flint nicht mit mehrfachen anstrengenden Flügen strapazieren, und so entschieden wir uns, ihn bei guten Freunden in Kiel zu lassen. Nach unserer glücklichen Rückkehr berichteten unsere

Freunde selbstverständlich bis ins kleinste Detail, wie ihr Leben mit Flint war und was er alles erlebt hatte. Wir standen in der Küche, und Flint starrte in die Ecke mit der Hängeampel, in der sich das Gemüse befand. Ich erkannte natürlich sofort das tiefe Bedürfnis meines Hundes und fragte die Hausherrin, ob ich ihm vielleicht eine Möhre geben könne. Sie starrte mich mit offenen Augen an und prustete plötzlich vor Lachen. Auf meinen fragenden Blick antwortete sie, immer noch nach Atem ringend: »Das ist ja nicht zu glauben, Flint hat fast jeden Tag einmal in der Küchenecke gestanden und hochgeblickt, doch nie im Leben wäre ich darauf gekommen, dass er eine Möhre wollte.« In diesem Moment war mir gar nicht zum Lachen, denn ich hatte vergessen, ihr vor unserer Abreise zu sagen, dass unser 75-Kilo-Gefährte jeden Abend bei uns im Bett eine Mohrrübe schnurpsen durfte und dann glücklich in sein Körbchen verschwand.

Uns beiden war damals überhaupt nicht klar, welche unglaubliche Fähigkeit Flint damit gezeigt hatte. Pointing, also auf etwas starren oder mit der Hand auf etwas weisen, ist der erste Schritt zur Abstraktion. Stellen Sie sich vor, Sie machen mit einigen Freunden einen Spaziergang in der Stadt. Leider gehen alle an Ihrer Lieblingseisdiele vorbei, denn sie waren gerade gemeinsam essen. Ihnen hat das Essen aber nicht geschmeckt, und so haben Sie das Restaurant hungrig verlassen. Bei dem heißen Wetter verheißt die Eisdiele wahrhaft vollkommene Erlösung, und Sie spüren förmlich, welche Wohltat und Geschmacksexplosion auf Sie wartet. Die einfachste Möglichkeit, ans Ziel zu gelangen, ist es nun, den Arm zu heben und auf die Eisdiele zu weisen. Diese Fähigkeit wurde Tieren bis vor kurzem abgesprochen.[166] Die Tatsache, dass gut ausgebildete Hunde auch Zeigegesten von Menschen verstehen, schrieb man der Anpassung an das Leben mit den Menschen zu,[167] denn eine entsprechende Fähigkeit konnte bei Wölfen nicht beobachtet werden.

Vor einiger Zeit wurde ich gebeten, ein Kapitel über die Kommunikation mit Delfinen zu schreiben. In der entsprechenden Buchpublikation der Uni Freiburg gab es auch ein Kapitel über die Kommunikation zwischen Menschen und Pferden von der

Forscherin Marion Mangelsdorf.[168] Mein Wissen über Pferde ist rein theoretischer Natur, und so war ich von der detailliert wiedergegebenen Beschreibung ihrer Interaktion mit Pferden tief beeindruckt. Dennoch wäre ich niemals auf die Idee gekommen, Pferden die Fähigkeit des Pointings zuzuschreiben. Doch kürzlich wurde ich durch eine Veröffentlichung überrascht, in der sich Pferde genauso verhielten wie Flint. Mehr noch, sie versuchten mit ihren Pflegern Kontakt aufzunehmen, und sobald sie Blickkontakt hergestellt hatten, blickten sie schnell zu dem Eimer mit dem Futter, der außerhalb ihrer Reichweite stand.[169]

Es wird Sie nicht überraschen, dass auch Delfine dazu in der Lage sind, Pointing zu verstehen[170] und anzuwenden.[171] Ebenso sind unsere nächsten Verwandten, die großen Menschenaffen, dazu in der Lage, Gesten zu folgen[172] und selbst mit Gesten auf ihre Wünsche aufmerksam zu machen.[173] Es gibt sogar Hinweise, dass dies auch auf Raben zutrifft.[174]

Bis hierher war es einfach, doch ich möchte Ihnen nicht vorenthalten, dass in den vergangenen Jahren eine fast schon vehemente Debatte über Pointing und die Entstehung der menschlichen Sprache bei Menschenaffen entbrannt ist. Von allen tierischen Kandidaten, die in Betracht kommen, eine Sprache zu haben, sind die Menschenaffen am besten erforscht. Sie wurden unzähligen Experimenten in Gefangenschaft ausgesetzt und intensiv im Freiland beobachtet. Einerseits ist die Forschung an Menschenaffen technisch verhältnismäßig einfach, andererseits ist ihre genetische Nähe zu uns Menschen besonders attraktiv, wenn man sich für die Entstehung unserer Sprache interessiert. Dabei ist nicht verwunderlich, dass es auch zu widersprüchlichen Beobachtungen kommt, und je mehr man weiß, desto mehr Fragen tun sich auf. Schauen wir uns daher die aktuelle Debatte etwas genauer an.

Schon der Kernpunkt der Debatte ist für einen philosophisch nicht geschulten Geist wie mich recht schwer zu fassen. Denken wir zunächst zurück an unser Beispiel mit der Eisdiele. Sie hatten die Aufmerksamkeit Ihrer Gruppe errungen und auf das Objekt Ihrer Begierde gewiesen. Doch was genau ist in Ihnen und Ihren

Gruppenmitgliedern vorgegangen? Grundsätzlich gibt es zwei Möglichkeiten: Obwohl Sie die Aufmerksamkeit Ihrer Gruppe gesucht haben und auf die Eisdiele gewiesen haben, sind Sie in Ihrer eigenen Welt geblieben. Sie hatten das Bedürfnis, bei Ihrer Gruppe zu bleiben, und haben daher die Aufmerksamkeit auf sich gelenkt. Ferner hatten Sie das Bedürfnis nach Eis und haben darum auf die Eisdiele gewiesen. Ob die anderen Ihren Wunsch, ein Eis zu essen, erkannt haben, ist jedoch unsicher, schließlich konnten sie nicht wissen, dass Sie noch hungrig sind. Man spricht in diesem Fall von Intention.[175] Dabei handelt es sich um ein willentliches oder geplantes und vielleicht auch bewusstes Handeln. Es erfolgt aber ohne Verständnis darüber, ob andere Ihre Wünsche erkennen oder sogar teilen. Demgegenüber steht das sogenannte ostensive-inferentiale Verhalten oder auch Gricean communication. Eine entsprechende Kommunikation basiert auf dem Kooperationsprinzip und wird oft nach dem Linguisten Paul Grice benannt. Es geht davon aus, dass eine Kommunikation unter Menschen einer Kooperation entspricht, bei der sich alle Beteiligten daran halten, um sich über einen bestimmten Aspekt zu verständigen. Mit anderen Worten, alle Beteiligten wissen, dass es um die Eisdiele geht. So wissen Sie beispielsweise, dass Ihre Freunde verstehen, dass Sie Eis essen möchten. Im anderen Fall würden Ihre Freunde nur verstehen, dass Sie etwas möchten, aber die Eisdiele wäre nicht Teil Ihrer gemeinsam geteilten Realität. Weiterhin wird auch noch zwischen einer imperativen, also ein Verlangen zum Ausdruck bringenden Geste und dem deklarativen Pointing unterschieden. Bei Letzterem wird eine bestimmte Einstellung zu einem Objekt mitgeteilt. Wenn wir beispielsweise auf einen schönen Sonnenuntergang weisen, dann bringen wir nicht zum Ausdruck, dass wir Appetit auf eine Sonne haben. Flint hatte allerdings Appetit auf die Möhre und hat daher nur imperativ gepointet.

Die Meinungen gehen weit auseinander. Für die einen sind die Gesten lediglich intentional und für die anderen ostensiv-inferential. Die einen sagen: Wir wissen nicht genau, ob die Tiere sich über eine gemeinsame geteilte Realität verständigen,[176] und für die anderen ist dies gegeben, wenn beispielsweise durch Augenkontakt eine kooperative Beziehung hergestellt wird und die folgende Situation somit dem Kooperationsprinzip folgt.[177] Andere verlangen die Fähigkeit zur Metakognition, also die Möglichkeit, sich über die eigenen Gedanken Gedanken machen zu können (siehe »Der Gummibärchen-Test«), oder sie verlangen eine Theory of Mind, also die Fähigkeit, andere als Wesen zu erkennen und sich gedanklich in sie hineinversetzen zu können. Ein weiterer wichtiger Punkt ist die Frage, ob die Geste erlernt oder vererbt wurde. Oben habe ich bereits gezeigt, dass beispielsweise das abstrakte Leaf-clipping, also das Knacken mit Blättern, in unterschiedlichen Populationen verschieden angewendet wird und dass dies als ein gelerntes Verhalten einer Tradition oder einem kulturellen Erbe entspricht. Andere Punkte, wie die Theory of Mind und die Metakognition, werden wir in den Kapiteln »Vom Denken« und »Gefühlsduselei« betrachten. Vielleicht gelingt es Ihnen nach dem Lesen dieser Abschnitte, sich selbst eine Meinung darüber zu bilden.

Unabhängig von all diesen Erörterungen können Tiere ausgesprochen gut untereinander kommunizieren. Viele Tiere haben, wie die oben erwähnten Erdhörnchen, Rufe mit unterschiedlichen Bedeutungen, bei einigen Tieren ist die Form der Kommunikation sogar erlernt, also ein kulturelles Erbe, und wie wir am Beispiel der Meisen gesehen haben, bedarf es manchmal sogar eines korrekten Satzbaus. Bei all der Ungewissheit gibt es eine Gewissheit: Wir werden, wenn wir genauer hinsehen, viel mehr Beispiele für tierische Kultur finden, als wir uns heute auch nur vorstellen können.

13. Was hat Kultur mit Naturschutz zu tun?

Manche Ideen sind einfach besser als andere, und bei mancher Idee hat man sogar das Gefühl, es sei die beste des Lebens. So ähnlich ging es meiner ehemaligen WDC-Kollegin Philippa Brakes aus Neuseeland, als sie sich überlegte, dass man einen wissenschaftlichen Workshop zum Thema Kultur bei Walen anregen müsste. Die WDC (Whale and Dolphin Conservation) hat seit vielen Jahren ein sehr gutes Verhältnis zu der UN-Konvention CMS (Convention on the Conservation of Migratory Species of Wild Animals), in Deutschland besser bekannt als »Bonner Konvention«. Dieses internationale Umweltabkommen konzentriert sich auf wild lebende Tiere, die sich nicht an menschliche Grenzen gebunden fühlen. Sie fallen oft durch das Netz der Umweltschutzmaßnahmen eines Nationalstaates, denn die Tiere sind ja nicht heimisch, sondern durchwandern, überfliegen oder durchschwimmen das jeweilige Land nur zeitweilig. Der durch viele Kooperationen, wie zum Beispiel das »Internationale Jahr des Delfins«, gefestigte Kontakt zu dem Sekretariat der Konvention in Bonn ermöglichte es der WDC, einen solchen Workshop in das offizielle Arbeitsprogramm der Konvention zu integrieren. Dank des potentiellen Wirkungsgrades eines solchen Workshops gelang es, praktisch alles, was in der Wissenschaft Rang und Namen hatte, einzuladen. Herausgekommen ist eine bisher einzigartige Resolution, die einerseits die große Bedeutung kultureller Aspekte bei Schutzmaßnahmen hervorhebt und die andererseits die UN-Mitgliedstaaten auffordert, diese Aspekte zu berücksichtigen.[178] Doch warum genau spielen kulturelle Aspekte beim Natur- und Tierschutz überhaupt eine Rolle?

Wie wir erfahren haben, ist in einer kulturellen Gemeinschaft die Weitergabe von Informationen und Wissen essentiell und kann sogar überlebenswichtig sein. Betrachten wir Elefanten als Beispiel. Beim Afrikanischen Elefanten konnte gezeigt werden, dass die Gruppen, die von älteren Weibchen geführt wurden, anpassungsfähiger waren und dass ihr Gruppenverhalten auf einem größeren Erfahrungsschatz beruhte.[179] Wie Sie sich leicht vorstellen können, bevorzugen Wilderer große Stoßzähne, denn aus diesen lassen sich größere, imposantere und somit teurere Elfenbeinschnitzereien herstellen. Im Gegensatz zu den Asiatischen Elefanten besitzen auch die Afrikanischen Elefantenkühe große Stoßzähne. Traurige Konsequenz ist die selektive Tötung der älteren, größeren und eben erfahreneren Tiere. Forscher gehen davon aus, dass es auf der ganzen Welt keinen einzigen Elefanten gibt, der in seiner Kindheit nicht mit ansehen musste, wie ein nahes Familienmitglied getötet wurde. Weiterhin gehen die Wissenschaftler davon aus, dass die unterschiedlichen Kulturen der Elefanten zerstört wurden und dass die meisten noch lebenden Tiere traumatisiert sind und Verhaltensstörungen aufweisen. Sie mögen denken, das kann ja jeder behaupten. Doch diese Erkenntnisse wurden von den weltweit führenden Experten in »Nature«[180] veröffentlicht.

Es gibt zwar heute noch genügend Elefanten, um eine genetisch stabile Population zu erhalten, aber diese Population ist ihrer Kultur und der Basis ihres Sozialverhaltens beraubt. Aus dem Blickwinkel des Populationsmanagements und des traditionellen Naturschutzes wäre dies kein Problem, denn durch geeignete Maßnahmen könnte die Population wieder vergrößert werden. Wir sind als Menschheit gerade dabei, zu erkennen, dass der Naturschutz auf Populationsebene für viele Arten nicht ausreicht. Wir müssen berücksichtigen, dass einzelne Tiere als Träger wichtiger Informationen für das Überleben einer ganzen Population verantwortlich sein können. Aus diesem Grund halte ich die oben erwähnte Resolution für den ersten Schritt hin zu einem Paradigmenwechsel, bei dem es darum geht, dass einzelne Tiere und ihre Rolle im System berücksichtigt werden, bevor wir Eingriffe in die Natur vornehmen. Dabei spielt es keine Rolle, ob wir die Tiere töten, um sie zu essen, sie fangen, um sie in einem Zoo zur Schau zu stellen, oder sie, wie wir im folgenden Beispiel sehen werden, aus Versehen bei militärischen Übungen töten.

Basierend auf Erkenntnissen im Bereich Kommunikation, Sozialverhalten und räumliche Verteilung[181] betrachtete die kanadische Regierung, die nur einhundert Tiere umfassende Gruppe der »Southern Resident Orcas« als ein unabhängiges Schutzgut und stellte sie unter besonderen Schutz. Nun kennen die »Southern Resident Orcas« ihr eigenes Verbreitungsgebiet, wissen aber nichts von der Grenze zwischen Kanada und den Vereinigten Staaten, und so wandern sie munter hin und her. Die oberste Meeresschutz- und Fischereibehörde der USA, der »National Marine Fisheries Service«, eine Unterabteilung des Wirtschaftsministeriums, konnte im Gegensatz zu den kanadischen Kollegen keine unterschiedlichen Gruppen erkennen.[182] Der Vorteil für das Amt war gewaltig: Auf diese Weise wurden alle Orcas, also auch die kanadischen Residents, zu einer großen Population erklärt. Durch etablierte Rechenmodelle des Populationsmanagements war es dann möglich, den Tod einiger Tiere bei Manövern der amerikanischen Marine hinzunehmen, ohne juristische Konsequenzen befürchten zu müssen. Es gab einfach genug. Glücklicherweise wurde 2005 aufgrund von immensen Protesten diese Regelung aufgehoben, und die »Southern Resident Orcas« sind nun auch in den Vereinigten Staaten zu einer offiziellen und besonders geschützten Population erklärt. Im Prinzip hatte die US-Behörde gleich in zweierlei Hinsicht die kulturellen Aspekte nicht berücksichtigt. Einerseits wurde die separierte kanadische Gruppe nicht anerkannt, und andererseits wurde akzeptiert, dass bei militärischen Manövern ein bestimmter, wenn auch sehr kleiner Prozentsatz an Tieren getötet wird, ohne zu berücksichtigen, ob es sich dabei um ein für die Population wichtiges Tier handelt.

Im modernen Umweltschutz unterscheidet man daher heute zwischen »Evolutionarily Significant Units« (ESUs) und kulturell bedingten Gruppen, »Culturally Significant Units« (CSUs).[183] Leider bleibt auch hier die Bedeutung einzelner Individuen unberücksichtigt, und so hoffe ich, dass die Resolution ihre Wirkung noch entfaltet.

Es gibt aber noch eine weitere Konsequenz für unser Handeln. Wie Sie sicher wissen, bemühen sich viele Zoos, aussterbende Arten nachzuzüchten und auszuwildern. Leider hat das in der Vergangenheit zu Problemen beim Umweltschutz geführt, denn diese Auswilderungen funktionieren nur bei Tieren, die nicht in einer Sozialgemeinschaft mit Kultur leben.[184] Den ausgewilderten Tieren fehlt das kulturelle Erbe, und eine Integration in das vorhandene gewachsene soziale Netz ist oft nicht möglich.

IV. GEMEINSCHAFTSSINN

Gemeinhin wird ein Sozialleben mit Menschen oder Tieren assoziiert. Dass dies nicht unbedingt sein muss, hat uns Peter Wohlleben in seinem Buch »Das geheime Leben der Bäume« anschaulich vermittelt. Tatsächlich kann man dem sogar noch etwas obendrauf setzen, oder wussten Sie, dass Bakterien ihren gemeinsamen Massensuizid demokratisch beschließen? Nein? Dann gehören Sie zu den 99,9999 Prozent aller Menschen, die von diesem geheimen Treiben nichts ahnen, und sind kein Mikrobiologe. Myxobakterien leben im Boden und ernähren sich von totem organischem Material. Anders als Tiere können Bakterien ihre Nahrung nicht in sich aufnehmen, um sie zu verdauen. Sie haben keinen Mund und können auch ihren Körper nicht über Nahrungspartikel stülpen, wie es viele einzellige Tiere tun. Stattdessen produzieren sie Schleim, der sie umgibt und in den sie ihre Verdauungsenzyme pumpen. Die in einzelne Moleküle zerlegte Nahrung wird dann über die Oberfläche aufgenommen, ganz ähnlich wie dies auch in unserem Darm geschieht. Der Schleim fungiert aber nicht nur als externes »Verdauungsorgan«, er schützt auch vor Austrocknung und ist Kommunikationsmedium. Wird die Nahrung knapp, funken Myxobakterien mit Botenmolekülen »Hunger«, und einer der bemerkenswertesten Prozesse auf unserem Planeten nimmt seinen Lauf.

Bakterien haben kein leichtes Leben, genau genommen existieren sie immer gerade am Rande des Existenzminimums, und das allgemeine Motto heißt: sich teilen oder sterben. Die ungezügelte starke Vermehrung ist bei Bakterien aber überlebenswichtig. Obwohl einige Bakterien, dank des einzigen in der Natur vorkommenden drehenden Motors und eines Propellerantriebs,[185] die schnellsten Organismen (im Verhältnis zu ihrer Körpergröße) auf unserem Planeten sind, nützt ihnen diese Geschwindigkeit nichts, wenn sie keine geeignete Nahrung finden. Schaffen sie es aber, einen Bakterienrasen zu erzeugen und gemeinschaftlich eine Schleimschicht zu produzieren, sind sie in der Lage, die komplexesten chemischen Verbindungen zu knacken und fast alles in Nahrung zu verwandeln. Doch auch die ergiebigste Nahrungsquelle ist einmal erschöpft, und dann beginnt das große Sterben. Dem muss die Natur etwas entgegensetzen, denn sonst wäre das Leben schnell zu Ende. Eine unter Bakterien einzigartige Strategie haben die Myxobakterien erfunden. Sie haben ein »demokratisch organisiertes Sozialleben«.[186] Natürlich folgen auch sie der Devise: futtern – sich teilen, futtern – sich teilen und futtern – sich teilen. Doch wird die Nahrung knapp, rücken sie zusammen und warnen sich gegenseitig mittels eines Botenstoffes vor Futtermangel. Hat sich dieser in der Schleimschicht auf ein bestimmtes Niveau angereichert, starten sie einen Lebensabschnitt, den man Bakterien nicht zugetraut hätte. Sie koppeln sich aneinander und haben nach circa einem Tag einen mehrzähligen Organismus mit etwa 100 000 einzelnen Bakterienzellen gebildet. Das sind immerhin 100-mal mehr Zellen als beim Fadenwurm *Caenorhabditis elegans*, und der hat schon einen Mund, einen Darm, ein After, Geschlechtsorgane und ein einfaches Nervensystem aus etwa 300 Zellen. Die sogenannten Fruchtkörper sind circa 0,1 Millimeter groß, und man kann sie mit bloßem Auge sogar erahnen. Nun sterben die meisten Zellen ab und versorgen die Zellen im Inneren des Fruchtkörpers mit Nährstoffen. Diese wiederum bilden überdauernde Sporen, die vom Wind oder von Tieren weitergetragen werden, bis sie wieder auf günstige Lebensumstände treffen.

Ich habe dieses Beispiel so detailliert ausgeführt, weil ich deutlich machen wollte, dass die Erfindung des Soziallebens absolut essentiell für die Entwicklung des Lebens auf der Erde war. Das Sozialleben von Einzellern hat erst die Entstehung von Mehrzellern möglich gemacht, und das Sozialleben der Mehrzeller war mit großer Wahrscheinlichkeit für die Entwicklung unserer komplexen Gehirne verantwortlich (dazu mehr im Kapitel »Der Denk-

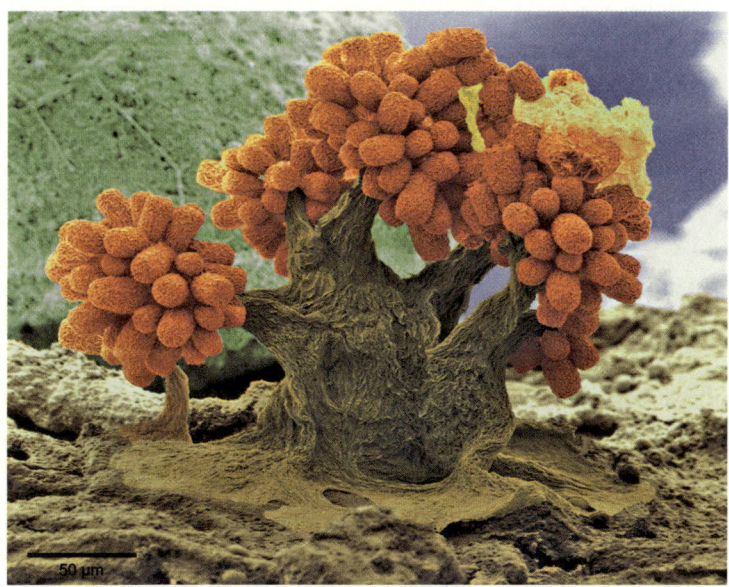

Zellen des Myxobakteriums *Chondromyces crocatus* bilden als Reaktion auf widrige Umweltbedingungen Fruchtkörper, in denen sie überleben. Die Form und Gestalt dieser Fruchtkörper ist gattungsspezifisch und reicht von einfachen kugelförmigen Gebilden zu reichhaltig strukturierten »Bäumchen«.

apparat«). Diese komplexen Gehirne wiederum brauchen eines wie die Luft zum Atmen: Wiederholung und Training. Ganz ähnlich wie beim Gewichtestemmen in der Muckibude müssen unsere Nerven immer wieder das Gleiche wiederholen, um gefestigte Erinnerung, Fähigkeit oder Erkenntnis zu werden. Die Frage ist nur: Wie bekommt man jemanden dazu, etwas wieder und wieder zu tun? Richtig, mit Spaß, dem vielleicht wichtigsten Antrieb bei Mensch und Tier.

14. Die Spaßgesellschaft

In lauen Sommerabendstunden sitzt seit Jahren auf dem Giebel meines Hauses eine Singdrossel und trällert ihr Liedchen hinab in das kleine Tal vor meiner Veranda. Freut sie sich dabei wie ich über die Aussicht und über ihr Singen, oder folgt sie nur einer inneren Programmierung? Um diese Frage zu beantworten, sollten wir vielleicht eines der klügsten Wesen auf unserem Planeten befragen. Es handelt sich um ein Känguru, und es lebt in Berlin. In seinem Manifest teilt es die Welt in zwei Sphären: witzig und nicht witzig. Aus verhaltensbiologischer Sicht könnte Marc-Uwe Kling damit nicht richtiger liegen. Um es auf eine einfache Formel zu bringen: Ein Witz macht Spaß, und alles was Spaß macht, tut man gern. Alles, was man gern tut, macht man oft. Ohne Fleiß kein Preis, und schon sind wir, biologisch gesehen, am Ziel. Wir haben einen vollen Magen, eine sexuelle Befriedigung, die Freude über unsere Nachkommen, unsere Position in einer Hierarchie oder genießen nur eine schöne Aussicht wie meine Drossel.

Aus diesem Blickwinkel erscheint die Spaßgesellschaft gar nicht mehr so verachtenswert, und wir werden in vielen Tierarten Brüder und Schwestern im Geiste sehen. Aber zunächst folgen Sie mir bitte auf ein beliebiges öffentliches Klo.

Ein Mann sitzt auf einer öffentlichen Toilette. Plötzlich hört er eine Stimme in der Kabine neben sich: »*Wie geht's?*«

Mann: »*Ganz gut.*«

Stimme: »*Was machst du gerade?*«

Mann (leicht genervt): »*Sitze hier auf der Toilette, so wie Sie auch.*«

Stimme: »*Was machst du heute noch?*«

Mann (gereizt): »*Ich erleichtere mich und gehe dann weiter einkaufen.*«

Stimme: »*Kann ich rüberkommen?*«

Mann (wütend): »*Um Gottes willen. Jetzt hören Sie auf, sonst rufe ich die Polizei.*«

Stimme: »*Kann ich dich gleich zurückrufen. Hier sitzt so ein Spinner in der Nebenkabine, quasselt mich die ganze Zeit voll und will nun auch noch die Polizei rufen.*«[187]

Freilich kann man über Humor trefflich streiten, aber es gibt einen gemeinsamen Nenner bei allen Witzen. Man folgt einer kurzen oder längeren Anekdote, und dann passiert es: Man erfährt etwas, das vermeintlich Teil der Geschichte ist, doch nach einem Bruchteil einer Sekunde entdeckt man eine Ungereimtheit und lacht. Die Überraschung über den Handlungswechsel oder eine Verkehrung der Grundidee macht den Witz aus.

In der Vergangenheit habe ich oft Freunde und Bekannte gefragt, worin sie den großen Unterschied zwischen Menschen und Tieren sehen. Bei den meisten Antworten bleibe ich cool und habe ein überzeugendes Gegenbeispiel parat. Ab und an gelang es aber einem meiner Gesprächspartner, über meine Biologenlogik zu triumphieren, indem er erwiderte: *Tiere haben keinen Humor.* Denn das ist richtig, kein anderes Tier könnte über diesen Witz lachen. Darüber hinaus funktioniert er auch nur in unserer Kultur und in unserer Zeit. Wer keine öffentlichen Toiletten mit getrennten Kabinen kennt und nicht weiß, wie Handys funktionieren, der kann mit dem Witz nichts anfangen. Doch die Grundidee, also das Überraschungsmoment, ist allgegenwärtig und gilt unter vielen Verhaltensforschern als das vermutlich wichtigste Element beim Spielen. Beobachtet man spielende Menschen oder Tiere, dann ist jedes Spiel von einer gewissen Kreativität geprägt. Es ist das Neue oder Unvorhergesehene und Überaschende, das ein Spiel attraktiv macht. Fehlt diese Dynamik, ist ein Spiel langweilig und ein Witz nicht lustig. Tiere, die spielen, simulieren und trainieren das breite Spektrum ihres Verhaltens. Der Spaß und die angenehmen Gefühle, die wir beim Lachen über einen guten Witz oder beim Spielen von Computergames, Schach, Fußball und beim Toben mit unseren Kindern empfinden, entstehen durch den Reiz des Neuen. Jede neue Situation hat etwas Lehrreiches, trainiert unsere Anpassungsfähigkeit und letztlich unsere biologische Fitness. Daher muss es Mechanismen geben, die uns dazu treiben, viel Zeit und Energie in diese Verhaltensweisen zu investieren. Dieser Grundidee folgt eine Sonderausgabe zum Thema Spaß im Tierreich in der renommierten wissenschaftlichen Zeitschrift »Current Biology« aus dem Jahr 2015.[188] Ich freue ich mich also, Sie nicht nur in die Welt spielender Menschenaffen und Hunde entführen zu können, sondern Ihnen spielende Spinnen, lustige Vögel und verspielte Drachen und Fische vorstellen zu dürfen.

Die Chemie der Freude

Eines Morgens saß ich bei der Recherche zu diesem Buch am Schreibtisch und war in die oben erwähnte Sonderausgabe vertieft. Veverin, einer meiner kleinen Jungs, kam zu mir getippelt und setzte sich auf meinen Schoß. Normalerweise ist mein Bildschirm mit Schrift gefüllt und wenig interessant. In diesem Moment war allerdings ein Bild zu sehen, auf dem eine Krähe auf einem Dach sitzt und etwas im Schnabel hat, das die Aufmerksamkeit meines Sohnes auf sich zog. »*Was macht der Vogel?*«, fragte er. »Der fährt Schlitten und hat Spaß« war meine Antwort. Tatsächlich hatten Nathan Emery von der Queen Mary University of London und Nicola Clayton aus dem Psychology Department der University of Cambridge ein russisches Privatvideo[189] mit über 1,5 Millionen Klicks auf YouTube benutzt, um ihre Gedanken zum Spielverhalten von Vögeln zu erklären.[190] In dem Video sitzt eine Krähe auf einem schneebedeckten Dach und benutzt einen weißen Plastikring als Schlitten. Beim Betrachten dieses Videos kann man nicht anders: Man muss an schneebedeckte Pisten denken, auf denen vor Freude kreischende Menschen auf Autoreifen ins Tal brausen. In einem anderen Beispiel surfen ein paar Schwäne auf Wellen an einen Strand,[191] und man fühlt sich wie beim Wellenreiten auf Hawaii. Es ist kaum zu glauben, aber beim Betrachten dieser Videos nähern sich die beiden Wissenschaftler der Beantwortung einer uralten Frage der Verhaltensbiologie: Warum spielen wir?

Bei Jungtieren scheint es einfach, diese Frage zu beantworten. Tiere, zumindest jene mit komplexeren Gehirnen und einer meist intensiven Brutpflege, spielen, um sich für ihr künftiges Leben fit zu machen. Da wird fleißig trainiert, um bei der Jagd erfolgreich zu sein oder um eine möglichst günstige Position in der sozialen Hierarchie zu erlangen. Doch woher kommt diese innere Motivation? Kein Babywolf denkt darüber nach, dass er sich mit seinen Geschwistern herumbalgt, um später besser kämpfen zu können und vielleicht einmal Rudelchef zu werden. Auch ist die ganze Lerngeschichte nicht völlig plausibel, denn warum spielen viele erwachsene Tiere immer noch mit großer Begeisterung, obwohl sie bereits alle wichtigen Verhaltensweisen gelernt haben? Ein ganz ähnliches Mysterium ist der Gesang von Vögeln. Warum singen sie die ganze Saison, wenn doch ein paar Tage im Frühjahr zur Partnersuche ausreichen?

Vielleicht erinnern Sie sich noch an das Kapitel »Hormone, die Bewohner der Chefetage«, in dem ich versucht habe, zu erklären, wie sich Hormone auf unser Verhalten auswirken. In unserem Gehirn gibt es eine Vielzahl weiterer neurologischer Mechanismen, die über unterschiedlichste Botenstoffe und deren Rezeptoren unser Verhalten steuern. Ein Beispiel, das ich im Kapitel »Gefühlsduselei« noch detailliert erklären werde, ist unser eingebautes Belohnungssystem. Hier wirkt der Neurotransmitter Dopamin gemeinsam mit körpereigenen Opiaten und versetzt uns in eine angenehme Stimmung. Das Belohnungszentrum springt an, wenn wir eine biologisch bedeutsame Aufgabe bewältigt haben. Das Hochgefühl, das ein Raubtier empfinden mag, wenn es Beute gemacht hat, hat nichts mit der Befriedigung des Hungers zu tun, dazu muss es erst mal essen. Das Gefühl, etwas erreicht zu haben, das anstrengend und möglicherweise sogar mit Risiken verbunden war, ist einfach überwältigend.

Doch wie funktioniert das mit der Motivation? In der Neurologie und der Lernforschung spricht man von »liking«, »wanting« und »learning«. Hormone, die sich für uns gut anfühlen, uns glücklich und befriedigt machen, erzeugen ein Mögen (liking). Dieses Gefühl wollen (wanting) wir erneut empfinden, und so wiederho-

Fitnesscenter für Wildtiere: Dies ist kein Witz, Forscher haben Hamster-
räder in der Wildnis aufgestellt und überraschende Erkenntnisse gewonnen.

len und praktizieren wir die Aktionen immer und immer wieder,
bis wir sie gelernt haben (learning).

Bei vergleichenden neurophysiologischen Untersuchungen
wird deutlich, dass dieses Belohnungssystem nicht nur in uns
Menschen, sondern auch in Tieren tickt.[192] Folgt man nun den
Gedanken von Emery und Clayton, dann hat das Belohnungssystem große Bedeutung für das Spielverhalten oder für den Gesang
von Vögeln. Das Tolle an der Erklärung ist, dass mit dieser Theorie viele Fragen recht plausibel beantwortet werden können. Vielleicht gilt dies sogar für das fast absurde Verhalten von wilden
Feldmäusen, die gern im Hamsterrad laufen. Diese Fitnesscenter
für Wildtiere waren ein Lacher, bis man beweisen konnte, dass
die Mäuschen gern und mit vergleichbarem zeitlichem Aufwand
wie die Mäuse im Labor die Laufräder benutzen.[193]

Betrachten wir den Gesang von Vögeln, dann gibt es auch hier
wieder eine offenkundige Erklärung. Sie singen, um Weibchen zu
beeindrucken oder ihr Territorium zu markieren. Nun sind, wie

Sie oben bereits erfahren haben, die meisten Vögel monogam, sie sollten also irgendwann am Beginn der Saison ihren Partner und ihr Territorium gefunden haben. Nach ein paar lauten Tagen im Frühjahr wäre der Spaß vorbei, und unsere Welt wäre wieder still. Nach der gleichen Logik würden auch Tiere nicht mehr spielen, wenn sie ausgewachsen sind und ihr Verhaltensrepertoire erworben haben. Tatsächlich spielen viele Tiere auch noch als Erwachsene, und unsere lieben Piepmätze singen die ganze Saison über.

Die Mechanismen von Dopamin und anderen Neurotransmittern wurden am Menschen, aber auch in Tierversuchen mit Säugetieren, hauptsächlich an Ratten und Mäusen, ausgiebig untersucht. Doch was bei Säugetieren funktioniert, muss nicht für Vögel gelten. Wissenschaftler haben sich daher überlegt, dass man bei Singvögeln medikamentös das Dopamin hemmen könnte. Stimmt die Theorie mit dem Belohnungssystem, dann müssten die Vögel nach einem kurzen Ständchen keine innere Belohnung mehr für ihren Gesang bekommen und weniger singen als die Vögel, die nicht medikamentös behandelt wurden. Umgekehrt müsste die Gabe von Dopamin zu mehr Gesang führen. Genau dies konnte bewiesen werden.[194] Mit anderen Worten, wenn Sie voller Freude unter der Dusche, in einer Band oder in einem Chor singen, dann fühlen Sie sich mit großer Wahrscheinlichkeit genauso wie die Drossel auf meinem Dach, denn die neurologischen Mechanismen sind die gleichen. Warum sollte sich Mutter Natur auch etwas Neues ausdenken, wenn ein bewährtes Verfahren hervorragend funktioniert?

Was ist Spiel?

Bevor wir uns nun mit verspielten Reptilien, Fischen, Insekten und Weichtieren beschäftigen, sollten wir uns kurz mit einigen Begriffen aus der Verhaltensbiologie vertraut machen:

Welche Spielarten gibt es?

- Bewegungsspiele (locomotor play): Es werden Bewegungsabläufe wie die der erwähnten Schwäne oder eines verspielten Babyelefanten in der Brandung[195] trainiert.

- Spielen mit Gegenständen (object play): Es wird mit Objekten hantiert wie z. B. ein Kea, der an Autogummis knabbert.[196]
- Gruppenspiele (social play): Es handelt sich um das Training sozialer Verhaltensweisen wie das Herumtollen von Hunden, meist mit dem Ziel, Spannungen abzubauen und ein harmonisches Sozialleben zu erreichen.

Was ist Spielen und welche Bedingungen müssen erfüllt sein? Das Verhalten:

- ist in der gegebenen Situation funktionslos (es wird nicht um einen bestimmten sozialen Rang gekämpft)
- ist freiwillig, spontan und freudvoll
- ist eindeutig von realem Verhalten abgrenzbar bzw. wird in einer Lebensphase beobachtet, in der es keine Funktion hat
- ist repetitiv, ohne stereotyp zu sein
- erfolgt ohne äußeren Stress.

Sollten Sie an diesen biologischen Definitionen,[197] die übrigens auch auf unser menschliches Spielverhalten zutreffen, keinen Anstoß nehmen, dann werden wir in den folgenden Absätzen viel Spaß zusammen haben.

Tiere verhalten sich gegenüber einem Spiegel sehr unterschiedlich. Wir werden im Kapitel »Wer bin ich, und wer bist eigentlich du?« noch viel über das sogenannte Spiegelexperiment erfahren. Die meisten Tiere ignorieren ihn, aber andere erkennen sich sogar selbst. Viele Tiere betrachten allerdings ihr Spiegelbild als Sozialpartner. Vielleicht hat Ihr Biologielehrer ein solches Experiment einmal gemacht. Man nimmt ein Aquarium mit einem Buntbarsch und hält einen Spiegel hinein. Der Fisch beginnt sofort, sein Territorium zu verteidigen, und stürzt sich auf den vermeintlichen Rivalen. Dies tut er bis zur Erschöpfung, und so ist es geraten, das Experiment nur einen kurzen Augenblick lang durchzuführen. Einigen Biologen ist aufgefallen, dass sich die Fischlein nicht nur einem Spiegel, sondern auch einem Thermometer gegenüber aggressiv verhalten. Wie Sie wissen, müssen Zierfische eine bestimmte Temperatur in ihrem Wasser haben, um sich wohlzufühlen. Viele Aquarianer legen daher ein Thermometer in ihr Becken.

Ein Buntbarsch *Tropheus duboisi* spielt mit dem Thermometer.

Es ist unten beschwert und hat oben ein kleines Luftbläschen, so dass es im Wasser aufrecht steht.

Nun wurde speziell bei einigen Weißpunkt-Brabantbuntbarschen festgestellt, dass sie mit großer Freude diese Thermometer attackieren. Die einfallsreichen Forscher hatten auch gleich einen passenden Namen für das Verhalten: ATT (Attacking the Thermometer). Tatsächlich handelte es sich aber nicht um echte Attacken, wie man sie einem Spiegelbild gegenüber beobachten kann. Die Forscher hatten zuvor mit Attrappenfischen versucht, eine aggressive Reaktion auszulösen, und wussten daher sehr genau, ab wann ein Gegenstand als echter Rivale angesehen wird. Nach den eingeführten Begriffen handelt es sich bei den Pseudoattacken um Spielen mit einem Gegenstand (object play).[198] Wenn wir unsere Spielkriterien anwenden, dann handelt es sich zweifelsfrei um ein Verhalten ohne unmittelbare Funktion, es ist freiwillig und ohne Stress, hat mit realem Verhalten nichts zu tun und wird oft wiederholt, ohne stereotyp zu sein. Also spielen auch Fische. Wir kennen zwar die neurologischen Grundlagen dafür noch nicht, aber das wird wohl nicht lange auf sich warten lassen.

Bei der Süßwasser-Schildkröte *Trionyx triunguis* verhält es sich ganz ähnlich, sie spielt mit großer Begeisterung mit bunten Ringen,[199] und auch Komodowarane (auch Drachen genannt) spielen mit verschiedenen Objekten, wie beispielsweise einer Pferdehaut.[200] Gordon Burghardt, Professor an der University of Tennessee, empfiehlt, Videos von Komodowaranen schneller abzuspielen, weil seiner Meinung nach ihr Verhalten dann dem spielerischen Verhalten von Hunden sehr ähnelt. Auf YouTube habe ich ein Video gefunden, in dem ein Kubaleguan offenkundig hoch erfreut sein Herrchen begrüßt, und irgendwie hätte ich mich nicht gewundert, wenn er gebellt und mit dem Schwanz gewackelt hätte.[201] Allerdings frage ich mich, warum ein vom Aussterben bedrohtes Tier als Haustier gehalten wird.

Ganz ähnlich begrüßte auch die Galápagos-Riesenschildkröte der Unterart *Chelonoidis nigra abingdonii* ihren Betreuer in der Charles-Darwin-Forschungsstation auf Galápagos. Der von der BBC als das einsamste Tier der Welt bezeichnete Lonesome George starb als Letzter seiner Art 2012 im Alter von nicht mal 100 Jahren und einem Gewicht von 90 Kilogramm. Galápagos-Riesenschildkröten wachsen bzw. wuchsen ihr Leben lang und können über 400 Kilogramm schwer werden. Schade, auf diese Art müssen wir wohl verzichten, weil sie so gut geschmeckt hat.

Doch Traurigkeit beiseite, es geht hier schließlich um Spaß. Vermutlich ist es nun keine Überraschung, wenn ich Ihnen sage, dass auch Vertreter der Weichtiere, namentlich einige Arten der Oktopusse, zu spielerischen Handlungen neigen. Besonders neue Objekte werden zuerst neugierig untersucht und dann ausgiebig bespielt.[202] Auch bei ihnen handelt es sich um object play, was nicht verwunderlich ist, da sie weder in sozialen Gemeinschaften leben noch Brutpflege betreiben.

Absolut unglaublich finde ich aber die beiden folgenden Beispiele: junge Feldwespen der Art *Polistes dominulus* trainieren Rangkämpfe, Monate bevor es überhaupt zu den eigentlichen Rangkämpfen kommt,[203] und die amerikanische Spinnenart *Anelosimus studiosus* übt als Jungtier die Kopulation mit ihrem Sexualpartner, ohne dass dies zu einer Befruchtung führen kann, da die Tiere noch gar nicht weit genug entwickelt sind.[204]

Die Liste der Unglaublichkeiten ist aber noch nicht zu Ende. Sie können sich sicher noch an das Experiment mit dem Hams-

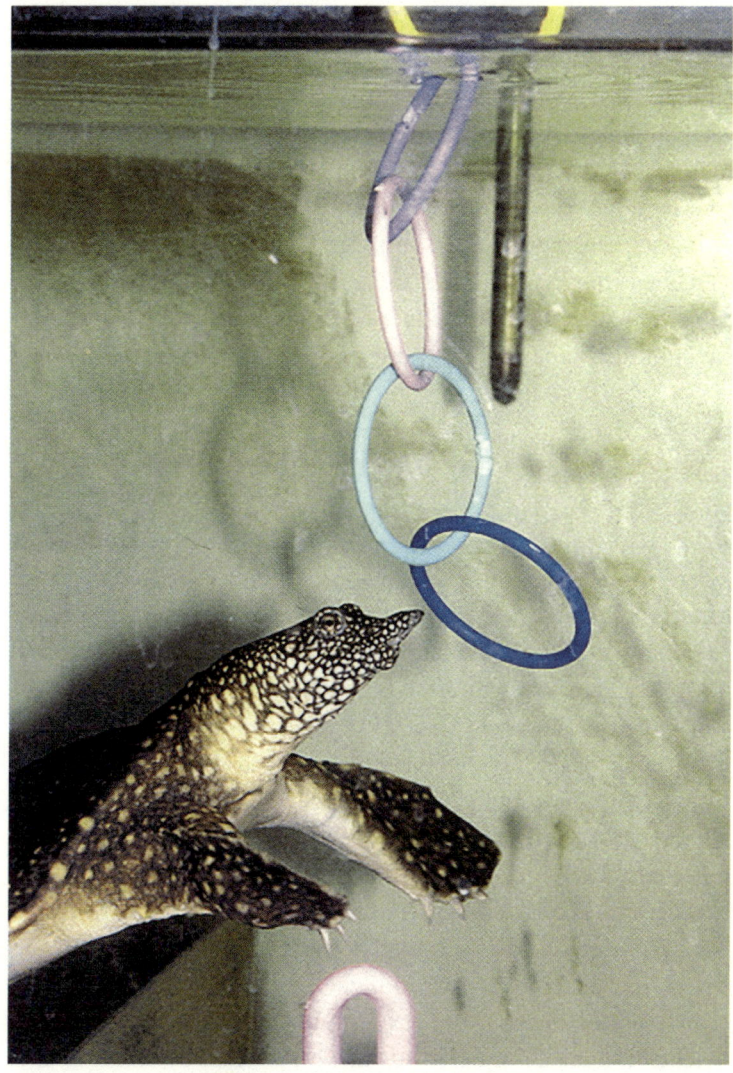

Die Süßwasser-Schildkröte *Trionyx triunguis* spielt gern mit bunten Ringen.

terrad erinnern. Die Laufräder wurden einfach in der Natur aufgestellt und konnten von jedem benutzt werden. Zur großen
Überraschung der Forscher drehten auch Frösche ihre Runden
und, nun halten Sie sich fest, sogar Schnecken.[205]

Wenn man davon ausgeht, dass spielerisches Training die allgemeine Fitness erhöht, dann wäre es nicht überraschend, wenn sich eine solche Verhaltensstrategie unabhängig voneinander und in verschiedenen Arten und systematischen Gruppen entwickelt hätte. Nach der »Surplus Resource Theory«, frei übersetzt: Wohlstands- oder Überschusstheorie, muss nur genügend Nahrung, Zeit und Schutz vorhanden sein, damit durch Zufall spielerisches Verhalten entsteht. Natürlich ist heute noch völlig unklar, ob dieses Verhalten auch durch selbst verstärkende Mechanismen, wie das Belohnungssystem von Säugetieren und Vögeln, verstärkt wird.

Wer die Regeln bricht, verliert!

Kommen wir nun zu einem Spielverhalten, bei dem zumindest jeder Hundebesitzer mitreden kann. Als Hundebesitzer sind Sie mit der folgenden Situation vertraut: Sie machen einen Spaziergang, und Ihr Hund ist nicht an der Leine, er läuft ein wenig vor und wieder zurück, schnüffelt hier und da. Plötzlich erscheint auf dem Weg vor Ihnen ein anderer Hund. Herrchen oder Frauchen ist nicht zu sehen. Sowohl Sie selbst als auch Ihr Hund beobachten den Ankömmling ganz genau. Sie suchen in seiner Körpersprache nach Signalen für Aggression, Desinteresse oder die Bereitschaft, freundlich zu interagieren. Zu Ihrer großen Freude legt sich der Hund mit den Vorderläufen nieder, streckt das Hinterteil nach oben und wedelt mit dem Schwanz. Noch mehr freut sich Ihr Hund, denn so eine freundliche Einladung zum Toben lässt er sich nicht entgehen. Er flitzt los und stürzt sich, hohe Sprünge machend, auf den anderen. In diesem Moment kommt dessen Besitzer um die Ecke und reißt vor Schreck Mund und Augen auf. Ihm ist die Kommunikation zwischen den Hunden entgangen, und er fürchtet um seinen geliebten Gefährten. Doch schon eine Sekunde später ist sein Gesicht entspannt, und es zeigt sich ein breites Grinsen der Freude, als er das Spiel erkennt.

Die Körpersprache bei Hunden ist, wenn man sie einmal mit offenen Augen beobachtet hat, gar nicht so schwer zu verstehen.

Marc Bekoff ist emeritierter Professor der University of Colorado und der vielleicht bedeutendste Hundeverhaltensforscher. Er hat unzählige Interaktionen von Hunden und Kojoten ausgewertet und »übersetzt«. So interpretiert er bestimmte Körperhaltungen als »Ich werde dich jetzt beißen, aber ich mache nur Spaß« oder »Entschuldigung, ich war übergriffig, aber ich hab's nicht so gemeint«. Er glaubt, beim Spielen von Hunden vier feste Regeln entdeckt zu haben:[206]

- Frage, bevor du spielst.
- Sei ehrlich.
- Halte dich an die Regeln.
- Entschuldige dich für Fehlverhalten.

Bei seinen Untersuchungen kam zutage, dass diese Regeln nahezu immer eingehalten werden. In lediglich zwei bis fünf Prozent der Interaktionen kam es zu Verstößen. Aus meiner persönlichen Erfahrung kann ich das nur bestätigen, allerdings gilt dies nur für Hunde, die sozialisiert sind. Auch Hunde müssen den sozialen Umgang miteinander lernen. Es handelt sich zwar nicht um eine Kultur, sondern um Verhalten, das genetisch prädisposioniert, also vorgegeben ist, aber auch das kann nur in entsprechenden Situationen erlernt werden. Wenn es nicht erworben wurde, verhalten sich die Tiere nicht normal bzw. halten sich nicht an die Regeln. Bei Kojoten, nahen Verwandten von Hund und Wolf, hat man beispielsweise festgestellt, dass Tiere, die sich nicht an die Regeln halten, eher das Rudel verlassen und dass diese soziale Ausgrenzung zu einer verringerten Fitness und einem frühzeitigen Tod führt.[207]

Unsere Haushunde gehen natürlich dieses Risiko nicht ein, denn sie werden mit Nahrung und Obdach versorgt. Wenn sie sich nicht sozial verhalten, nehmen wir sie an die Leine und verhindern so eine Eskalation und schwere Bissverletzungen. Zweifellos kann man über den Leinenzwang für Hunde geteilter Meinung sein, und ich respektiere die Ängste vieler Menschen. Dennoch müssen wir uns darüber im Klaren sein, dass der Leinenzwang in den vergangenen zehn Jahren das Verhalten unserer treuen Gefährten nachhaltig verändert hat. Hunde, die immer an der Leine geführt wer-

Nach Bekoff, einem bekannten Hundeforscher, fragt der Hund: Darf ich mitspielen?

den, können kein adäquates Sozialverhalten anderen Hunden gegenüber entwickeln. Sie haben niemals die Möglichkeit bekommen, die Regeln für ein friedliches Miteinander zu lernen, und sind somit im wahrsten Sinne des Wortes asozial. Auch wenn die meisten Hundebesitzer ihre Hunde an die Leine nehmen, weil sie glauben, sie damit beschützen zu können und ein ebensolches Verhalten auch von anderen Hundebesitzern erwarten, aus Sicht der Verhaltensbiologie ist dies grundsätzlich falsch. Ursache und Wirkung sind hier vertauscht: Die Hunde verhalten sich asozial, weil wir sie an der Leine haben. Ein zusätzlicher trauriger Nebeneffekt ist das verarmte Sozialleben der Hundehalter. Früher blieb man stehen und hielt einen Plausch, heute zerrt man seine sich an den Leinen strangulierenden Hunde möglichst schnell aneinander vorbei.

Wenn wir unsere vierbeinigen Gefährten aber nicht an die Leine nehmen, können wir eine soziale Meisterleistung beobachten. Verwilderte Haushunde und ihre nächsten Verwandten, die Wölfe, leben normalerweise in relativ stabilen Sozialverbänden, ihren Rudeln. Anderen Rudeln gegenüber verhält man sich abweisend. Das Rudel unserer Haushunde besteht aus seiner menschlichen Besitzerfamilie. Wenn nun ein Hund auf einem Spaziergang einem anderen Hund begegnet, so ist dies aus evolutionärer Sicht eine große Herausforderung. Es ist fast schon ein Wunder, dass diese Begegnungen in den allermeisten Fällen spielerisch und somit freundlich verlaufen. Verdanken tun wir das der oben beschriebenen Körpersprache, aber genau genommen einer seit mehr als 20 000 Jahre andauernden[208] gemeinsamen Lebensweise. Unsere Hunde haben ein sehr feines Gespür für den Kontext einer Begegnung entwickelt. Treffen die Menschen friedlich aufeinander, so ist es für unsere Hunde selbstverständlich, sich ebenfalls friedlich zu verhalten. Vielleicht dürfen wir in diesem Fall sogar von einem echten, auf Gegenseitigkeit beruhenden Interspeziesvertrag sprechen. Natürlich verlaufen diese Begegnungen nur bei normal sozialisierten Hunden friedlich, und das folgende Beispiel macht deutlich, wie bedeutsam eine Sozialisierung in der frühen Individualentwicklung ist.

Eine der am besten untersuchten sozialen Tiergruppen sind die Gelbbauchmurmeltiere (*Marmota flaviventris*) in Colorado, die praktischerweise ganz in der Nähe des Rocky Mountain Biological Laboratory der University of California leben. Die Gruppe wird bereits seit 1962 erforscht. Es ist eine Freude, die possierlichen Tierchen zu beobachten, und so ist es vielleicht keine Überraschung, dass die Forscher die Geduld aufbrachten, über zehn Jahre lang fast 30 000 soziale Interaktionen der Tiere zu untersuchen. Herausgekommen ist einer der stichhaltigsten Beweise für die Bedeutung spielerischer Auseinandersetzungen bei Säugetieren.[209] Es ist den Forschern gelungen, zu zeigen, dass Jungtiere, die als Sieger aus spielerischen Interaktionen hervorgegangen sind, später eine dominante Position in der Gruppe einnahmen. Vermutlich denken Sie nun, das hätte ich denen auch sagen können. Doch das Bemerkenswerte an der Untersuchung ist, dass sich die Hierarchie unter ausgewachsenen Tieren ohne dramatische Rangkämpfe ergibt. Im Verlauf der Individualentwicklung wurde also die Hierarchie bereits entwickelt. Der Vorteil liegt auf der Hand, denn auf diese Weise kann in der Natur dafür gesorgt werden, dass eine hierarchische Ordnung entsteht, ohne dass schwere Verletzungen erforderlich sind. Auch wir Menschen trainieren spielerisch unser Sozialverhalten und entwickeln so Strategien, damit wir uns später nicht gegenseitig verprügeln müssen. Beispielsweise schicken wir unsere Alphamännchen, Politiker, Manager und Teamleiter, in Outdoor Camps, in denen sie vernünftiges Sozialverhalten lernen sollen. Ein wichtiges Element ist die Entwicklung von Vertrauen. Die Chefs sollen nämlich lernen, dass sie ihren Mitarbeitern vertrauen können und dass sie nicht alles selbst machen müssen. Bei einer solchen Übung werden dem Probanden zum Beispiel die Augen verbunden, und es wird ein Seil an seinen Knöcheln befestigt. Das Seil geht über eine Rolle im Baum, und unser Alphamännchen wird kopfüber nach oben gezogen. Dort baumelt er dann ein bisschen hin und her. In dieser Zeit wird er immer noch von seinen Mitstreitern gehalten und muss sich darauf verlassen, dass sie keinen kollektiven Niesanfall erleiden, ihn loslassen und er sich kopfüber in den Boden bohrt.

Ganz ähnlich wie unsere Eliten werden auch Bonobo-Jungtiere trainiert. Bei dem sogenannten »hang game« hält ein stärkeres Tier ein anderes an den Knöcheln und lässt es kopfüber nach unten baumeln. Diese vertrauensbildende Maßnahme ist zweifellos ein unglaublich starkes soziales Bindemittel und funktioniert vermutlich, weil es einfach ein großer Spaß ist, wenn die Welt kopfsteht.

Es gibt unzählige weitere Beobachtungen dieser Art, und ich bin der Forscherin Isabel Behncke, die sich intensiv mit dem Sozialverhalten und speziell mit dem Spielverhalten bei Bonobos[210] beschäftigt hat, dankbar, dass sie ihre Videos in einer Playlist auf YouTube veröffentlicht hat.[211]

Das Besondere am Spielen von Bonobos ist ihre große Kreativität. Eines dieser Spiele beschreibt der bekannte Primatenforscher Frans de Waal als »Blinde Kuh«.[212] Dabei bedeckt sich ein Tier mit einem Bananenblatt die Augen und rennt durch die Gegend, stolpert absichtlich oder kracht in eine Gruppe anderer Bonobos hinein, die sich dann vor Lachen ausschütten.

Wenn jetzt noch jemand glaubt, dass Humor ein menschliches Alleinstellungsmerkmal sei, dem empfehle ich ein Video des

Manager und Bonobo-Kinder werden als vertrauensbildende Maßnahme kopfüber gehängt.

US-Nachrichtensenders CBS News. Hier wird von einem kleinen Orang-Utan aus dem Zoo von Barcelona berichtet. Ein junger Mann führt vor der Panzerglasscheibe seines Käfigs einen einfachen Zaubertrick aus, der dem Hütchenspiel ähnelt, und die überraschte Reaktion des Kleinen ist im wahrsten Sinne des Wortes umwerfend.[213] Obwohl ich vollkommen gegen die Haltung von Menschenaffen in Zoos bin, hat mich dieses Video sehr bewegt, denn dieser kleine Affe hat so eindeutig Humor bewiesen, dass eigentlich jede weitere Diskussion entfällt. Kein Wunder, gilt doch das menschliche Lachen aufgrund genetischer Untersuchungen als eine etwa 10 bis 16 Millionen Jahre alte Erfindung.[214] Wenn man sich aber das Lachen einer russischen Elster anhört,[215] dann könnte man glauben, dass unsere gemeinsamen Vorfahren, die Dinosaurier, bereits einiges zu lachen hatten.

15. Der Ödipuskomplex

Ist es nicht eine verweichlichte und unselbständige Generation, die gerade heranwächst? Da bleiben die jungen Leute im Hotel Mama bei freier Kost und Logis, bis sie selbst schon fast Großeltern sein könnten, und ziehen nur aus, um kurz darauf zu erben. Neben finanziellen und gesellschaftlichen Zwängen, die mal in die eine oder andere Richtung diskutiert werden, ist die soziale Strategie aber gar nicht so ungeschickt. Die Auflösung des Generationenkonfliktes und die Liberalisierung der Erziehung machen es heute unseren Nachkommen leicht, länger zu Hause zu bleiben. Es geht dabei nicht nur darum, die Unterwäsche gewaschen oder das Frühstücksbrötchen geschmiert zu bekommen. Nein, es geht häufig auch darum, dass sich Eltern und Kinder heute eher als Partner sehen und sich gegenseitig unterstützen. Vielleicht sollten wir diese Entwicklung weniger kritisch, sondern eher als Kompliment für beide Generationen betrachten und ein für alle Mal den Freud'schen Ödipuskomplex über Bord werfen.

Bemerkenswert ist allerdings, dass junge Frauen mit durchschnittlich 22 Jahren weitaus eher flügge werden als junge Männer (26 Jahre). Möglicherweise ist dieses Verhalten tief in unserer Menschenaffenkultur verwurzelt, denn bei unseren nächsten Verwandten läuft das ganz ähnlich. Die jungen Weibchen verlassen die Gruppe und suchen sich ein neues soziales Netzwerk. Wohingegen die Männchen bei ihren Müttern bleiben und darauf warten, dass die jungen Dinger aus den Nachbargruppen ihre Aufwartung machen. Für die jungen Weibchen ist das übrigens eine ziemliche Herausforderung, denn natürlich sind die Ressourcen begrenzt, und die will man nicht mit fremden Tieren teilen. Das einzige, was ihnen hilft, ist ihr Sexappeal und die Fähigkeit, den Männchen den Kopf zu verdrehen. Ist dies gelungen, setzen sich die Machos schon dafür ein, dass das Objekt der Begierde bleiben darf. In diesem historischen Kontext ist es gar keine Überraschung, dass auch die menschlichen Stammhalter ortstreu blieben und die Angetraute, egal ob Prinzessin oder Bauernmagd, in den neuen Hausstand ziehen musste.

Hat es ein Weibchen geschafft, in eine Gruppe aufgenommen zu werden, dann darf sie sich je nach Gruppenstruktur mit einem oder auch mit mehreren dominanten Männchen vergnügen. Bei Bonobos kommen manchmal auch Männchen zum Zuge, die weniger dominant sind. Handfeste Unterstützung bekommen sie dabei von ihren Müttern. Es mag ja nicht »jeder Manns« Sache sein, in Anwesenheit der eigenen Mutter zur Sache zu kommen, aber wenns hilft, dann hilft's.

Bonobo-Weibchen haben in ihrer Gruppe einen hohen sozialen Stellenwert und können, ohne selbst in Gefahr zu geraten, aggressive Männchen trennen. Ähnlichen Respekt zeigen auch deutlich dominantere Bonobo-Männchen, wenn so ein kleiner frecher Kerl sich im Beisein seiner Mutter mit einem attraktiven Weibchen vergnügt.[216] Ist die Mutter aber nicht da, gibt es Prügel. Es hat also auch manchmal Vorteile, wenn die Jungs bei Mama bleiben.

Es gibt aber auch noch andere Vorteile, länger unter der Obhut der Eltern zu bleiben. Das meiste Wissen wird in der Kindheit erworben. Es ist daher nicht verwunderlich, dass die viel höher entwickelten sozialen Tiere sehr viel Wert auf eine lang andauernde Betreuung ihrer Nachkommen legen. Doch gibt es nur wenige Tierarten, die nach der Menopause noch lange leben. Die allermeisten sterben, kurz nachdem sie ihre Reproduktion eingestellt haben. Wir Menschen, speziell die Frauen, sind da eine große Ausnahme, denn sie können noch mehrere Jahrzehnte nach ihren Wechseljahren weiterleben. Der Grund dafür liegt auf der Hand: Sie haben großen Anteil an der Vermittlung von Wissen an die nächste und übernächste Generation.

Bisher kennen wir nur ein Wirbeltier mit einer vergleichbar langen Menopause: die weiblichen Orcas. Sie stellen im Schnitt ihre Reproduktion mit etwa 40 Jahren ein, können aber bis zu

90 Jahren alt werden. Aktuelle Untersuchungen, bei denen Daten aus 36 Beobachtungsjahren analysiert wurden, kamen zu ganz erstaunlichen Ergebnissen. Es stellte sich nämlich heraus, dass männliche Orcas echte »Muttersöhnchen« sind. So konnte belegt werden, dass selbst ein dreißigjähriger männlicher Orca noch von seiner Mutter abhängig ist. Mehr noch, es konnte sogar gezeigt werden, dass er mit einer vierzehnfach höheren Wahrscheinlichkeit innerhalb eines Jahres stirbt, wenn ihn seine Mutter nicht mehr versorgt bzw. sie selbst stirbt. Weibliche Orcas sind vom Tod des Muttertieres nicht ganz so stark betroffen, aber immerhin ist auch für sie die Wahrscheinlichkeit, eher zu sterben, dreimal höher.[217]

Diese Ergebnisse zeigen recht beeindruckend, wie lange selbst erwachsene Tiere noch von ihrer Mutter abhängig sind. Verbindet man diese Erkenntnis mit der Stabilität der Orcakultur, so dürfen wir Menschen durchaus ehrfürchtig den Hut ziehen.

16. Monarchie mit Platz für Demokraten

Keine Sorge, ich langweile Sie jetzt nicht mit Ameisen und Bienen, die als staatenbildende Insekten zwar eine Königin haben, aber ganz anderen Gesetzen folgen als wir Säugetiere. Vielleicht überrasche ich Sie aber damit, dass nicht nur bei uns Menschen der soziale Rang durch das Schicksal der Geburt bestimmt wird. Wir haben erfahren, dass es bei unseren nächsten Verwandten üblich ist, dass die jungen Weibchen die eigene soziale Gruppe verlassen und sich auf Wanderschaft und Suche nach einer neuen Gruppe machen. Es geht aber auch umgekehrt. Bei den Tüpfelhyänen müssen die jungen Männchen verschwinden. Dazu muss man wissen, dass die sozialen Bande in einem Tüpfelhyänen-Clan stärker sind als in einem Wolfsrudel.[218] Doch dafür sind nicht die Männchen verantwortlich, denn die »Bestimmer« in den Gruppen, die je circa 80 Tiere umfassen, sind die Weibchen. Selbst das rangniedrigste Weibchen übertrumpft das dominanteste Männchen. Doch auch die Weibchen haben es nicht leicht, denn sie müssen ihre Stellung in der Hierarchie immer wieder mit aggressivem Verhalten behaupten. Doch manche Tiere haben es leichter als andere, denn die soziale Stellung der Mutter in der Hierarchie wird vererbt.[219] Ganz so wie in einer Monarchie.

Doch halt, soziale Stellung wird nicht nur in einer Monarchie vererbt. Auch in unserer sozialen Gemeinschaft gibt es einen klaren Zusammenhang zwischen der sozialen Stellung der Eltern und jener der Kinder. Eine bessere Bildung, mehr Geld und ein gutes Netzwerk sorgen dafür, dass manche Kinder bessere Aufstiegschancen haben, ohne sich dafür anstrengen zu müssen. Das ist natürlich nicht fair, aber es ist natürlich. Tiere mit einer langen Aufzuchtsperiode werden von den Elterntieren so gut wie nur möglich unterstützt. Auf diese Weise wird sichergestellt, dass die eigenen

Gene auch von den Nachkommen erfolgreich weitergegeben werden können. Die Wissenschaft nennt das Nepotismus oder auch Vetternwirtschaft.

Bei Tüpfelhyänen spiegelt sich die soziale Stellung sogar in den Genen wieder. So hat man festgestellt, dass die besser gestellten Tiere längere Telomere besitzen.[220] Telomere sind Anhänge an unseren DNA-Strängen, die sich bei jeder Zellteilung verkürzen. Sind sie weg, können sich Zellen nicht mehr teilen und sterben ab. Dieser Mechanismus entscheidet – auch bei uns Menschen – über die Länge unseres Lebens und somit indirekt über körperliche Fitness und Reproduktion. Der Trick mit den Telomeren ist einer von vielen Mechanismen, die sich die Natur hat einfallen lassen, um uns zu töten. Sie hat nämlich kein Interesse daran, dass wir lange leben. Im Gegenteil, wenn wir uns erfolgreich vermehrt haben, können und sollen wir möglichst schnell den Abgang machen. Dies ist evolutionär gesehen sinnvoll, denn unsere Nachkommen sind ein klein bisschen verändert oder auch mutiert. Diese Veränderung macht sie entweder besser oder schlechter, und der Mechanismus der Selektion sorgt dafür, dass nur die Besten überleben. Ohne diesen Mechanismus und den genetisch programmierten Tod der Eltern würde es keine Entwicklung geben. Aber auch als Individuen sollten wir den Telomeren danken, denn durch die Begrenzeng der Zellteilung schützen sie uns vor Krebs.

Aber zurück zu den Tüpfelhyänen, zu deren Ehrenrettung hier eine Richtigstellung nötig ist. Im Gegensatz zu ihren Verwandten, den Streifen- und den Schabrackenhyänen, sind Tüpfelhyänen keine Aasfresser, wie in vielen alten Dokumentationen behauptet wird. Im Gegenteil, sie sind geschickte Jäger mit einer Maximalgeschwindigkeit von bis zu 60 Stundenkilometern. Sie erbeuten durch geschicktes Gruppenverhalten in der Regel Tiere, die weit größer sind als sie selbst. Es ist auch eine Mär, dass sie Löwen die Beute stehlen. Das Gegenteil ist der Fall. Der König der Tiere hat nämlich ein feines Gehör für die Kommunikationslaute der Tüpfelhyänen. Er hört ihre Gelage schon aus großer Distanz. Gemächlich begibt er sich zu der Anrichte und frisst sich an der hart erkämpften Beute der Tüpfelhyänen satt.

Auch bei Pavianen profitieren die Jungtiere von einer besseren sozialen Stellung der Eltern. Das Verhalten von Pavianen ist für die Menschen in Afrika oft unangenehm, denn sie kennen kaum Scheu vor Menschen und sind typische Kulturfolger. Sie belagern Straßen und wagen sich in Siedlungen, um Leckerbissen zu ergattern. Die 30 Kilogramm schweren Tiere haben beeindruckende Zähne, und wer Angst von Hunden hat, sollte Paviane fürchten.

Paviane leben in Gruppen, und in diesen muss irgendjemand die Entscheidungen treffen: Wie lange wird geschlafen, wo gehen wir heute hin, wie lange machen wir Pause, ist es hier sicher, und wo schlagen wir das Nachtquartier auf? Wenn es also gelingt zu erfahren, warum die Entscheidung getroffen wird, sich bei Menschen zu bedienen, und wenn man erkennt, wer diese Entscheidung trifft, ist es eventuell möglich, diese Entscheidungen extern zu beeinflussen. Immerhin besser, als eine Waffe zu ziehen oder die Tiere zu vergiften. Theoretisch wäre das möglich, denn Paviane sind nicht bedroht und stehen nicht unter dem Schutz internationaler Konventionen.

Aus einem solchen Forschungsprojekt sind gleich mehrere wichtige Informationen zur Entscheidungsfindung von sozialen Gruppen hervorgegangen und wurden in »Science«, einer der wichtigsten Wissenschaftszeitschriften, veröffentlicht.[221] Grundsätzlich gibt es nur drei Möglichkeiten, wie Entscheidungen in einer sozialen Gruppe getroffen werden.

A: Despotisch
B: Hierarchisch
C: Demokratisch

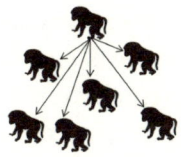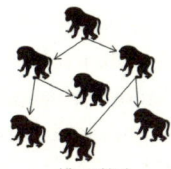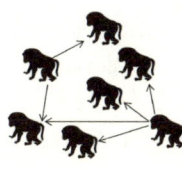

Despotic — Hierarchical — Democratic

Mögliche Entscheidungsfindung bei Pavianen: Gibt es despotische Führer, ähnlich einem Firmenbesitzer, der keine Entscheidung delegieren will, hierarchische Strukturen wie in unserer Verwaltung oder beim Militär, oder werden Entscheidungen demokratisch getroffen?

153

Obwohl es oft mehrere dominante Männchen gibt, ist einer der Boss. Es gibt allerdings auch Weibchen, die in der Hierarchie sehr weit oben stehen. Untersuchungen, wer, wann und warum welche Entscheidung trifft, sind somit recht komplex. Die Forscher haben daher jedes einzelne Tier mit einem Satellitenempfänger ausgestattet und so die jeweilige Position über eine gewisse Zeit ermitteln können. Auf diese Weise ließ sich sehr genau sagen, wer, wann mit wem zusammen war und wer wem wie oft folgte.

So wurde deutlich, dass viele Tiere den Tieren 10, 17 und 20 folgten. Diese Tiere stehen also in der Hierarchie weiter oben, und andere Tiere folgen ihnen. Demgegenüber gibt es Tiere wie Nummer 3, dem in der gesamten Beobachtungszeit niemand folgte. Die große Überraschung für die Forscher war allerdings Tier 17. Ihm folgte, wie man an den Pfeilen gut sehen kann, sehr viele Tiere, und man würde ein altes, erfahrenes und starkes Tier erwarten. Tatsächlich war es ein Jungtier, womit wir wieder beim Thema Thronfolger wären. Natürlich ist das Jungtier seiner Mutter, dem Tier 20, gefolgt und so sind alle Tiere, die dem Jungtier 17 gefolgt sind, letztlich dem erwachsenen Tier Nummer 20 gefolgt. Dennoch macht diese Beobachtung deutlich, welchen starken Einfluss die soziale Stellung der Eltern hat.

Dies war nicht die einzige Erkenntnis. Die eben beschriebene Situation bezog sich gemittelt auf alle Daten des gesamten Beobachtungszeitraumes. An einem beliebigen Tag werden aber nicht in jeder Minute wichtige Entscheidungen gefällt, und so ist es wichtig, sich das Verhalten in den Momenten anzusehen, in denen wirklich etwas geschieht. Es zeigte sich sehr schnell, dass die Tiere nicht einem »Despoten« folgen, der Kraft seiner Dominanz die Geschicke der ganzen Herde leitet. Also blieb noch eine hierarchische oder eine demokratische Entscheidungsfindung übrig. Hier wird es interessant. Vermutlich hätten die meisten Menschen (mich eingeschlossen) darauf gewettet, dass die Entscheidungsfindung hierarchisch erfolgt. Doch das Gegenteil war der Fall. Wenn man sich die spezifischen Momente ansieht, in denen Entscheidungen der gesamten Gruppe gefällt werden, dann beobachtet man einen dynamischen Prozess, bei dem einige Tiere dies und andere

Tiere das tun. Wieder andere folgen jenen, und die ersten ändern ihre Meinung und schließen sich anderen an. Letztlich war die Entscheidungsfindung demokratisch. Natürlich wird nun viel darüber spekuliert, inwieweit ein demokratisch organisiertes Sozialleben im evolutionären Kontext Vorteile bringt. Doch keine Sorge, uns Menschen wird hier gewiss nicht der Rang abgelaufen, denn auch wenn Paviane in einer Demokratie leben, sie haben mit großer Wahrscheinlichkeit kein Wort dafür.

Dass Demokratie bei der Entscheidungsfindung ein vernünftiges Werkzeug ist, weiß eigentlich jeder. Doch wussten Sie, dass auch die Weitergabe von Kulturgütern demokratischen Mechanismen unterliegt? In einer Studie wurden Menschen, Schimpansen und Orang-Utans daraufhin untersucht, nach welchen Kriterien sie von anderen lernen bzw. Elemente aufnehmen, die dann zum Kulturgut werden. Dabei zeigte sich, dass eine Handlung, wenn sie von vielen durchgeführt wird, eher gelernt wird, als wenn diese Handlung nur von Einzelnen ausgeführt wird. In dem Experiment bedeutete dies, dass entweder ein Individuum dreimal die gleiche Handlung ausführte oder dass die gleiche Handlung nur einmal von drei Individuen ausgeführt wurde. Ein schönes, sauberes, verhaltensbiologisches Experiment mit dem Ergebnis, dass sich Schimpansen genauso demokratisch verhalten wie wir, wohingegen Orang-Utans dies nicht tun.[222] Letzteres liegt in ihrem Sozialverhalten begründet, das wir später noch kennenlernen werden.

Solche Experimente stehen nicht für sich selbst, sondern sollen menschliches Verhalten besser erklären. Haben Sie sich schon einmal gefragt, warum es so viel bekannte minderwertige Kunst mit großem Werbebudget und so viel unbekannte gute Kunst ohne Werbung gibt? Oder warum manches offenkundig Richtige von den meisten für falsch gehalten wird? Oder warum eine ganzjährig geöffnete Wiese in München innerhalb von zwei Wochen von über sechs Millionen Menschen besucht wird? Wenn eine Person 1000 Jahre lang stündlich die Wiese betreten würde, dann würde vermutlich kein Hahn danach krähen. Die Logik hinter diesem Verhalten ist einfach: Es ist sicherer, das zu tun, was viele andere auch tun, als einem Einzelnen nachzueifern, der sein Verhalten in ständiger Wiederholung praktiziert. Betrachtet man die Münchner Unfallstatistik, dann ist die Theresienwiese natürlich eine Ausnahme. Doch kommen wir zu unserer vererbten sozialen Stellung zurück. Genauso wie man bei der Geburt Glück haben kann, kann man auch Pech haben, und manchmal reicht schon das falsche Geschlecht. Rhesusaffenmütter behandeln ihre Söhne so mies, dass sich keine enge soziale Beziehung zwischen ihnen aufbaut und die jungen Männchen ihre Gemeinschaft früh verlassen.[223] Ein hartes Schicksal für die Jungs, doch gut für die genetische Vielfalt.

17. Tierische Biographien

Was für eine idiotische Überschrift, mögen Sie denken. Tiere leben doch im Hier und Jetzt, sie haben kein Langzeitgedächtnis. Wenn überhaupt, dann haben sie nur ein sehr kurzes Gedächtnis. Wie sollen sie denn eine Biographie haben? Eine von Menschen aufgezeichnete Biographie wäre ein sogenannter CITES-Report.[224] In ihm wird aufgezeichnet, wann welches Tier wo gefangen wurde und wie es in welchen Zoo transportiert wurde. Zoos halten dann auch individuelle Daten wie Krankheiten, regelmäßige Gesundheitschecks und Geburten sowie Verwandtschaftsverhältnisse fest. Aber ich meine tatsächlich Biographien von Tieren, die ein lebenslanges Gedächtnis haben, die aus ihren Erfahrungen gelernt haben und dazu in der Lage sind, in die Zukunft zu denken und zu planen.

Bei einem meiner ersten Zoobesuche, an den ich mich erinnern kann, wurde ein kleiner Babyelefant aus seinem Gehege herausgeführt. Er kam direkt auf mich zu, und meine Eltern erklärten mir, es sei ein Elefant. Für mich als Kleinkind, das zu dem Baby weit aufschauen musste, prägte sich das Wort Elefant tief in mein Gedächtnis. Meine Eltern erzählten mir daraufhin die Geschichte eines Elefanten, der mit einem Zirkus durchs Land zog. Eines Tages, der Elefant war noch recht jung, kam ein Bäcker aus seinem Laden und schenkte ihm ein Brot. Viele Jahre später, der Bäcker war schon gestorben, kam der Zirkus erneut in die Stadt. Der Elefant blieb vor dem Laden stehen und war nicht dazu zu bewegen, weiterzulaufen. Da erinnerte sich der Sohn des Bäckers an eine Begebenheit in seiner Kindheit, als sein Vater einem Elefanten ein Brot schenkte, und tat es ihm gleich. Zur Erleichterung aller zog der Elefant glücklich schmatzend von dannen. Ich kann nicht sagen, ob sich diese Geschichte wirklich ereignet hat, aber viele

Menschen, die ich traf, haben eine ähnliche Geschichte irgendwann einmal gehört. Beeindruckt, aber doch zweifelnd wird dem Elefanten ein gutes Gedächtnis zugeschrieben, und man glaubt, er habe sich an die Nahrungsquelle erinnert. Ist so etwas wirklich möglich? Gibt es tatsächlich Tiere, die sich an Ereignisse erinnern, die Jahrzehnte in der Vergangenheit liegen und die, aufbauend auf diesen Erfahrungen, Entscheidungen in der Gegenwart treffen?

Selbst für uns Menschen ist dies eine knifflige Angelegenheit. Wenn ich mich mit meiner Frau über einen Griechenlandurlaub unterhalte, den wir in unserer Studienzeit unternommen haben, dann sind die Geschichten, die wir uns erzählen, ganz unterschiedlich. Dies liegt daran, dass wir kein fotografisches Gedächtnis haben, sondern Begebenheiten in Engrammen, also neuralen Netzen, abspeichern. Um diese Engramme wiederzufinden, brauchen wir einen Schlüsselreiz. Dies kann ein Geruch, eine ähnliche Umgebung oder auch nur eine abstrakte Information sein wie: Griechenlandurlaub. Die neurologische Entsprechung dieses Schlüsselreizes rast nun durch unser Gehirn und sucht nach einem vergleichbaren Muster. Ist es gefunden, versucht unser Gehirn, die als Engramm gespeicherte Information zu rekonstruieren. Doch auch wenn zwei Menschen das Gleiche erlebt haben, gleichen sich ihre Engramme nicht im mindesten. Jedes Engramm reiht sich in das vorhandene Netzwerk ein und verbindet sich wiederum mit anderen. Die Probleme beginnen, wenn zwei Menschen ihre Erinnerungen vergleichen.

Doch wie kann es sein, dass sich unsere Erinnerungen so drastisch unterscheiden? Diese Frage haben sich natürlich auch Forscher gestellt, und so haben sie sich bemüht, unserem Gedächtnis Fallen zu stellen. Eine der bekanntesten Fallen ist das sogenannte »Lost in the mall«(Verlaufen im Kaufhaus)-Experiment. Hierbei bekommt eine Versuchsperson eine Sammlung von Anekdoten, die nahe Verwandte aufgeschrieben haben. In einer dieser Geschichten hatte sich unsere Versuchsperson als Kind in einer Shopping-Mall verlaufen und wurde von einem Fremden zurückgebracht. Anschließend wurde die Versuchsperson gebeten, weitere Details aus ihrer eigenen Erinnerung zu ergänzen. Ein Viertel der Versuchspersonen war in der Lage, die Situation genauer zu beschreiben: die hilfreiche Person, das Kaufhaus und auch bestimmte Geschäfte. Der Witz war nur, dass die Anekdote frei erfunden war. Bei einem Viertel der Probanden wurde somit die Erinnerung manipuliert, sie hatten eine echte Erinnerung an ein Ereignis, das nie stattgefunden hat.[225]

Natürlich finden solche Manipulationen auch in der Realität statt, und unser Gehirn begeht diese Art von Fehlern ständig. So ist es auch nicht verwunderlich, dass zwei Personen eine gänzlich andere Erinnerung an eine bestimmte Begebenheit haben. Im Alltag und unter Freunden führt dies höchstens zu einer Steigerung des Amüsements. Doch was, wenn sich ein Mädchen daran erinnert, von ihrem Vater vergewaltigt worden zu sein, oder wenn ein bei einer Gegenüberstellung identifizierter Täter unschuldig verurteilt wird? Die Psychologieprofessorin Elizabeth Loftus[226] gilt als die Entdeckerin dieses Phänomens und wurde für ihre Publikationen öffentlich angefeindet und sogar angeklagt.

Den meisten Menschen gilt ihr Gedächtnis als untrüglich. Mehr noch, über das Gedächtnis wird das eigene Ich definiert. Wir sehen uns als das Produkt unserer Erfahrung und fragen uns, wer wir wären, wenn wir unser Gedächtnis verlören. Wer wäre ich ohne die Erfahrungen in meiner Schulzeit, ohne die Erinnerung an die erste enttäuschte Liebe oder die unbeschreiblichen Freude, die ich bei der Geburt meiner Kinder empfunden habe? Unser episodisches Gedächtnis, das sind wir. Und nun kommt jemand daher und sagt mir, dass große Teile meines Gedächtnisses von mir selbst frei erfunden seien!

Vielleicht denken Sie jetzt, das betrifft nur Kleinigkeiten, die wirklich wichtigen Dinge weiß ich genau. Leider scheint genau das Gegenteil der Fall zu sein. Gerade bei Dingen, die dazu geeignet sind, größten Einfluss auf uns zu nehmen oder uns sogar zu traumatisieren, arbeitet unser Gehirn nicht einwandfrei. Dieser Umstand ist heute jedem Juristen bekannt, der sich mit Zeugenaussagen beschäftigt, und so vertrauensvoll und glaubwürdig ein Zeuge auch ist, seine neurologischen Grundlagen sind es nicht.

Doch kann man ein Gedächtnis auch in positivem Sinne beeinflussen? Die Antwort lautet: ja. Elizabeth Loftus hat sich auch dazu ein kleines Experiment einfallen lassen. Ihren Testpersonen wurde erzählt, dass sie als Kleinkinder an einer Stoffwechselkrankheit litten. Verursacht bzw. begünstigt wurde diese durch übermäßigen Verzehr von Schokolade, Speiseeis, Bonbons und anderen Süßigkeiten. Bei einem darauf folgenden Essen wurde analysiert, wie sich die Probanden mit und ohne falsche Erinnerung am Büfett bedienen. Vermutlich sind Sie jetzt nicht überrascht, dass jene mit falscher Erinnerung zu den gesünderen Lebensmitteln griffen.[227] Ist es nun falsch, mit einer kleinen gefälschten Kindheitserinnerung Menschen vor Übergewicht und all den damit verbundenen Risiken zu bewahren?

Mehr noch, seit kurzem wissen wir, dass der Hippocampus (ein Gehirnareal, das für unser Lernen verantwortlich ist) durch Übergewicht negativ beeinflusst wird und dass Betroffene schlechter lernen[228] und sich somit nicht so viele Erinnerungen merken können. Eine kleine falsche Erinnerung gegen eine Vielzahl von richtigen! Elizabeth Loftus vergleicht dies gern mit der Geschichte vom Weihnachtsmann, die wir unseren Kindern ohne Probleme erzählen, weil es die Kindheit bereichert und wir alle wunderschöne Erinnerungen an diese Zeit haben. Ganz ehrlich, ich kann nicht sagen, was moralisch integer ist.

Doch was hat das alles mit dem Gedächtnis unseres Zirkuselefanten zu tun? Um diese Frage zu beantworten, müssen wir uns die beiden Langzeitgedächtnisse, über die wir verfügen, ansehen. Nicht jedes dieser beiden Gedächtnisse lässt sich gleichermaßen leicht austricksen. Unser prozedurales Langzeitgedächtnis lässt sich praktisch überhaupt nicht beeinflussen. Wenn man einmal Fahrradfahren, Laufen oder Schwimmen gelernt hat, dann kann man sich darauf verlassen, beim Gehen nicht plötzlich Schwimmbewegungen zu machen. Vermutlich haben Sie keine Schwierigkeiten, diese Form des Langzeitgedächtnisses auch Tieren zuzuschreiben. Dann bleibt da noch das deklarative oder beschreibende Langzeitgedächtnis. Dieses Gedächtnis teilt sich in das episodische und semantische Gedächtnis. Letzteres enthält unser Wissen über die Welt und lässt uns verstehen, was mit Griechenland und Urlaub gemeint ist.

Sie alle kennen Filme oder Bücher, in denen jemand eine Amnesie hat. Die armen Helden können sich an nichts Persönliches erinnern, sie sind aber kleine Genies im Umgang mit Computern oder haben andere Fähigkeiten aus ihrem ehemaligen Berufsleben. Bei einer solchen Form der Amnesie ist das semantische Gedächtnis nicht betroffen. Ein Architekt kann immer noch Häuser entwerfen, ein Arzt operieren und ein Lehrer unterrichten. Betroffen ist immer das empfindlichste und, wie wir gesehen haben, das am leichtesten zu beeinflussende Gedächtnis, unser episodisches Langzeitgedächtnis. Hierin speichern wir uns selbst, unsere Vergangenheit und unsere Zukunftsvorstellungen sowie alles, was uns zu dem hat werden lassen, was wir sind. Umso dramatischer ist es, dass gerade dieses Gedächtnis so empfindlich und leicht manipulierbar ist.

Die Frage ist nun: Können Tiere auch ein solches Gedächtnis haben? Wenn dem so wäre, dann müsste man durch Manipulation dieses Gedächtnis und auch das Verhalten von Tieren beeinflussen können.

Die beliebtesten Tiere für solch eine Art von Forschung sind nicht etwa unsere nächsten Verwandten, die Menschenaffen, sondern Mäuse. Sie sind uns genetisch bei weitem nicht so nah, aber sie sind billig und leben nicht lange. Überdies bekommt man kaum Probleme mit der Ethikkommission bei der Genehmigung der Tierversuche, und man muss keinen Aufschrei der Öffentlichkeit befürchten. Experimente am Gedächtnis von Mäusen macht man natürlich nicht, um herauszufinden, wie das Gedächtnis einer Maus funktioniert. Dafür würde kein Forscher eine Finanzierung bekommen. Wenn die Experimente an den Tieren aber helfen, etwas über unser Gehirn zu erfahren, dann stehen fast unbegrenzte finanzielle Möglichkeiten zur Verfügung. Immerhin geht es um nicht weniger als den Verlust der menschlichen Identität und den Versuch, das episodische Gedächtnis bei Alzheimerpatienten zu erhalten.[229] Wer weiß, vielleicht findet man auch eine Pille für besseres Lernen. Mit anderen Worten, es geht um sehr, sehr viel Geld.

In einem dieser Experimente konnte tatsächlich eine falsche Erinnerung in das episodische Gedächtnis einer Maus eingepflanzt werden. Diese Erinnerung zeigte in einem bestimmten Kontext das Verhalten der Maus, die plötzlich in einer vertrauten und ungefährlichen Situation mit Panik reagierte und erstarrte (freezing).[230]

Um dieses Experiment verständlich zu machen, muss ich etwas sehr Komplexes extrem vereinfachen und eine nicht ganz saubere Analogie ziehen. Sie alle haben schon einmal davon gehört, dass eine Festplatte formatiert wird. Im Prinzip wird in diesem Moment kaum etwas wirklich gelöscht. Aber es fehlt plötzlich das Inhaltsverzeichnis der Festplatte. Die Informationen, wo etwas steht, wurden gelöscht. Letztlich wurden also nur die Wegweiser abmontiert, das Ziel ist noch da. In unserem Gehirn übernimmt der Hippocampus diese Funktion, er ist so etwas wie ein Wegweiser zu den einzelnen Erinnerungsfragmenten, denn er weiß, wo er was gespeichert hat.

Da der Hippocampus an der Entstehung von Epilepsie beteiligt ist, hat man 1953 Henry Gustav Molaison in Hartford, Connecticut, große Teile des Hippocampus chirurgisch entfernt. Die Operation war erfolgreich, denn die Epilepsie war geheilt, doch der Mann konnte nichts mehr hinzulernen und hatte nur begrenzten Zugriff auf seine Erinnerungen. Der Hippocampus ist somit eine extrem wichtige Hirnregion, die von der Natur schon relativ früh erfunden wurde.

In unserem Mäuseexperiment vollbrachten die Forscher methodisch eine Meisterleistung. Sie bohrten mit einem 0,5-Millimeter-Bohrer den Kopf der Mäuse auf und infizierten die Tiere mit einem Virus, der in ganz speziellen Zellen des Hippocampus neue Gene zur Proteinsynthese einschmuggelte. Diese neuen Proteine griffen in die Funktion der Zellen ein und ließen sich mit Licht steuern. Nun ist es in der Mitte unserer Gehirne recht dunkel, daher wurde in das Operationsloch ein Lichtleiter implantiert. So war es möglich, die Funktion der manipulierten Hippocampuszellen an- und abzuschalten bzw. fehlzuschalten. Die Forscher konnten somit ein Engramm, das Angst auslöst, in Situationen einschalten, in denen normalerweise kein Grund zur Sorge besteht. Subjektiv haben sich aber die Mäuse vermutlich an eine Situation erinnert, die für sie gefährlich war, und verhielten sich dementsprechend. Nach dem Experiment wurden die Gehirne entnommen und weiter untersucht.[231] Vielleicht fragen Sie sich nun, warum ich dies so detailliert ausgeführt habe? Letztlich ging es mir nur darum, zu zeigen, dass auch andere Tiere ein episodisches Langzeitgedächtnis besitzen und dass sich auch diese Tiere an Episoden ihres Lebens erinnern können, die ihr Verhalten beeinflussen. Wenn dem nicht so wäre, würden Experimente wie das mit der Manipulation des Gedächtnisses der Maus überhaupt nicht gemacht werden.

Doch wie schon angekündigt, kann man sich dem Problem auch anders nähern. Verhaltensbiologen beobachten typischerweise das Verhalten von Tieren und ziehen Rückschlüsse auf die zugrunde liegenden kognitiven Fähigkeiten. Wir haben bereits erfahren, dass Elefanten in einer Kultur leben. Da in einer Kultur voneinander gelernt wird und sich das Verhalten entsprechend ändert, ist es eigentlich logisch, auch ein lebenslanges Gedächtnis vorauszusetzen. Ich möchte dies aber noch untermauern. Es konnte deutlich gezeigt werden, dass Elefantengruppen, die von einem erfahrenen Muttertier geleitet wurden, in Perioden der Dürre eine größere Überlebenschance hatten.[232] In Gemeinschaften, die nicht von einem erfahrenen Tier geführt wurden, war hingegen die Jungtiersterblichkeit besonders hoch.[233] Die wenigen, noch nicht getöteten erfahrenen Tiere waren in Dürrezeiten in der Lage, noch andere Wasser- und Nahrungsquellen zu erschließen, weil sie sich an sie erinnern konnten. Letztlich ist dies nichts anderes als unser Elefant vor dem Bäcker, und so könnte diese Geschichte durchaus wahr sein.

Ein weiteres beeindruckendes Beispiel sind Delfine. Sie entwickeln in ihrer frühen Jugend einen individuellen Pfiff. Jeder Delfin hat seinen eigenen, und ein Vergleich mit unseren Namen ist legitim (mehr dazu im Kapitel »Persönlichkeit«). Offenkundig können sie sich über Jahrzehnte an die Namen anderer erinnern.

Die Forscher spielten den Delfinen über Unterwasserlautsprecher die Namen anderer Delfine vor. Kannten sie diese, weil der entsprechende Delfin irgendwann einmal im gleichen Delfinarium untergebracht war, dann reagierten sie eindeutig. So konnte gezeigt werden, dass die Tiere mindestens ein Gedächtnis von 20 Jahren haben.[234] Das ist beachtlich, denn nur wenige Tiere werden in Delfinarien überhaupt so alt. Ich kann und möchte mir aber nicht vorstellen, was eine Delfinmutter wohl empfunden hat, als sie die Stimme ihres seit zehn Jahren verschwundenen Kindes gehört hat. Die WDC, die größte internationale Wal- und Delfinschutzorganisation, für die ich zehn Jahre als wissenschaftlicher Leiter des Deutschlandbüros gearbeitet habe, spricht sich übrigens gegen diese Form von Experimenten aus. Es ist einfach nicht vorhersehbar, welche psychologischen Konsequenzen sich aus solchen Erfahrungen ergeben. Dies gilt im Besonderen für Tiere, deren Persönlichkeit durch eine eigene Biographie geprägt ist.

Aber nicht nur Säugetiere haben ein gutes Gedächtnis. Ähnlich wie Eichhörnchen legen Raben Vorräte für den Winter an. Leider haben Eichhörnchen, obwohl Säugetiere, kein besonders gutes Gedächtnis, und oft finden sie ihre Schätze nicht wieder. Glücklicherweise legen viele Eichhörnchen Winterreserven an, und so greift die Nase der Erinnerung unter die Arme, und der Schatz eines Artgenossen wird zur Rettung.

Anders bei den Rabenvögeln: Sie merken sich ihre Verstecke in Sequenzen. Das sogenannte serielle Lernen, wie es mein Doktorvater Professor Todt genannt hat, ist eine alte und sehr effektive Erfindung der Natur. Ganz ähnlich wie bei Gedächtnisübungen, die wir Menschen kennen, wird dabei eine Abfolge gelernt, und völlig unabhängige Aspekte oder Begriffe werden zu einem Zusammenhang, den man sich gut merken kann. Die Raben merken sich aber nicht nur den Ort, sondern haben auch eine Vorstellung von der Zeit. Sie wissen sogar, wann ihre Reserven verderben oder reif sind.[235]

Eine echte Überraschung unter den Gedächtniskünstlern sind die Honigbienen. Auch bei ihnen deuten Untersuchungen darauf hin, dass sie ein sehr einfaches episodisches Gedächtnis oder etwas Vergleichbares haben. Sie können sich merken, zu welcher Zeit und wo sich eine Nahrungsquelle befindet. Sie fliegen also nicht einfach irgendwohin, sondern sie fliegen dorthin, wo es sich in der Vergangenheit unter den gegebenen Umständen, wie zum Beispiel der Tageszeit, gelohnt hat.[236] Eine solche Leistung hätte man einem einfachen Strickleiternervensystem, über das die Honigbiene verfügt, nicht zugetraut.

Neben der Fähigkeit, sich Verstecke und Nahrungsquellen gut merken zu können, hat ein episodisches Gedächtnis im Sozialleben unglaubliche Vorteile. Ich kann in Form einer mentalen Zeitreise in meine eigene Vergangenheit zurückkehren und mich erinnern, ob mich jemand geärgert hat oder ob jemand mein Freund war. Ein episodisches Gedächtnis ist somit absolute Grundvoraussetzung für ein Sozialleben, bei dem es auf einzelne Individuen ankommt.

18. Facebook mal anders

Wir mögen es lieben oder hassen, aber das Buch der Gesichter musste erfunden werden. Das menschliche Gesicht ist weit mehr wert als jeder Ausweis, denn es macht uns nicht nur für andere Menschen leicht identifizierbar. In unser Gesicht eingeschrieben ist uns meist auch Vergangenheit, Gegenwart und sogar die Zukunft. Wir können extrem viel in Gesichtern lesen, und genau darum ist Facebook auch so willkommen. Hätten wir Computer nicht erfunden, um unsere Kriege besser führen zu können, dann hätten wir sie erfunden, um unser komplexes Sozialleben zu managen. Dies läge zumindest im Trend einer kumulierten Kultur, denn Freunde, Freunde von Freunden, Verwandte und deren Bekannte, Kollegen, Kollegen von Kollegen und Urlaubsbekanntschaften sind heute ohne elektronische Unterstützung kaum noch vorstellbar. Doch mit diesen Problemen sind wir nicht allein, denn auch einige Tiere haben Freunde und Verwandte und leben in komplexen sozialen Netzwerken. Das vielleicht komplexeste bisher bekannte tierische Netzwerk wurde an der Küste von Westaustralien entdeckt.

Als Biologe genießt man ab und an Vorzüge, die anderen Menschen verwehrt sind. Man wandert durch die Natur, macht einen Spaziergang im Stadtpark oder schwimmt im Meer und bewegt sich in einer Welt, die von den meisten Menschen nicht wahrgenommen wird. Ein virtueller Röntgenblick gestattet es, in Bäume hineinzusehen, man sieht das Wasser fließen und ahnt, wie es aus den Tüpfeln der Blätter verdunstet. Als Verhaltensbiologe sieht man viel mehr als andere Besucher im Zoo, und wenn man mit den Füßen im flachen Wasser steht, kann es einem gehen wie einem Kunstliebhaber im Louvre. So wie dieser vor einem Bild steht und nicht nur die Schönheit, sondern auch die Entstehung, den Künstler und seine Zeit sieht, so vermag ein Biologe auf das

Meer hinauszuschauen und weiß, was darin los ist. So in etwa habe ich mich vor einigen Jahren gefühlt, als ich am Strand von Monkey Mia an der Shark Bay stand und aufs Wasser schaute. Obwohl ich keinen einzigen Delfin sah, wusste ich genau, was sich unter der glitzernden Wasseroberfläche verbarg: das im Kapitel »Gangbangs« bereits angesprochene spektakulärste soziale Netzwerk, das bisher bei Tieren entdeckt wurde.

Die Frage ist nur, wie erkennt man ein tierisches Netzwerk. Die meisten Menschen gestehen Tieren auch ein Sozialleben zu. Wir wissen, dass Wölfe in Rudeln leben und dass Kühe eine Herde bilden. Außerdem gibt es Schwärme bei Fischen und Insekten. Doch beschreiben diese Worte tatsächlich ein Sozialleben? Genau genommen beschreiben sie nur eine Erscheinungsform.

Wenn man wirklich das Sozialleben erforschen will, dann muss man sich auf einzelne Tiere konzentrieren. Diese Tiere sind mal mit dem einen und mal mit dem anderen Tier zusammen. Schaut man sich über eine lange Zeit genau an, wer mit wem zusammen ist, dann erkennt man Allianzen, und diese werden in drei Ordnungen eingeteilt.

Stellen Sie sich dazu vor, Sie sitzen mit ihrer Familie am Sonntagmorgen gemeinsam beim Frühstück. Man unterhält sich über die vergangene Woche, und es werden Pläne für die kommende gemacht. Sie befinden sich in diesem Moment in Ihrer Allianz erster Ordnung. Alle Tiere, die in Familienverbänden leben, leben in einer Allianz erster Ordnung. Aus verhaltensbiologischer Sicht lässt sich diese Form des Zusammenlebens sehr leicht erklären. Jedes einzelne Individuum, das in die Gemeinschaft investiert, investiert auch in die eigenen Gene. Es gibt aber bei den Menschenaffenarten, einschließlich uns Menschen, sowie bei Elefanten und Delfinen auch gleichgeschlechtliche Gruppen, die eine Allianz erster Ordnung bilden. Männliche Delfine bleiben oft ihr ganzes Leben lang mit einem oder auch zwei männlichen Partnern zusammen. Es wurde sogar schon beobachtet, dass ihre Identifikationspfiffe, also ihre Namen, verschmelzen (siehe Kapitel »Persönlichkeit«). Eigentlich unglaublich, wie bei unseren Familiennamen muss hier ein Name für zwei Individuen reichen. Familienbande und intensives Kooperieren werden zwangsläufig im Verlauf der Evolution belohnt, denn sie sorgen dafür, dass die eigenen Gene weitergegeben werden. Im Prinzip leben alle Tiere, die Brutpflege betreiben, in einer solchen Allianz.

Doch was ist mit größeren Gruppen wie Rudeln, Herden und Schwärmen? Bei einem Rudel handelt es sich um eine relativ feste soziale Gruppe, bei der sich die einzelnen Individuen kennen. Je nach sozialer Überlebensstrategie sind im Regelfall meist entweder die Weibchen oder die Männchen miteinander verwandt. Wir haben also eindeutig eine Allianz erster Ordnung. Eine Herde ist eine Ansammlung von Tieren, manchmal sogar von verschiedenen Arten, die zusammenkommen, sich aber meist nicht kennen. Sie leben und wandern zusammen, weil sie so beispielsweise sicherer vor Raubtieren sind. Das Verhalten einer Herde kann sogar den Eindruck erwecken, strategisch geplant zu sein. Wenn eine Herde bedroht wird, bildet sie einen Kreis, und die erwachsenen Tiere nehmen ihre Jungtiere in die Mitte. Hier stehen alle zusammen, und die starken Tiere sind bereit, sich für die schwächeren zu opfern.

Doch was hier so komplex und ethisch wertvoll erscheint, lässt sich leicht ganz nüchtern erklären. Man spricht vom Egoismus der Herde.[237] Wenn die Tiere sich nicht so verhalten würden, dann wären die Jungtiere die Ersten, die erlegt würden, und über kurz oder lang würden die Tiere aus Mangel an Nachkommen aussterben. Andersherum werden die Jungtiere überleben, deren Eltern bereit waren, sich für sie zu opfern. Genau in jenen Jungtieren schlummern aber die Opfergene der Eltern, und so werden auch sie sich für ihre Nachkommen in den Kampf werfen. Ein Schwarm ist von seiner Funktion her nichts anderes als eine Herde. Der Begriff Herde wird aber meist auf Säugetiere angewandt, wohingegen ein Schwarm aus Fischen, Vögeln oder Insekten bestehen kann. In den allermeisten Fällen wird man bei einer Herde oder einem Schwarm auch von einer Allianz erster Ordnung sprechen. Doch dies wird besser verständlich, wenn wir uns nun mit Allianzen zweiter Ordnung beschäftigen.

Es ist ein Tag später, Montagmorgen, und die Woche hat begonnen. Sie gehen zur Arbeit und verdienen Ihre Brötchen. In diesem Moment leben Sie in einer Allianz zweiter Ordnung. Es handelt sich um Freunde oder Kollegen, mit denen Sie für eine begrenzte Zeit eine Kooperation bilden, um bestimmte Ziele zu erreichen. Ist dies geschehen, gehen Sie wieder nach Hause zu Ihrer ersten Allianz. So ähnlich funktioniert auch eine kleine Dorfgemeinschaft, jeder hat sein Häuschen, aber zur Arbeit auf dem Feld trifft man sich, weil es gemeinsam leichter geht. In der Biologie spricht man auch von sogenannten Fission-Fusion-Societys. Sie kommen zusammen und gehen wieder auseinander. Tiere, die so leben, sind für Zoos beziehungsweise seine Bewohner meist ein Albtraum, da es unmöglich ist, ihre sozialen Ansprüche zu erfüllen. Das zur Verfügung stehende Gelände ist viel zu klein, und es gibt viel zu wenige Tiere, um die natürliche Lebensweise zu ermöglichen. Bei Delfinen und Menschenaffen weiß ich aus meiner eigenen Arbeit, dass die durch solche sozialen Defizite entstandenen Probleme zu Aggressionen führen. Den Tierpflegern bleibt dann nur die Möglichkeit, die Tiere zu trennen, was oft die Isolationshaltung von einzelnen Tieren zur Folge hat. Eine andere Möglichkeit haben wir beim Thema Eunuchen schon kennengelernt: Ein männliches Tier bekommt weibliche Hormone oder Psychopharmaka.

Tiere, von denen man weiß, dass sie in Fission-Fusion-Societys leben, sind die Großen Menschenaffen-Arten,[238] einige Wal- und Delfinarten, der Afrikanische Elefant,[239] viele Raubtiere wie Löwen[240] und Hyänen,[241] aber auch Rehe,[242] Giraffen[243] und Zebras[244] sowie Fledermäuse[245]. Es gibt sogar Hinweise darauf, dass es Fission-Fusion-Societys schon bei Fischen geben könnte.[246] Vermutlich hätten Sie aber nicht erwartet, dass es sich dabei um die bei Aquarianern allseits beliebten Guppys handelt.

Der große gemeinsame Nenner bei all diesen Tierarten ist ihr intensives Sozialleben und die Fähigkeit, bis zu einem gewissen Grad zu kooperieren. Je komplexer ihr Gehirn, desto komplexer auch die Form der Kooperation. Diese reicht von gemeinsamer Nahrungsbeschaffung und Schutz über die Erreichung oder die Festigung der Position in der sozialen Hierarchie bis hin zum In-

Guppys leben in einem überraschend komplexen sozialen Netzwerk, in dem einzelne Individuen Vorlieben für bestimmte andere Individuen haben. Wir Menschen nennen so eine Beziehung Freundschaft.

formationsaustausch über Ressourcen. Die Anzahl der Beispiele ist in den letzten Jahren unüberschaubar geworden. Eines hat mich aber besonders beeindruckt, und daher nehme ich Sie nun mit auf eine Reise in den hohen Norden Schottlands an die Nordseeküste.

Dort lebt die letzte Gruppe der Nordseetümmler. Tümmler kennen Sie übrigens, Flipper war einer, und die meisten Delfine in Delfinarien sind auch Große Tümmler. Die Art ist weltweit verbreitet, doch wenn man wie ich mit Großen Tümmlern aus der Karibik und dem Schwarzen Meer gearbeitet hat, dann sind die Tümmler der Nordsee trotzdem eine Überraschung. Sie sind riesig, mit ihren vier Metern Länge sind sie fast doppelt so groß wie ein Schwarzmeertümmler. Ihr letztes Nordseerefugium ist eine große Bucht namens Moray Firth. Dort leben circa 130 Delfine in einer Fission-Fusion-Society.

Die Forscher von der St. Andrews University kennen jedes einzelne Tier und wissen, wer mit wem verwandt ist. In dieser Bucht gibt es zwei Gruppen. Ein Teil der Population lebt im Inneren der

Bucht, der andere außerhalb. Nun würde man denken, dass sich beide Gruppen räumlich voneinander getrennt haben, um jeweils in ihrem Territorium zu jagen. Die Forscher erlebten allerdings eine Überraschung. Es gab einige Tiere, die zu beiden Gruppen gute Verbindungen hatten.[247] Dies ist extrem ungewöhnlich, denn normalerweise neigen sowohl wir Menschen als auch andere Tiere dazu, das eigene Territorium zu verteidigen und alles dafür zu tun, damit einmal gesicherte Ressourcen nicht geteilt werden müssen. Ob ein Fuchs oder ein Löwe sein Revier verteidigt oder wir einen Zaun um Europa bauen, ist biologisch gesehen der gleiche Mechanismus. Fakt ist aber, wenn es Abweichungen von dieser Norm gibt, dann gibt es Spannendes zu entdecken. Wenn wir uns die Abbildung ansehen, dann entdecken wir zwei unabhängige Netzwerke, die über verschiedene Punkte miteinander verbunden sind. Diese Punkte repräsentieren Individuen, die in beiden Gruppen aktiv sind. Es sieht fast so aus, als würden diese Tiere eine enge Beziehung zu Familienmitgliedern in ihrer Gruppe unterhalten, aber auch Freunde in der anderen haben.

Um dies zu erklären, muss man sich in das Leben der Tiere hineinversetzen, vielleicht sind Sie schon einmal in der Ostsee, der Nordsee oder in einem unserer Seen getaucht. Charakteristisch für dieses Erlebnis ist, dass Sie nicht viel gesehen haben, weil das Wasser in den meisten Fällen viel zu trüb ist. Delfine können das auch nicht sehr viel besser als Sie. Doch Delfine haben ihren akustischen Sinn, mit dem sie sich hervorragend orientieren können. Dazu schicken sie Klicks, das sind Breitbandgeräusche, deren Hauptenergie im für uns nicht hörbaren Ultraschallbereich liegt, wie einen Laserstrahl nach vorn. Wird diese akustische Welle von einem Gegenstand, zum Beispiel der Schwimmblase eines Fisches, zurückgeworfen, dann können die Tiere sowohl Entfernung als auch Richtung und sogar die Art des Fisches erkennen. Leider funktioniert das nur bis zu einer Distanz von 50 oder 100 Metern richtig gut.

Hinzu kommt noch, dass der Schallstrahl zwar nicht mit einem Laser vergleichbar, aber trotzdem extrem gebündelt ist. Mit anderen Worten, ein leckeres Abendbrot kann ein paar Meter neben dem Delfin schwimmen, ohne dass er es bemerkt. Nahrung zu finden ist somit gar nicht so leicht und hat viel mit Zufall zu tun. Wie praktisch wäre es da, wenn jemand vorbeikommt und einem zuruft: »Hey, rechts am Ausgang der Bucht neben dem kleinen Berg ist gerade ein Fischschwarm.«

Tatsächlich glauben die Forscher, dass es so oder ähnlich abläuft. Dies bedeutet aber wiederum, dass die Tiere Mechanismen entwickelt haben müssen, die Betrug verhindern. Tiere, die zwar der Aufforderung folgen, aber selbst eine solche Entdeckung für sich behalten, sind langfristig im Vorteil, denn sie müssen ihre Nahrungsquelle nicht mit anderen teilen. Im Verlauf der Evolution würden sie sich durchsetzen, und die Tiere mit dem erhöhten Mitteilungsbedürfnis würden aussterben. Am Ende würde jeder wieder nur auf eigene Rechnung arbeiten, und die Vorteile eines kooperativen Handelns wären dahin.

Wenn ich aber ein gutes Gedächtnis habe und mir merke, wer sich wie verhält, dann würde ich auch nur denen eine Nahrungsquelle verraten, die auch mir gegenüber auskunftsfreudig sind. Mit anderen Worten, solche Beobachtungen setzen einen hohen Grad an kognitiven Fähigkeiten voraus. Wir müssen also davon ausgehen, dass Delfine tatsächlich jedes einzelne Tier ihres Netzwerkes kennen und genau wie wir zwischen Verwandten, Freunden, entfernten Bekannten und jenen, die wir nicht leiden können, unterscheiden.

Zweifelsfrei ist dies ein beeindruckendes Beispiel, doch ich wäre nicht überrascht, wenn man auch in anderen Fission-Fusion-Societys vergleichbare Beobachtungen machen würde. Immerhin hat man noch vor wenigen Jahren nur Menschenaffen eine Fission-Fusion-Society zugestanden. Hunde und Wölfe, die offenkundig auch sehr sozial sind, leben nicht in einer Fission-Fusion-Society. Ihre stabile Gemeinschaft würde keine Individuen dulden, die sich mal diesem oder jenem Rudel zugehörig fühlen. Für uns Menschen ist das ein Glück, denn wer wäre schon glücklich, wenn »sein« treuer vierbeiniger Gefährte für ein paar Wochen verschwindet und sich einen neuen »Besitzer« sucht.

Erinnern Sie sich noch? Wir haben an einem Sonntagmorgen gemeinsam in unserer Allianz erster Ordnung gefrühstückt und haben am Montagmorgen unser Tagwerk in einer Allianz zweiter Ordnung verrichtet. Doch was ist nun eine Allianz dritter Ordnung? Eine Allianz dritter Ordnung formt sich unabhängig von einer Routine und setzt ein sehr gutes, vielleicht sogar lebenslanges Gedächtnis voraus. In einer Allianz dritter Ordnung erinnere ich mich beispielsweise an einen ehemaligen Kollegen, der sich nach dem Studium auf Bärtierchen spezialisiert hat, und rufe ihn einfach an, wenn ich ein Buchkapitel über sie schreiben will. Auch sind unsere Parteien oder Staatengebilde Allianzen dritter und höherer Ordnung, denn auch sie fußen auf einer stabilen gemeinsamen Grundlage, die in der Erinnerung von allen Beteiligten geteilt wird.

Bei den Delfinen in Westaustralien läuft das vermutlich ungefähr so ab: Junge Delfine bauen schon relativ früh ein eigenes soziales Netz auf. Zu diesem Netz können vielleicht 30 oder sogar 50 und mehr Tiere gehören.[248] In der besonders gut untersuchten Delfinpopulation in der Shark Bay vor Westaustralien handelt es sich um ungefähr 2000 Tiere, die sich alle untereinander mehr oder weniger gut kennen. In jedem Fall wird aus diesem Pool das eigene Netzwerk rekrutiert. Wie schon erwähnt, binden sich Männchen fürs Leben in sehr engen Zweier- oder Dreiergruppen, diese sind hier Allianzen erster Ordnung. Wenn diese Gruppen nun auf Brautschau gehen, dann tun sie sich mit anderen Gruppen, die sie bereits gut und vermutlich seit ihrer Jugend kennen, zusammen und bilden eine Allianz zweiter Ordnung. Diese Erkenntnis beruhte auf etwa 20 Jahren Freilandforschung. In ihrem dritten Forschungsjahrzehnt erweiterten die Biologen ihren Beobachtungsbereich und erwarteten, dass ihre Netzwerkmodelle auch das Verhalten einer viel größeren Gruppe von Delfinen vorhersagen würden. Es muss ein großer Schock gewesen sein, als das nicht eintrat, und ich kann mir gut vorstellen, wie viel Kopfschmerzen und nächtelange Diskussionen die widersprüchlichen Daten verursacht haben. Wie konnte beispielsweise erklärt werden, dass eine Großgruppe, die vielleicht aus drei oder vier Dreiergruppen besteht, auseinanderbricht, wenn eine kleine Gruppe hinzukommt? Wie kann erklärt werden, dass sich die neue Gruppe sogar gegen Teile der ursprünglichen Gruppe wendet? Wie wird Freund so schnell Feind?

Die Forscher entschlossen sich, eine gewagte Hypothese statistisch zu überprüfen, und sie fragten sich, ob das beobachtete Verhalten erklärt werden könne, wenn man von Allianzen dritter Ordnung ausgehen würde. Eine solche Komplexität im Sozialleben wurde bis zu diesem Zeitpunkt nur uns Menschen zugestanden. Plötzlich machte alles Sinn, die nicht passenden Konstellationen ließen sich durch eine Allianz dritter Ordnung plausibel erklären, und die Untersuchung gilt heute als so etwas wie ein Meilenstein in der Erforschung komplexer sozialer Netze.[249] In unserer Demokratie spricht man unter vergleichbaren Umständen von Parteidisziplin und Koalitionsverträgen. Für mich persönlich ist dieses Beispiel vielleicht sogar die beeindruckendste kognitive Leistung überhaupt, denn eine solche Beobachtung lässt sich nur erklären, wenn man ein lebenslanges Gedächtnis, ein Selbstbewusstsein und eine Vorstellung von anderen voraussetzt.

Tut man dies, öffnet sich eine neue Welt der Möglichkeiten, um tierisches Verhalten zu erklären. Die beobachtete hohe Dynamik, aber auch die in Schottland beobachtete große Flexibilität in der Gruppenbildung lassen sich gut erklären, wenn wir Modelle, die die menschliche Gesellschaft beschreiben, anwenden (»Triadic closure model« oder »Friend of a friend«[250] oder »Barabasi's preferential attachment model«[251]). Wir werden im Kapitel »Wer bin ich, und wer bist eigentlich du?« erfahren, dass Delfine Selbstbewusstsein, einen Namen und eine Vorstellung von anderen haben, ja, sie sind sogar dazu in der Lage, Namen als Referenz zu benutzen, um sich so mit jemand über einen anderen zu unterhalten. Nimmt man diese Fähigkeit und benutzt die oben genannten Modelle, dann könnte ein tierischer Dialog ungefähr so klingen: Hey, ich bin der Willi, ein Kumpel von Fred, den kennt ihr doch auch. Kann ich mit euch schwimmen? Antwort: Ach, du bist Willi, ja, Fred hat uns schon von dir erzählt. Du kannst mit uns schwimmen.

Verrückt, was? Und doch muss es in etwa so bei den Tieren ablaufen, um die oben gemachten Beobachtungen annähernd plausibel zu erklären.

Vermutlich sind Delfine gar keine Ausnahme. So können Afrikanische Elefanten mindestens 100 Tiere am Klang ihrer Stimme erkennen.[252] Dies gelingt sogar, wenn die Tiere mehrere Kilometer voneinander entfernt sind. Ähnlich begabt scheinen auch Krähen zu sein, denn auch sie reagieren extrem verwundert, wenn ein Individuum anders klingt, als sie es erwarten.[253] Das ist in etwa so, als würde die Stimme ihres guten Freundes A plötzlich so klingen wie die Stimme von B. Wenn es keine Rolle spielen würde, die Individuen zu unterscheiden, dann hätte sich im Verlauf der Evolution diese Fähigkeit auch nicht entwickelt. Ich bin sehr optimistisch, dass wir noch viele komplexe soziale Gemeinschaften bei Tieren entdecken werden.

19. Die Erfindung der Moral

Meine Schwiegermutter war entsetzt: Was, ihr lasst Experimente mit euren Kindern machen? Gemeinsam mit den Entlassungsunterlagen nach der Geburt unserer Zwillinge bekamen wir eine Einwilligungserklärung der Universität Erfurt, dass wir grundsätzlich dazu bereit sind, an Experimenten der Kleinkindforschung[254] teilzunehmen. Um ehrlich zu sein, ich habe mich darüber sogar gefreut. In meiner Welt sind diese Experimente eine Bereicherung, ich bin davon ausgegangen, dass meine Kinder das genauso sehen, und tatsächlich, sie haben sich bislang nicht beschwert. An dem besagten Tag ging es um das Erkennen von Farben.

Die Eltern bekommen nur eine kurze Instruktion, wie sie sich verhalten sollen, damit die Kinder nicht abgelenkt oder beeinflusst werden. Am Ende des Experimentes war die Studentin reichlich überrascht, als ich sie fragte, ob es ein Experiment zum »false believe«, also zum falschen Glauben, sei. Bei dieser Art von Experimenten geht es natürlich nicht darum, ob das Christentum aus dem Blickwinkel eines Moslems der falsche Glaube ist oder umgekehrt. Es geht darum, ob man fälschlicherweise eine eigene Annahme für richtig hält und ob man sich vorstellen kann, dass andere von einer falschen Annahme ausgehen. Das ist außerordentlich wichtig, wenn man beispielsweise das Verhalten von anderen Sozialpartnern voraussehen will. Wenn sich deren Verhalten auf eine falsche Annahme stützt, kann ich mit meiner Planung komplett danebenliegen, auch wenn meine Annahme richtig ist. In einem komplexen Sozialleben muss man ständig solche Entscheidungen treffen, doch eigentlich geht es um gerechte Verteilung.

Gehen wir zurück zu unseren Delfinen in Schottland. Wenn beispielsweise ein Delfin denkt: Nein, dem sage ich nicht Bescheid, wo zur Zeit ein Fischschwarm ist, der hat mir auch noch nie Bescheid gesagt, mag dies richtig sein. Es könnte aber sein, dass er nur glaubt, Recht zu haben, denn tatsächlich hat der Delfin schon oft anderen Bescheid gegeben. Sie sehen, wie schwierig es ist, in einer sozialen Gemeinschaft, die auf Gegenseitigkeit beruht, die richtige Entscheidung zu treffen. Kann man solche Dinge in einem Experiment überhaupt testen? Bei dem ersten derartigen Experiment ging es weder um Farben noch um Fische, sondern um Piraten.

Den teilnehmenden Kindern wurde folgende Geschichte erzählt: Vor langer langer Zeit, als es noch mutige Piraten in der Karibik gab, setzte sich ein erschöpfter Pirat an seinen Tisch und legte sein Sandwich darauf. Nun fiel ihm ein, dass er Durst hatte, und er ging weg, um sich etwas zu trinken zu holen. In der Karibik weht oft ein starker Wind, und so wurde sein Sandwich einfach vom Tisch geweht. Kurz danach kam ein zweiter Pirat, der auch sein Sandwich auf den Tisch legte. Auch er hatte Durst, und er holte sich etwas zu trinken. Er war gerade verschwunden, als der erste Pirat wiederkam und sich an den Tisch setzte, um gemütlich »sein« Sandwich zu essen. In diesem Moment wurden die Kinder beiläufig gefragt: Welches Sandwich wird der Pirat nun essen?

Für uns Erwachsene ist die Situation sonnenklar. Der erste Pirat kommt zurück, weiß nichts davon, dass sein Sandwich vom Tisch gefallen ist und dass das Sandwich, das jetzt auf dem Tisch liegt, eigentlich dem zweiten Piraten gehört. Wir würden auf die Frage antworten, dass er das auf dem Tisch nimmt. Für Kinder im Alter von drei Jahren sieht die Welt aber ganz anders aus, und sie antworten, dass der Pirat sein Sandwich vom Boden nehmen würde. Die Geschichte wird dann weitergespielt, aber der Pirat nimmt das Sandwich vom Tisch. Woraufhin das Kind gefragt wird: Warum hat der Pirat wohl das Sandwich vom Tisch genommen? Die Kinder denken sich dann Geschichten aus: das Sandwich auf dem Boden war vielleicht schmutzig geworden und der Pirat wollte es nicht mehr. Hier erklärt sich ein Mysterium, das allen Eltern vertraut ist. Unsere kleinen Kinder leben in einer paradiesischen Welt. In dieser Welt kann ein Weihnachtsmann bei allen Kindern der Welt gleichzeitig sein.

Für Kinder im Alter von fünf Jahren sieht das schon ganz anders aus. Sie haben eine klare Vorstellung davon, dass der Pirat nicht wissen kann, dass es sich bei dem Sandwich auf dem Tisch nicht um sein Sandwich handelt. Doch werden sie gefragt, ob es richtig war, das Sandwich vom Tisch zu nehmen, oder ob das gemein war und der Pirat dafür bestraft werden müsse, so antworten sie: Ja, der Pirat muss bestraft werden, denn es war ja nicht sein Sandwich. In ihrer Welt hat er sich nicht richtig verhalten. Sie können zwar die Situation verstehen, aber sie können die Situation noch nicht moralisch einordnen oder eine Schuldfähigkeit erkennen. Bemerkenswert ist allerdings, dass Kinder, wenn sie, in ihrer Vorstellung der Welt, eine Ungerechtigkeit bemerken, dagegen vorgehen. Sie tun dies selbst dann, wenn es für sie mit einem gewissen Aufwand verbunden ist und sie selbst davon keinen Vorteil haben.[255] Sie treten also nicht nur für sich, sondern auch für andere ein. Vielleicht haben wir ja einen eingebauten Gerechtigkeitssinn?

Für uns Erwachsene ist die Situation ganz klar, der Pirat ist nicht schuldig. Er mag zwar am Galgen baumeln, weil er andere überfallen hat, um sein Sandwich zu kaufen, aber für das fälschlich gegessene Sandwich darf er nicht bestraft werden. Wer sich dies genauer ansehen möchte, dem empfehle ich den TED Talk von Rebecca Saxe, der Forscherin, die sich dieses Experiment ausgedacht hat.[256]

Genauso wenig wie unser Pirat ist jemand schuldig, der die Waffe seines Freundes reinigt und ihn dabei versehentlich erschießt. Die Juristen aller Kulturen dieser Welt sind sich da einig, dies ist kein Mord, sondern ein Unfall. Verantwortlich für Entscheidungen dieser Art ist ein Gehirnareal, das nach seiner räumlichen Orientierung RTPJ-Areal (right temporoparietal junction) genannt wird. Es ist nur etwa so groß wie eine Fingerspitze und befindet sich im Gehirn etwas oberhalb des Ohres. Es ist aktiv, wenn wir darüber nachdenken, was andere denken. Solange dieses Areal sich noch nicht entwickelt hat, sind wir zu oben gemachten Einschätzungen noch nicht fähig. Kinder, die jünger als sieben Jahre sind, können diese Form von moralischen Entscheidungen noch nicht fällen.

Mittels starker Magnetfelder ist es möglich, bestimmte Gehirnareale zeitlich begrenzt lahmzulegen. Ein sehr guter Freund von mir, Bas Kast, hat das einmal im Rahmen einer Recherche für sein Buch »Wie der Bauch dem Kopf beim Denken hilft« mit sich machen lassen. Bei ihm ging es um Kreativität, und tatsächlich war sein Gehirn kreativer, als bestimmte Bereiche ausgeschaltet waren. Aber was geschieht, wenn das RTPJ-Areal blockiert wird? Richtig, wir sind nicht mehr in der Lage, moralische Entscheidungen zu fällen, unser Moralorgan schweigt, und die Fähigkeit, sich in die Realität anderer hineinzuversetzen, ist zeitweise verloren.

Bevor wir uns mit Moral im Tierreich beschäftigen, wollte ich deutlich machen, dass die Grundlage unserer Moral nicht etwa Kant oder ein anderer großer Philosoph ist. Die Grundlage unserer Moral liegt in der Fähigkeit unseres Gehirns, moralische Entscheidungen treffen zu können. Diese Fähigkeit entwickelt sich in den ersten Lebensjahren, und gemeinhin haben Kinder dieses Alters noch nicht viel von Kant gehört. Es ist somit legitim, diese Fähigkeit auch in Gehirnen anderer Tiere zu suchen. Doch was genau suchen wir hier, was ist der gemeinsame Nenner aller moralischen Fragen?

Für die meisten Menschen liegt die Antwort in der Religion. Doch was passiert, wenn wir unsere eben gewonnenen Erkenntnisse über einen falschen Glauben auf die Religion anwenden? Für einen Christen hat ein Moslem einen falschen Glauben. Ein Christ hält Mohammed für einen Scharlatan und glaubt, dass alle Moslems sich irren, wenn sie in ihm einen Propheten Gottes sehen. Für einen Moslem ist es genau umgekehrt, für ihn sind alle Christen gottlos, weil sie seinen letzten Propheten ignorieren. Beide Seiten haben eine Vorstellung davon, dass die jeweils andere einen falschen Glauben hat. Die Frage ist nur, wie fällt das moralische Urteil gegenüber der anderen Seite aus? Ist die andere Seite für ihren falschen Glauben zu bestrafen? Von einem nicht religiösen neutralen Standpunkt aus betrachtet, natürlich nicht, denn beide Seiten können nichts für ihren vermeintlich falschen Glauben.

Nun kommt der Punkt, um den es mir geht: Wenn die eine oder andere Seite beginnt, Vertreter des einen oder anderen Glaubens zu töten, oder wenn die Türkei holländische Kühe ausweist, weil ihr Präsident in Holland keine Wahlkampfreden halten darf,[257] dann habe ich zwei Möglichkeiten, die Situation zu betrachten. Entweder gehe ich davon aus, dass die jeweiligen Vertreter geistig auf dem Niveau eines Sechsjährigen sind oder dass die jeweilige Moral so unterentwickelt ist, dass sie nicht dazu geeignet ist, die Situation im sozialen Einvernehmen zu klären. Wenn wir also nach moralischem Verhalten suchen, dann dürfen wir uns auf keinen Fall an einer Moral orientieren, die wir im Rahmen unserer Kultur erfunden haben, sondern müssen nach ursprünglichen Mechanismen in einfachen sozialen Systemen suchen.

Ich komme wieder auf meine Delfine in Schottland zurück. In ihrer sozialen Gemeinschaft muss sichergestellt werden, dass kein Tier übervorteilt wird, wenn es selbst keine Informationen preisgibt, andererseits aber von anderen partizipiert. Nach jahrelangen Diskussionen unter Verhaltensbiologen glaubt man nun, als grundlegenden Mechanismus die Fairness, auch Ungleichheitsaversion genannt, erkannt zu haben. Wenn ein Delfin keine Informationen preisgibt, dann verhält er sich gegenüber den anderen in seiner sozialen Gemeinschaft nicht fair. Wenn ein Gläubiger einem anderen Gläubigen sein Leben oder sein Territorium wegnimmt, dann ist dies nicht fair.

Die Beobachtung von fairem Verhalten in der freien Wildbahn ist leider sehr kompliziert. Doch es gibt Experimente, mit denen Fairness getestet werden kann. Wir müssen nur zwei Tiere ungerecht behandeln.

Frans de Waal war der erste Forscher, der so ein Experiment wagte. Er ließ zwei Kapuzineräffchen von seinen Studenten füttern. Natürlich bekamen sie ihr Futter nur, wenn sie eine Kleinigkeit dafür taten. In diesem Fall mussten sie ein Steinchen aus dem Käfig reichen. Für jedes Steinchen gab es ein Stück Gurke. Doch nach einer gewissen Zeit wurde eines der beiden Äffchen mit einer Weintraube belohnt. Affen denken über Gurken und Weintrauben nicht anders als wir, und so fühlte sich das Äffchen mit der

Gurke sehr schnell sehr ungerecht behandelt. Voller Frust warf es daher das nächste Stück Gurke im hohen Bogen zum Experimentator zurück. Betrachtet man das Video,[258] so hat man den Eindruck, dass der Kleine vor Wut den Käfig gleich auseinandernimmt und dem Experimentator an die Gurgel geht. Frans de Waal konnte somit zeigen, dass Kapuzineräffchen Ungerechtigkeit wahrnehmen können.[259]

Auch in der Erziehung von Geschwisterkindern ist Gerechtigkeit ein großes Thema. Will ich zum Beispiel meinen Söhnen Socken in unterschiedlicher Farbe anziehen, dann geht das nur, wenn jeder eine Socke von jeder Farbe bekommt. Die sogenannte Ungleichheitsaversion (Inequity Aversion) ist tief in uns verwurzelt, und Zwillinge im Alter von drei oder vier Jahren sind ein grandioses Beispiel. Manchmal helfen übrigens solche Gedanken, wenn man die Geduld verliert.

Nachdem das Experiment mit Kapuzineräffchen so gut gelaufen war, wurden auch Schimpansen erfolgreich getestet.[260] Einen Dämpfer bekam die Forschung, als man bei Orang-Utans nicht fündig wurde.[261] Wie Sie wissen, sind Orang-Utans eine der vier Menschenaffenarten (Menschen, Schimpansen, Gorillas und Orang-Utans), und denen traut man bekanntlich so einiges zu. Ebenfalls nicht fündig wurden die Forscher beim Totenkopfäffchen.[262] Das war ebenfalls verwunderlich, denn sie gehören wie die Kapuzineräffchen zu den Kapuzinerartigen, und mit denen hatte Frans de Waal erfolgreich experimentiert. Doch auch wenn man das Äffchen gesellig auf der Schulter von Pippi Langstrumpf sitzend kennt, sie sind genauso wie Orang-Utans nicht sehr sozial und leben meist allein oder in Mutter-Kind-Paaren. Orang-Utan-Männchen sind als Eigenbrötler kaum zu übertreffen, sie rufen am Abend in die Richtung, in die sie am nächsten Morgen wandern wollen, damit alle anderen Männchen aus dem Bereich der künftigen Route verschwinden.[263] Ihre dicken Wangenwülste nutzen sie dabei übrigens wie ein Megafon.

Damit Sie nun aber keinen falschen Eindruck bekommen, Beispiele für Kultur[264] und Werkzeuggebrauch gibt es auch bei Orang-Utans. Außerdem ist das Rufen einen Tag im Voraus ein deutliches

Zeichen für planvolles Handeln. Orang-Utans sind also keinesfalls die dummen Esel in der Gruppe der Menschenaffen, sie sind nur nicht sehr gesellig und haben daher keine Mechanismen für ein faires Miteinander entwickeln müssen.

Sozial leben hingegen Makaken, und – welche Überraschung – sie wurden erfolgreich auf Inequity Aversion getestet.[265] So erhärtete sich der Verdacht, dass weniger die Höhe der Entwicklung, sondern vielmehr die Lebensweise, nämlich sozial oder nicht sozial, zur Inequity Aversion führt. Das ist insofern erstaunlich, da diese kognitive Leistung verschiedene geistige Errungenschaften voraussetzt. So muss ich beispielsweise wissen, dass es jemand anderes als mich überhaupt gibt. Wir werden uns im Kapitel »Wer bin ich, und wer bist eigentlich du?« noch genauer damit auseinandersetzen, doch für die allermeisten Tiere sind andere Tiere nicht mehr als ein interagierender Bestandteil ihrer Umwelt. Sie können sich nicht in sie hineinversetzen und sich vorstellen, dass diese Tiere unabhängig agierende Individuen sind. Darüber hinaus muss man, um Ungerechtigkeit festzustellen, auch ein Verständnis für Quantitäten beziehungsweise für die Mengenlehre haben. Man braucht auch ein Gedächtnis, um zu wissen, dass man gerade noch mit jemand kooperiert hat, der jetzt seinen gerechten Anteil einfordert. Die Liste ließe sich sicher noch um einiges erweitern.

Trotz der hohen kognitiven Ansprüche fühlten sich viele Forscher ermutigt, auch andere Säugetiere und Vögel, wie beispielsweise Hunde[266] oder Krähen und Raben,[267] zu testen. Alle mit Erfolg. Sogar Ratten wurden erfolgreich getestet.[268] Ich bin daher davon überzeugt, dass wir den Grundstein der Moral noch in sehr, sehr vielen Tierarten entdecken werden. Vorausgesetzt, sie führen ein soziales Leben, in dem man auf Kooperation und Fairness angewiesen ist.

Zugegeben, Fairness ist noch keine Moral. Doch sie ist der erste Schritt. Wenn ich dazu in der Lage bin, in meiner sozialen Gemeinschaft Vergleiche anzustellen, dann kann ich beurteilen, ob etwas gerecht ist oder nicht. Bonobos protestieren beispielsweise lautstark, wenn sie nicht konform zu den allgemein anerkannten sozialen Regeln behandelt werden.[269] Beruht nicht unser ganzes moralisches Konstrukt letztlich auf dieser Grundlage? Dennoch, das Tier denkt hier nicht moralisch, es denkt in erster Linie an sich selbst. Insofern ist das Verhalten des Kapuzineräffchens, das die Weintrauben bekommt, viel interessanter. Gibt es so etwas wie Solidarität? Bei uns Menschen ja, und Kinder entwickeln dieses Verhalten im Alter zwischen sechs und acht Jahren.[270] Wenn ein Tier auch dazu in der Lage wäre, sich solidarisch zu verhalten, dann müsste es bei den oben gemachten Experimenten aus Solidarität auf die Weintrauben verzichten. Man mag es kaum glauben, aber tatsächlich wurde genau das bei Schimpansen beobachtet.[271]

Die Frage, die sich nun stellt, ist: Wie verhält man sich gegenüber jemandem, der sich ungerecht verhalten hat? Eine soziale Gemeinschaft funktioniert zwangsläufig nur, wenn asoziales Verhalten in irgendeiner Form mit Nachteilen verbunden ist. Bei unseren Erdhörnchen hatten wir erfahren, dass Betrüger einfach ignoriert werden und keine Belohnung für das Wachehalten bekommen. Gemessen an unserem menschlichen Umgang mit Betrügern und Verbrechern, ist dies eine milde Strafe. Noch vor kurzem wurde jemandem, der etwas gestohlen hatte, kurzerhand die Hand abgehackt. Heutzutage nimmt die Gesellschaft keine Hände, aber Lebenszeit, indem sie Menschen ins Gefängnis sperrt. Wir Menschen leben somit in einer Gemeinschaft, in der asoziales Verhalten mit Gewalt bestraft wird. Bei Kapuzineräffchen ist das übrigens ganz ähnlich, auch wenn sie Händeabschlagen und Gefängnis noch nicht erfunden haben.[272] Sie bestrafen unsoziales oder unkooperatives Verhalten mit aggressiven Reaktionen. Forscher sprechen dann allerdings nicht mehr von aggressivem Verhalten, sondern von Bestrafung (punishment). Damit soll deutlich gemacht werden, dass hier gegen Regeln der Kooperation verstoßen wird. Dies ist insofern wichtig, als Bestrafung mit einem Aufwand verbunden ist, der sich nicht direkt auszahlt. Wenn ein Hund einen anderen wegbeißt, um die Nahrung für sich zu beanspruchen, dann hat er einen sofortigen Vorteil, denn er kann allein fressen. Bei einer Bestrafung ist das meist nicht der Fall. Man hofft, durch die Disziplinierung in Zukunft ein besseres Sozialverhalten zu erreichen. Ein wichtiger Punkt mit weitreichenden Konsequenzen, denn es setzt voraus, dass Tiere eine Vorstellung davon haben, was in der Zukunft liegt.

Wir Menschen gehen allerdings noch einen Schritt weiter, denn im Gegensatz zu allen bisher untersuchten Tierarten sind wir die Einzigen, bei denen auch Nichtbetroffene strafend eingreifen.[273] Das muss man sich mal vorstellen. Da kommt jemand daher, der mit der ganzen Situation nichts zu tun hat, und beginnt jemanden, der gegen soziale Regeln verstoßen hat, zu bestrafen. Man ist versucht zu sagen: »Kümmere dich um deinen eigenen Sch…« Doch dahinter steckt eine unglaubliche Leistung.

Hier geht ein Individuum, das mit dem Konflikt nichts zu tun hat, ein Risiko ein, um sicherzustellen, dass die Regeln der Gemeinschaft eingehalten werden. Auch in diesem Fall hat der Bestrafende nicht den geringsten sofortigen Nutzen, und selbst in Zukunft profitiert eher die ganze Gemeinschaft als das Individuum. Die Recherche zu diesem Thema hat mir einiges zu denken gegeben, und ich frage mich seither, ob damit die starke Gewaltbereitschaft und Brutalität der Menschen erklärbar ist. Vielleicht kennen Sie den Film »The Stanford Prison Experiment« oder die deutsche Verfilmung »Das Experiment« mit Moritz Bleibtreu. Beiden Filmen liegt eine wahre Begebenheit aus dem Jahr 1971 zugrunde. Der Psychologieprofessor Philip Zimbardo von der Stanford University führte ein Experiment durch, bei dem er eine Gruppe von Jugendlichen zu Insassen eines Gefängnisses und die andere zu Aufsehern machte. Schon nach wenigen Tagen eskalierte die Gewalt unter den verschiedenen Gruppen, und das Experiment musste abgebrochen werden.[274]

Auch wenn vieles dafür spricht, dass wir durch Gewalt zu dem geworden sind, was wir sind, so wissen wir heute, dass Individuen, egal ob Tier oder Mensch, oder auch ganze Gesellschaften leichter mit positiver Verstärkung zu steuern sind als mit Gewalt. Die Technik der positiven Verstärkung wird praktisch von jedem professionellen Tiertrainer angewandt, und im Grundsatz beruhen fast alle modernen pädagogischen Konzepte auf diesem Mechanismus. Das musste einfach gesagt werden, bevor mir unterstellt wird, ich hätte eine Ausrede für Gewalt gefunden.

Aus Sicht der Verhaltensbiologie beginnen wir jedoch gerade erst an der Oberfläche zu kratzen. Es gibt durchaus Forscher, die davon ausgehen, dass es auch in tierischen sozialen Gemeinschaften Normen und damit normatives Verhalten gibt.[275] Dabei spielt es keine Rolle, wer von wem unter welchen Bedingungen bestraft wird. Ich kenne beispielsweise Anekdoten, bei denen Delfine als Gruppe frontal auf ein einzelnes Tier zuschwimmen. Wenn man weiß, dass frontales Aufeinanderzuschwimmen als extrem unhöflich und aggressiv gilt, dann kann man sich vielleicht vorstellen, was ein einzelner Delfin empfinden muss, wenn eine ganze Gruppe auf ihn zuschwimmt. Für einen Betrachter von außen erweckt es durchaus den Eindruck, als würde hier ein einzelnes Tier von der Gemeinschaft bestraft. Meine ehemalige Kollegin am Dolphin Reef in Israel, Elke Bojanowski, hat zum Beispiel entdeckt, dass Delfinmütter einen speziellen Disziplinierungspfiff verwenden, um ihre Jungtiere »auszuschimpfen«.[276]

Viele Forscher wissen von solchen Bespielen oder Anekdoten zu berichten, doch nur in seltenen Fällen werden diese Einzelbeobachtungen veröffentlicht. Daher habe ich mich sehr über das folgende Beispiel aus dem Leipziger Zoo gefreut.[277] In dem Artikel wird folgende Beobachtung beschrieben: Drei erwachsene Schimpansen X, Y & Z sowie drei junge Schimpansen 1, 2 & 3 sitzen in ihrem Gehege. Die jungen Schimpansen 1, 2 & 3 spielen mit der Decke von Z. Der erwachsene Schimpanse X verjagt nun den jungen Schimpansen 1, greift sich die Decke und verschwindet auf den nächsten Baum. Der erwachsene Schimpanse Y nimmt sich nun die Decke, auf der X gerade noch gesessen hat, und wirft sie zu dem erwachsenen Schimpansen Z. Kurz darauf spielen die drei jungen Schimpansen wieder mit der Decke, nur ist es diesmal die Decke von X, die ihnen Schimpanse Z zum Spielen gegeben hat, so wie er sie vorher mit seiner Decke hat spielen lassen. Offenkundig ist der Schimpanse X ein »asozialer Egomane«. Er hat bereits eine Decke, muss aber unbedingt seine dominante Stellung gegenüber den jungen Schimpansen unter Beweis stellen, indem er den dreien die Spieldecke klaut.

Interessant ist das Verhalten des Schimpansen Y, der die ehemalige Decke von X nimmt und sie Z wiedergibt. Es fällt wirklich schwer, dem Schimpansen Y kein mitfühlendes ehrenwertes Verhalten und ein Verständnis der Situation zu unterstellen. Die Autoren bleiben uns eine finale Einschätzung der Situation schuldig, aber sie ermuntern, solche Art von Interaktionen im Zoo oder im Freiland genau zu untersuchen.

20. Totenkult und Krieg

Die Luft wog schwer, und der Frühnebel, der aus dem Gras aufstieg, roch nach Erde, Leben und Tod. Unter dem dichten Blätterdach schuf die aufgehende Sonne ein Halbdunkel, in dem sich eine Patrouille kampfbereiter Männer diszipliniert in einer Linie durch das Dickicht schob. Der erwachende Dschungel war voller Geräusche, doch die Gruppe schlich leise und wachsam. Ihre Blicke gingen aufmerksam nach links und rechts auf der Suche nach einem potentiellen Opfer. Ihnen war klar, dass sie sich in fremdem Territorium befanden und dass es nur eine Frage der Zeit war, bis der nächste tödliche Kampf begann.

Es war ein herrlicher Morgen. Die Jungen spielten ausgelassen und hatten nicht bemerkt, dass sie sich viel zu weit nach Süden vorgewagt hatten. Sie kannten das Gebiet gut und hatten ihre Lieblingsspielplätze, doch in letzter Zeit kam es immer wieder zu Überfällen. Beide Spielkameraden hatten hier in der Gegend schon Freunde verloren, doch das war gerade vergessen, denn das Herumtoben machte einfach zu viel Spaß. Ein Junge hob gerade ein passendes Stöckchen auf, mit dem man prima kämpfen konnte, und er freute sich schon darauf, seinen Kumpel spielerisch zu verprügeln. Plötzlich und ohne Vorwarnung sprang etwas Großes, Dunkles aus dem Dickicht. Sein Freund sah, wie er von fünf kräftigen Männern umringt wurde, doch noch bevor er sehen konnte, wie sie auf den kleinen Körper seines Freundes einschlugen, lief er schreiend davon.

Mit dieser Guerillataktik wurden nicht etwa Menschen tyrannisiert, sondern auf diese Weise erweiterte der Clan der Ngogo-Schimpansen im Kibale National Park in Uganda sein Territorium. Doch normal ist das nicht, man könnte sogar sagen, dass Krieg unnormal ist, denn er widerspricht einem in der Natur extrem weit verbreiteten Mechanismus, dem sogenannten Endowment-Effekt. Ohne diesen Effekt wäre unsere Welt ein Chaos, ein Ort der Apokalypse, in dem niemand leben möchte. Entdeckt wurde dieser fundamentale biologische Mechanismus nicht von Verhaltensbiologen, sondern von Wirtschaftswissenschaftlern.[278] Letztere waren darüber verwundert, dass Menschen ihren eigenen Besitz weitaus höher bewerteten als einen vergleichbaren Besitz von jemand anders. In der Realität führt dies dazu, dass man bereit ist, in den Erhalt des eigenen Besitzes weitaus mehr zu investieren oder darum zu kämpfen, als ein anderer bereit ist dagegenzusetzen. Stellen Sie sich einfach vor, Sie sind ein Schmetterling und fliegen auf eine Blüte. Doch Ihre Ruhe währt nicht lange, denn ein anderer Schmetterling kommt vorbei und will Ihnen Ihr Blümchen streitig machen. Sie sind genetisch darauf programmiert, um Ihren Besitz zu kämpfen, und tun dies zehnmal länger als der Angreifer. Als Angreifer wissen Sie um diesen Umstand und respektieren daher einmal in Besitz genommene Dinge und greifen im Normalfall erst gar nicht an. Mit anderen Worten, der Respekt vor dem Besitz anderer ist genetisch tief verwurzelt. Im Gegensatz zu den meisten Tierarten, die nur in größter Not aus dieser friedenstiftenden Programmschleife ausbrechen, haben wir Menschen, aber auch andere, kognitiv hoch entwickelte Tiere, wie Schimpansen, die Möglichkeit, uns über diesen Mechanismus hinwegzusetzen.

Vielleicht halten Sie mich jetzt für einen schrägen Typen, aber ein solcher Mechanismus repräsentiert für mich genauso die Schönheit der Natur wie eine Blume, ein Tigerbaby oder ein Sonnenuntergang. Das Beispiel mit dem Schmetterling war natürlich nicht erfunden.[279] Zur Ehrenrettung der Verhaltensbiologen darf ich sogar erwähnen, dass die Veröffentlichung über die Schmetterlinge zwei Jahre älter ist als die aus der Wirtschaftswissenschaft, aber das Kind hatte damals noch keinen Namen.

Doch kommen wir zurück zu unseren Ngogo-Schimpansen im Kibale National Park in Uganda. Eine Videosequenz von vergleichbarem Verhalten finden Sie auf YouTube.[280] Dort sehen wir auch die Patrouillenrouten der Schimpansen und ihrer Opfer in den

Jahren 1999 bis 2008. Sie haben in dieser Zeit ihr Territorium um 22 Prozent erweitert und die ursprünglichen Bewohner vertrieben. Besiegelt wurde die Übernahme 2009, als man in dem neuen Territorium auch Weibchen und Jungtiere der Ngogo-Schimpansen sichtete.

Mit der Strategie, sich leise in fremdes Territorium vorzuarbeiten und dort gezielt Jungtiere zu töten, gelang es den Ngogo-Schimpansen, die ursprünglichen Bewohner zu vertreiben. Dieses Beispiel[281] gilt als der erste gut dokumentierte Fall einer kriegerischen Handlung außerhalb der menschlichen Gesellschaft. Dennoch ist es kein Einzelfall, denn auch die Kasekela-Schimpansen im Gombe National Park eroberten Territorium der Kahama-Schimpansen.[282]

Unabhängig von jeglichen moralischen Betrachtungen ist die strategische Dimension unglaublich. Die Tiere auf den Patrouillen verhielten sich ganz anders als während ihrer alltäglichen Tätigkeiten. Normalerweise bewegen sich Schimpansen als verstreute Gruppe und sind nicht gerade leise. Hier waren sie leise und bewegten sich in einer Linie fort, sie haben sich nicht von Nahrungsquellen aufhalten lassen oder waren auf der Suche nach Weibchen. Es ging eindeutig um gezielte mörderische Attacken, und die zeitliche Dimension gibt uns durchaus Stoff zum Grübeln.

Im oben erwähnten Video erklärt der Yale-Professor David Watts die Ergebnisse aus seiner Studie zum Schimpansenkrieg. Vielleicht ist Ihnen aufgefallen, dass er sein Interview vor dem Hintergrund eines Soldatenfriedhofs gibt. Krieg und Totenkult sowie die Mahnung an die Überlebenden liegen nah beieinander, doch gibt es auch im Tierreich einen Totenkult?

Spätestens seit der ersten Tarzan-Verfilmung gelten Elefantenfriedhöfe als ein großes Mysterium und wurden dank Hollywood schon fast zur Realität. Doch sie sind es nicht. Es gibt allerdings natürliche Ursachen und reale Ausnahmen, wie wir in der folgenden Abbildung sehen. Leider sind die Tiere dort nicht freiwillig zum Sterben hingekommen, sondern wurden von Wilderern erschossen. Die Gier nach hübschen Schnitzereien und Tasten für teure Klaviere haben diese unglaublich hoch entwickelten Tiere nicht nur an den Rand der Ausrottung gebracht. Die überlebenden Tiere wurden durch den selektiven Verlust der großen, erfahrenen und dominanten Tiere ihrer Kultur beraubt und werden mit großer Wahrscheinlichkeit nie wieder so leben wie vor dem an ihnen begangenen Völkermord, so stellt ein Artikel in »Nature« fest.[283] In dem Artikel wird mit großem Nachdruck darauf hingewiesen, dass man Elefanten nur erfolgreich schützen kann, wenn man sicherstellt, dass ihre Kultur erhalten bleibt. Wie wir Menschen sind auch Elefanten ohne ihre Kultur kaum überlebensfähig, denn wichtige Verhaltensweisen und Kenntnisse stehen nicht mehr zu Verfügung.

Unabhängig davon gibt es tatsächlich echte Elefantenfriedhöfe, man hat sogar »Friedhöfe« von Mammuts entdeckt. Vermutlich bildete diese Entdeckung den wahren Kern des Mythos. Doch sind die Tiere mit großer Wahrscheinlichkeit nicht zum Sterben dorthin gekommen. Bei älteren Elefanten nutzen sich irgendwann die Zähne ab, und sie bevorzugen eher weiche Nahrung. Diese weiche Nahrung finden sie in feuchten Gebieten, die meist nicht sehr groß sind, so erklärt man sich die ungewöhnlich hohe Anzahl von Skeletten in bestimmten Gebieten.

Doch auch wenn es sich bei diesen »Friedhöfen« also um eine eher zufällige Anhäufung sterblicher Überreste handelt, die Tiere pflegen tatsächlich einen Totenkult. So kann man beispielsweise beobachten, dass sie ihre Toten mit Sträuchern und Ästen bedecken und sie auf diese Weise im wahrsten Sinne des Wortes beerdigen. Auch verweilen Elefanten oft für einen Moment an alten Skeletten von ihnen bekannten Tieren.[284] Demnach müssen sie verstehen, dass es sich bei dem Berg Knochen um einen toten Elefanten handelt, und wenn man ihre übrigen kognitiven Fähigkeiten mit ins Kalkül zieht, dann darf man wohl davon ausgehen, dass die Tiere eine Vorstellung vom Tod haben und genau wissen, vor wessen Überresten sie stehen. Eine schon fast unglaubliche Anekdote ereignete sich während eines Forschungsprojektes und konnte daher sehr gut dokumentiert werden. Es handelt sich um den Tod eines dominanten Weibchens. Die Daten legen nahe, dass nicht

Elefanten zeigen großes Interesse an Knochen und Elfenbein ihrer eigenen Spezies.

nur die Tiere ihres Clans für mehrere Tage um sie trauerten, sondern dass aus der weiten Umgebung andere Tiere herbeikamen, um sich, man könnte fast sagen, »zu verabschieden«.[285]

Vermutlich sollte auch erwähnt werden, dass Elefanten in solchen Momenten weinen.[286] Interessant ist zudem die Beobachtung, dass sich die Kommunikation der Tiere nach dem Tod eines nahen Tieres stark verändert. Alles in allem Indizien, die kaum anders zu deuten sind als das bewusste Empfinden von Trauer auch über eine gewisse Zeit hinweg.

Doch was genau ist eigentlich Trauer oder ein Totenkult? Trauert ein Hund, der am Grab seines Herrchens liegt? Als mitfühlendes Wesen sehe ich natürlich seinen Schmerz, und ich wäre niemandem böse, der dies als Trauer bezeichnet. Doch aus verhaltensbiologischer Sicht ist das nicht so einfach. Der Hund mag in diesem Moment sein Leittier und vielleicht sogar sein gesamtes soziales Netzwerk verloren haben. Zwangsläufig leidet er unter dieser Situation, aber trauert er wirklich? Ist es Trauer, wenn er sein Fressen verweigert, oder ist es der Verlust seines sozialen Umfeldes? Natürlich kann man sich eine solche Situation auch für einen

Menschen vorstellen, und wer kann schon genau sagen, ob man um einen nahestehenden Menschen trauert oder darüber verzweifelt ist, nach dem Verlust allein zu sein. Dennoch gibt es zwei wesentliche Indizien, die für wirkliche Trauer sprechen.

Erstens: Wie wird mit dem toten Körper umgegangen? Das Verhaltensspektrum in so einer Situation ist groß. In der Natur ist ein toter Körper eine Energiequelle. Kannibalismus wäre somit eine durchaus sinnvolle Strategie. Für viele Tiere, die sich von Fleisch ernähren, ist dies auch eine normale Reaktion. Alles andere wäre Verschwendung. Anders bei Pflanzenfressern, sie ignorieren einen toten Körper weitestgehend. Ein toter Körper kann aber auch zu Aversionen führen, wenn er sich beispielsweise in Verwesung befindet. Letztlich kann der tote Körper aber auch Teil der sozialen Gemeinschaft bleiben. Dabei spielt es keine Rolle, ob es sich, wie bei Elefanten, um ein Skelett oder, wie bei uns, um ein Aschehäufchen in einer Urne handelt.

Zweitens: Um wirklich beurteilen zu können, ob ein Tier trauert, muss man sein normales Sozialleben betrachten. Ein Tier, das plötzlich unter einer veränderten Situation (dem Tod eines Sozialpartners) leidet, aber nicht trauert, wird Verhaltensauffälligkeiten zeigen, die sich durch alle alltäglichen Situationen ziehen. Wohingegen sich ein Tier, das wirklich trauert, relativ normal in seinem sozialen Umfeld verhält und nur dem Leichnam gegenüber besonders aufmerksam ist. Bei uns Menschen ist das etwas anders. Wir verfügen im Trauerfall über den Luxus, auf soziale Interaktionen verzichten zu können, denn wir müssen uns um unser unmittelbares Überleben nicht sorgen. Wir haben eine EC-Karte und bekommen im Supermarkt alles, was wir brauchen. Tiere aber müssen unmittelbar wieder funktionieren. Sie müssen auf Raubtiere achtgeben, einen geschützten Platz für die Nacht oder die nächste Wasserstelle finden. Trotz allem können sie trauern, und in der Forschung geht es darum, genau solche Fälle zu dokumentieren.

Bereits vor 50 Jahren wurde beobachtet, dass sich Schimpansen gegenüber gestorbenen Artgenossen oft sehr merkwürdig verhalten.[287] Besonders in den Stunden unmittelbar nach dem Tod wird beispielsweise ein totes Jungtier von Gruppenmitgliedern und be-

Ein totes Schimpansenbaby wird genauestens untersucht und in einigen Schimpansenkulturen sogar präpariert, damit es nicht verwest, sondern mumifiziert und für Wochen und Monate Teil der sozialen Gemeinschaft bleiben kann (www.chimfunshi.de).

sonders von der Mutter intensiv untersucht.[288] Einige Mütter trugen ihre toten und mumifizierten Babys teilweise über Wochen und Monate mit sich herum und nahmen allein durch das Tragen einen widersinnig hohen Aufwand auf sich. In einem solchen Fall gibt es keinen Zweifel daran, dass die Tiere tatsächlich trauern.[289] Doch das waren meist Einzelfälle, so dass man zwar von Trauer, nicht aber von einem Totenkult sprechen kann. Um ein Kult zu sein, muss der Kult Teil der allgemeinen Lebenskultur sein. Doch genau das wurde vor einigen Jahren beobachtet.[290] In einer Schimpansenpopulation in Guinea wurden weder Aversionen noch Kannibalismus beobachtet, aber es schien Teil der Kultur zu sein, gestorbene Jungtiere künstlich zu mumifizieren und mit sich herumzutragen. Körper von Säugetieren mumifizieren nur unter besonderen, seltenen Bedingungen, und so ist entweder der Zufall mit im Spiel, oder die Tiere müssen aktiv eine Mumifizierung unterstützen. Dies gelingt, wenn kontinuierlich Fliegen verscheucht und Insektenlarven aus dem Leichnam entfernt werden. Genau dieses Verhalten wurde in der gesamten Population als allgemeines Kulturgut beobachtet, und so kann und muss man, wie bei den

Elefanten, auch in diesem Fall von einem echten Totenkult ausgehen.[291] Die Forscher schließen ihren Bericht mit folgenden Worten: »Wie auch immer, wir hoffen, dass weitere Daten über diese bereits sehr gefährdete Schimpansengemeinschaft so bald nicht zur Verfügung stehen.«[292]

Doch Schimpansen sind nicht die einzigen Tiere, die ihre toten Jungtiere mit sich herumtragen. Von mindestens zwei verschiedenen Delfinarten[293 & 294] sind ähnliche Beobachtungen bekannt, und eine Recherche auf YouTube nach »dolphin carries dead calf« ergibt zahlreiche Treffer.

Nach Moral, Krieg und Totenkult wenden wir uns nun unserem Finanzsystem zu, und ich kann Ihnen jetzt schon versprechen, dass wir nicht nur etwas zum Lachen, sondern auch zum Grübeln bekommen.

21. Die Broker

Kürzlich wurden Belege für das Überleben einer als ausgestorben geltenden Ordnung der Säugetiere veröffentlicht.[295] Dabei handelte es sich um die sehr sozial lebenden Rhinogradentia, die erstmals 1961 von Professor Harald Stümpke (Zoologisches Institut der Universität Karlsruhe) in seiner Monographie »Bau und Leben der Rhinogradentia« beschrieben wurden.[296] Obwohl wissenschaftlich von größtem Interesse, hat die Öffentlichkeit kaum etwas von der endemisch lebenden Ordnung aus dem Südpazifik erfahren. Auffälligstes Kennzeichen ist ihre rüsselartige Nase, die sie oftmals zur Fortbewegung benutzen. Daher werden sie im angelsächsischen Sprachraum auch als Snouters, also Naslinge oder Nasenschreitlinge, bezeichnet. Auf ihren ungewöhnlichen Körperbau und ihre skurril anmutende Fortbewegungsart möchte ich hier nicht weiter eingehen, denn um einiges interessanter ist ihr Sozialleben.

Aufgrund der isolierten Lebensweise haben sich im Verlauf der Evolution verschiedene Arten entwickelt, die am ehesten mit unseren Berufen verglichen werden können. All die unterschiedlichen Arten der Rhinogradentia leben, abgesehen von wenigen Ausnahmen, in einem sozialen Netz, in dem die verschiedenen Arbeiten und Ressourcen geteilt werden. Das ist bisher einzigartig im Tierreich und funktioniert nur durch eine gemeinsame Verrechnungseinheit.

Wir werden in den Kapiteln »Wider die Vernunft« und »Mathematik« noch einiges über die Nutzung von Geld im Tierreich erfahren, aber das skurrile Beispiel der Rhinogradentia will ich hier schon anführen: Natürlich gibt es bei den Rhinogradentia nicht wirklich Geld, aber sie nutzen, ähnlich wie die ersten menschlichen Ureinwohner im pazifischen Raum, seltene Muschelschalen als Äquivalent. Nun scheint es eine Art zu geben, die nichts weiter tut, als diese seltenen Muschelschalen zu verleihen. Nach genau einer Mondphase müssen diese Schalen wieder zurückgebracht werden, und in den allermeisten Fällen werden ein paar Muscheln mehr zurückgegeben als geliehen wurden. Die Tiere zeigen somit ein Verständnis der Mengenlehre und des Mehrwertes. Aufgrund dieser besonderen Anpassung wurde dieser Art natürlich größte Aufmerksamkeit geschenkt. Im Gegensatz zu den meisten anderen Arten der Rhinogradentia gibt es von der scherzhaft als »Broker« bezeichneten Art nur sehr wenige Individuen, und ihre Lebensweise ist extrem riskant. Möglicherweise um ihren »Reichtum« besser beschützen zu können, leben sie auf seltenen Felsvorsprüngen mit einer wunderschönen Aussicht, die es ihnen ermöglicht, schon sehr früh Wetteränderung oder die Annäherung von Feinden wahrzunehmen. Ihr scheinbar cleveres Verhalten mit dem Verleih von Muscheln wird ihnen aber unter diesen Bedingungen zum Verhängnis. Der Platz auf diesen begehrten Felsen ist ausgesprochen begrenzt, und die Tiere horten dort ihre Muschelschalen. Da die Haufen mit Muscheln ohne ihr Zutun immer größer werden, weil die anderen Arten ihnen immer ein wenig mehr Muscheln zurückbringen, wird der Platz auf den Felsvorsprüngen immer kleiner. Das führt überraschend oft dazu, dass die Tiere auf ihren Muscheln ausrutschen und dadurch über den Felsvorsprung in die Tiefe stürzen und zerschellen. Aufgrund dieser außergewöhnlichen Lebensweise und ihrem Bedrohungsstatus wurde die Art von der IUCN,[297] dem wichtigsten internationalen Umweltabkommen, als critically endangered (vom Aussterben bedroht) auf die Rote Liste gesetzt. Dank dieser Einstufung war es möglich, entsprechende Schutzmaßnahmen zu finanzieren, und so wurden Rettungsschirme unter den Felsvorsprüngen installiert.

Ich hoffe, Sie fühlen sich jetzt nicht veralbert. Natürlich ist die ganze Geschichte eine frei erfundene Fabel, die das merkwürdige Verhalten einer uns sehr vertrauten Menschenaffenart beschreibt. Die Idee der Rhinogradentia geht auf einen alten Biologenwitz zurück, den sich Professor Gerolf Steiner (TU Karlsruhe), angeregt durch ein Gedicht von Christian Morgenstern, ausgedacht hat. Seit dem Erscheinen seiner Monographie 1961, die er unter dem Pseudonym Professor Stümpke veröffentlichte, wurde sein Werk mehrfach in der seriösen wissenschaftlichen Literatur aufgegriffen und genießt heute einen gewissen Kultstatus. Da in der Originalliteratur kaum auf das komplexe Sozialleben eingegangen wurde, musste ich den Faden einfach weiterspinnen. Doch lachen Sie nicht zu früh, die tierische Realität ist davon gar nicht so weit entfernt. So werden wir im Kapitel »Wider die Vernunft« erfahren, dass der Rettungsschirm für unsere Banken bzw. die Ursache für die Finanzkrise in circa 30 Millionen Jahre alten Verhaltensmustern zu suchen ist und dass der Mehrwert einer abstrakten Verrechnungseinheit auch von Tieren erfunden werden kann (siehe auch das Kapitel »Mathematik«).

V. VOM DENKEN

Als Kind war ich ein großer Fan der griechischen Geschichte, und besonders hatte es mir Atlantis, Platon und das Orakel von Delphi angetan. Als ich eines Tages am Eingang des Orakels stand und mich erkundigte, wo ich die Inschrift »Gnothi seauton« finden könnte, lautete die enttäuschende Antwort: An einer Säule des Apollotempels, wenn sie noch da wäre. Hätte ich mir die Zeit zum Lesen eines Reiseführers genommen, wäre mir diese Peinlichkeit erspart geblieben, denn die Inschrift »Gnothi seauton – Erkenne dich selbst« gilt schon seit langem als verschollen und ist nur durch Berichte von Zeitzeugen überliefert. Doch genau diese hatten mich motiviert, mein Bewusstsein zu erweitern, mit verschiedenen Drogen zu experimentieren und an Meditationen teilzunehmen. Ich war auf der Suche nach mir, doch die Aufforderung dazu kam aus einer 2500 Jahre alten Vergangenheit. Zu dieser Zeit haben wir Menschen begonnen, die Welt systematisch zu entdecken und zu verstehen und unsere Erkenntnisse der Nachwelt zu erhalten. Die Inschrift ist der Grundstein unserer individualistischen westlichen Gesellschaft, in der jedes einzelne Individuum zählt und durch die Menschenrechte geschützt ist.

Im Gegensatz zu den bisher behandelten Themen Sex, Sozialleben und Kultur, die nur in Gemeinschaft mit anderen existieren, wenden wir uns nun dem Individuum zu.

22. Wenn du denkst, du denkst, dann denkst du nur, du denkst

Mit diesen Worten wurde ich als stolzes Schulkind an einem Sonntagmorgen geweckt. Die Musik lief, meine Eltern hatten gute Laune, der Picknickkoffer war gepackt, und der Trabi voll getankt. Obwohl ich das Lied von Juliane Werding nicht verstand, denn schließlich ging es um einen Typen, der Mädchen anbaggert, so fand ich das Wortspiel doch lustig. Letzteres ist kein Wunder, denn in diesem Alter kann man durchaus schon über das eigene Denken nachdenken (siehe Metakognition). Doch keine Sorge, ich setze Sie jetzt nicht in den Trabi und mache mit Ihnen einen Ausflug ins Grüne, nein, ich setze Sie in einen Flieger, und wir fliegen nach Mallorca, um der Strandpromenade von El Arenal einen Besuch abzustatten. Dort gibt es nämlich alle paar Meter einen Stand, an dem mit großer Ausdauer Intelligenztests durchgeführt werden. Der Ort ist denkbar geeignet, die Besucher sind entspannt, und wer einmal den Test gemacht hat, kommt bestimmt nicht wieder. Somit kann an einem kleinen Ort eine große Anzahl von Probanden getestet werden. Getestet wird die sogenannte Objektpermanenz. Dazu wird ein kleiner Gegenstand unter eines von drei Hütchen gelegt, und der Beobachter muss sich das Hütchen merken, unter dem der Gegenstand steckt. Der Experimentator bewegt dann die Hütchen hin und her, und der Proband muss schließlich sagen, unter welchem Hütchen der kleine Gegenstand liegt. Gelingt es ihm, hat er 50 Euro gewonnen und er den Test auf Objektpermanenz bestanden.

Normalerweise haben wir Menschen ab einem Alter von zwei Jahren damit keine Schwierigkeiten, doch an der Promenade von El Arenal besteht diesen Test niemand, und so vermute ich, dass dort eigentlich die Frustrationstoleranz erforscht wird.

Vielleicht haben die kriminellen Machenschaften einiger Einheimischen in El Arenal doch nichts mit wissenschaftlichen Experimenten zu tun, aber die Fähigkeiten, deren wir uns sicher wähnen, und warum sich immer wieder Leute auf diesen Betrug einlassen, ist eine essentielle Eigenschaft unseres Gehirns. Wir sind dazu fähig, Gedanken, Bilder oder Gegenstände im Gehirn zu bewahren, auch wenn sie nicht mehr da sind. Ohne Objektpermanenz sind nur einfachste Gedanken möglich.

Gedankenbilder

Wenn wir uns wirklich ein Bild davon machen wollen, wie Tiere denken, dann müssen wir uns erst darüber klar werden, was Denken überhaupt ist. Die bekannte französische Forscherin Joëlle Proust hat dazu ein recht einfaches, aber praktikables Modell aufgestellt.[298] Es besteht aus nur vier Stufen.

In der **Stufe A** (Stimulus-Antwort) sind Tiere dazu in der Lage, Reize aufzunehmen und darauf zu reagieren. Wenn man beispielsweise eine Schnecke anstupst, dann wird sie ihre Stielaugen und vielleicht auch ihren ganzen Körper in ihr Gehäuse ziehen. Diese Reaktion kann sie nicht beeinflussen. Häufige Reizung führt zwar zu einer Abschwächung und einer Adaptation, doch der Kern bleibt, es gibt einen äußeren Reiz, der unmittelbar und unbeeinflussbar zu einer darauf folgenden Reaktion führt. Auch wenn dies jetzt so einfach klingt, über diesen Mechanismus lassen sich viele Dinge steuern. Man kann nach Nahrung oder einem Sexualpartner suchen und sich vor Feinden oder schädlichen Umwelteinflüssen schützen.

In der **Stufe B** (Protorepräsentation) wird erstmals ein mentales Bild der Umwelt geschaffen. Es ist nicht mehr nur Reiz gleich Reaktion, sondern vielmehr beginnt mit dem Reiz ein Verarbeitungsprozess. Das Objekt, das den Reiz ausgelöst hat, wird mental repräsentiert. Man spricht daher auch von einer Protorepräsentation. Die Wortwahl ist unschön, denn entweder wird etwas mental repräsentiert oder eben nicht. Wie kann etwas vorab repräsentiert werden? Das Wort soll deutlich machen, dass die Repräsentation noch von dem äußeren Reiz abhängig ist und somit noch nicht vollständig geistig besteht. Im Prinzip soll die Protorepräsentation nur eine Verifizierung durch ein anderes Sinnesorgan ermöglichen. Wenn die geistige Präsentation beider Sinneseindrücke übereinstimmt, ist die Wahrscheinlichkeit einer Fehlinterpretation viel geringer. Der Blick in Richtung eines Raschelns lässt uns dort entweder eine Amsel oder einen Panter sehen. Schön blöd, wer vor einer Amsel davonrennt. Es handelt sich also um eine Art Kontrollmechanismus. Da diese Repräsentation gedanklich festgehalten wird, besitzt das Objekt, das den Reiz ausgelöst hat, eine gewisse gedankliche Permanenz, und daher spricht man erstmals von der Fähigkeit der Objektpermanenz. Das hat einen weiteren Vorteil, denn für ein Raubtier ist das eine ziemlich praktische Sache. Stellen Sie sich vor, Ihre Beute würde plötzlich hinter einem Baum verschwinden. Ohne eine Objektpermanenz würde das Raubtier im selben Augenblick vergessen, wem es eigentlich hinterhergejagt ist. Dank des mentalen Abbildes weiß das Raubtier aber, dass seine Beute nicht wirklich verschwunden sein kann, und beginnt, sie aufzuscheuchen. Aus diesem Grund schneiden viele Tiere beim Hütchenspiel gar nicht so schlecht ab.

In der **Stufe C** (Kategoriebildung) wird es ein bisschen komplizierter. Hier müssen die Tiere in der Lage sein, Kategorien zu bilden. Vielleicht können Sie sich noch an unseren Laubenbauer erinnern. Wenn er Gegenstände der Farbe Blau sammelt, dann kann er dies, weil er für Blau eine Kategorie gebildet hat. Ohne einen äußeren Stimulus muss er daran denken, blaue Gegenstände zu sammeln. Aus Sicht der Objektpermanenz eine gewaltige Leistung, denn er muss die Kategorie für blaue Gegenstände die ganze Zeit mental abgespeichert haben. Wenn Sie an blaue Gegenstände denken, dann denken Sie in diesem Moment genau das Gleiche. Im Modell und wahrscheinlich auch in der Realität gibt es keinen Unterschied. Wenn Tiere, wie unsere Meisen, zwischen einem Alarmruf und einem Lockruf unterscheiden können, dann haben auch diese Rufe eine Objektpermanenz und sind in Kategorien geordnet. Das gilt auch für Tauben, die weibliche und männliche Menschen auf Bildern unterscheiden können[299] oder dazu in der Lage sind, zwei Dinge, zum Beispiel zwei Ein-Cent-Stücke, als gleichartig zu erkennen und zwei Weintrauben gegenüberzustellen.[300] Es gibt sogar Tiere, die einen Monet von einem Picasso unterscheiden können. Ist ja nicht so schwer, mögen Sie denken, aber Sie werden überrascht sein, wie klein das Tier ist,* das dazu in der Lage ist.[301] Kategorien sind eine äußerst nützliche Angelegenheit, denn sie reduzieren den geistigen Rechenaufwand und helfen, schnelle Entscheidungen zu treffen.

Die **Stufe D** ist die vollständige mentale Repräsentation. In ihr haben die mentalen Bilder keine Verbindung mehr zum ursprünglichen Reiz. Mit den mentalen Repräsentationen kann völlig frei gespielt werden. Auf dieser Stufe bin ich zur sogenannten Metakognition fähig. Ich kann also über mein eigenes Denken reflektieren und beispielsweise einmal gemachte Entscheidungen revidieren oder feststellen, dass ich etwas nicht verstehe und noch weitere Informationen brauche. Eine tolle Sache, wenn ich Ziele nicht einfach direkt erreichen kann, sondern eine Strategie brauche, um mich ihnen anzunähern. Wer schon einmal überraschend das Wort »Schach!« von seinem Gegenüber gehört hat, der weiß, was ich meine, und kann dank Metakognition darüber nachdenken, was er gerade falsch gemacht hat.

Mit diesem Stufenmodell ist es möglich, alles Denken auf unserem Planeten zu beschreiben und sogar experimentell zu testen. Die Objektpermanenz wird beispielsweise mit unserem schon erwähnten Hütchenspiel getestet. Dabei bedient man sich oft der Einteilung des bekannten Schweizer Entwicklungspsychologen Piaget, der sich intensiv mit der kindlichen Entwicklung beschäftigt hat. Um Sie nicht zu langweilen, konzentrieren wir uns jetzt nur auf die Stufen vier, fünf und sechs.[302]

Auf Piagets Stufe vier sind Tiere dazu in der Lage, ein Stück Nahrung zu finden, das man unter eines von drei Hütchen gelegt hat. Man nimmt die Nahrung in die Hand, hebt eines der Hütchen

* Auflösung: Die Honigbiene.

hoch, legt die Nahrung darunter und lässt das Tier entscheiden, unter welchem Hütchen es sucht. Das klingt einfach, aber das Tier braucht dazu mindestens eine Protorepräsentation, denn ohne ein mentales Abbild ist der Reiz weg, wenn die Nahrung unter dem Hütchen verschwindet. Ein Tier ohne diese Protorepräsentation müsste unter jedem Hütchen nachsehen. Menschliche Kinder sind etwa im Alter von einem Jahr dazu in der Lage.

Wie gut diese Protorepräsentation entwickelt ist, zeigt sich, wenn man die Hütchen verschiebt, wie es unsere Hütchenspieler tun. Kann das Tier dieser Verschiebung folgen, so hat es Piagets Stufe fünf erreicht. Menschliche Kinder erreichen diese Stufe zwischen dem 12. und 18. Lebensmonat. Erfolgreich auf dieser Stufe getestete Tiere sind beispielsweise Tauben, Elstern,[303] Hunde,[304] Katzen[305] und einige Primatenarten[306] wie Kapuzineräffchen und Rhesusaffen.

In Piagets sechster Stufe wird die Belohnung unsichtbar versteckt, das heißt, vor einem der Becher befindet sich ein Sichtschutz. Sie nehmen die Belohnung so in Ihre Hand, dass der Proband diese sehen kann. Dann schließen Sie Ihre Hand und lassen sie hinter dem Sichtschutz verschwinden. Nun ziehen Sie Ihre geschlossene Hand wieder hervor und öffnen sie. Im Anschluss nehmen Sie den Sichtschutz weg und geben Ihrem Probanden die Möglichkeit, die Belohnung unter dem richtigen Becher zu finden. Wenn Sie die Belohnung unsichtbar unter dem Becher versteckt und darum eine leere Hand präsentiert haben, dann wird jemand, der diese Stufe der Objektpermanenz beherrscht, sofort unter dem ursprünglich verdeckten Becher suchen. Diese Stufe schaffen, soweit wir bisher wissen, nur die Menschenaffenarten, Graupapageien, Dohlen, Elstern und Keas. Wir Menschen beherrschen diese Fähigkeit ungefähr ab dem zweiten Lebensjahr und sind uns daher sehr sicher, so ein einfaches Hütchenspiel zu gewinnen.

Wenn man ein Objekt in Form eines mentalen Abbildes permanent im Kopf behalten kann, dann kann man damit auch denken. Wenn man Gedanken sinnvoll kombinieren kann, dann sprechen wir von logischem Denken.

Logik

Wer schon mal ein Tier gefüttert hat, kennt das: Sie rascheln mit der Schachtel oder knistern mit dem Papier oder greifen zum Regal mit den Dosen. Praktisch zeitgleich bekundet der geliebte Mitbewohner sein Interesse. Doch ist es logisches Denken, wenn Tiere aufgrund eines Geräusches schlussfolgern, dass sie gleich etwas zu fressen bekommen? Ich würde gerne ja sagen, aber das wäre wirklich falsch. Es handelt sich um eine Konditionierung. Das Tier hat gelernt bzw. ist darauf konditioniert worden, dass es nach dem entsprechenden Reiz (Geräusch) etwas Leckeres gibt.

Auch in Experimenten kommen raschelnde Schachteln zum Einsatz. Doch hier dürfen die getesteten Tiere nicht auf das Geräusch konditioniert sein. Sie müssen aus eigener Schlussfolgerung darauf kommen, dass eine Box, in der es raschelt, mit Inhalt gefüllt ist, wohingegen eine leere Box keine Geräusche macht. Das ist Logik bzw. eine Wenn-Dann-Verknüpfung. *Wenn* etwas so ist, *dann* muss das andere folgerichtig sein. Achtung, jetzt kommt der Clou: Ein Tier, das logisch denken kann und weiß, dass eine von zwei Boxen gefüllt ist, wird sogar die richtige Wahl treffen, wenn man nur die leere Box schüttelt. Nach dem Ausschlussprinzip muss es zwangsläufig die andere Box sein. Mit einem solchen Test wurden bisher die großen Menschenaffen,[307] Graupapageien,[308] Kakadus,[309] und Keas[310] erfolgreich auf logisches Denken (inferential reasoning) getestet. Menschen bestehen den Test ab dem dritten Lebensjahr.[311] Hunde bestanden den Test zunächst nicht erfolgreich.[312] In einer späteren Untersuchung bestanden drei von sechs Hunden den Test und sogar eine von sechs Tauben.[313] In einer erst kürzlich publizierten Arbeit haben sogar alle Hunde bestanden.[314] Natürlich haben sich hier nicht die Hunde auf wundersame Weise weiterentwickelt, nein, die Forscher wurden klüger. Sie haben ihre Experimente cleverer gestrickt und an das Verhalten der Hunde angepasst.

Mit einem anderen Test wird nach der Fähigkeit, eine unbekannte Ursache zu erkennen, geforscht. Stellen Sie sich vor, Sie sitzen im Kino. Auf der Leinwand sehen Sie einen dichten Wald. In großer Entfernung bewegen sich einige Bäume. Es ist windstill, doch die Bewegung kommt auf Sie zu. Sie können die Ursache nicht erkennen, doch das Knacken riesiger Baumriesen ist eindeutig, hier nähert sich ein einäugiger Riese, King Kong oder ein Dinosaurier aus Jurassic Park. In jedem Fall bedeutet die Bewegung größte Gefahr für Ihren Helden. Es ist herrlich spannend. Die Frage ist, ob auch andere Tiere an dieser Szene Gefallen finden würden. Wir gruseln uns, weil wir uns vorstellen können, welches Monster dazu in der Lage ist, Baumwipfel zu bewegen oder ganze Bäume knacken zu lassen. Wir sind dazu in der Lage, von einem beobachteten Effekt auf eine Ursache zu schließen.

Ganz ähnlich verläuft ein Test der vergleichenden Verhaltensbiologie. Dazu beobachtet man Krähen in einem großen Gehege mit einer Futterquelle. Neben der Futterquelle ist ein Vorhang, aus dem ein Stock bis zur Nahrung reicht. Nun kommen zwei Menschen in den Käfig. Einer stellt sich offen hin und bewegt sich nicht, die zweite Person verschwindet hinter dem Vorhang. Für die Krähe unsichtbar bewegt die zweite Person den Stock. Für die Krähe ein guter Grund, die Nahrungsquelle nicht anzufliegen, denn sie riskiert ja, von dem Stock verletzt zu werden. Verlassen beide Personen das Gehege wieder und der Stock verharrt unbeweglich an der ursprünglichen Position, ändert sich das Verhalten der Krähe sofort, und sie fliegt zur Nahrungsquelle.

Es gibt nun zwei Möglichkeiten, dieses Verhalten zu erklären: A: Die Krähe hat die Assoziation, dass ein unbeweglicher Stock im Gegensatz zu einem beweglichen Stock nicht gefährlich ist (assoziatives Denken).

B: Die Krähe versteht den Zusammenhang zwischen einer verdeckten Ursache, nämlich der Person hinter dem Vorhang, und einer für sie gefährlichen Wirkung (kausales/ursächliches Denken).

In der Verhaltensbiologie gilt immer die einfachste Erklärung als plausibler, und genauso wurde in der Vergangenheit auch entsprechendes tierisches Verhalten interpretiert. Doch was passiert, wenn man das Experiment geringfügig abwandelt? In diesem Experiment kommt nur eine Person in den Käfig und stellt sich gut sichtbar neben den Vorhang. Doch auf magische Art und Weise bewegt sich der Stock trotzdem bedrohlich. Stimmt Erklärung A, dann würden die Krähen, nachdem die einzelne offen stehende Person das Gehege wieder verlassen hat und sich der Stock nicht mehr bewegt, sofort wieder zur Futterquelle fliegen. Entsprechend einem assoziativen Denken ist ein sich nicht bewegender Stock keine Gefährdung. Tatsächlich aber zeigten die Tiere ein Verhalten, das sich nur mit Option B erklären lässt.[315] Sie waren nervös, oft ängstlich und wagen sich, wenn überhaupt, dann nur nach intensiver Begutachtung von Stöckchen und Vorhang wieder an die Nahrungsquelle.

Das Experiment ist insofern besonders intelligent, als die Situation sehr nah an den natürlichen Lebensbedingungen ist. Auch im Freien bewegen sich Äste nicht von allein, und es besteht möglicherweise eine Gefahr, die erst ausgeschlossen werden muss. Noch vor wenigen Jahren traute man ein solches Verhalten nur Menschen zu bzw. interpretierte ähnliche Beobachtungen als rein assoziatives Denken. Heute ist das anders, und so beschäftigt sich eine ganze Sonderausgabe der renommierten wissenschaftlichen Zeitschrift »Journal of Comparative Psychology« mit diesem Thema.[316]

Von Delfinen ist schon seit 1984 bekannt, dass sie logische Verknüpfungen ziehen können. Entsprechende Belege wurden bei Untersuchungen zu ihrer Sprachfähigkeit erbracht.[317] Um diese Form von Erkenntnissen zu gewinnen, muss man nicht unbedingt mit Tieren in Gefangenschaft experimentieren. Oft reicht auch ein Trick, um ähnliche Ergebnisse im Freiland zu gewinnen. Einfallsreiche Forscher haben beispielsweise frischen Elefantenurin gesammelt und den Urin-Erde-Matsch in den Weg von anderen Elefanten gelegt. Dabei haben sie darauf geachtet, entweder den Urin von bekannten oder unbekannten Elefanten zu nehmen beziehungsweise von Tieren, deren Position dem Testelefanten bekannt war oder nicht. Stellen Sie sich nun bitte einen Elefanten mit verdutztem Gesicht vor. Genauso sieht ein Elefant aus, wenn er vor sich den Geruch eines Elefanten wahrnimmt, von dem er weiß, dass er hinter ihm ist. Auf diese Weise wurde einerseits getestet, dass die Tiere wissen, wo ihre Bekannten und Verwandten sind,[318] und andererseits auch die Logik, dass ein Tier, wenn es hinter einem ist, nicht vor einem gepullert haben kann.

Abstraktes Denken

Abstrakt wird das Denken, wenn ich nicht mehr auf mein ursprüngliches Gedankenbild angewiesen bin. Unterscheide ich gedanklich zwischen unterschiedlichen Münzen oder Bildern mit Männern und Frauen oder Bildern von Monet und Picasso, dann habe ich unterschiedliche Kategorien gebildet. Gelingt es mir nun, nicht nur zwischen zwei Kategorien zu unterscheiden, sondern gänzlich neue Objekte einer Kategorie zuzuordnen, dann habe ich abstrakt gedacht. Will man sich als Bewerber auf ein Assessment-Center vorbereiten, dann findet man solche Tests zuhauf im Internet. Vielleicht machen Sie einen solchen Test mal aus Spaß, dann haben sie beim Weiterlesen bestimmt mehr Grund zum Staunen.

Wir haben oben schon erfahren, dass sich viele Fähigkeiten erst im Verlauf der Individualentwicklung herausbilden. Umso überraschter waren die Forscher, als sie abstraktes Denken bei Entenküken entdeckten. Damit Sie mir das glauben, muss ich ein bisschen ausholen.

Sie alle haben den Namen Konrad Lorenz schon einmal gehört, dieser verrückte Verhaltensforscher, der vor circa 80 Jahren Enten so sehr an sich gewöhnte, dass sie ihn als »Leittier« akzeptierten. Spätestens seit »Amy und die Wildgänse« dürften fast jedem die Verbindlichkeiten, die eine solche Prägung mit sich bringt, bekannt sein. Lorenz' Experiment wurde nicht nur von Amy, sondern auch von unzähligen Wissenschaftlern wiederholt. Es ist eher ein Lehrstück, so wie man auch in manchen Schulen einen Spiegeltest (siehe »Selbstbewusstsein«) mit Fischen durchführt und beobachtet, wie diese sich aggressiv gegen ihr Spiegelbild wenden.

Konrad Lorenz im Gänsemarsch: Wer hätte gedacht, dass diesem Arrangement abstraktes Denken bei Küken zugrunde liegt.

Insofern ist es überraschend, wenn sich renommierte Wissenschaftler dieses Experimentes erneut annehmen, denn normalerweise gewinnt man mit der Nachahmung alter Experimente keinen Blumentopf.

Doch ganz anders müssen die beiden Oxford-Wissenschaftler Martinho und Kacelnik gedacht haben. Sie sind auf die verrückte Idee gekommen, Entenküken mit einem Test auf abstraktes Denken zu konfrontieren. Um diesen Test zu bestehen, müssen die Probanden, egal, ob Tier oder Mensch, erkennen, dass zwei Kugeln und zwei Pyramiden eine Kategorie bilden, wohingegen ein Zylinder zu einem Kegel und ein Würfel zu einem Quader gehört. Prägt man ein Küken direkt nach dem Schlüpfen auf zwei Kugeln, dann wird das Küken, ohne zu zögern, auch zwei Pyramiden oder zwei Kegeln oder zwei Zylindern folgen. Genauso würde ein Küken, das auf zwei unterschiedliche geometrische Figuren geprägt wurde, jeder anderen Kombination von zwei unterschiedlichen geometrischen Figuren folgen. Nun mögen Sie denken, dass dies kein besonders beeindruckendes Beispiel für ein zur Abstraktion fähiges Lebewesen sei. Schließlich folgt das Küken zwei geometrischen Formen und hält diese für seine Mutter. Nicht besonders klug, oder? Da mögen Sie Recht haben, doch mit dem Verlust der Flexibilität gewinnt man die Fähigkeit des absoluten Lernens.

Einmal gesehen und nie wieder vergessen, das ist Prägung. Doch darum geht es bei dem Experiment nicht, denn das war die Leistung von Konrad Lorenz. Hier geht es darum, dass das kleine Entengehirn dazu in der Lage ist, in geometrischen Figuren ein Muster zu erkennen. Dieses Muster wird abstrahiert, kategorisiert und gespeichert. Das Wissen um diese Kategorie versetzt das kleine Entlein in die Lage, völlig neue Objekte als zu der Kategorie zugehörig zu identifizieren und sein Verhalten daran anzupassen. Genau diesen Vorgang bezeichnen wir Menschen als abstraktes Denken. Dass Enten zu so einem komplexen Vorgang in der Lage sind, ist wirklich unglaublich. Und so war diese Erkenntnis auch der renommierten Zeitschrift »Science« ein paar Seiten wert.[319] Letztlich wird hier bewiesen, dass abstraktes Denken gar nicht so kompliziert ist, wie wir immer denken. Doch ist das Prägungslernen und die damit verbundene Lebensphase essentiell fürs Überleben der Jungtiere. Immerhin müssen die kleinen Entenküken ohne Nest klarkommen, und es gibt viele Enten auf dem Teich. Das Erkennen der Mutterente erzeugt somit einen extremen Evolutionsdruck und enthält ein großes Potenzial für die Evolution, geschickte Lösungen zu erfinden.

Ähnlich wie bei den meisten Singvögeln, die nur in ihrer Jugend neue Liedelemente lernen können, können auch Küken nur in ihren ersten Lebensstunden so abstrakt denken. Die Fähigkeit ist also vorhanden, wenn sie gebraucht wird, und wird dann wieder abgeschaltet. Das funktioniert in etwa so, wie Kleinkinder ohne Schwierigkeiten praktisch jeden Erwachsenen beim Memory schlagen. Als Erwachsene brauchen wir ein derart gutes fotografisches Gedächtnis einfach nicht.

Natürlich fragt man sich nun, ob auch andere Tiere in ihrem ganz normalen Lebensalltag zu solchen kognitiven Fähigkeiten in der Lage sind. Achtung: In diesem Fall geht es nicht nur darum, eine Fähigkeit in einer bestimmten Lebensphase zu besitzen. Viele Singvögel sind in ihrer Jugend zum vokalen Lernen fähig, aber sie können trotzdem niemals eine Sprache sprechen, denn als Erwachsene könnten sie kein einziges Wort hinzulernen. Es geht somit darum, die Fähigkeit zu abstraktem Denken in unterschiedlichen Kontexten flexibel und lebenslang anwenden zu können. Um es noch einmal deutlich zu machen, wir reden hier von abstraktem Denken, also der Fähigkeit, auf Grundlage einer Analogie eine Entscheidung treffen zu können. Etwas, das wir doch eigentlich nur uns Menschen zutrauen.

Um dies herauszufinden, brauchen wir nur mit Tieren Karten zu spielen. Die einfachste Form, um überhaupt erst einmal zu testen, ob ein Tier Kategorien bilden kann, ist ein Quartett. Meine beiden Söhne sind vier Jahre alt und beginnen so langsam Freude an diesem Spiel zu entwickeln. Doch es erforderte viel Geduld, ihnen die Regeln überhaupt beizubringen.

Ein ganz ähnlicher Aufwand wird betrieben, wenn man mit Tieren solche Versuche durchführen möchte. Erkennt ein Versuchstier ein Pärchen, gibt es eine Belohnung, und so versteht das Tier, was man von ihm will. Doch was, wenn es nicht mehr nur darum geht, ein gleiches Paar zu erkennen? Was, wenn es darum geht, eine Analogie zu bilden und auf deren Grundlage zu entscheiden?

Schauen Sie sich bitte die Karten in der Abbildung an. Sie bekommen die Karte mit einem blauen und einem roten Quadrat. Welche der beiden anderen Karten passt dazu? Beide, weil beide rote und blaue Symbole haben, das wäre eine vernünftige Analogie, aber sie gilt für alle drei Karten, und Sie dürfen nur eine auswählen. Na gut, werden Sie denken, dann nehme ich eben die Karte, auf der wenigstens ein Quadrat drauf ist. Aber das wäre falsch, denn Sie sollen erkennen, dass es darum geht, die Karte auszuwählen, auf der ebenfalls zwei gleiche Formen abgebildet sind. Dabei spielt es überhaupt keine Rolle, welche Form oder Farbe zu sehen ist, es geht nur um die Analogie (analogical reasoning), dass beide Dinge gleich sein müssen. Wenn man das weiß und das Beispiel kennt, ist das lächerlich einfach, doch zu meinen Studienzeiten habe ich als Nebenverdienst bei Assessment-Centern ausgeholfen, und dort sind Kandidaten reihenweise durchgefallen, weil sie sich

Assessment-Center für Tiere: Menschenaffen, Paviane, vermutlich Elefanten und Delfine beherrschen abstraktes Denken. Doch offenkundig vollbringen nicht nur Vertreter der Säugetiere diese Leistung, denn seit kurzem gehören auch Vögel, etwa Krähen, zu den erfolgreich getesteten abstrakten Denkern.

auf so einen Test nicht vorbereitet hatten und einfach nicht verstanden, was man von ihnen wollte. Vielleicht probieren Sie es mal aus und schauen sich das Video[320] der Wissenschaftler an. Ich war erst beim vierten Beispiel so schnell wie die Krähe. Bis vor kurzem traute man eine solche Leistung nur Menschen und Menschenaffen zu.[321] Später kamen Paviane[322] und nun auch Krähen hinzu. Man darf durchaus gespannt sein, welche weiteren Tiere zu abstraktem Denken fähig sind.

Ein letztes Schmankerl möchte ich Ihnen nicht vorenthalten: Die Krähen haben in diesem Experiment spontan die Analogien gebildet. Sie wurden also vorher nicht darauf trainiert, eine Analogie zur Lösung zu verwenden,[323] und wären im Gegensatz zu vielen Bewerbern in meinem Assessment-Center eine Runde weitergekommen. Besonders bemerkenswert ist die Tatsache, dass die Vögel auch ein Leckerli bekamen, wenn sie falschgelegen haben. Sie haben trotzdem in den meisten Fällen richtig geantwortet.

Strategisches Denken und Kreativität

Am Anfang dieses Kapitels habe ich Sie nach Griechenland in die Stadt Delphi entführt. Ich war enttäuscht darüber, dass es die Inschrift »Erkenne dich selbst« nicht mehr gab, und nun muss ich Sie an einer weiteren Enttäuschung teilhaben lassen. Vor ungefähr 2500 Jahren besuchte Äsop, ein Sklave im Dienste des Ladmon von Samos, Delphi und sollte im Namen seines Herrn einen beachtlichen Betrag in Gold den Göttern opfern. Äsop war kein gewöhnlicher Sklave, sondern ein Gelehrter und überdies der Erfinder der Fabel. Als Gelehrter mag er sich vielleicht auf die Diskussion mit den gebildeten Bürgern von Delphi gefreut haben, doch er wurde bitter enttäuscht, als ihm Unwissenheit und Ignoranz entgegenschlugen. Angeblich verweigerte er daraufhin das Goldopfer und wurde von den erbosten Bürgern eines schweren Verbrechens bezichtigt und hingerichtet.[324] Damit wurde Griechenland eines der klügsten und kreativsten Köpfe seiner Zeit und ich der Illusion, dass Delphi ein besonderer Ort war, beraubt. Doch Äsops Ruhm als Geschichtenerzähler besteht noch heute, und vielleicht war er sogar der Erfinder des ersten Intelligenztests.

Wie jeder geschickte Experimentator verpackte er seinen Test in einer Geschichte. Kennen Sie die Fabel »Die Krähe und der Krug«? Angeblich beobachtete Äsop, wie eine durstige Krähe das Wasser in einem Krug nicht erreichen konnte. Daraufhin sammelte das kluge Tier Steine und warf sie in den Krug, woraufhin der Wasserspiegel stieg und die Krähe ihren Durst stillen konnte. Nun liegt es in der Natur der Sache, dass Fabeln Geschichten von Tieren erzählen, aber eigentlich Menschen meinen, und so erfreut sich dieser Intelligenztest seit 2500 Jahre großer Beliebtheit, wenn man zwischen klugen und dummen Menschen unterscheiden will.

Kinder in der westlichen Welt bestehen heute den Test übrigens im Alter von fünf bis sieben Jahren.[325]

Vor kurzem kam die Psychologin Sarah Jelbert aus Neuseeland auf die Idee, diesen Test tatsächlich mit Krähen durchzuführen.[326] Äsop wäre vermutlich über das Ergebnis nicht verwundert gewesen, denn tatsächlich meisterten die Versuchstiere den Test der Forscherin ohne Schwierigkeiten. Gab man ihnen verschiedene Objekte, dann ignorierten sie schwimmende oder hohle Gegenstände und suchten sich schwere Steinchen, um damit den Wasserspiegel zu erhöhen. Hatten sie mehrere Wasserzylinder zur Auswahl, dann nahmen sie den mit dem höheren Wasserstand. War der Zylinder mit Sand gefüllt, dann warfen sie erst gar keine Steine rein, warum auch? Was könnten sich die Krähen in diesem Moment wohl gedacht haben?

Allerdings hatte ihre Logik auch Grenzen. So unterschieden sie nicht zwischen Zylindern mit unterschiedlichem Durchmesser. In einem weiteren Test sahen die Tiere drei durchsichtige, mit Wasser gefüllte Zylinder. Der Zylinder mit der Nahrung war aber zu eng für die Steine, und die Tiere sahen keinen Grund, Steine in die anderen Zylinder zu werfen. Was sie nicht wussten, war, dass zwei Zylinder miteinander verbunden waren und man somit den Wasserstand des dünnen Zylinders hätte erhöhen können.

Sie mögen denken, dass das auch ein wirklich unfairer Test ist, aber menschliche Kinder schaffen ihn etwa in einem Alter von acht Jahren. Kinder in diesem Alter haben in unserer westlichen Welt bereits unzählige Male die Erfahrung gemacht, dass man indirekt Dinge manipulieren kann. Licht geht an, wenn man auf einen Plastikgegenstand an einer Wand tippt, und kleine Autos lassen sich prima manipulieren, wenn man kleine Rädchen an einer Box hin- und herbewegt. Ich gehe jede Wette ein, dass wir in den nächsten Jahren eine Veröffentlichung lesen werden, in der Vögel mit vergleichbaren Erfahrungen auch zu vergleichbaren Ergebnissen im Test kommen.

Ich möchte Ihnen aber nicht vorenthalten, dass es auch Kritik an diesen Experimenten gibt. Letztlich geht es ja darum, zu unterscheiden, ob die Tiere kreativ auf eine neue Lösung gekommen sind oder ob sie durch Versuche die richtigen Erkenntnisse gewonnen haben. Die Forscher schlagen daher ein etwas abgewandeltes Experiment vor.[327] Leider kann ich Ihnen hier noch keine Ergebnisse vorlegen, denn der Artikel ist erst vor kurzem erschienen, und es werden bestimmt ein oder zwei Jahre ins Land gehen, bis jemand den Vorschlag auch im Experiment umsetzt.

Ähnliche Tests, bei denen es ebenfalls um die Erhöhung des Wasserstandes ging, wurden erfolgreich mit Raben[328] und Menschenaffen[329] durchgeführt. Einen vergleichbaren Test gibt es auch bei Delfinen, nur dass dieser genau umgedreht funktioniert.

Wenn man mit Delfinen experimentiert, ist es wenig sinnvoll, sie Steinchen in wassergefüllte Zylinder werfen zu lassen. Die Forscher kamen daher auf die Idee, in einem durchsichtigen Zylinder einen Auftriebskörper zu installieren, der, wenn man ihn mit Gewichten beschwert, nach unten sinkt und einen Fisch als Belohnung freigibt. Das Funktionsprinzip wurde den Delfinen einmal von einem Taucher vorgemacht. Er schwamm also zu einem Gewicht, nahm es hoch und warf es in den Zylinder. Die Tiere hatten schnell raus, dass man vier Gewichte brauchte, um den Auftriebskörper nach unten zu drücken und an den Fisch zu kommen. Diese Beobachtung würde man bei allen Tieren, die durch Nachahmung lernen können, erwarten. Allein dies ist schon eine beachtliche geistige Leistung, zu der nur die wenigsten Tierarten fähig sind. Doch der eigentliche Trick war folgender: Die Gewichte wurden nun in etwa 40 Metern Entfernung von dem Zylinder platziert. Die Delfine hätten nun viermal 40 Meter hin- und herschwimmen müssen, um ihre Belohnung zu bekommen. Ein strategisch denkender Geist hätte sich in diesem Fall alle Gewichte gleichzeitig geschnappt und wäre nur einmal geschwommen. Doch das ist gar nicht so einfach, und vermutlich können viele Bauherren meine Erfahrung bestätigen. Viele Handwerker, zumindest die, die nach Stunden bezahlt werden, neigen dazu, mehrfach hin- und herzulaufen, um ihr Material und ihr Werkzeug zu holen. Sie tun das, obwohl auch ein oder zwei Gänge reichen würden. Als Bauherr darf man sich dann berechtigt die Frage stellen, ob es sich um kognitiv minderentwickelte Individuen handelt oder ob man gerade betrogen wird; so ein Frust muss einfach mal raus. Obwohl die Delfine niemals beobachtet hatten, dass ein anderer Delfin oder ein Mensch zwei Gewichte gleichzeitig genommen hätte, kamen sie schnell auf die Idee, sich die Arbeit zu erleichtern und mehrere Gewichte auf einmal zu transportieren.[330]

Zweifelsfrei eine kreative Lösung und eindeutig strategisches Denken. Doch all diese vergleichenden Experimente weisen ein Problem auf. Wenn man versucht, die tierische Leistung mit der von Kindern in einem bestimmten Alter zu vergleichen, wird es irgendwann problematisch, denn man testet nicht nur die kognitiven Fähigkeiten, sondern immer auch die vielschichtigen Erfahrungen eines Kindes in unserer komplexen Welt. Mit anderen Worten, je älter die Kinder werden, desto kritischer müssen Vergleiche betrachtet werden, denn man wird nie ein Tier haben, das auch nur annähernd an den persönlichen Erfahrungshorizont eines sechsjährigen Kindes heranreichen kann. Die Tiere konnten kaum ähnliche Erfahrungen machen und sind somit auch nicht in der Lage, komplizierte Tests genau so gut zu bewältigen. Doch mehr zu diesem Thema im Kapitel »Forschungsfehler«.

Für mich ist es daher von größerer Bedeutung, geschickt im Freiland zu beobachten und möglichst viel über das natürliche Verhaltensrepertoire zu erfahren. Daher wenden wir uns einem relativ leicht zu beobachtenden Verhalten zu, der Jagd bzw. verschiedenen Jagdstrategien. Da wir hier bei strategischem Denken und Kreativität sind, spielt das normale Jagdverhalten keine Rolle. Wir suchen vielmehr nach Verhalten, das durch eine Anpassung an bestimmte Umweltbedingungen zustande gekommen ist. Genau genommen geht es auch nur um kurzfristige Anpassungen, die sich nicht durch evolutionäre Mechanismen erklären lassen. Vielleicht haben Sie in verschiedenen Naturdokumentationen schon gesehen, dass zum Beispiel Orcas unterschiedliche Jagdstrategien haben. So umkreisen sie Fischschulen, um sie auf kleinem Raum zu konzentrieren[331] oder an die Wasseroberfläche zu drücken,[332] sie stranden am flachen Ufer, um Seelöwen zu fangen,[333] oder sie bewegen Wasser hin und her, um Seehunde oder Pinguine von Eisschollen herunterzuwackeln.[334] Delfine sind ähnlich einfallsreich, sie treiben Fische in flaches Wasser und stranden anschließend, um, auf dem Trockenen liegend, einfach nach den Fischen zu schnappen,[335] sie produzieren einen Luftblasenvorhang[336] oder wirbeln Schlamm auf,[337] um Fische am Entweichen zu hindern, oder sie nutzen Schwämme als eine Art Handschuh/Mundschutz zur Suche nach Nahrung im Boden.[338] Um erfolgreich zu fischen, kooperieren sie sogar mit uns Menschen, indem sie in Südamerika[339] und Asien[340] Fische in die Netze der Fischer treiben und sich für diese Dienstleistung mit Fisch bezahlen lassen.

Einzeln betrachtet und bei nur einer Art beobachtet, würde man diese Verhaltensweisen ohne Probleme mit evolutionärer Anpassung erklären können. In unseren Beispielen hat aber eine Art viele unterschiedliche Strategien entwickelt, und vieles spricht dafür, dass sie diese als Kulturgut an ihre Nachkommen weitergeben. Es scheint fast so, als wäre irgendwann mal ein Delfin auf eine Idee gekommen und alle anderen hätten sie dann im Laufe der Zeit übernommen.

Vielleicht sind Sie aber überhaupt nicht verwundert und haben ein solches Verhalten bei Delfinen erwartet. In diesem Fall wird Ihnen das nächste Beispiel zu denken geben. Erst kürzlich fiel französischen Forschern ein ungewöhnliches Verhalten bei Welsen auf. Welse sind die größten Süßwasserfische Europas und können ohne Probleme weit über zwei Meter lang werden. Der Europäische Wels (Silurus glanis) hat sein Verbreitungsgebiet eher in Osteuropa und wurde erst in den vergangenen Jahren vermehrt in Frankreich gesichtet. Zur großen Überraschung aller zeigte er dort ein Jagdverhalten, das es weder in seiner Heimat noch in Frankreich gibt. Er schwingt sich dabei aus dem Wasser und landet, wie schon bei unseren Delfinen beschrieben, auf dem Strand, um sich dort auf Möwen zu stürzen. Nach nur vier Sekunden ist er wieder in seinem Element und lässt menschliche Beobachter mit offenem Mund am Strand zurück. Diese Technik hat ihm sogar den Spitznamen Süßwasser-Orca (Freshwater Killer Whales) eingebracht. Auch sein

Der Süßwasser-Orca ist ein Wels aus Osteuropa, der seit einigen Jahren in französischen Flüssen sein Unwesen treibt. Das über zwei Meter große Tier springt aus dem Wasser und wirft sich an den Strand, um dort Wasservögel zu erbeuten. Verblüffend: In seiner Heimat macht er das nicht, und in Frankreich gibt es kein Tier, von dem er sich das abgeschaut haben könnte. Folglich muss er die neue Jagdstrategie erfunden haben.

Verhalten ist, wie das der Delfine, kaum durch Selektion oder evolutionäre Mechanismen zu erklären.

Die Forscher gehen auf die kognitiven Aspekte in ihrer Veröffentlichung nicht ein und beschränken sich auf die ökologischen Implikationen. Auf diesen liegt der Forschungsschwerpunkt, denn der Wels ist eine eingewanderte Art und wurde bis zum Beweis des Gegenteils[341] von vielen Anglern für den Rückgang der Fischbestände verantwortlich gemacht.

Aus kognitiver Sicht ist das Verhalten der Tiere fast unmöglich, und wenn es nicht so gut und glaubhaft dokumentiert wäre, würde ich es einfach für Anglerlatein halten. Es gibt zwar Fische, die sich vor Feinden kurzzeitig an Land retten, doch das ist ein angeborenes Verhalten. Natürlich wird auch die Besiedlung des Landes mit Wirbeltieren durch Fische erklärt, die begonnen hatten, am Strand zu jagen. Aber das hat Hunderttausende von Jahren gedauert. Es ließe sich auch darüber spekulieren, ob das Verhalten bereits genetisch angelegt war, aber durch Mechanismen der Epigenetik[342] blockiert wurde. Doch warum sollte diese Blockade gerade in Frankreich aufgehoben sein?

Was bleibt, ist unglaublich, wie kann ein vermeintlich einfaches Fischgehirn von seinem angeborenen Verhaltensrepertoire abweichen, sich praktisch über Nacht etwas Neues einfallen lassen und durch Erfahrung verbessern, und wie hat sich das Verhalten in der Population verbreitet? Sind plötzlich alle Welse in Frankreich kleine Genies geworden und haben sich den Trick selbst ausgedacht, oder haben sie voneinander gelernt? Ich weiß ehrlich nicht, was ich für unglaubwürdiger halten soll. Es fällt mir partout keine einfachere Erklärung ein, und so muss ich wohl eingestehen, dass wir Fische möglicherweise extrem unterschätzten. Vielleicht darf ich an dieser Stelle schon mal anmerken, dass wir uns im Kapitel »Selbstbewusstsein« auch wieder mit Fischen beschäftigen werden.

Verlassen wir das Wasser und wenden wir uns einigen Strategien an Land zu. Schimpansen sind keine Vegetarier und essen gern Fleisch. Unsere Verwandten sind ähnlich wie wir keine perfekt gebauten Raubtiere, und so haben sie sich einiges einfallen lassen, um an die begehrten tierischen Proteine zu kommen. Für die meisten Menschen ist die Erfindung eines Speers auf unsere Vorfahren begrenzt, und kaum jemand weiß, dass auch Schimpansen Speere zur Jagd herstellen. Die Forscher sprechen bei der Herstellung dieser Speere von einer planvollen fünfstufigen Handlung.[343] Im

Beutetiere von Schimpansen: Links – Die Galagos, auch Buschbabys genannt, sind kleine nachtaktive Primaten, die sich am Tag gern in Baumhöhlen verstecken. Darin werden sie ab und an von Schimpansen mit Speeren aufgespießt. Rechts – Rote Stummelaffen gehören zur Familie der Meerkatzenverwandten und sind geschickte und schnelle Baumbewohner, die in großen sozialen Gruppen von circa 50 Tieren zusammenleben. Sie werden in einer echten Treibjagd von Schimpansen erlegt. Strategische Planung der vier unterschiedlichen Rollen und eine gerechte Teilung der Beute nach erfolgreicher Jagd sind Voraussetzung für ein derart komplexes Verhalten.

Wesentlichen werden dabei die Stöcke von Blättern und Verzweigungen befreit und die Spitze mit den Zähnen scharf geschliffen. Entdeckt beispielsweise ein Schimpansenweibchen die Höhle eines Buschbabys, dann wird ein solcher Speer hergestellt und die vermeintliche Sicherheit wird für die kleinen, putzig aussehenden nachtaktiven Äffchen zur tödlichen Falle.

Neben dieser geschickten Jagdmethode, die auch von einem einzelnen Tier ohne großen körperlichen Einsatz erfolgreich angewendet werden kann, gibt es auch kooperative Jagden mit verteilten Rollen und komplexer Ausführung. Anders als bei der Jagd in einem Rudel, bei der aus der Situation heraus jedes Tier unterschiedliche Funktionen und Rollen einnehmen kann, können Schimpansen eine echte Treibjagd planen. Dabei gibt es vier Rollen.[344] Einer, der die Beute aufscheucht, eine Gruppe von Treibern, eine Gruppe von Blockierern und die Fänger. Die Opfer sind putzige kleine Äffchen mit dem phantasielosen Namen Rote Stummelaffen.

Nachdem die Äffchen aufgescheucht und von den Treibern in eine bestimmte Richtung gedrängt wurden, erscheinen plötzlich die Blockierer. Sie versperren den Weg, doch in der einzigen Passage, in der eine Flucht möglich erscheint, warten leise die Fänger auf ihren Moment, und die Falle schnappt zu. Bedenkt man, dass die Jagd nicht nur auf dem Boden, sondern auch in der dritten Dimension erfolgt, und dass die Falle leise und unauffällig aufgebaut werden muss, so wird klar, dass dieses Verhalten einer menschlichen Treibjagd in nichts nachsteht. Beeindruckend ist auch, wie im Anschluss an eine erfolgreiche Jagd mit der Beute umgegangen wird. Wenn es bei der Teilung keine Mechanismen gäbe, die fairerweise auch die Tiere (Aufscheucher, Treiber und Blockierer) belohnen, die keine Beute gemacht haben, so würden wir dieses Verhalten nicht beobachten können. Es ist insofern keine Überraschung, dass die Beute unter allen an der Jagd beteiligten Tieren gerecht geteilt wird.

Mathematik

Bleiben wir bei den alten Griechen. Vielleicht können Sie sich noch an die Sage von Prometheus erinnern. Er täuschte Zeus mit einem Trick und wurde dafür böse bestraft. Der Trick war einfach: Prometheus wusste, dass Zeus ein gieriger Geizhals ist und sich immer den größten Anteil nimmt. Also teilte er das Opfertier in zwei Haufen. Der kleinere Haufen enthielt das beste Fleisch, und auf dem großen Haufen lagen nur die Knochen, Sehnen, Fett und die Haut. Wie erwartet nahm sich Zeus den größeren Haufen und bewies damit, dass er die Mengenlehre beherrschte. Diese Fähigkeit teilt er mit den meisten Tieren, denn es ist ziemlich praktisch, zu wissen, was mehr ist. Wenn man aber bedenkt, dass Algebra, Analysis, Geometrie und Stochastik Teilgebiete der Mengenlehre sind, dann wird schnell deutlich, welche Bedeutung diese grundlegende Fähigkeit hat.

Darüber hinaus können viele Tiere auch zählen, zumindest bis Vier. Zu diesem Thema gibt es einen schönen Artikel auf Wikipedia,[345] und ich möchte darauf verzichten, die unzähligen Beispiele und Experimente aufzuzählen. Vielleicht finden Sie aber Gefallen an der folgenden Anekdote.[346] Im Institute for Marine Mammal Studies in Mississippi, einem Delfinarium in den USA, zeigte der Delfin Kelly ein ganz unglaubliches Verhalten. Die Delfine dort wurden darauf trainiert, Müll aus dem Becken zu sammeln, und bekamen dafür einen kleinen Fisch als Belohnung. Möglicherweise hatte Kelly eines Tages keinen Hunger und so brachte sie einen Papierschnipsel nicht zum Trainer, sondern versteckte ihn. Das ist an sich schon eine unglaubliche Leistung. Einerseits hatte sie damit bewiesen, dass sie ein großes Maß an Selbstkontrolle besitzt. In der Wissenschaft spricht man von inhibitorischer Kontrolle, und die traut man eigentlich nur Menschen zu (dazu mehr im Kapitel »Theory of Mind«). Darüber hinaus zeigte Kelly ein Verständnis für Zeit und machte deutlich, dass ihr das Konzept des Handels verständlich ist, denn schließlich war das Stück Papier für sie eine Währung, die sie bei Bedarf gegen Fisch tauschen konnte. Doch ihre Kreativität war damit nicht erschöpft. Niemand hatte definiert, wie groß oder klein das Stück Papier sein muss, und so kam sie auf die Idee, das Stück zu zerreißen und sich mehrmals eine Belohnung zu holen. Unglaublich, nicht wahr? Aber es kommt noch besser.

Eines Tages gelang es ihr, eine Möwe zu fangen und ihrem Trainer zu bringen. Der war begeistert und gab ihr gleich mehrere Fische als Belohnung. Nun kam Kelly auf eine geniale Idee. Sie nahm einen der Fische und platzierte ihn so, dass er für Möwen gut erreichbar war. Nun lag sie auf der Lauer und konnte sich die nächste Möwe schnappen, um sie wieder gegen viele Fische zu tauschen. Ich versuche mir gerade vorzustellen, wie viele Menschen, wenn man sie unter vergleichbaren Bedingungen eingesperrt hätte, sich wohl so klug verhalten würden?

Der Gummibärchen-Test –
vom Denken über's Denken

Eines Morgens begrüßte ich meine Söhne mit den Worten: Heute gibt's den Gummibärchen-Test. Auf diesen Test hatten sie sich schon seit Tagen gefreut, denn sie lieben Gummibärchen über alles. Im Original heißt dieser Test Marshmallow-Test, weil er erstmals in den USA durchgeführt wurde und für amerikanische Kleinkinder Marshmallows der Inbegriff einer Leckerei sind.[347]

Der Test ist ganz einfach, und bei mir sah er folgendermaßen aus: Meine Söhne haben beide je einen Teller mit jeweils zwei Gummibärchen bekommen. Nun mussten sie sich an einen Tisch setzen, und ich stellte ihnen in Aussicht, dass sie jeweils nochmals zwei Gummibärchen bekämen, wenn ich in ein paar Minuten wiederkäme. Die Sache hatte nur einen Haken, sie durften in der Zwischenzeit die zwei Gummibärchen, die verlockend duftend vor ihnen lagen, nicht essen, und sie durften nicht von ihren Stühlen aufstehen. Für Kinder, die gerade vier Jahre alt geworden sind, eine ziemliche Herausforderung. Ihr Denken und Handeln ist noch zu sehr im Moment verhaftet und ihre Selbstkontrolle noch nicht gut ausgeprägt.

Diese inhibitorische Kontrolle oder Impulskontrolle oder Selbstdisziplin, die uns dazu veranlasst, einen Belohnungsaufschub zu akzeptieren, ist eine wichtige Ausdrucksform der Metakognition. Nur wenn ich mein eigenes Wissen, Denken und Handeln beurteilen kann, bin ich dazu in der Lage, Entscheidungen zu treffen, die sich nicht direkt aus der Situation ergeben. Patienten mit Gehirnschäden am sogenannten medialen orbitofrontalen Cortex (mOFC) sind zu einem solchen Belohnungsaufschub nicht mehr in der Lage.[348]

Doch der Marshmallow-Test beweist nicht nur den Stand der kognitiven Entwicklung, sondern lässt weitreichende Aussagen über die Zukunft zu. So hat man beispielsweise festgestellt, dass Kinder, die diesen Test mit vier Jahren bestehen, im weiteren Verlauf ihres Lebens erfolgreicher sind. Es konnte sogar gezeigt werden, dass dieser Erfolg von Faktoren wie Intelligenz oder sozialem Umfeld unabhängig war.[349]

Meine Söhne haben den Test, sehr zu meiner Freude, bestanden. Allerdings hatte ich gemogelt. Obwohl ich die beiden die gesamten vorgeschriebenen 15 Minuten habe schmoren lassen, so gab es doch eine wichtige Abweichung vom Originaltest. Normalerweise müssen die Kinder allein mit sich und der Versuchung klarkommen. Bei mir kam das Moment der Gruppendynamik hinzu, denn möglicherweise wollte keiner der beiden der Erste sein, der aufgab. Beide Aspekte haben viel mit Metakognition zu tun.

Doch was genau ist das eigentlich, und wie kann man Metakognition testen? Mit Tieren kann man natürlich keine Tests machen, die eine sprachliche Grundlage haben. Metakognition ist das Denken über das eigene Denken bzw. das Wissen über das eigene Wissen oder das Denken über das eigene Wissen oder das Wissen über das eigene Denken. Das ist im Prinzip alles und beruht auf der Fähigkeit, mit mentalen Abbildern gedanklich spielen zu können und sich selbst dabei zu beobachten.

Doch reduzieren wir dieses komplexe gedankliche Konstrukt auf ein absolutes Mindestmaß und machen ein anderes Experiment: Ich habe drei undurchsichtige Zylinder und lege für meine Probanden sichtbar in einen der Zylinder eine Belohnung. Tiere ab Piaget-Stufe vier greifen selbstverständlich zu genau diesem Zylinder und holen sich ihre Belohnung. Nun decke ich, im Gegensatz zu dem Experiment oben, nicht nur einen, sondere alle Zylinder mit einem Sichtschutz ab. Im Anschluss lege ich nicht sichtbar die Belohnung in einen beliebigen Zylinder. Dann wird der Sichtschutz entfernt. Tiere mit Metakognition wissen, dass sie nicht wissen, in welchem Zylinder die Belohnung versteckt ist, und werden alle Zylinder untersuchen, auch wenn es viele sind. Tiere ohne Metakognition wählen meist den Zylinder, in dem sie schon einmal Nahrung gefunden haben. Vergleicht man beispielsweise zweieinhalbjährige Kinder mit Schimpansen, dann findet man keinen Unterschied. Beide sind in der Lage, den Test erfolgreich zu bestehen.[350]

Ihnen ist dieses Beispiel zu einfach, und Sie glauben nicht, dass das schon Metakognition ist? Nun, ich habe noch ein anderes Beispiel für Sie: Von einem Tag auf den anderen müssen Sie einen Vortrag halten. Es ist nicht ganz Ihr Thema, und Sie wissen, eine Nacht Vorbereitungszeit reicht nicht aus. Außerdem wären Sie am nächsten Morgen viel zu müde, um die Präsentation souverän zu bewältigen. Ihr Chef, zum Glück ein netter Kerl, lässt Ihnen die Wahl:

Option A: Sie nehmen die Herausforderung an und bekommen die seit Jahren ersehnte Beförderung zusammen mit einer vierzigprozentigen Gehaltserhöhung. Einziger Haken: Wenn Sie die Präsentation vergeigen, werden Sie gefeuert.

Option B: Sie sind ehrlich zu sich und zu Ihrem Chef und lehnen ab. Sie bleiben auf Ihrer Position, aber Sie bekommen eine symbolische Gehaltserhöhung von zwei Prozent als Belohnung für Ihre Ehrlichkeit.

Bei dieser Entscheidung wird Ihnen einiges abverlangt. In der Waagschale liegt eine wirklich große Belohnung, aber auch ein damit verbundenes Risiko, das Sie in Ihrer gegenwärtigen Lebenssituation möglichst genau einschätzen müssen. Sie könnten sich fragen: Wie schnell bekomme ich einen neuen Job, ist meine Familie in dieser Zeit trotzdem versorgt, kann ich mir einen Karriereknick leisten? Sie denken über alle möglichen Aspekte in Ihrem Leben nach und prüfen, ob Ihre Fähigkeiten oder Ihr Wissen ausreichen, um einen hervorragenden Vortrag zu halten.

Stellen Sie sich nun vor, Sie sind eine Laborratte. Es erwartet Sie heute ein Test, den Sie schon des Öfteren absolviert haben. Die Aufgabe ist einfach, Sie müssen entscheiden, ob zwei Töne gleich lang sind. Die Aufgabe ist leicht, wenn die Töne sehr unterschiedlich lang sind. Sie wird aber immer kniffliger, wenn der Unterschied kleiner als eine Sekunde wird. Sie gehen nun in die Versuchskammer und müssen Ihre Entscheidungen treffen. Das Gute an dem Experiment ist, dass Sie sich, erst nachdem Sie die Töne gehört haben, entscheiden müssen, ob Sie das Experiment überhaupt machen wollen oder nicht. Wenn Sie sich gegen das Experiment entscheiden, bekommen Sie trotzdem ein paar Leckerli.

Wenn Sie den Test aber bestehen, gibt's richtig viel, wenn Sie verhauen, gibt es gar nichts. Die Ratten haben sich nur für den Test entschieden, wenn sie sich sicher waren, die Töne auch unterscheiden zu können, war ihnen das Risiko zu hoch, haben sie sich verweigert.[351] Ohne Metakognition hätten die Tiere nicht über ihr eigenes Wissen oder Können nachdenken und folglich auch keine risikoabhängige Entscheidung treffen können. Ein wunderschönes sauberes Experiment, und jeder Verhaltensforscher ist stolz auf so eine Idee. Nach einem solchen oder ähnlichen Muster wurden bisher beispielsweise alle Großen Menschenaffenarten,[352] Delfine,[353] Rhesusaffen,[354] Kapuzineräffchen,[355] Tauben[356] und sogar Bienen[357] erfolgreich getestet.

Möglicherweise denken Sie nun: Aber was ist mit philosophischem Denken, was ist mit Kontemplation? Ist dies nicht die Königsdisziplin der Metakognition? Ich denke schon, aber dummerweise beschäftigt sich Kontemplation per definitionem nicht mit äußeren Aktivitäten, sondern nur mit dem inneren Dialog. Als Verhaltensbiologe habe ich also keine Chance, diese Fähigkeit zu testen, denn in dem Moment, in dem sich aus dem Denken ein Handeln ergibt, ist es schon keine Kontemplation mehr. Doch ich möchte Ihnen einen kleinen Gedanken mit auf den Weg geben: Wer will ausschließen, dass Metakognition/Kontemplation nicht eine uralte Erfindung der Natur ist, um Langeweile zu vertreiben? Spätestens sobald ein episodisches Gedächtnis existiert, ist es möglich, auf die Inhalte dieses Gedächtnisses zuzugreifen und damit gedanklich zu spielen. Fragen Sie sich bitte selbst, wann Sie über Ihre eigenen Gedanken reflektieren oder in welchen Momenten Sie Kontemplation betreiben. Bei mir sind es oft die Momente, in denen ich nichts zu tun habe und mich langweile. Möglicherweise betreibt ein Wachhund in einem Monat mehr Metakognition als so mancher Mensch in seinem ganzen Leben.

23. Wer bin ich, und wer bist eigentlich du?

Selbstbewusstsein

Der einfachste Weg, uns zu erkennen, ist der Blick in den Spiegel. Aus diesem Grund sind wohl auch einfallsreiche Forscher auf die Idee gekommen, Tiere mit einem Spiegel zu konfrontieren (MSR, mirror self-recognition). Man geht dabei davon aus, dass jemand, der sich selbst erkennt, also weiß, dass er selbst denkt, auch eine Vorstellung davon entwickelt, wie das eigene Äußere aussieht.

Die Reaktionen auf einen Spiegel sind sehr unterschiedlich, aber sie lassen sich leicht in fünf Kategorien fassen: In der ersten Kategorie ignorieren Tiere den Spiegel einfach. Für sie hat das eigene Spiegelbild keine Bedeutung, was aber nicht unbedingt bedeuten muss, dass die Tiere kein Selbstbewusstsein haben. Vielleicht hat der optische Sinn für die entsprechende Tierart keine so hohe Bedeutung. Vielleicht würden sie sich vielmehr erkennen, wenn sie ihren eigenen Körpergeruch riechen würden. Vielleicht würden sie sich auch erkennen, wenn ihnen die eigene Stimme vorgespielt würde. Sie sehen also, der Test funktioniert zwangsläufig nicht für alle Tiere gleichermaßen.

In der zweiten Kategorie reagieren die Tiere auf den Spiegel mit Sozialverhalten. Oft handelt es sich dabei um aggressives Verhalten. Territoriale Fische beispielsweise reagieren mit Attacken gegen einen Spiegel, den man in ihrem Territorium aufgestellt hat. Sie tun dies oft bis zur totalen Erschöpfung, und seit wir den Endowment-Effekt kennen (siehe »Totenkult und Krieg« sowie »Wider die Vernunft«), wissen wir auch, warum. Es ist aber auch möglich, dass ein Tier mit Zuneigung auf einen Spiegel reagiert. In diesem Fall kommt es zu erfolglosen Annäherungsversuchen, wie wir sie oft bei Wellensittichen in ihren Käfigen beobachten können.

In der dritten Kategorie passiert etwas Bemerkenswertes. Die Tiere verstehen das Konzept des Spiegels. Legt man beispielsweise Nahrung so, dass die Tiere sie nur im Spiegel sehen können, dann gibt es zwei Möglichkeiten, auf den Spiegel zu reagieren. Erstens, die Tiere flitzen zu dem Spiegel, begreifen, dass dort keine Nahrung ist, sehen sich verdutzt um, entdecken die richtige Nahrung und flitzen zu ihr. Bei der zweiten Möglichkeit sehen die Tiere die Nahrung im Spiegel, aber sie begeben sich direkt zur Nahrung, ohne einen Umweg über den Spiegel zu machen. In dieser Kategorie haben die Tiere ein Konzept von dem, was ein Spiegel ist, und können es bei Bedarf abrufen. Eine durchaus beachtliche Leistung, zu der beispielsweise Schweine,[358] Makaken,[359] Graupapageien,[360] Krähen[361] und einige wenige Hunderassen[362] in der Lage sind.

In der vierten Kategorie wird es lustig. Auch hier reagieren die Tiere zuerst mit Sozialverhalten. Irgendwann stellen sie aber fest, dass da irgendetwas nicht stimmt. Oftmals mit offenkundiger Verblüffung begreifen sie, dass sie ihr Gegenüber steuern können, und es beginnt das sogenannte contingency checking, also das Ausprobieren der Möglichkeiten, wie sich das Gegenüber verhält. Egal, ob Kleinkind oder Menschenaffe im Alter bis zu circa zwei Jahren[363]: Es wird mit Armen, Beinen und Köpfen gewackelt, bis es wehtut. Eine Fernwirkung zu haben macht Spaß. Aus diesem Grund werfen wir auch gern mit Steinen oder schießen mit Raketen.

In der fünften und letzten Kategorie, dem sogenannten sich selbst zugewandten (self directed) Verhalten, beschäftigen sich die Tiere mit ihrem Gegenüber in einer außergewöhnlichen Art und Weise. Bemalt man zum Beispiel die Stirn eines Schimpansen mit Farbe, dann wird er sich an die Stirn greifen, sobald er den Fleck im Spiegel erkennt. Normalerweise würde man erwarten, dass er an den Fleck auf der Stirn seines Spiegelbildes greift, denn genau dort sieht er ihn. Die Tatsache, dass er an seine eigene Stirn fasst, zeigt, dass er weiß, wen er im Spiegel betrachtet und wo der Fleck ist.

Bei den ersten Versuchen bestanden nur Schimpansen den Test.[364] Natürlich hagelte es damals Kritik, zu unglaublich war das

Ergebnis, dass ein Tier ein Selbstbewusstsein haben soll. Immerhin war es damals, in den Siebzigern, immer noch schwer, zu verkraften, dass auch Tiere Werkzeuge gebrauchen. Schließlich glaubte man noch, der Werkzeuggebrauch hätte uns zu dem gemacht, was wir heute sind. Später kamen auch die anderen sogenannten Großen Menschenaffenarten, also Orang-Utans und Gorillas, hinzu.[365] Andere Primatenarten, Elefanten, Delfine und Papageien fielen aber durch den Test.[366]

Viele der Kritikpunkte waren natürlich berechtigt, und so wurde das Experiment über die Jahrzehnte immer weiter verbessert. Einem Vogel oder Delfin fällt es zwangsläufig sehr schwer, sich mit der Hand an die Stirn zu fassen. Das erinnert mich an folgende Karikatur, mit der ursprünglich auf die unterschiedlichen Lernvoraussetzungen von Schülern aufmerksam gemacht werden sollte. Die Zeichnung war aber so genial, dass sie, wie hier von mir, zu den unterschiedlichsten Themen herangezogen wurde.

Um diesem Problem zu begegnen, wurden die Markierungen an anderen Körperteilen gemacht, und es reichte, wenn die Tiere sich selbst so bewegten, dass sie genau diesen Körperteil gut inspizieren konnten. Plötzlich bestanden auch andere Tiere wie die

»Zum Ziele einer gerechten Auslese lautet die Prüfungsaufgabe für Sie alle gleich: Klettern Sie auf den Baum!« Die vergleichende Verhaltensbiologie hat es nicht leicht. (Cartoon von Hans Traxler)

Delfinarten Großer Tümmler[367] und Orcas[368] sowie Elefanten,[369] Elstern[370] und die schon erwähnten verspielten Keas[371] den Test. Wie ein solcher Test aussieht, können wir uns auf YouTube[372] ansehen.

Ein weiterer Punkt war, dass eine Markierung immer mit einer Berührung verbunden ist und das gezeigte Verhalten möglicherweise nur eine Reaktion auf die Berührung war. Um dieser Kritik zu begegnen, wurden die Tiere oft berührt, ohne eine Markierung zu setzen. Daraufhin wurde ihr Verhalten mit und ohne Markierung verglichen. Wenn sich zeigte, dass sich die Tiere weitaus länger und intensiver mit der Markierung beschäftigten als in dem Fall, in dem sie nur berührt wurden, dann ging man auch in diesem Fall davon aus, dass nicht die Berührung, sondern tatsächlich die Markierung das Verhalten ausgelöst hat.

Durch die oben gezeigten Ergebnisse ermutigt, wurden auch Tiere getestet, die den Test ursprünglich nicht bestanden hatten. Ein interessantes Beispiel hierfür sind die Rhesusaffen. Sie gehören nicht mit in die Gruppe der Menschenaffen und sind kognitiv auch nicht so hoch entwickelt. Den offiziellen Spiegeltest bestehen sie nicht, denn eine Markierung an der Stirn ist ihnen schnuppe. Allerdings nutzen sie einen Spiegel, um sich selbst intensiv zu untersuchen. Einen Körperteil, den sie sich im Normalfall nicht ansehen können, ist ihr Gesäß und ihr Geschlecht. Bekommen sie einen Spiegel, ist die Begeisterung groß, denn dieser ermöglicht ihnen eine neue Perspektive.

Der interessante Punkt ist nun der folgende: Die Tiere können sich jederzeit die Geschlechtsteile ihrer Artgenossen ansehen. Die im Video[373] gezeigte Begeisterung ist somit nicht anders zu erklären als damit, dass sie sich erstmals ihre eigenen Geschlechtsteile ansehen. Doch dazu müssen sie verstanden haben, dass es ihre sind. Mit ein bisschen gutem Willen haben somit auch Rhesusaffen den Spiegeltest bestanden,[374] auch wenn ihnen die Markierung auf der Stirn egal ist.

Es gab aber auch Fälle, bei denen das Ergebnis eines vermeintlich bestandenen Spiegeltests wieder revidiert werden musste. In einem Experiment in den neunziger Jahren des vergangenen Jahr-

hunderts bestanden auch Tauben den Test.[375] Es stellte sich allerdings heraus, dass sie vorher darauf trainiert waren, an Markierungen zu picken, und so konnte der Test nicht als bestanden
gelten.

Nun wird es wirklich interessant: Stellen Sie sich vor, Sie hätten
kein Selbstbewusstsein. Das geht nicht, werden Sie sagen, und ich
gebe Ihnen Recht, ich habe es auch erfolglos probiert. Doch bedenken Sie eines: Wie oft denken Sie, dass Sie sich Ihrer selbst bewusst sind? Denken Sie daran, wenn Sie sich stoßen und aua
schreien, denken Sie daran, wenn Sie über einen Witz lachen, denken Sie daran, wenn Sie glücklich sind oder konzentriert Ihrer
Arbeit nachgehen? Natürlich nicht, auch wenn Sie selbst es nicht
bewusst mitbekommen. Erst wenn Sie die Fähigkeit zur Selbster-
kenntnis aktivieren, steht Ihnen diese Perspektive zur Verfügung.
Ihren Alltag meistern Sie hervorragend ohne. Mehr noch, wer weiß
schon, wie lange wir an einer Kasse im Supermarkt sitzen könnten,
wenn wir dabei unser Selbstbewusstsein eingeschaltet hätten. Wer
weiß, vielleicht würden wir schon nach ein paar Stunden oder
Tagen wahnsinnig werden. Das gilt natürlich für jede monotone
Tätigkeit, die wir in unserem Alltagsleben nur allzu oft ausführen
müssen.

Worum es mir aber hauptsächlich geht, sind zwei Aspekte: In
unserem Alltag leben wir prima, ohne uns jederzeit unserer selbst
bewusst zu sein, und andererseits gibt es so etwas wie »ein bisschen« Selbstbewusstsein. Wir können uns das zwar nicht vorstellen, aber wir können es beobachten. Bei den oben beschriebenen
Elefanten und Elstern, die mittels des Spiegeltests auf Selbstbewusstsein getestet wurden, haben nicht alle Tiere den Test bestanden. Es scheint demnach so zu sein, als würde sich diese Fähigkeit
bei manchen Individuen entwickeln und bei anderen nicht. Ganz
ähnlich geht es Kleinkindern im Alter zwischen 18 und 24 Monaten.[376] Einige bestehen den Spiegeltest, andere nicht. Kinder in der
westlichen Welt, in der es viele Spiegel gibt, bestehen den Test eher
als Kinder, die in Slums oder im Busch leben und nur selten mit
einem Spiegel konfrontiert werden.[377] Testet man Kinder, die zuvor gelernt hatten, eine Markierung auf der Stirn einer Puppe ab-

Das größte Fischgehirn hat der Mantarochen. Er gehört, ebenso wie die Haie, zu den Knorpelfischen, die im Verhältnis zu den Knochenfischen (z. B. Thunfisch, Hering oder Karpfen) gemeinhin als ursprünglicher und primitiver gelten.

zuwischen, dann werden diese den Spiegeltest eher bestehen als Kinder ohne eine solche Vorbereitung.[378] Dieser Versuchsaufbau ist so ziemlich der gleiche wie der mit den Tauben. Den Tauben haben wir Selbstbewusstsein abgesprochen, doch unseren Kindern, die vorher nicht mit der Puppe geübt haben, trauen wir zu, ein Selbstbewusstsein zu haben.

Wir werden uns später in dem Kapitel »Forschungsfehler« noch intensiv mit ähnlichen Problemen beschäftigen. Alles in allem sollten wir aber sehr vorsichtig sein, wenn wir anderen Tieren ein Selbstbewusstsein absprechen. Vielleicht haben wir uns nur noch nicht das richtige Experiment ausgedacht? Das müssen auch zwei französische Forscher gedacht haben, denn sie haben kürzlich vorgeschlagen, speziell bei Vögeln nicht nur den optischen Sinn, sondern auch das Hören und Riechen mit zu berücksichtigen.[379]

Dass es sogar Sinn macht, bei Tieren zu suchen, bei denen man kein Selbstbewusstsein vermutet, zeigen die folgenden zwei Beispiele, die ich selbst kaum glauben kann. Es mag ja plausibel sein, dass hochentwickelte Säugetiere und auch Vögel ein Selbstbewusstsein haben, doch wie steht es mit Fischen? Ich will ehrlich sein, obwohl ich Meeresbiologie studiert habe und durchaus einiges über Fische weiß, hätte ich mich durch so ein Experiment nicht der Lächerlichkeit preisgegeben. Als ich vor Jahren mit Mantas vor Westaustralien schwamm, konnte ich nicht ahnen, dass diese majestätisch durchs Wasser gleitenden Wesen möglicherweise über ein Selbstbewusstsein verfügen. Doch: Mantas besitzen unter allen Fischen das größte Gehirn, und insofern macht es Sinn, bei ihnen mit einem solchen Experiment zu beginnen. Im Experiment haben sie zwar den Spiegeltest nicht bestanden, aber sie haben sich selbst, genauso wie unsere Rhesusaffen, intensiv im Spiegel betrachtet.[380]

Wenn es Ihnen jetzt reicht und Ihre Toleranz und Vorstellungskraft bei selbstbewussten Fischen endet, dann lesen Sie bitte den folgenden Abschnitt nicht, sondern springen besser gleich zum nächsten Kapitel.

Wenn die Ergebnisse stimmen und nicht irgendein Forscher gemogelt hat, dann übertrifft die folgende Beobachtung die kühnsten Vorstellungen, wozu ein Strickleiternervensystem in der Lage ist. Vielleicht können Sie sich noch an den Biologieunterricht in der Schule erinnern. Da wurde grob zwischen dem diffusen Nervensystem einer Qualle, dem Strickleiternervensystem von Insekten, Würmern und Spinnen und dem zentralen Nervensystem bei Wirbeltieren unterschieden. Vereinfachend könnte man vielleicht sagen, mit einem diffusen oder mit einem Strickleiternervensystem kann man steuern, aber mit einem zentralen Nervensystem kann man denken. Erst die hohe Dichte und räumliche Nähe der einzelnen Nervenzellen in einem zentralen Nervensystem machen komplexere Verschaltungen und einfache Denkvorgänge möglich.

Doch wie soll ich Ihnen nun plausibel machen, dass Ameisen sich selbst im Spiegel erkennen und sich ihre Markierungen genauso entfernen wie Schimpansen?[381] Im Gegensatz zu den meisten anderen getesteten Tierarten, bei denen oft nicht alle Individuen den Spiegeltest erfolgreich absolvierten, entfernten praktisch alle Ameisen die Markierung an sich selbst und bestanden somit den Test mit Bravour. Mehr noch, junge Ameisen hatten diese

Fähigkeit genauso wenig entwickelt wie menschliche Kinder unter 18 Monaten. Ich glaube, aus den Kommentaren der Forscher durchaus ein wenig eigene Überraschung herauszulesen, auch werden sie nicht müde, zu betonen, dass Selbst-Erkennen nicht gleichzusetzen ist mit Sich-Selbst-Bewusst-Sein.

Um die Entwicklung einer solchen Fähigkeit überhaupt plausibel zu machen, führen die Forscher an, dass sich Ameisen gegenüber Ameisen eines anderen Ameisenstaates ausgesprochen aggressiv verhalten. Eine Ameise, die nicht mehr so aussieht wie alle anderen, läuft also Gefahr, aus ihrem sozialen Verbund vertrieben zu werden. Ganz plausibel erscheint mir diese Erklärung nicht, denn welche Ameise hat schon einen Spiegel dabei, um sich schnell mal zu betrachten, bevor sie zurück in den Ameisenhügel kommt?

Ansatzweise verständlich werden diese Beobachtungen, wenn man sich mit Robotern beschäftigt. Für mich war dieses Thema ein Buch mit sieben Siegeln, bis ich eingeladen wurde, für ein Buch[382] ein Kapitel über die Interaktion zwischen Menschen und Delfinen zu schreiben. In dem Buch gab es auch das Kapitel »Bedeutung von Körper und Form in der Interaktion mit sozialen Robotern«. Für einen Roboter ist es recht praktisch, sich selbst zu erkennen. Mit der Erkenntnis seiner Form und Größe ist es ihm beispielsweise möglich, leichter zu navigieren oder an sich selbst zu manipulieren. In der Robotertechnik verspricht man sich viel von der Qualität der Selbstorganisation, die durch ein Verständnis seiner selbst möglich wird. Natürlich kann man einen Computer darauf programmieren, sein Äußeres zu erkennen. Aber das ist nicht das Ziel; man will, dass sich der Computer selbst erkennt.

In einem Test, der ein bisschen anders funktioniert als der Spiegeltest, weil er auf einer sprachlichen Anweisung beruht, kann nur der die richtige Antwort geben, der sich seiner selbst bewusst ist. Man mag es kaum glauben, aber ein handelsüblicher, immerhin 7000 Euro teurer Nao-Spielzeugroboter des französischen Roboterherstellers Aldebaran Robotics hat den Test bestanden. Das Besondere an den kleinen Robotern ist ihre Fähigkeit, zu sprechen und die menschliche Sprache zu verstehen. Außerdem können sie recht einfach programmiert werden. Man sagte zu drei dieser lustigen Gesellen, dass zwei von ihnen eine Verstummungspille bekommen hätten, die sie daran hindert, zu sprechen. Daraufhin wurden alle gefragt, wer sprechen könne. Tatsächlich wurde die Sprachausgabe von zwei Robotern unterdrückt. Der dritte antwortete korrekt: *Ich weiß es nicht!* Direkt darauf revidierte er seine Aussage und sagte: *Entschuldigung, nun weiß ich es. Ich konnte beweisen, dass mir keine Verstummungspille gegeben wurde.*[383] Schließlich war er der Einzige, der sprechen konnte.

Beide Ergebnisse sind, gemessen an der zur Verfügung stehenden Rechenleistung in dem Computer bzw. dem Strickleiternervensystem, beeindruckend, dennoch verfügen weder Ameisen noch Roboter über ein Selbstbewusstsein. Zweifelsfrei jedoch können sie sich selbst erkennen. Ein echtes Selbstbewusstsein ist Teil der sogenannten »Theory of Mind«, also der Vorstellung, dass es das eigene Ich und andere Ichs gibt. Doch dazu mehr im übernächsten Kapitel.

Persönlichkeit

Unsere Persönlichkeit ist nicht mehr und nicht weniger als das, was wir sind, als was wir uns wahrnehmen und wie wir anderen erscheinen. Unsere Persönlichkeit wandelt sich im Laufe unseres Lebens, aber im Großen und Ganzen bleiben wir ihr treu. Wir haben sogar ein Wort, mit dem wir das komplexe Gebilde unserer Persönlichkeit fassen können, unseren Namen. Auch wenn ich eine Steuer- oder Ausweisnummer habe, mit der ich eindeutig verwaltet werden kann, für mich als Individuum steht mein Name. Nun stellt sich natürlich die Frage, ob es auch im Tierreich Namen oder Persönlichkeiten gibt. Die meisten Menschen, die mit Tieren zusammenleben, werden diese Frage mit einem eindeutigen Ja beantworten. Für sie hatte Fiffi eine ganz andere Persönlichkeit als Lucy, und Kater Mau war mit Miezie nicht zu vergleichen. Genauso wie uns Menschen wurde ihnen ein Name gegeben, auf den sie ihr Leben lang gehört haben. Doch ganz so einfach ist das nicht, und daher müssen wir eine kleine Zeitreise unternehmen.

Vor ungefähr 60 Jahren glaubte das Forscherehepaar David und

Melba Caldwell eine unglaubliche Entdeckung gemacht zu haben. Sie untersuchten für Delfinarien frisch gefangene Delfine und stellten fest, dass die Tiere mit einem Pfiff offenkundig andere Delfine riefen. Damals war ein solcher Ruf eine Sensation, denn so etwas wurde Tieren nicht zugetraut. Es stellte sich heraus, dass die Delfine, wann immer die Tiere von ihren Gruppenmitgliedern getrennt wurden, wie verrückt zu pfeifen begannen. Es lag daher nahe, zu vermuten, dass dieser Pfiff andere anlocken sollte, vielleicht um zu helfen. Die Wissenschaft spricht von einem »contact oder meeting call«, also einem Ruf, der den Zusammenhalt der Gruppe fördert. Doch als die Forscher sich die Pfiffe genauer ansahen, stellten sie fest, dass jedes Tier einen anderen Pfiff machte. Das war ein Rätsel, denn was nützt es, wenn jedes Tier anders ruft, man kann sich ja nicht den Kontaktruf aller Tiere merken. Die Idee eines Kontaktrufes ist ja gerade die, dass es einen bestimmten Ruf gibt, der für alle das Gleiche bedeutet. Nach einigem Grübeln kam das Ehepaar auf die Idee, dass es sich vielleicht um einen Identifikationspfiff handeln könnte.[384] Doch das war eine gewagte Hypothese und noch unglaubwürdiger als die des Kontaktrufs, denn wofür soll das gut sein?

Wie wir schon erfahren haben, können einige Tiere, genauso wie wir Menschen, den Rufer an der Stimme erkennen. Es gibt also überhaupt keinen Grund, einen Identifikationsruf zu haben, wenn man schon anhand der Stimme identifiziert werden kann. Doch wir Menschen haben Identifikationsrufe, unsere Namen. Diese sind sehr praktisch, wenn man nach jemandem ruft, nach jemandem fragt oder sich über jemanden unterhalten will, der nicht da ist: Hey, Tobias, komm mal rüber! Weißt du, wo Constantin ist? Ich war gestern mit Lisa essen. Es wäre eine ziemliche Herausforderung, wenn Lisa keinen Namen hätte und wir ihre Stimme imitieren müssten.

Namen sind also eine praktische Sache und aus unserem menschlichen Alltag nicht wegzudenken. Doch haben Tiere wirklich ebenfalls Namen? Nach jahrzehntelanger Diskussion gilt dies heute als die plausibelste Erklärung. Schauen wir uns dazu den Delfinalltag an.

Unter Delfinen ist es extrem unhöflich, ja schon fast eine Geste der Aggression, wenn man frontal aufeinander zuschwimmt. In völliger Unkenntnis dieser Regel und in der Annahme, dass wir Menschen machen können, was wir wollen, bin ich vor vielen Jahren auf eine Gruppe von Delfinen, die an der Wasseroberfläche schwamm, frontal zugeschwommen. Aus Sicht eines Delfins war das eine Kampfansage. Es gab zwei Möglichkeiten, darauf zu reagieren: abdrehen und klein beigeben oder Kurs halten. Ich denke, Sie ahnen, was passiert ist. Die Delfine hielten mich nicht für dominant, und ich traute mich nicht, zur Seite zu schwimmen und ihnen meine Breitseite zuzuwenden. Also zog ich meinen Bauch ein und machte mich ganz flach. Doch schon in diesem Moment rammte die Rückenflosse des mittleren Delfins mein Sternum, und es verschlug mir den Atem. Vielleicht denken Sie, das war ein Unfall und der Delfin ist aus Versehen nicht tiefer unter mir durchgetaucht. Dem war nicht so. Delfine haben kleine Drucksensoren, mit denen sie Wasserwirbel wahrnehmen und durch winzig kleine Muskelbewegungen auflösen. Dies erleichtert es ihnen, schneller zu schwimmen, denn ohne Wirbel ist der Strömungswiderstand geringer. Diese Sensibilität bewahrt sie aber auch vor Verletzungen und Berührungen. So ist es praktisch unmöglich, unter Wasser einen Delfin zu berühren, wenn er das nicht will. Andererseits ist jede Berührung auch wirklich willentlich, und ich musste den Preis für meine Unhöflichkeit zahlen.

In unserer menschlichen Kultur begrüßt man sich ganz anders. Wir suchen Augenkontakt, gehen direkt auf die Person, die wir begrüßen wollen, zu, strecken ihr die Hand entgegen und stellen uns vor. Ein höflicher Delfin hingegen nähert sich freundlich von schräg hinten, ruft ein paar Mal seinen Identifikationspfiff und macht eine Pause, damit der andere antworten kann. Antwortet ihm der andere Delfin mit seinem Identifikationspfiff, ist die Einladung besiegelt, und man schwimmt ein bisschen Seite an Seite.[385] Menschen und Delfine begrüßen einander also auf durchaus vergleichbare Weise: mit Hilfe körpersprachlicher Elemente und der Nennung des eigenen Namens.

Als zweites Beispiel stellen Sie sich folgende Situation vor: Sie machen eine Wanderung über eine weite Schneefläche, und plötzlich zieht Nebel auf. Sie können nur ein paar Meter weit sehen und verlieren ihre Freunde aus den Augen. Also rufen Sie den Namen Ihres Freundes. Dies ist in etwa mit den Bedingungen unter Wasser zu vergleichen. Man kann nicht besonders gut sehen, aber prima rufen und auch super hören, denn Wasser leitet Schall besser als Luft. Ist man zum Beispiel in ein paar hundert Meter Wassertiefe und zündet einen Silvesterknaller, dann kann man je nach Position den Knall circa drei Stunden später noch einmal hören. Der Schall ist dann einmal um die ganze Erde gereist.[386]

Doch zurück zu unseren Namen. Der angerufene Freund im Nebel wird gewöhnlich mit »Ich bin hier« antworten. Bei Delfinen ist das ähnlich. Wird ein anderes Tier gesucht, dann ruft man dessen Namen. Als Antwort hört man zwar nicht »Ich bin hier«, aber den gerufenen Namen. So würde mein Sohn vielleicht antworten »Vitus ist hier«, und ein Delfin ruft seinen eigenen Identifikationspfiff zurück.[387] Dies ist, soweit ich weiß, einmalig im Tierreich. Es gibt sogar Beobachtungen, bei denen ein Identifikationspfiff verwendet wird, ohne dass das entsprechende Tier in der Nähe ist.[388] Wenn man bedenkt, dass die Tiere in Experimenten bewiesen haben, dass sie ohne Probleme bestimmte Signale für bestimmte Gegenstände lernen und verwenden können[389] und überdies grammatikalische Regeln beherrschen,[390] dann liegt der Verdacht nahe, dass sich die Tiere über den abwesenden Delfin unterhalten, doch das ist bisher Spekulation.[391]

Eine weitere wirklich charmante Art und Weise, den Identifikationspfiff zu verwenden, ist die »Heirat« zwischen männlichen Delfinen. Ja, Sie haben richtig gelesen, männliche Delfine sind schwul und heiraten. Meist leben sie nach der Pubertät in stabilen Zweier- und Dreiergruppen zusammen. Ähnlich, wie sich menschliche Paare einen gemeinsamen Nachnamen geben, so verschmelzen bei den männlichen Delfinen ihre Identifikationspfiffe und gleichen sich einander an.[392] Deutlicher kann kaum gezeigt werden, dass man ein gemeinsames Leben führt.

Ganz Ähnliches können wir vielleicht in Zukunft auch bei Papageien entdecken. Seit kurzem wissen wir, dass auch diese Tiere individuelle Pfiffe haben und dass sie sich damit, ähnlich wie bei Delfinen, rufen und ankündigen.[393]

Eine Journalistin fragte mich einmal, ob das auch bei Schweinen funktioniere. Sie hatte einen Beitrag darüber gemacht, dass in modernen Schweineställen Schweine mit einem individuellen Signal an den Futtertrog gerufen werden. Es bekommt dann nur das gerufene Schwein seine Mahlzeit in den Trog. Mit diesem einfachen Trick werden Gerangel und Aggressionen zwischen den Tieren reduziert. Man könnte also meinen, dass die Schweine das Signal für ihren Namen halten. Tatsächlich sind sie aber auf dieses Signal konditioniert. Sie haben die Erfahrung gemacht, dass der individuelle Ruf ausschließlich für sie Futter bedeutet. Letztlich ist das nichts anderes, als wenn ein Hund oder ein Meerschwein auf Namen reagieren, die wir ihnen gegeben haben.

Ganz anders ist das bei Delfinen. Sie imitieren als Jungtiere zuerst den Identifikationspfiff der Mutter und verändern ihn im Verlauf der ersten Lebensmonate zu einem eigenen Pfiff.[394] Sie kreieren auf diese Weise ihren Namen selbst. Seit einigen Jahren weiß man sogar, dass der Erwerb dieser individuellen Rufe zumindest bei den Grünbürzel-Sperlingspapageien ganz ähnlich verläuft, nur dass sich die Jungtiere an beiden Eltern orientieren.[395] Beeindruckend, besonders wenn man bedenkt, dass unsere menschlichen Kinder dies nicht können, sie bekommen den Namen von ihren Eltern und benutzen ihn dann genauso, wie sie ihn gelernt haben. Doch wir Menschen haben einen Vorteil, wir können jederzeit und sogar im Minutentakt unsere Namen ändern. Ich kann mich von einem Moment zum nächsten Herrmann Hesse und am nächsten Tag Frank Schätzing nennen. Freilich würde das niemand tun, denn die Verwirrung wäre groß, aber wir könnten es, und es ist fraglich, ob Tiere dazu in der Lage wären. Eine Ausnahme bilden die »verheirateten« Delfine.

Nun wird es ein bisschen kompliziert, denn unser Sprachgebrauch hinkt den Erkenntnissen der Forschung hinterher. Es gibt heute viele Forscher, die tatsächlich davon ausgehen, dass sich einige Tierarten auf das Niveau von Personen entwickelt haben. Im englischen Sprachraum spricht man von personhood, ein Begriff, für den es bisher noch nicht mal eine deutsche Übersetzung gibt. Im

Allgemeinen versteht man darunter ein Tier, dass sich in den wesentlichen kognitiven Fähigkeiten nicht vom Menschen unterscheidet. Es sind also Tiere mit Selbstbewusstsein und Mitgefühl, einem lebenslangen Gedächtnis, oder besser, einer Biographie und einem Verständnis für Raum und Zeit, der Fähigkeit zu strategischem, planvollem und logischem Denken, einer einfachen Sprache mit grammatikalischen Regeln, einer Kultur und einem Verständnis für Fairness und Gerechtigkeitssinn. Ein großes Thema mit weitreichenden ethischen, aber auch juristischen Konsequenzen.[396]

An dieser Stelle soll es um den Begriff der Persönlichkeit gehen, und das ist tatsächlich etwas ganz anderes, auch wenn man bis vor wenigen Jahren glaubte, dass nur Menschen eine Persönlichkeit besitzen und die meisten Menschen zwischen einer Person und einer Persönlichkeit nicht unterscheiden.

In der Biologie spricht man, wenn man von einer Persönlichkeit spricht, von »Consistent Individual Differences« (CIDs), also weitgehend unveränderlichen individuellen Unterschieden. Gemeint ist so etwas wie »Temperament«, »Gemüt«, »Charakter« oder auch »Individualität«. Um das besser verstehen zu können, müssen wir einen kurzen Ausflug in die menschliche Psyche machen. In einem relativ jungen Zweig der Psychologie, der Persönlichkeitsforschung, beschäftigt man sich mit Charakteristika im menschlichen Handeln, die von Person zu Person unterschiedlich sind, obwohl die Personen dieselbe Situation erleben. So reagieren zum Beispiel bestimmte Menschen eher phlegmatisch und andere aggressiv. Diese Verhaltensweisen bleiben meist über lange Zeit oder sogar für das ganze Leben gleich. Es ist tatsächlich so, als wäre unsere Persönlichkeit nach einem ganz bestimmten Rezept zusammengebraut.

Ein vielleicht hinkender Vergleich macht deutlich, wie sich die Forscher dieser Frage genähert haben. Wir alle haben im Verlauf unseres Lebens unzählige Mahlzeiten zu uns genommen. Im Prinzip unterscheidet sich jede einzelne Mahlzeit ein wenig von der anderen. Mal sind die Bratkartoffeln hart, mal mehlig, mal mit dem Olivenöl aus Italien oder aus Griechenland gebraten, mal mit Salz, mal mit Thymian oder beidem. Natürliche Nahrungsmittel unterscheiden sich in großartiger Art und Weise, und zu Recht sehen wir gute Köche als Künstler, die mit den Zutaten spielen und neue Geschmackskreationen schaffen. Dennoch lassen sich alle Geschmackserlebnisse auf die fünf Grundgeschmacksrichtungen, die unsere Sinne wahrnehmen können, reduzieren. Es gibt süß, salzig, sauer, bitter oder umami.[397] Etwas anderes können wir nicht schmecken, und die Vielfalt entsteht durch die Kombination. Ganz ähnlich ist es mit unserer Persönlichkeit. Man hat dazu hunderte menschliche Persönlichkeitsmerkmale gesammelt und gruppiert. Herausgekommen sind fünf Haupteigenschaften (Big Five), denen alle anderen persönlichen Ausprägungsvarianten zugeordnet werden können. Die folgende Tabelle ist seit circa 20 Jahren fest etabliert und wurde durch Tausende Studien immer wieder bestätigt.[398]

Faktor	Erklärung	schwach ausgeprägt	stark ausgeprägt
Offenheit für Erfahrungen (Openess)	Umgang mit neuen Erfahrungen, Erlebnissen und Eindrücken	konservativ, vorsichtig, zurückhaltend	erfinderisch, neugierig, phantasiereich, experimentierfreudig
Gewissenhaftigkeit (Conscientiousness)	Grad an Selbstkontrolle, Genauigkeit und Zielstrebigkeit	unbekümmert, nachlässig	effektiv, organisiert
Extraversion (Extraversion)	beschreibt Aktivität und zwischenmenschliches Verhalten	zurückhaltend, reserviert	gesellig, Begeisterungsfähigkeit
Verträglichkeit (Agreeableness)	Verhalten in Konflikten	wettbewerbsorientiert, antagonistisch, aggressiv	kooperativ, freundlich, mitfühlend
Neurotizismus (Neuroticism)	individuelle Unterschiede im Erleben von negativen Emotionen	selbstsicher, ruhig, zufrieden	emotional, verletzlich, ängstlich

Betrachten wir als Beispiel die Neugier als Aspekt der Offenheit. In unserer aktuellen Kultur gilt Neugier als etwas Wünschenswertes. Das war nicht immer so, und damit erklärt sich auch die eigentlich negative Beschreibung: Neugier = die »Gier« nach Neuem. Die vergangenen, religiös geprägten 2000 Jahre repräsentieren eher ein konservatives Verhalten. Aus biologischer Sicht ist dies sogar sehr vernünftig. Verhält man sich konservativ und zurückhaltend, dann ist man vorsichtig im Umgang mit Veränderungen und bewahrt die offenkundig erfolgreichen Gegebenheiten. Neue Wege zu gehen ist mit enormen Risiken verbunden. Wandert man in eine neue Landschaft, dann findet man vielleicht nicht genug Essbares. Ändert man eine etablierte Jagdtechnik, dann läuft man Gefahr, leer auszugehen oder sogar verletzt zu werden. Doch warum gibt es dann überhaupt Neugier? Neugier ist die Quelle für Veränderung und damit ein Motor der Entwicklung. Ohne die Neugier darauf, was passiert, wenn man mit einem Stein auf etwas draufschlägt, hätte es die Steinzeit und vermutlich auch die Menschheit nicht gegeben.

Persönlichkeiten und Charaktere in individuellen Tieren zu entdecken ist keine Vermenschlichung. Im Gegenteil, die Individualität ist eine uralte Erfindung der Evolution, die das Überleben einfachster Tierarten und des Menschen gewährleistet hat.

Neugier kann auch im Alltag von großem Nutzen sein. Wenn ich zu den wenigen einer Population gehöre, die neugierig sind, dann ist es sehr wahrscheinlich, dass ich nicht immer mache, was alle machen. Meist ist das nicht von Vorteil, weil ich von dem vielversprechenden Felsvorsprung runterfalle oder meine Kühnheit einem Raubtier zu einem saftigen Abendbrot verhilft. Manchmal aber hat man Glück, und die neue Nahrungsquelle hilft der ganzen Population. In etwa so erklärt man sich das Zustandekommen des großen Spektrums von unterschiedlichen Persönlichkeiten. Es gibt nicht das eine Optimum und die perfekte Anpassung. Das Risiko, dass äußere Veränderungen zur Katastrophe führen, wäre viel zu hoch. Nein, die Stabilität (das langfristige Überleben) liegt in der Vielfalt und der Dynamik.

Es wird Sie jetzt nicht überraschen, dass sich die Evolution nicht erst mit der Entstehung der menschlichen Art diesen Trick hat einfallen lassen.[399] Tatsächlich konnten in der vergangenen Dekade bei unzähligen Tierarten unterschiedliche tierische Persönlichkeiten (animal personality) nachgewiesen werden. Persönlichkeit ist nicht auf kognitiv hochentwickelte Tiere beschränkt. Es gibt Einsiedlerkrebse, die öfter aus ihrer Schneckenschale herauskommen als andere, oder Haubennetzspinnen, die je nach Temperament ihren Beruf wählen. Wie bitte, Spinnen haben Berufe?, werden Sie denken. Aber tatsächlich gibt es eine sozial lebende Spinnenart, bei der sich die aggressiveren Tiere um Nahrungserwerb und Verteidigung kümmern, wohingegen die sanfteren Vertreter für den Nachwuchs zuständig sind.[400]

Aufgrund der vermutlich großen Bedeutung der Individualität für das Verständnis des Verhaltens von Menschen und Tieren, aber auch der Bedeutung für die Evolution traf sich 2015 eine Gruppe der Society for Experimental Biology in Prag und diskutierte beispielsweise über unterschiedliche Persönlichkeiten bei Einsiedlerkrebsen, Regenbogenforellen, Zebrafischen, Seesternen, Stierkopfhaien und Kängururatten.[401]

Es ist somit keine Überraschung, wenn wir den einen Hund anders erleben als einen anderen, er hat einfach eine eigene Persönlichkeit.[402] Hundebesitzer, die in der Vergangenheit der Vermenschlichung und Naivität bezichtigt wurden, wenn sie ihren Liebling als freundlich oder neugierig beschrieben, sind heute rehabilitiert. Sie nahmen nur wahr, was die Wissenschaft erst kürzlich durch umfangreiche Experimente und durch genetische Untersuchungen bestätigen konnte.[403]

Damit sind wir auch gleich beim nächsten Aspekt. Inwiefern wird unsere Persönlichkeit durch unsere Erfahrungen geprägt bzw. was davon wurde uns genetisch in die Wiege gelegt? Dies ist von Art zu Art unterschiedlich. Bei uns Menschen sind es laut moderner Zwillingsforschung zwischen der Hälfte und zwei Dritteln.[404] Sie haben also ein Drittel bis zur Hälfte Ihrer Persönlichkeit selbst in der Hand.

Doch kommen wir noch einmal auf den Aspekt Offenheit und Neugier und die Explorationslust zurück. Bei Meisen konnte gezeigt werden, dass die Lust, Neues zu entdecken, mit Dopaminrezeptoren im Gehirn korreliert.[405] An dieser Stelle verweise ich, wie schon so oft, auf das Kapitel »Gefühlsduselei«, in dem wir uns noch mit der Wirkung von Dopamin befassen. Nun ist der Bauplan dieser Rezeptoren genau so wie alle anderen Bestandteile unseres Körpers in unseren Genen verschlüsselt. Die Natur bedient sich nun eines kleinen Tricks, mit dem sie die Anzahl der Empfängerantennen (Rezeptoren) für Dopamin beeinflussen kann. Dazu werden mittels Enzymen kleine Methylmoleküle (CH_3) an die DNA-Verpackungsproteine geheftet. Diese wiederum sorgen dafür, dass unsere DNA so fest verknotet ist, dass die Informationen nicht mehr ausgelesen werden können.

Wir Menschen haben circa zwei Meter DNA-Faden in einem Chromosomensatz. Die DNA wabert nicht einfach so in unseren Zellkernen herum, nein, sie ist um kleine Proteinkügelchen, die Histone, herumgewickelt. Ist an diese ein Methylmolekül angeheftet, so ziehen sie sich gegenseitig an und verhindern die Ablesbarkeit der DNA. Diese sogenannte Methylierung ist für unser Leben von so entscheidender Bedeutung, dass man der Wirkung dieser Moleküle und weiterer Mechanismen sogar einen eigenen Wissenschaftszweig gewidmet hat. Wir sprechen von der Epigenetik, einem noch recht jungen Forschungszweig der Genetik, der beispielsweise erklärt, warum aus einem Samen der Waldkiefer (*Pinus sylvestris*) in Deutschland ein ganz anderer Baum wächst als am Mittelmeer.[406] Die Epigenetik erklärt die Wirkung von Umwelteinflüssen auf die Gene bzw. darauf, welche Gene unter welchen Bedingungen ausgelesen werden. Dies erklärt, warum eine Waldkiefer im Mittelmeerraum ganz anders aussieht als bei uns. Dennoch ist es dieselbe Art mit identischen Genen, und es geht nur darum, wo man den Samen eingräbt.

Auf diese Weise wird nicht nur das äußere Erscheinungsbild gestaltet, auch innere Prozesse und das Verhalten, wie beispielsweise unser Charakter, unterliegen diesen Mechanismen. Mache ich beispielsweise die Erfahrung, dass sich in meinem Leben Neugier lohnt, dann werden in den Zellkernen meiner Gehirnzellen, die »Histonknoten« um die Gene gelöst, die für den Bauplan der Dopaminrezeptoren verantwortlich sind. Infolgedessen werden mehr Dopaminrezeptoren gebaut, und ich werde noch neugieriger. Mache ich hingegen negative Erfahrungen mit diesem Charakterzug, dann wird die DNA erneut verknotet. Die Forschung hierzu steckt noch in den Kinderschuhen, und natürlich habe ich den ganzen komplexen Zusammenhang extrem vereinfacht, doch im Kern funktioniert das vermutlich bei uns Menschen genauso wie bei Meisen und anderen Tieren.

Zum Glück sind wir dem nicht willenlos ausgeliefert. Das Wirken dieser Mechanismen nehmen wir als Gefühle wahr, und wie schon oft gesagt, je höher unser Gehirn entwickelt ist, je mehr kann es sich gegen die Kraft der Gefühle, also dem Wirken von Hormonen und neurologischen Botenstoffen, hinwegsetzen. An dieser Stelle spielen dann unsere Erinnerungen und Erfahrungen oder Konditionierungen in der Kindheit eine wichtige und vielleicht auch dominierende Rolle. Der Einfluss der Epigenetik durch Methylierung und weitere Mechanismen der Genregulation existiert aber eben auch und ist vermutlich sogar zum überwiegenden Teil für unsere Persönlichkeit verantwortlich. Ist das zu unglaubwürdig?

Wenn man die Methylierung bei Chromosomen von zwei eineiigen Zwillingen im Alter von 3 und von 50 Jahren miteinander vergleicht, dann wird schnell deutlich, wie stark wir dem Einfluss der Epigenetik unterliegen.[407] Während sich die Chromosomen der dreijährigen Zwillinge wie ein Ei dem anderen gleichen, so sehen die Chromosomen der 50-Jährigen ganz verschieden aus. Die Umwelt und auch unsere Erfahrungen haben die Chromosomen und somit auch uns und unser Verhalten verändert.

Kleiner Tipp: Wer viele Bananen isst, stellt seinem Körper viele Methylmoleküle zur Verfügung und ermöglicht sich selbst und auch den eigenen Nachkommen eine bessere Anpassung an die Umwelt und ein gesünderes Leben.

Zugegeben, die beiden letzten Kapitel waren starker Tobak. Das kratzt an unserem egozentrischen Weltbild und unserem Ich-Verständnis. Das muss alles erst einmal verarbeitet werden. In unserer westlichen Kultur steht das Individuum extrem im Mittelpunkt. In der Religion, in der Philosophie und Psychologie dreht sich fast alles um die Entwicklung der eigenen Persönlichkeit/Person.

Doch wo stehen wir Menschen, wenn einfachste Lebewesen Persönlichkeit haben und sich unser geliebtes Ich zu großen Teilen durch genetisch vorprogrammierte Verhaltensweisen erklärt? Was macht es mit uns, wenn wir erfahren, dass persönliche Vorlieben für Spinnen wahrscheinlich genauso wichtig für die Berufswahl sind wie für uns? Was denken wir darüber, dass wir diese persönlichkeitsbildenden Mechanismen zum Beispiel mit Meisen teilen? Was fühlen ein Fisch, eine Ameise, wenn sie sich im Spiegel betrachten? Wie hoch sind wir wohl entwickelt, wenn wir uns noch nicht einmal ansatzweise vorstellen können, wie sich ein Selbst-Erkennen ohne ein Selbstbewusstsein anfühlt?

Es ist ernüchternd und scheint widersinnig, doch wenn wir uns selbst wirklich verstehen wollen, dann müssen wir uns von uns abwenden. Die geistige Leistung ist nicht die Beschäftigung mit sich selbst, sondern die Beschäftigung mit anderen. An dieser Stelle sind wir bei der »Theory of Mind« und der Fähigkeit, sich in andere hineinzuversetzen. Wir sind bei der unglaublichen Fähigkeit, die Gedanken und Gefühle anderer in unseren eigenen

Gedanken zu simulieren und auf dieser Grundlage Voraussagen über deren künftiges Verhalten zu treffen. Nur mit dieser Fähigkeit können wir andere über's Ohr hauen oder ihnen mitfühlend Unterstützung bieten.

Ich weiß, dass du bist

Mitgefühl ist für viele Menschen eine der wichtigsten und edelsten Eigenschaften, die uns Menschen auszeichnet. Es fühlt sich gut an, jemandem helfen zu können und zu erfahren, dass diese Hilfe dankbar angenommen wird. Doch gibt es auch Tiere, die nicht nur die Not anderer erkennen, sondern ihnen auch helfen? Mein Arbeitszimmer befindet sich im Erdgeschoss, und ich habe zwei große Terrassentüren zum Garten hin, die im Sommer meist offen stehen. Ab und an verläuft sich natürlich eine Feldmaus in mein Zimmer und macht es sich dort gemütlich. So tierlieb ich auch bin, die niedlichen Nager sind mir nicht willkommen, und so habe ich mir eine Lebendfalle angeschafft. Ich brauche sie nicht häufig, aber wenn, dann funktioniert sie prima, denn ich befülle sie mit einer Nussnugatcreme, deren Namen ich jetzt nicht erwähne. Die Wirkung ist garantiert.

Letzten Sommer fand ich wieder eine zugeschnappte Falle, aber ohne Maus und ohne Nussnugatcreme. Was war geschehen? Ich versteckte die Falle unter meinem Treppenaufgang in einer Zwischenwand, in der noch Baumaterialien lagerten, ein Paradies für Mäuse. Als ich am Abend die Falle prüfte, fand ich allerlei Steinchen, die von außen unter die Klappe der Falle geschoben waren. Ich verstand zunächst überhaupt nicht, was ich da sah. Hatte ich die Falle nicht scharf gemacht, und waren mir die Steinchen beim Aufstellen in die Falle gerutscht? Unsinn, aber was genau sah ich vor mir? War hier eine Maus in die Falle gegangen und wurde von einer anderen Maus befreit? Hatte diese zweite Maus die Notsituation erkannt und festgestellt, dass man die Klappe von außen leicht eindrücken konnte, diese aber immer wieder zufiel? Hatte sich das Mäuschen im Anschluss überlegt, dass man ja Steine unter die Klappe schieben kann und dass diese dann nicht mehr zufällt? Und hatte diese schlaue Maus schließlich ihren Kumpan befreit? Ich musste wieder an Sherlock Holmes denken, aber glauben konnte ich meine eigene Geschichte nicht. Es erschien mir unmöglich, völlig ausgeschlossen, dass Mäuse zu so einer komplexen Handlung fähig sein sollten, und ich begann zu recherchieren.

Eine kurze Suche nach Pro-Social Behavior und Empathy, also Mitgefühl und freiwilliges, andere unterstützendes Verhalten, und ich wurde in der renommierten Zeitschrift »Science« fündig. Dort hatten tatsächlich Ratten in einem Experiment ihre Artgenossen aus einer Falle befreit. Sie taten das sogar, wenn die gefangenen Ratten nicht in ihr gemeinsames Gehege entlassen wurden. Der letzte Punkt ist von besonderer Bedeutung, denn damit wurde deutlich, dass es sich um ein rein altruistisches, also völlig uneigennütziges Verhalten handelte. Die befreienden Ratten hatten wirklich gar nichts von ihren Bemühungen. Aber es kommt noch besser: Die Forscher präsentierten ihren Ratten einen zweiten Käfig zur Wahl. Dieser enthielt keinen weiteren zu befreienden Artgenossen, sondern die zarteste Versuchung in Form von Schokoladencrisp. Was ich dann las, ließ mich meine leere Falle mit anderen Augen sehen. Die Ratten öffneten zuerst den Käfig ihres Artgenossen, um sich dann gemeinsam über den zweiten Käfig und die Schokolade herzumachen.[408] Hier hatte ich den Beweis, Nagetiere, zumindest Ratten, können komplexe Mechanismen erkennen und manipulieren. Aber nicht nur das, sie taten es aus Mitgefühl, ohne dafür eine Belohnung zu erhalten. Ich gehe jede Wette ein, dass Mäuse diesen Test auch bestehen würden, zumindest die Intelligenzbestien aus meinem Garten.

Der kluge Hans

Zu Beginn des 20. Jahrhunderts schien ein Traum wahr zu werden. Wissenschaft und Technik galten als die Heilsbringer der Zukunft, und die Menschen begannen die Natur und die Tierwelt um sich herum mit anderen Augen zu sehen. In dieser gesellschaftlichen

Der kluge Hans (um 1895 – um 1916). In diesem Bild musste der kluge Hans 84-mal mit dem Bein auf die Rampe treten, um zu beweisen, dass er die gelesene Zahl richtig verstanden hat. Bei so langweiligen Aufgaben wie dieser zählte er besonders schnell, während er sich Zeit ließ, wenn er nur ein paarmal auftreten musste. Wer das Pferd für zu mager hält, vermutet richtig. Der kluge Hans wurde hungrig gehalten, damit er motiviert war, seine »Arbeit zu verrichten«, denn jede richtige Antwort bedeutete ein bisschen Nahrung.

Stimmung passte es hervorragend, dass Pferde lesen und rechnen können, und so erreichte der Mathematiklehrer Wilhelm von Osten gemeinsam mit seinem Pferd Hans Kultstatus. Der kluge Hans konnte rechnen und lesen. Es war sogar möglich, ihn zu fragen, wie viele Männer im Raum Strohhüte tragen. Er konnte also zählen und zwischen Männern und Frauen mit und ohne Strohhüten unterscheiden. Er konnte sich an Namen von Personen erinnern und erkannte sie noch nach Jahren auf Fotos wieder.[409] Schnell kam der Verdacht auf, dass dem Tier mit kleinen Tricks unauffällige Kommandos gegeben wurden. Doch selbst Fremde konnten ihn rechnen und schreiben lassen, und so konnte ein vermeintlicher Einfluss durch den Trainer ausgeschlossen werden.

Kritiker dieser unglaublichen tierischen Leistung postulierten sogar, dass der kluge Hans möglicherweise telepathisch begabt war.

Sie glaubten tatsächlich eher an Telepathie als an die Intelligenz eines Tieres. Was damals keiner ahnte: die Skeptiker waren der Wahrheit sehr nahe gekommen, doch dazu weiter unten. 1904 wurde sogar eine wissenschaftliche Kommission unter der Leitung des damals sehr renommierten Berliner Forschers Carl Stumpf gebildet. Die Kommission sollte die Sensation entweder bestätigen oder den klugen Hans und seinen Besitzer als Trickbetrüger überführen. Die Quellen widersprechen sich ein bisschen, aber angeblich kam, nachdem die Kommission schon fast an die tierische Klugheit glaubte, der Student Oskar Pfungst nach Durchführung einiger selbst ausgedachter wissenschaftlicher Experimente auf die Idee, das Gesicht des Pferdes abzudecken. Und siehe da, der kluge Hans schwieg, denn er konnte sein Gegenüber nicht mehr sehen.[410]

Ungeachtet dieser Erkenntnisse ging die Karriere des klugen Hans weiter, und er wurde sogar nach dem Tod seines Mathematiklehrers von dem Kaufmann Karl Krall übernommen. Krall gründete eine regelrechte Tierschule und veröffentlichte seine Erfahrungen in dem Buch »Denkende Tiere. Beiträge zur Tierseelenkunde auf Grund eigener Versuche«.[411]

Noch heute werden die von dem Studenten Oskar Pfungst durchgeführten Experimente als Durchbruch in der Wissenschaft gefeiert, und damalige wissenschaftliche Größen, wie der deutsche »Indianer Jones« Carl Georg Schillings,[412] gestanden öffentlich ein, sich geirrt zu haben, und betonten die Wichtigkeit korrekten wissenschaftlichen Arbeitens. Dennoch war das Ergebnis der Kommission ein Desaster für die Verhaltensbiologie. Es dauerte Jahrzehnte, bis sich ein Wissenschaftler, ohne Gefahr zu laufen, ausgelacht zu werden, wieder mit den geistigen Fähigkeiten von Tieren befassen konnte. Belege für die Intelligenz von Tieren galten als Trickbetrügerei, und der Primatenforscher Wolfgang Köhler musste mehr als 30 Jahre darauf warten, dass seine Forschung zum Werkzeuggebrauch bei Schimpansen angemessen gewürdigt wurde.

Grund dafür war die Unfähigkeit, die Leistung des klugen Hans oder anderer Tiere richtig einzuordnen. Man hatte das Rad erfunden, aber nicht daran gedacht, eine Karre zu bauen.

Doch was soll nun eigentlich so Besonderes an seiner Leistung sein? Der kluge Hans war in der Lage, im Gesicht und Körper des Fragenden kleine Hinweise auf dessen inneren Status zu erkennen. Vermutlich konnte er das sogar besser, als wir es untereinander können, denn sonst müssten wir unsere Manager, Diplomaten und Psychologen nicht auf Seminare schicken, um sie in nonverbaler Kommunikation zu schulen. Allein durch die genaue Beobachtung seines Gegenübers, auch wenn es sich bemühte, völlig neutral zu wirken, wusste der kluge Hans mit der Genauigkeit eines Lügendetektors, wann er richtiglag. Diese Fähigkeit kann man auf zwei beeindruckende Arten erklären:

- Gedankenlesen (Mind reading)
- Körpersprachelesen (Behavior reading).

Vor einiger Zeit wurde ich gebeten, ein Kapitel über die Kommunikation mit Delfinen zu schreiben. In der entsprechenden Buchpublikation der Uni Freiburg gab es auch ein Kapitel über die Kommunikation zwischen Menschen und Pferden von der Forscherin Marion Mangelsdorf.[413] Mein Wissen über Pferde ist rein theoretischer Natur, und so war ich von der detailliert wiedergegebenen Beschreibung ihrer Interaktion mit Pferden tief beeindruckt. Dennoch wäre ich niemals auf die Idee gekommen, Pferden die Fähigkeit des Pointings zuzuschreiben. Vielleicht können Sie sich noch an das Kapitel »Körpersprache und Pointing« erinnern. Ich war überrascht, dass sich Pferde genauso verhalten wie mein Hund. Mehr noch, sie versuchten, mit ihren Pflegern Kontakt aufzunehmen, und sobald sie Blickkontakt hergestellt hatten, blickten sie schnell zu dem Eimer mit dem Futter, der außerhalb ihrer Reichweite stand.[414] Pferde haben somit eine Fähigkeit gezeigt, die deutlich macht, dass sie genauso wie wir in einer gemeinsamen geteilten Welt leben. Aber haben sie Gedanken oder Verhalten gelesen? Hat der kluge Hans ein Maß an Kategoriebildung (siehe »Gedankenbilder«, »Logik« und »Abstraktes Denken«) betrieben, das unsere menschlichen Fähigkeiten übersteigt? Hat er die unterschiedlichsten Verhaltensäußerungen von ihm fremden Menschen analysiert und kategorisiert und Verhaltensmuster erkannt, die alle Menschen gleichermaßen haben (Behavior reading = Körpersprachelesen)? Hat er diese einfach nur erkannt und dann durch Scharren seines Hufes die richtige Zahl geklopft? Oder war der kluge Hans dazu in der Lage, sich in jemand anders hineinzuversetzen, um dessen Gefühle und Gedanken zu lesen (Mind reading)?

Theory of Mind

Wir Menschen können das. Die zugrunde liegende kognitive Fähigkeit, die noch vor Monaten von den strengsten Forschern nur uns Menschen zugetraut wurde, heißt Theory of Mind und ist meiner Meinung nach Wegbereiter für die Evolution des Geistes und für komplexes soziales Verhalten und Kultur. Leider hinkt die deutsche Sprache mal wieder der wissenschaftlichen Erkenntnis hinterher, und es gibt noch nicht einmal eine gute Übersetzung.[415] Die Theorie wurde bereits 1978,[416] also mehr als 60 Jahre nach dem klugen Hans, erstmals für Tiere postuliert.

Doch eins nach dem anderen. Was genau ist die Theory of Mind, wie kann man sie testen, und welche Tiere sind dazu fähig? Für die Theory of Mind gibt es bisher noch keine eindeutige Definition. Vielleicht kann man aber zusammengefasst Folgendes sagen: Wenn ich eine Vorstellung von mentalen Vorgängen oder Zuständen, wie Wissen, Wünschen, Bedürfnissen oder Glauben, habe, dann habe ich eine Theory of Mind. In der Philosophie wird der Begriff oft gemeinsam oder sogar analog zu Metakognition angewandt. Demnach hätten unsere Ratten aus dem Kapitel »Der Gummibärchen-Test« eine Theory of Mind, denn sie haben ja Kenntnis über ihr eigenes Wissen.

Ebenso könnte man argumentieren, dass ein Pferd, das wartet, bis ein Mensch es anschaut, und erst dann zu dem Futtereimer blickt, Kenntnis über den inneren Zustand des Menschen haben muss. Das Pferd weiß möglicherweise, dass ein Mensch erst dann aufmerksam ist, wenn ein Blickkontakt besteht. Aufmerksamkeit ist ein innerer Zustand. Eine kluge Kollegin hat mich dann aber darauf aufmerksam gemacht, dass es auch eine andere Erklärung gäbe. Die Pferde könnten nur einfach auf das Verhalten, also auf die Blickrichtung reagieren. Man müsste also testen, ob die Pferde auch auf jemanden mit verbundenen Augen reagieren. Wenn sie erkennen, dass jemand mit verbundenen Augen nicht auf sie reagiert, und wenn sie dann nicht zum Eimer blicken, dann hätten sie eine Vorstellung vom inneren Zustand des Menschen.

Die in England geborene und in Kenia aufgewachsene Zoologin Marthe Kiley-Worthington leitet derzeit das Eco Etho Research & Education Centre[417] in Frankreich, das sich mit dem Tierwohl beschäftigt. Sie ist der Meinung, dass alle Säugetiere, von der kleinsten Maus bis zum Elefanten, eine Theorie of Mind entwickelt haben. Ihrer Meinung nach sind sie dazu in der Lage, sich in andere hineinzuversetzen und aus dieser Erkenntnis eigene Schlüsse zu ziehen.[418] Mäuse beispielsweise reagieren mit panischer Flucht, wenn sie eine andere Maus hören, die aufgrund von Elektroschocks, Stressrufe aussendet. Da unterschiedliche genetische Mäusestämme unterschiedlich stark reagieren, konnten die Wissenschaftler ausschließen, dass es sich um gelerntes Verhalten handelt.[419] Doch wie genau kann man das unterschiedliche Verhalten der genetisch unterschiedlichen Mäusestämme erklären? Bedenkt man die Ergebnisse bei den Metakognitionsversuchen, dann könnte man durchaus postulieren, dass die Tiere sich unterschiedlich gut in den Stress und die Panik anderer hineinversetzen können. Ich bin sehr gespannt, was uns die Forschung in diesem Bereich noch präsentiert. Allerdings kommt mir, wenn ich an dieses Experiment denke, immer der Roman »Per Anhalter durch die Galaxis« von Douglas Adams in den Sinn. In ihm lassen die Mäuse Experimente mit sich durchführen, um Intelligenz und Mitgefühl bei ihren Experimentatoren zu testen. Keine Frage, wie deren Urteil über die Forscher, die die Mäuse mit Elektroschocks gestresst haben, ausfallen würde.

Der falsche Glaube

Doch verlassen wir kurz die Säugetiere und wenden uns den gefiederten Intelligenzbestien zu. Ein sehr gut dokumentiertes Beispiel kennen wir von Rabenvögeln. Wie wir im Kapitel »Tierische

Biographien« schon erfahren haben, sind Raben Meister im Verstecken. Nahrung muss man aber erst mal sammeln, damit man sie verstecken kann, und was ist leichter als selber arbeiten? Richtig, andere arbeiten zu lassen. Man nennt dies übrigens Kleptoparasitismus. Die schlauen Vögel, in diesem Fall eine Rabenart mit dem Namen Westlicher Buschhäher, legen sich im wahrsten Sinne des Wortes auf die Lauer und beobachten, wo andere ihre Nahrung verstecken. Ist ihnen das gelungen, schlagen sie zu, buddeln die Nahrung aus und bringen sie in ein neues Versteck. Nun wissen die schlauen Tiere natürlich, dass nicht nur sie faul sind und lieber von anderen stibitzen, daher sind sie äußerst sorgfältig beim Verstecken. Sie achten genau darauf, ob nicht irgendjemand sie beobachtet, und vermeiden laute Geräusche im Laub. Wenn sie sich beobachtet fühlen, dann buddeln sie ihre Nahrung wieder aus und fliegen davon.

Nun wird es spannend. Nicht alle Tiere verhalten sich derart vorsichtig. Junge Tiere, die selbst noch nicht stibitzt haben, buddeln ihre Nahrung nicht wieder aus.[420] Mit anderen Worten, die alten Tiere wissen, dass sie sofort das Versteck eines Fremden ausrauben würden und dass der andere dies auch mit ihrem Versteck tun würde. Sie versetzen sich in den Vogel, der sie beobachtet, und erkennen die Gefahr für ihr Versteck. Junge Vögel erkennen diese Gefahr nicht. Sie wissen noch nicht, dass es der Beobachter auf ihr Versteck abgesehen hat, und sie können sich auch noch nicht in den Beobachter hineinversetzen, um sein künftiges Verhalten vorauszusagen.

Die Königsdisziplin im »Sich-in-andere-Hineinversetzen« ist die Erkenntnis, dass andere einen falschen Glauben haben können (siehe »Die Erfindung der Moral«). Wie wir oben schon erfahren haben, kann man einen falschen Glauben prima testen. Der Leipziger Forscher Michael Tomasello hält einen solchen Test, im Gegensatz zu der oben erwähnten französischen Forscherin Marthe Kiley-Worthington, für den einzig gültigen Beweis für eine Theory of Mind.

Ein Beispiel: Wir beobachten ein Kind mit dem Namen Maxi,

das gerade eine Schokolade bekommen hat und sie in einen grünen Schrank legt. Das Kind verlässt den Raum, und kurz danach erscheint die Mutter. Sie nimmt die Tafel aus dem grünen Schrank und isst ein Stück, danach legt sie die Schokolade in einen roten Schrank. Danach fragt man die Kinder, denen die Geschichte mit Puppen vorgespielt wurde, in welchem Schrank Maxi die Schokolade suchen wird, wenn er zurückkommt. Vier- bis Fünfjährige antworten richtig, dass Maxi die Schokolade in dem grünen Schrank suchen wird, denn dort hat er sie ja hineingetan. Jüngere Kinder können sich nicht vorstellen, dass Maxi nicht weiß, was sie wissen, und antworten, dass Maxi im roten Schrank suchen wird.

Erinnert Sie dieses Experiment an unsere Piraten im Kapitel »Die Erfindung der Moral«? Richtig, Rebecca Saxe[421] hatte diesen Test um den Aspekt der Schuldfähigkeit und Moral erweitert. Im Prinzip ging es aber auch bei den Piraten darum, ob man sich in jemand anders hineinversetzen kann und erkennt, ob jemand einen falschen Glauben hat. So ähnlich verliefen auch die Tests mit Tieren, nur dass man ihnen keine Geschichten von Piraten oder Schokolade in Schränken erzählen kann. Doch wurden die tiergerecht abgewandelten Tests von Tieren nicht bestanden. Aber ist das ein Beweis dafür, dass sie keine Theory of Mind haben? Natürlich nicht, denn in der Wissenschaft sollte man immer die Möglichkeit eines falschen negativen Ergebnisses einräumen (dazu mehr im Kapitel »Forschungsfehler«). Viele Tiere verhalten sich nicht so wie wir Menschen, und so sind vergleichende Untersuchungen zwischen Menschen und Tieren immer problematisch und oft genug Quelle hitziger Diskussionen.

Dennoch sind vergleichende Tests in der Verhaltensbiologie sehr beliebt. Hauptsächlich weil sie objektiv sind, wenn sie richtig konzipiert wurden. Richtig konzipiert sind sie aber nur, wenn sie tiergerecht sind. Die Experimente in der Vergangenheit waren es offenkundig nicht, denn die getesteten Tiere fielen durch.[422] Viele Verhaltensbiologen vermuteten aber mehr, und so wurde an den Tests weiter getüftelt.

Im Gegensatz zu älteren Tests verlangte man von den Tieren nun keine bestätigende Aktion, sondern einfach nur eine eindeutige Augenbewegung. Des Weiteren wurde die Szene durch aggressives Verhalten emotional aufgeladen. Stellen Sie sich einfach wieder das Hütchenspiel vor, nur diesmal mit Eimern und fünf dicken Stapeln mit Hundert-Euro-Scheinen. Dann ist da noch ein Typ, der versucht, die Stapel so zu verstecken, dass Sie sie nicht sehen, und der Sie auch noch körperlich attackiert. Zweifelsfrei hätte der Eimer mit den Scheinchen Ihre volle Aufmerksamkeit, oder? Genauso attraktiv und emotional aufgeladen muss ein Experiment sein, sonst kann es passieren, dass es negative Ergebnisse liefert, obwohl die Tiere die getestete Fähigkeit besitzen. Die entsprechenden Versuche kann man sich auf YouTube ansehen.[423] Dort lassen sich auch sehr gut die Augenbewegungen der Testtiere verfolgen.

Die Szene wurde den zu testenden Tieren im Fernsehen präsentiert und zeigte folgendes Szenario: Die Tiere sahen einen Menschen und einen Menschen im Affenkostüm. Der Mensch im Affenkostüm, nennen wir ihn King Kong, stiehlt dem Menschen ein Objekt und versteckt es unter einer Box. Nun verscheucht King Kong den Menschen und versteckt das Objekt unter einer anderen Box. Das ist natürlich klug, denn King Kong verhindert so, dass der zurückkommende Mensch einfach unter der Box nachsieht und sich das Objekt wiederholt. Nun passiert aber noch etwas, und das ist der Kern des ganzen Experimentes. King Kong holt, vom Menschen ungesehen, das Objekt aus dem zweiten Versteck und verlässt, gemeinsam mit dem Objekt, die Szene. Interessant ist nun die Blickrichtung des Affen, der die Szene im Fernsehen beobachtet. Sie wissen natürlich, dass King Kong das Objekt erneut versteckt hat und es danach mitgenommen hat. Nun kommt der Mensch zurück, und wir wollen wissen, ob der Testschimpanse weiß, was der Mensch über die Situation denkt. Wenn er eine Vorstellung vom Wissensstand des Menschen hat und weiß, dass dieser einen falschen Glauben haben muss, dann wird er zu der ersten Box blicken, in der der Mensch den Stein vermutet. Aufgrund der Tatsache, dass der Gegenstand aber ganz aus dem Bild verschwunden ist, wird ausgeschlossen, dass seine Blick-

Bild aus dem Experiment. Der echte Affe beobachtet die Szene auf einem Bildschirm. Der falsche Affe und der Mensch spielen ihm etwas vor. Die Reaktion und das Verständnis des Affen sind erstaunlich.

richtung am letzten Versteck hängenbleibt. Unter diesen Bedingungen haben Schimpansen, Bonobos und Orang-Utans 2016 den Test bestanden.[424] Nun müssen wir Menschen uns nach einer neuen Königsdisziplin umsehen, um unser Alleinstellungsmerkmal zu rechtfertigen.

Erstaunlicherweise absolvieren aber auch zweijährige Kinder den Test auf einen falschen Glauben erfolgreich, wenn man die Experimente ähnlich vereinfacht.[425] An dieser Stelle muss ich aber ehrlich sein, dieses kluge Testverfahren hat sich kein Verhaltensbiologe ausgedacht. Der Test wurde schon 10 Jahre zuvor von einer Entwicklungspsychologin aus London ersonnen. Sie wollte zeigen, dass auch relativ junge Kinder eine Theory of Mind mit einem Verständnis vom »falschen Glauben« besitzen. Wirklich ernüchternd, wenn man sich vorstellt, dass Verhaltensbiologen 10 Jahre lang falsche Erkenntnisse veröffentlicht haben, nur weil sie nicht die richtigen Experimente durchgeführt haben (siehe »Forschungsfehler«).

Gerade diese Erkenntnis hat mir zu denken gegeben, denn viele Tiere schneiden in den verschiedenen Tests ähnlich gut ab wie Kinder in diesem Alter. In der Wissenschaft gibt es eine goldene Regel. Wenn man etwas einfach erklären kann, sollte man darauf verzichten, sich eine vielleicht interessantere, aber kompliziertere

Erklärung auszudenken. Wenn wir das Verhalten des klugen Hans mit Behavior reading (Körpersprachelesen) erklären wollen, dann müssen wir ihm ein extrem gutes Gedächtnis und eine sehr hohe Kategoriebildungsfähigkeit zutrauen. Schließlich musste er bei völlig Fremden erkennen, dass sie in einem bestimmten Moment seine Reaktion erwarten. Für mich grenzt das an ein Wunder. Mit anderen Worten, ich halte das nicht für plausibel. Ist es nicht viel plausibler, ein generelles, in unzähligen sozialen Lebenslagen nützliches System zu haben? Ein solches System ist eine Theory of Mind. Ich simuliere einfach in meinen eigenen Gedanken, was wahrscheinlich gerade in meinem Gegenüber vorgeht. Aufgrund meiner Erkenntnisse aus dem Pointing-Versuch und meiner Erfahrungen mit der Mausefalle tendiere ich dazu, vielen Tieren eine Theory of Mind zuzutrauen.

Viele Verhaltensweisen ließen sich so relativ einfach erklären. So bat zum Beispiel ein Delfin vor einigen Jahren einen Taucher, ihn von einer Angelleine zu befreien. In seinem eigenen sozialen Netzwerk konnte er keine Hilfe erwarten, also schwamm er zu einer Tauchergruppe und ließ sich die Angelschnur abschneiden. Die Bilder, in denen der Taucher mit einem scharfen Messer an dem Delfin herumschnipselt, gingen in den menschlichen sozialen Netzwerken um die Welt.[426]

Eine spätere Analyse macht deutlich, dass es ein völlig frei lebender Delfin war, der noch niemals zuvor die Nähe von Menschen gesucht hatte oder von ihnen gefangen worden war. Aus meiner Sicht lässt sich ein solches Verhalten nicht anders als mit einer Theory of Mind erklären, denn wir reden hier nicht über eine verwilderte Katze, die von Menschen gefüttert wurde und daher im Notfall die Unterstützung der großen Freunde erbittet. Wir reden auch nicht über ein angefüttertes Wildtier, wie einem wilden Hai, der von einer starken Leine eingeschnürt wurde und von den Betreibern der Unterwasserhaifischfütterung gerettet wurde.[427] Und auch nicht von einem Jungtier, das sich aus Not oder Unerfahrenheit einer anderen Gemeinschaft anschließt. Wir reden über ein erwachsenes Tier, das offenkundig eine eigene Entscheidung gefällt hat.

Vor einigen Jahren schrieb meine Frau, sie ist Wissenschafts-journalistin, einen Beitrag über Seekühe, die sich in Angelleinen verfangen hatten. Es war unglaublich, wie viel Widerstand die Retter überwinden mussten, um das arme Tier von seiner Last zu befreien. Dies ist die normale Reaktion eines Wildtiers. Bedenkt man die Erkenntnisse aus dem Spiegelexperiment, dann war die Entscheidung des Delfins vermutlich genauso bewusst, wie wenn ich mit Zahnschmerzen zum Zahnarzt gehe. Darüber hinaus stehen sich Delfine auch untereinander[428] und sogar Mitgliedern einer anderen Art[429] bei.

Ganz ähnlich verhielten sich auch Buckelwale, als sie versuchten, ein von Orcas eingekreistes Grauwalkalb zu retten. Zum Glück wurde dieses unglaubliche Geschehen von der BBC gefilmt.[430] Letztlich ist das so, als würden wir einen Vogel, der aus dem Nest gefallen ist, vorsichtig wieder zurücksetzen. In der Verhaltensbiologie spricht man von reziprokem Altruismus,[431] also dem uneigennützigen Verhalten anderen gegenüber in der Hoffnung, dass man ebenfalls Hilfe bekommt, wenn man sie braucht. Interessanterweise müsste so ein Verhalten aber aussterben, denn Lügner oder Tiere, die immer nur andere ausnutzen, aber nie selbst in die Gemeinschaft investieren, hätten evolutionär gesehen einen Vorteil und würden ihre Egoistengene weitergeben. Funktionieren tut das alles nur, wenn man ein langes, vielleicht sogar lebenslanges Gedächtnis annimmt und voraussetzt, dass sich die Tiere alle persönlich kennen. Sie wissen somit, wer ein Helfer ist und wer nicht. Der Logik zufolge wird denen, die nie helfen, auch nicht geholfen.

Es gibt aber noch weitere Beobachtungen bei frei lebenden Tieren, die sich nur schwer ohne eine Theory of Mind erklären lassen. So wurde eine Elefantenmutter beobachtet, die ihrem Jungtier eine Plastiktüte aus dem Maul zog, bevor sich ihr Kleines daran verschlucken konnte. Sie behielt die Tüte einige Zeit, um sie dann unauffällig wegzuschmeißen.[432] Es ist schwer, dieses Verhalten mit irgendeinem Instinkt zu erklären, wie sollte sich dieser denn entwickelt haben? Plastiktüten gibt es noch nicht lange genug.

Es ist an dieser Stelle natürlich zu früh, zu einem Schlusswort zu kommen. Letztlich müssen wir uns noch mit unserem Gehirn und den Gefühlen beschäftigen. Dennoch, ich bin in den vergangenen Kapiteln die wichtigsten Kriterien und Experimente durchgegangen, mit denen wir das Funktionieren unseres Verstandes erklären. Ich konnte Ihnen zeigen, dass selbst Nagetiere über sich reflektieren und dass sich vielleicht sogar Fische selbst im Spiegel erkennen. Wir haben Spinnen mit Persönlichkeit kennengelernt und letztlich erfahren, dass sich sogar Vögel in andere hineinversetzen können. Wenn ich ehrlich bin, dann kann ich als Angehöriger der Spezies *Homo sapiens* nicht sehr viel mehr – außer: darüber zu schreiben.

24. Wider die Vernunft

Die Erfindung des geprägten Geldes in Form von Münzen vor etwa 2500 Jahren hat unsere menschliche Kultur und Wirtschaft beflügelt. Seit einigen Jahren tun es auch Nullen und Einsen auf Computerfestplatten sowie die dazugehörigen Kreditkarten und PayPal-Konten. Wir dürfen somit gut begründet annehmen, dass wir den Umgang mit Geld perfektioniert haben. Doch was, wenn kleine Äffchen von gerade mal drei Kilogramm Gewicht nach ein paar Monaten Übung mit Geld genauso gut umgehen können wie wir? Die Antwort ist einfach: Wir haben noch viel zu lernen, wie das folgende Beispiel zeigt. Die Finanzkrise und das Verhalten der Marktteilnehmer hat die Welt erschüttert, und das Fehlverhalten weniger hat ganze Volkswirtschaften in den Niedergang getrieben. Überraschenderweise liegt die Ursache der Krise aber nicht, wie uns gern glauben gemacht wird, in der Gier Einzelner, sondern in Verhaltensmustern, die wir mit anderen Primaten teilen. Dies zeigen zumindest Untersuchungen zu irrationalem Verhalten, und es ist schon überraschend, wenn unsere tierischen Verwandten in ausgeklügelten psychologischen Tests die gleichen Fehler machen wie wir. Sowohl wir Menschen als auch unsere nächsten Verwandten verhalten sich genauso falsch bzw. irrational wie unsere Vorfahren vor 30 Millionen Jahren. Zu dieser Zeit haben sich unsere genetischen Wege getrennt, und wenn wir nicht den gleichen Fehler unabhängig voneinander neu erfunden haben, dann muss diese Verhaltensweise sogar noch älter sein. Doch um das zu verstehen, müssen wir uns kurz damit beschäftigen, was eigentlich Vernunft und irrationales Verhalten ist.

»Sei schön brav und mach, was Oma sagt.« Mit diesen Worten wurde ich als Kind in den Wochenendurlaub entlassen. Als ich etwas größer war, hieß es: »Sei vernünftig und mach keine Dummheiten.« In der Zwischenzeit waren einige Jahre vergangen, und mein Gehirn hatte sich weiterentwickelt. Meine Eltern waren offensichtlich der Meinung, dass es nun an der Zeit sei, an meine Vernunft statt an meinen Gehorsam zu appellieren. Kleinkindern sprechen wir, ohne darüber nachzudenken, die Vernunft oft ab, wir delegieren sie an die Kindergärtnerin, die Tante, die Oma und alle möglichen Vertrauenspersonen. Diese wiederum sind in der Pflicht, sich vernünftig zu verhalten und unsere Kleinen vorausschauend mit der Autorität der Erwachsenen zu leiten. Offenkundig gehen wir davon aus, dass sich Vernunft erst im Verlauf der Kindheit entwickelt. Für unseren großen deutschen Philosophen Immanuel Kant war die Vernunft sogar das wichtigste Kriterium bei der Unterscheidung zwischen Mensch und Tier. Für ihn waren Menschen der Vernunft fähig und Tiere eben nicht.

Spätestens bei diesem Gedanken breitet sich bei mir ein mulmiges Gefühl in der Magengegend aus. Ist irrationales Verhalten nicht die Ursache für praktisch alle globalen Probleme der Menschheit? Wir verbrennen weiter fossile Brennstoffe, obwohl wir den Einfluss auf das Klima und die sich daraus ergebenden desaströsen Folgen für unsere Nachkommen kennen. Wir essen weiter Unmengen an rotem und verarbeitetem Fleisch, obwohl wir seit 2015 wissen, dass die Weltgesundheitsorganisation zu einer drastischen Reduktion des Konsums rät, um die dritthäufigste Krebserkrankung, den Darmkrebs, zu reduzieren. Wir glauben an unterschiedliche Götter, und manche glauben sogar, ein Instrument des göttlichen Willens zu sein, wenn sie sich und andere von einem Sprengstoffgürtel zerfetzen lassen. Das Verständnis der grundlegenden Mechanismen irrationalen Verhaltens ist somit von größter Bedeutung und derzeit Gegenstand unzähliger Forschungsprojekte der Psychologie, der Anthropologie, der Marktforschung und der vergleichenden Verhaltensforschung.

Doch versuchen wir nun, wie oben versprochen, unsere Finanzkrise mit 30 Millionen Jahre alten Verhaltensmustern zu erklären. Als Erstes fällt mir dazu ein Witz ein: Was haben ein Revolver und Windows 95 gemeinsam? Die Antwort: Ungeladen sind sie beide völlig harmlos. Wer wie ich seine Diplomarbeit mit Windows 95 getippt hat, der weiß, wie viel Frustration sich mit diesen Worten Luft macht. Hier geht es mir aber nicht um Computerabstürze, sondern darum, dass Dinge, die vermeintlich überhaupt nichts miteinander zu tun haben, im Kern der Sache eins sein können. Diesen Kern versuchen Forscher, die mit Methoden der vergleichenden Verhaltensbiologie arbeiten, in jedem neuen Experiment neu zu entdecken, so auch in folgendem Beispiel. Normalerweise haben eine Weintraube und ein Traumhaus nicht viel miteinander gemein. Für einen Verhaltensbiologen oder Marktforscher sind sie allerdings eins, denn beide wecken Wünsche und das Bedürfnis, das, was uns dort so verlockend präsentiert wird, zu bekommen.

Sicher kennen Sie den Spruch »Lieber den Spatz in der Hand als die Taube auf dem Dach.« Darauf basiert folgendes Experiment: Stellen Sie sich vor, Sie wären der Einkäufer eines mittelständischen Betriebes und Ihnen ist bewusst, dass von Ihrem Einkaufsgeschick letztlich Gedeih und Verderb der kleinen Firma, mit der sie sich seit Jahren schon fast familiär verbunden fühlen, abhängt. Sie haben die Wahl, bei zwei unterschiedlichen Händlern einzukaufen. Der erste zeigt Ihnen sein Produkt, sagen wir, einen Ball, und zu Ihrer Überraschung gibt er Ihnen nach dem Kauf den Ball und noch einen zweiten dazu. Was für ein netter Verkäufer, denken Sie, und vielleicht nehmen Sie sich vor, beim nächsten Mal wieder zu ihm zu gehen. Zu Ihrer großen Freude machen Sie diese positive Erfahrung wieder und wieder: einen Ball zahlen und zwei bekommen. Sie fühlen sich großartig. Der Grund: Ihr neuronales Belohnungszentrum als Käufer springt an, Ihr Hypothalamus spendiert den oft als Glückshormon bezeichneten Stoff Dopamin, und Sie schweben im siebten Käuferhimmel. Nach einiger Zeit fragen Sie sich allerdings, ob Sie bei einem anderen Verkäufer vielleicht einen noch besseren Deal machen könnten. Und siehe da, Ihr Mut wird belohnt! Auch der zweite Verkäufer zeigt Ihnen einen Ball, aber nachdem Sie bezahlt haben, bekommen sie sogar zwei Bälle zusätzlich. Zu Ihrer übergroßen Enttäuschung verläuft Ihr zweiter Geschäftsabschluss mit diesem Händler jedoch weniger erfreulich: Der Verkäufer zeigt Ihnen

Kapuzineräffchen sind begehrte Probanden in der Marktforschung, denn der Wert des Geldes ist ihnen nicht unbekannt.

zwar wieder einen Ball, aber nach dem Kauf bekommen Sie keinen zusätzlichen. Diese Erfahrung wiederholt sich, es wird Ihnen ein Ball gezeigt, und Sie bekommen mal drei und mal tatsächlich nur einen Ball. Rein statistisch gesehen, bekommen Sie im Durchschnitt auch bei diesem Verkäufer zwei Bälle, aber raten Sie mal, für welchen Verkäufer sich die allermeisten Menschen entscheiden? Ja, richtig, für Verkäufer eins.[433] Sie haben zwar keine Chance auf drei Bälle, aber sie bekommen mit absoluter Verlässlichkeit zwei Bälle, während sie von dem zweiten Verkäufer regelmäßig enttäuscht werden.

Kapuzineräffchen verhalten sich genauso.[434] Auch wenn die Äffchen normalerweise nichts wieder hergeben, was sie einmal in ihren Fingern gehabt haben, konnte ihnen beigebracht werden, echte finanzielle Transaktionen durchzuführen. Nachdem sie nach einigen Monaten Training begriffen hatten, dass man für ihr Spielgeld Nahrung kaufen konnte, haben sie sich vom Standpunkt des Kaufverhaltens relativ menschlich verhalten. Ganz entgegen ihrem natürlichen Verhalten, das sich am besten mit »von der Hand in den Mund« beschreiben lässt, entwickelten sie eine Vorstellung vom Wert des nicht essbaren Tauschmittels. So stürzten sie sich auf Sonderangebote, bei denen es hieß: »Weintrauben zum halben Preis«, klauten Spielgeld von anderen, und ja, wie könnte es auch anders sein, Männchen begannen für Liebe mit ihrem Spielgeld zu zahlen. Das Interessante an all diesen Untersuchungen, die an verschiedenen Instituten auf der ganzen Welt durchgeführt wurden, ist die Möglichkeit, Verhalten zu vergleichen, das sich ohne die Verrechnungseinheit Geld nicht vergleichen lassen würde. So haben diese Experimente unter anderem dazu beigetragen, die Wurzeln der Fairness zu entdecken (siehe auch das Kapitel »Die Erfindung der Moral«).

Kommen wir aber nun auf unser Experiment und die Finanzkrise zurück. Wir haben erfahren, dass sich Kapuzineräffchen, genauso wie wir Menschen, eher für den Spatz in der Hand als für die Taube auf dem Dach entscheiden, denn sicher ist sicher. Doch was passiert, wenn wir das Experiment geringfügig ändern und die Händler statt einem Ball drei Bälle präsentieren? Versetzen Sie sich bitte erneut in die Rolle des Einkäufers. Sie kommen zum ersten Verkäufer, und er zeigt Ihnen nun drei Bälle. Sie zahlen Ihren Preis und bekommen zwei. Vielleicht werden Sie sich ein bisschen ärgern und hoffen, beim nächsten Mal auch wirklich alle drei Bälle zu bekommen. Doch sooft Sie einen Handel mit diesem Verkäufer abschließen, es bleibt dabei, er zeigt Ihnen drei Bälle, aber Sie bekommen nur zwei. Frustriert versuchen Sie es mit dem zweiten Verkäufer. Auch er zeigt Ihnen drei Bälle, und er gibt Ihnen tatsächlich auch drei Bälle für Ihr Geld. Mit Ihrem zweiten Handel sind Sie allerdings nicht so glücklich, denn Sie bekommen, obwohl der Verkäufer Ihnen wieder drei Bälle gezeigt hat, nur einen. Dennoch, immerhin haben Sie die Chance auf drei Bälle, und die lassen Sie sich doch nicht entgehen, oder? Die allermeisten Menschen und eben auch die untersuchten Kapuzineräffchen, bei denen die Bälle Weintrauben waren, entscheiden sich tatsächlich für den zweiten Händler. Der erste Händler ist einfach jedes Mal eine Enttäuschung. Der zweite Händler ist da schon attraktiver, denn immerhin haben Sie eine 50-prozentige Chance, auch wirklich Ihre drei Bälle zu bekommen. In Ihrem

Kopf besitzen Sie die drei Bälle schon, und auch wenn Sie ein hohes Risiko eingehen, denn es könnte ja auch sein, dass Sie nur einen Ball bekommen, entscheiden Sie sich für den zweiten Händler, bei dem die drei Bälle zum Greifen nah sind.

Rein mathematisch gibt es überhaupt keinen Unterschied zwischen allen vier Beispielen, denn im Durchschnitt haben Sie immer zwei Bälle. Allein die Form der Präsentation entscheidet darüber, welchen Händler Sie bevorzugen. Obwohl Sie bei dem ersten Händler immer sicher zwei Bälle oder Weintrauben bekommen, entscheiden Sie sich nur im ersten Experiment für diesen. Wenn unser Verstand auch nur im Ansatz einer Logik folgt, dann würden wir uns auch im zweiten Experiment für den ersten Händler entscheiden, denn schließlich bekommen wir bei ihm zuverlässig immer zwei Bälle.

Warum entscheiden wir uns aber im zweiten Experiment für den zweiten Händler, bei dem wir das Risiko eingehen, nur einen Ball zu bekommen? Die Forscher nennen das »loss aversion« oder Verlustversion. Wenn wir etwas besitzen oder wie hier glauben, es schon fast zu besitzen, dann wollen wir es nicht wieder hergeben. In unserem Fall haben die Forscher peinlich darauf geachtet, ein Experiment zu erfinden, bei dem es überhaupt keine Rolle spielt, welche Präferenz man hat. Ein rationaler Geist hätte sich somit mal für den einen und mal für den anderen Händler entschieden. In der Realität ist es aber überhaupt nicht egal, wie wir uns entscheiden, denn wenn wir aufgrund einer Verlustversion ein Risiko eingehen, mag dieses Risiko viel höher sein als unser möglicher Gewinn.

Genau dieses Verhalten hat letztlich in den USA die Finanzkrise verursacht. Einerseits haben Phantasien, Marketing und Wunschvorstellungen die Preise für verschiedene Finanzprodukte in die Höhe getrieben, und andererseits konnten sich die Börsenmakler nicht früh genug von den profitablen und lieb gewonnenen Papieren trennen. Doch nicht nur die Börsenmakler waren von diesem Effekt betroffen. Als die ersten Auswirkungen der Krise auf den Arbeitsmarkt durchschlugen, konnten Abertausende Hausbesitzer ihre Hypotheken nicht mehr tilgen. Sie trennten sich viel zu spät von ihren Häusern. Die Aversion vor dem Verlust der »eigenen« vier Wände war so groß, dass die allermeisten warteten, bis nichts mehr ging und der Immobilienmarkt vollständig zusammengebrochen war. Die Häuser kamen für einen Bruchteil des ursprünglichen Wertes unter den Hammer, und die ehemaligen Besitzer standen ohne Haus, aber mit einem immer noch stattlichen Schuldenbetrag in der Kreide der Banken. Denen wiederum nutzten die vielen Schuldner gar nichts, denn es fehlten die regelmäßigen Tilgungsbeträge, und so war der Teufelskreis in Gang gesetzt.

In jeder banalen Verkäufer- oder Vertreterschulung wird mit diesem Wissen gespielt. Es wird bewusst ein Bedürfnis suggeriert, und es wird ein Gefühl vermittelt, als wäre man schon im Besitz des Objektes der Begierde. Gelingt es dem Verkäufer, diesen Zustand zu kreieren, ist man als Käufer praktisch machtlos, die Vorstellung, den begehrten Gegenstand wieder zu verlieren, ist unerträglich. Glücklich ist der, dem in diesem Moment einfällt, dass man vielleicht zu Hause in aller Ruhe noch einmal nach einem besseren Angebot im Internet suchen sollte. Mit ein bisschen Glück ist der Schmerz des vermeintlichen Verlustes zu Hause schon wieder vergangen, und man kann sich die Recherche sparen.

Als vernunftbegabtes Wesen haben Sie ein weiteres tierisches Mysterium geknackt und können sich von diesen 30 Millionen Jahre alten Verlustängsten trennen. Sie fallen nicht mehr auf die Tricks der Verkäufer herein, ernähren sich fleischarm, und Sie verbrennen keine fossilen Brennstoffe mehr.

Wenden wir uns einem anderen irrationalen Verhalten zu, dem Decoy- oder Köder-Effekt. Ihn macht man sich beim Marketing zunutze. Wenn zum Beispiel eine Firma ein Handy verkaufen möchte und Ihnen zwei Alternativen zur Wahl stellt, dann werden Sie sich nach einem Kriterium richten, das für Sie von besonderer Bedeutung ist. Dabei könnte es sich um den Preis handeln. Handy A kostet 399 Euro und hat 64 Gigabyte Speicher. Handy B kostet 299 Euro, hat aber nur 16 Gigabyte Speicher. Vermutlich würden Sie sich für die preiswertere Version entscheiden, denn schließlich sind 16 Gigabyte viel Speicherplatz, und im Zweifelsfall kauft man einfach eine SD-Karte nach. Mehr Profit macht die Firma allerdings, wenn es den Marketingstrategen gelingt, Ihnen das teurere Handy aufzuschwatzen. Die paar Euro mehr für den Speicherplatz fallen auf der Investitionsseite überhaupt nicht ins Gewicht. Im Wissen um den Decoy-Effekt schnüren die Verkäufer noch ein zusätzliches Angebot. Sie bekommen nun drei Optionen:

Angebot für drei Handys mit unterschiedlicher Speicherkapazität.

	Handy A	Handy B	Handy C
Preis	399 €	299 €	450 €
Speicherkapazität	64 GB	16 GB	32 GB

Vermutlich sieht Angebot A in Ihren Augen nun gar nicht mehr so unattraktiv aus, und tatsächlich entscheiden sich viele Käufer für A, und bei den Marketinggurus klingelt die Kasse.

Tanya Latty und Madeleine Beekman, Biologinnen an der Universität in Sydney, glauben übrigens, dass diese Form von ökonomisch irrationalem Verhalten evolutionär tief verwurzelt und sinnvoll ist. Sie begründen ihre These unter anderem damit, dass auch andere Tiere wie Bienen oder Vögel vergleichbare Fehler begehen, und setzen noch eins drauf: Sie testeten den Schleimpilz *Physarum polycephalum* auf den Decoy-Effekt.[435] Und zwar mit Erfolg. Es scheint unglaublich, ist aber wahr: Dieser Schleimpilz hätte sich auch für das Handy A entschieden. Natürlich nur unter der Voraussetzung, dass es essbar gewesen wäre. Das Prinzip war aber das gleiche. Es gab zwei optionale Nahrungsquellen, die beide Vor- und Nachteile hatten. Der Schleimpilz konnte sich nicht entscheiden und wuchs einfach in beide Richtungen. Nun wurde ihm eine dritte, aber unattraktive Option angeboten, und siehe da, er traf keine rationale Entscheidung, die man ihm als einzelligem Organismus rein mechanisch unterstellt hätte. Nein, er schaltete einen Entscheidungsprozess dazwischen und verglich, genau wie wir, die

Optionen miteinander und entschied sich für eine der beiden ursprünglichen Optionen. Beim Vergleich mit der dritten unattraktiven Option war eine der beiden ursprünglichen Optionen einfach attraktiver. Zweifelsfrei nicht wirklich ein Kompliment für die Qualität der menschlichen Entscheidungsfindung, wenn wir letztlich nicht besser entscheiden als ein Schleimpilz.

Doch es kommt noch besser: Bei einem anderen Experiment konnte gezeigt werden, dass dieser einfache einzellige Organismus sogar ein Gedächtnis hat, und das ohne eine einzige Nervenzelle. Er markiert sich einfach chemisch seinen Weg, ganz ähnlich, wie es Ameisen auf ihren Straßen tun.[436] Die Forscher haben sich übrigens bei ihrem Experiment an räumlichen Tests aus der Roboterforschung orientiert. So müssen sich Roboter, die Rasen mähen, in einer räumlichen Umgebung orientieren, von der sie keine Vorstellung haben. Genau wie unser Schleimpilz.

Die Pilzforscher stehen auf dem Standpunkt, dass unser irrationales Verhalten überhaupt nicht irrational ist, zumindest nicht aus Sicht einer evolutionären Entwicklung, denn in den meisten Fällen macht es absolut Sinn, auf der Grundlage von Vergleichen eine Entscheidung nach »Augenmaß«, wie unsere Bundeskanzlerin so oft zu sagen pflegt, zu treffen. Für unseren Pilz mag es nämlich nicht sinnvoll sein, sich auf zwei Nahrungsquellen gleichzeitig zu stürzen, und Tiere, die sich in der Mitte nicht einfach teilen können, müssen sich ohnehin irgendwie entscheiden. Wenn aber bei komplexen Problemen mit drei Optionen eine rationale Entscheidung nur mittels höherer kognitiver Prozesse zu meistern ist, dann ist eine Entscheidung auf der Grundlage einfacher Vergleiche ein logischer und im Verlauf der Evolution erfolgreicher Weg. Nur zur Richtigstellung am Ende: Schleimpilze sind seit kurzem keine Pilze mehr, sondern echte einzellige Tiere.

Darüber hinaus hat die vergleichende irrationale Entscheidungsfindung auch im sozialen Kontext von kognitiv höher entwickelten Tieren ihre Vorteile. Die Yale-Professorin Laurie Santos, die sich die schon beschriebenen Experimente zur Finanzkrise ausgedacht hat, ist der Meinung, dass die Verlustaversion ein effektives Mittel ist, um nicht den Überblick über soziale Dienstleistungen, wie die Fellpflege bei Primaten, zu verlieren. Die Tiere vergleichen permanent, ob sie gegenüber einem anderen Tier mehr Fellpflege betreiben, als ihnen selbst von diesen zuteilwird. Dabei ist das absolute Maß der aufgewendeten Zeit völlig unerheblich, allein die gerechte Verteilung zählt. Auf diese Art und Weise gelingt es den Tieren relativ gut, nicht zu kurz zu kommen. Letztlich wäre dies dann kein Fehler, sondern nur ein effektiver Weg, etwas sehr Komplexes wie den Austausch von sozialen Gefälligkeiten einigermaßen gut und gerecht in den Griff zu bekommen.

Was am Ende bleibt, ist die Einsicht, dass unser irrationales Verhalten durchaus rationale Ursachen hat. Dennoch entbindet uns das nicht von der Verantwortung, die globalen Probleme, die auf unserem irrationalen Verhalten beruhen, zu lösen. Die Frage ist nur, ob wir diese Verantwortung in die Hand jedes Einzelnen legen und hoffen, dass diese über ihren evolutionären Schatten springen. Vielleicht müssen aber auch die Politiker und die Führungspersönlichkeiten in unserer Gesellschaft das irrationale Verhalten der einzelnen Individuen in der Masse voraussehen und mit Instrumenten des Marketings genau so geschickt manipulieren, wie es heute die Verkaufsstrategen tun, um ihre Produkte an den Mann zu bekommen? Gerd Gigerenzer, der Direktor des Max-Planck-Instituts für Bildungsforschung in Berlin, ist beispielsweise der Meinung, dass es durchaus legitim ist, jemanden zu manipulieren, wenn es zu seinem Besten ist.[437] Mit diesem Gedanken schließt sich der Kreis, denn letztlich manipulieren und steuern wir auch ohne moralische Bedenken unsere Kinder, die ein vernünftiges Denken noch nicht entwickelt haben.

25. Der Denkapparat

Ich habe während meines Studiums viele Jahre als Nachtwache auf einer neurochirurgischen Intensivstation des Universitätsklinikums Kiel gearbeitet. Eines Tages wurde ein junger Mann auf unsere Station geschoben, der eine zwölfstündige Operation hinter sich hatte. Er hatte sich eine Pistole an seine Stirn gehalten und abgedrückt. Die Not-OP verhinderte weitere Blutungen im Gehirn, doch der junge Mann hatte sich irreversibel ein Drittel der Frontallappen seines Großhirns weggeschossen. Direkt hinter seiner Stirn gab es somit kein Gehirn mehr. Er hat nicht nur die Operation überlebt, ich konnte mich sogar drei Tage später schon wieder mit ihm verständigen. Natürlich war er noch an der Beatmungsmaschine, aber das waren fast alle Patienten auf unserer Station, und man lernt schnell, damit umzugehen. Unter diesen Umständen kann man keine philosophischen Unterhaltungen führen, aber man erfährt, ob jemand Schmerzen hat, einen schlechten Geschmack im Mund, Hunger, Durst und ob jemand so klar im Kopf ist, dass man ihm die Hände von der Fesselung lösen kann.

Der junge Mann war überraschend fit und hat vermutlich noch nicht einmal gemerkt, dass große Teile seines Großhirns fehlten. Doch wie kann das sein? Der sogenannte präfrontale Cortex ist für Funktionen wie das problemlösende Denken, das Vorausplanen und zielgerichtete Handeln sowie für Persönlichkeitseigenschaften verantwortlich. Mit anderen Worten, alles Dinge, auf die man im Zweifelsfall verzichten kann. Vermutlich wird der junge Mann erst Wochen später bemerkt haben, dass er Dinge anders tut, als er es in der Vergangenheit getan hat. Er wird weniger Lust verspürt haben, überhaupt etwas zu tun, und vermutlich hat er auch nicht mehr die Stärke und innere Motivation gefunden, um erneut einen Selbstmord zu versuchen, denn auch eine solche Entscheidung wird im präfrontalen Cortex gefällt. Es ist schon fast eine Ironie des Schicksals, dass er sich genau den Gehirnabschnitt, der ihn in den Selbstmord trieb, weggeschossen hatte. Unser Gehirn ist demnach in viele unterschiedliche Bereiche aufgeteilt. Diese Bereiche sind zwar untereinander mal mehr und mal weniger vernetzt, aber sie haben unterschiedliche Aufgaben. Wenn ein Gehirnabschnitt einmal geschädigt ist, dann fällt es uns extrem schwer, oder es ist sogar unmöglich, bestimmte Fähigkeiten wiederzuerlangen. Wir haben gelernt, dass kleine Gehirnareale wie das RTPJ bestimmte Aufgaben übernehmen und damit Teilaspekte unserer Persönlichkeit ausbilden. Vielleicht können Sie sich noch an die magnetische Hemmung des RTPJ-Areals erinnern. Die Menschen waren dann nicht mehr in der Lage, moralisch korrekte Entscheidungen zu fällen. Dieses Areal ist nur erbsengroß und macht deutlich, wie ungemein wichtig jeder einzelne Bereich unseres Gehirns ist. Wir können zwar auf viel Gehirnmasse verzichten und ohne Probleme weiterleben, aber wir sind nicht mehr das, was wir vorher waren, bestimmte Fähigkeiten oder Teile unserer Persönlichkeit sind verschwunden – ein kleiner Tod.

Dennoch haben wir durch solche Experimente oder Unfälle eine sehr gute Vorstellung von der Funktionsweise unseres Gehirns erhalten. So gibt es beispielsweise eine Gehirnschädigung, bei der man die eigene Mutter nicht erkennt, obwohl man sie direkt vor sich sieht. Sobald die Mutter aber etwas sagt, wird die Stimme und somit die Mutter erkannt. Ähnlich kann es Ihnen gehen, wenn Sie in einen Spiegel sehen. Sie würden zwar den Spiegeltest bestehen, aber Sie erkennen sich nicht selbst. Solche extremen Beispiele,[438] die eindeutig mit der Verletzung bestimmter Gehirnareale in Verbindung gebracht werden können, machen deutlich, wie hochgradig unser Großhirn spezialisiert ist.

Hinzu kommt noch, dass wir nur einen Bruchteil unserer Gedanken bewusst oder sprachlich denken. Die wichtigsten Entscheidungen unseres Lebens, nämlich die, die uns schwerfallen und über die wir erst einmal eine Nacht schlafen müssen, fällen wir nicht bewusst. Diese wichtigen Gedanken sind oftmals sogar so komplex, dass wir gar keine sprachliche Entsprechung dafür haben, und so gilt die Vorstellung, dass Denken nur mittels einer Sprache möglich ist, als überholt.

Achtung, nun wird es unbequem: Normalerweise denken wir, dass wir unsere bewussten Gedanken live denken, und halten uns für völlig frei in dem, was wir denken. In diesem Augenblick denke ich über diesen Satz hier im Buch nach, aber ich bin völlig frei in der Entscheidung, ob ich mal schnell auf Amazon klicke und mir ein T-Shirt bestelle oder ob ich eine neue Blu-ray aus meiner Online-Videothek ordere. Doch dem ist nicht so! Der bekannte Neurowissenschaftler Michael Gazzaniga spricht beim freien Willen des Menschen von einem Märchen, das sich unser Gehirn selbst erzählt.[439]

Das glauben Sie nicht? Stellen Sie sich vor, Sie sitzen in einem Apparat, in dem die Aktivität ihres Gehirns gemessen werden kann. Sie haben nichts weiter zu tun, als zu entscheiden, ob Sie entweder einen Knopf in Ihrer linken oder in Ihrer rechten Hand drücken. Es ist Ihnen überlassen, welchen Knopf Sie wann drücken, keine Vorgaben. Alles Ihr freier Wille. Einzige Herausforderung: Sie müssen sofort, also in dem Moment, in dem Sie sich entschieden haben, den einen oder anderen Knopf zu drücken, auch wirklich drücken. Gedanke und Tat sollten simultan in einem Augenblick erfolgen. Was glauben Sie: Wie viel Zeit hat sich Ihr Unterbewusstsein genommen, die Entscheidung zu treffen, den linken Knopf zu drücken? Eine Millisekunde oder zehn, vielleicht sogar eine halbe Sekunde vorher? Nein, der Experimentator kann aus den Daten an seinem Computer bereits 10 Sekunden vorher voraussagen, welchen Knopf Sie drücken werden.[440] Bei komplexeren Aufgaben, etwa einfachen Rechenaufgaben, kann der Experimentator immerhin noch 4 Sekunden vor der bewussten Entscheidung das Ergebnis vorhersagen.[441] Beängstigend, nicht wahr? Um dies alles zu verstehen, und um beurteilen zu können, was der Unterschied zwischen einem menschlichen und einem tierischen Gehirn ist, müssen wir uns über einige Grundlagen verständigen.

Für einen Verhaltensbiologen ist das Gehirn so etwas wie eine Blackbox, wir müssen nicht unbedingt wissen, was da drin ist, denn wir interessieren uns hauptsächlich für Verhalten, und das kann man prima beobachten, ohne zu wissen, was im Gehirn passiert. Dennoch findet heutzutage keine Diskussion über Intelligenz bei Tieren ohne Aspekte der Gehirnanatomie statt, und so muss ich hier ein paar grundlegende Dinge erläutern.

Zunächst einmal müssen wir festhalten, dass die Erfindung der Nervenzelle, also der Struktur, mit der wir denken, uralt ist. In dem Moment, in dem einzellige Tiere begonnen haben, ein Sozialleben zu führen, und daraus mehrzellige Tiere entstanden sind, gab es das Problem der Reizweiterleitung. Ein paar Millionen Jahre später war dann die erste Nervenzelle entstanden, und genau genommen hat sich an deren Grundkonstruktion seither nicht viel geändert. Heutzutage unterscheiden wir nur zwei Gruppen von Nerven. Die einen haben so etwas wie einen Pfannkuchen aus Fett um sich herumgewickelt, die anderen nicht.

Die eine Gruppe von Tieren nennt man Urmundtiere, zu ihnen gehören z. B. Würmer, Insekten, Muscheln, Schnecken, Spinnen und Krebse, sie haben keinen Pfannkuchen. Die andere Gruppe nennt man Neumundtiere. Zu ihnen gehören z. B. der Seeigel, aber auch alle Wirbeltiere, wie Fische, Reptilien, Vögel und Säugetiere, also auch wir. Charakteristisch für diese Tiere ist, dass sie in einem frühen Stadium der Evolution begonnen haben, mit ihrem After zu essen. Ja, Sie haben richtig gelesen, sie führen ihre Gabel nicht zu ihrem ursprünglichen Mund, sondern zu ihrem Gesäß. Doch lassen wir lieber diese Feinheiten unserer Entwicklung ruhen und konzentrieren uns wieder auf unsere Nerven. Der Vorteil der oben erwähnten pfannkuchenartigen Zellen, der sogenannten Myelinschicht, ist die Isolation der Axone. Das sind die Fortsätze der einzelnen Nervenzellen. Sie können über einen Meter lang sein und sind für die Reizweiterleitung verantwortlich. Da auch unsere Nervenzellen die Impulse elektrisch weiterleiten, ist eine Isolation von großem Vorteil. Es spart nicht nur Energie, sondern ist auch schneller.

Wenn sich beispielsweise eine Giraffe am Fuß verletzt, dann würde es eine halbe Sekunde dauern, bis sie ihren Fuß zurückzieht, wenn sie diese Isolationsschicht nicht hätte. Tatsächlich dauert es nur eine Zehntelsekunde. Diese Zeit kann schon darüber entscheiden, ob wir uns ernsthaft verletzen oder nicht.

Ein weiterer großer Schritt der Evolution war die Entstehung von Ganglien. Das sind Anhäufungen von Nervenzellen, in denen die ersten Rechenprozesse ausgeführt wurden. Diese Prozesse sind tatsächlich den Berechnungen in einem Computer recht ähnlich, denn auch unsere Nerven kommunizieren digital, also mit Nullen und Einsen, miteinander. Viele Einsen hintereinander bedeuten eine hohe Reizintensität. Anders als in Computern, in dem die einzelnen Transistoren jeweils nur ein Signal verarbeiten können, können Nervenzellen unzählige Impulse von anderen Nervenzellen gleichzeitig empfangen. Die eigentliche grandiose Erfindung ist aber die Synapse. Dabei handelt es sich um die Verbindungsstellen von einer Zelle zur nächsten. Auch wenn die Reizweiterleitung in unseren Nerven elektrisch passiert, die Übertragung zwischen den einzelnen Nervenzellen erfolgt chemisch. Darum gibt es an jedem Ende einer Nervenzelle eine Synapse, die das elektrische Signal in ein chemisches Signal verwandelt. Der elektrische Impuls löst die Ausschüttung von sogenannten Neurotransmittern aus, die auf der anderen Seite, der sogenannten Postsynapse, empfangen werden. Werden diese Botenstoffe erfasst, wird ein neues elektrisches Signal erzeugt.

Vielleicht haben Sie schon einmal gehört, dass der Geschmacksverstärker Natriumglutamat nicht gesund ist, und meiden daher Tütensuppen oder andere Fertiggerichte. Eigentlich ist das nicht richtig, denn Natriumglutamat ist ein körpereigener Neurotransmitter und absolut nicht giftig oder ungesund. Im Gegenteil, ohne ihn würden wir überhaupt nichts schmecken können. Es ist nur so, dass Tütensuppen oder Fertiggerichte nach nichts schmecken. Wenn man dieser Nahrung, die den Namen vielleicht gar nicht mehr verdient, Natriumglutamat zusetzt, dann werden unsere Postsynapsen mit Neurotransmittern überschwemmt und denken, hm, lecker. Ganz ähnlich funktionieren auch viele Drogen; unseren Postsynapsen wird vorgegaukelt, dass dort etwas ist, was gar nicht existiert. Aber auch dazu mehr im Kapitel »Gefühlsduselei«.

Sehr vereinfacht gesagt, gibt es zwei unterschiedliche Arten von Synapsen, die einen leiten ein ankommendes Signal weiter, und die anderen machen genau das Gegenteil. Sie produzieren ein negatives Potenzial, das ein positives Signal von einer anderen Synapse aufheben kann. In einem Vortrag, den ich mal gehört habe, sprach der Neurologe vom Krieg der Synapsen. Jede einzelne Nervenzelle bekommt unzählige positive und negative Impulse und muss diese verarbeiten. Letztlich entscheidet die bloße Menge über die Aktivität der empfangenden Nervenzelle. Nur wenn die positiven Impulse überwiegen, wird sie ein Signal weiterschicken. Dies funktioniert beim Beugen und Strecken der Knie genau so wie beim Lesen und Denken. Wenn Sie das Wort Lesen lesen, dann feuern zunächst alle Nervenzellen, die für den Buchstaben L zusammengeschaltet sind. Danach folgt der Buchstabe E und so weiter. Alle anderen Buchstaben, die auch jeweils zusammengeschaltete Nervenzellen haben, schweigen, weil ihre negativen Potenziale überwiegen. Kaum zu glauben, aber es ist tatsächlich so einfach. Auf diesem Niveau gibt es überhaupt keinen Unterschied zwischen uns und den Tieren. Auch haben die fünf Gehirnregionen bei allen Wirbeltieren (Telencephalon, Diencephalon, Mesencephalon, Metencephalon und Myelencephalon) vergleichbare Aufgaben.

In der Natur fängt fast alles als Bläschen an, aus der Oberfläche wird dann eine Schicht und daraus vielleicht ein Organ oder Gewebe. Im Falle unseres Gehirns entstand eine Struktur mit mehreren Schichten. Vielleicht haben Sie schon einmal gehört, dass es im Gehirn eine graue und eine weiße Substanz gibt. Die graue Substanz sind die Nervenzellen, und die weiße Substanz sind die Leitungsbahnen der einzelnen Nervenzellen. Gedacht wird somit ausschließlich mit der grauen Substanz der Oberflächenschicht, denn in dieser findet die Verarbeitung der einzelnen Aktionspotenziale statt. Leider kann eine Oberflächenschicht immer nur so groß sein wie das, was sie umgibt. Um dieses Problem zu lösen, legte sich bei allen Säugetieren der Cortex, also die Oberflächenschicht des Telencephalons (Großhirn), in Falten. Früher glaubte man, dass der Grad dieser Furchung ein Maß für die Kapazität des Denkens sei.

Das gemeinschaftliche Gähnen ist ein zutiefst soziales Verhalten. Wenn wir mit anderen mitgähnen, dann simuliert unser Gehirn die fremde Müdigkeit. Wir können mit diesem eingebauten Simulationsapparat aber auch erkennen, ob wir angelogen werden oder wie wir am besten andere hinters Licht führen. Noch vor kurzem traute man so etwas nur Primaten zu. Heute sind wir klüger und wissen, dass Wölfe und sogar Wellensittiche gemeinschaftlich gähnen.

Vor circa 50 Jahren hat man bei Delfinen aber einen höheren Furchungsgrad festgestellt als bei uns Menschen. Später dachte man, die Nervendichte, also die Anzahl der Nerven pro Fläche, wäre das Maß aller Dinge, doch dann entdeckte man, dass Mäuse eine höhere Dichte haben als wir. Vor knapp 20 Jahren ging nun die Entdeckung der Spiegelneuronen durch alle Medien. Hier gab es plötzlich etwas, das es nur bei Menschen und anderen Affenarten gab. Spiegelneuronen haben, so die Vermutung, die unglaubliche Eigenschaft, dass sie Gedanken und Gefühle von anderen Individuen in uns simulieren. Dies ist, wie wir oben schon erfahren haben, ein ungeheurer Vorteil für Tiere, die sozial leben. Ich kann mich so in ein anderes Individuum hineinversetzen und sein Verhalten voraussehen. Damit habe ich die Möglichkeit, mein

Verhalten darauf einzustellen, ich kann mit anderen mitfühlen, sie betrügen oder manipulieren. Spekulationen gingen sogar so weit, dass die Spiegelzellen für unser komplexes Sozialleben verantwortlich sein sollten und dass wir Menschen ihnen letztlich unsere große soziale Kompetenz, ja vielleicht sogar die Menschwerdung verdanken.

Das vielleicht bekannteste Beispiel für das Wirken von Spiegelneuronen ist das Gähnen. Wenn wir einen nahen Sozialpartner gähnen sehen, werden wir auch müde und gähnen aus Solidarität. Auf diese Weise sorgt eine soziale Gemeinschaft dafür, dass auch erschöpfte Mitglieder wahrgenommen werden und man als Gruppe nicht über die Leistungsfähigkeit Einzelner hinausgeht. Ein zutiefst soziales und rücksichtsvolles Verhalten.

Wenn man aber genau hinsieht, dann gähnen nicht nur Affen aus Solidarität, und so war es für mich keine Überraschung, dass gemeinschaftliches Gähnen bei Wölfen[442] und sogar bei Wellensittichen[443] beobachtet werden konnte. Hunde, unsere geliebten Vierbeiner, gähnen sogar mit uns mit.[444] Einer der Entdecker der Spiegelneuronen, Christian Keysers, plädiert sogar dafür, Experimente an Nagetieren durchzuführen, weil sie uns in ihrem emotionalen Verhalten so nahe sind.[445] Heute gibt es fast 30 000 Veröffentlichungen zu Spiegelneuronen, doch so richtig wissen wir immer noch nicht, was sie machen und wer sie alles hat.[446] Daher spricht man heute auch vermehrt von shared neural activations und meint damit ein diffus verteiltes Nervennetzwerk, das als Simulationsapparat in uns werkelt.

Ein weniger umstrittener Zelltyp sind die sogenannten Spindelneuronen, die nach ihrem Entdecker »Von-Economo-Neuronen« genannt werden. Diese Zellen lösen ein Problem, das es nur in großen Großhirnen gibt. Im Gegensatz zu den meisten Nervenzellen besitzen Spindelneuronen nur einen Eingang und einen Ausgang. Sie sind somit am eigentlichen Denken nicht beteiligt. Ihre Aufgabe ist es, weit entfernte Gehirnareale miteinander zu verbinden und so Schaltungen zu ermöglichen, die es sonst nicht gäbe. Dies scheint besonders wichtig zu sein, wenn es um soziale Probleme geht,[447] denn hier müssen verschiedene Gehirnareale intensiv miteinander interagieren. Lange Zeit ging man davon aus, dass diese Zellen nur bei Menschen und Menschenaffen vorkommen.[448] Doch weitere Untersuchungen haben ergeben, dass es diesen Zelltyp auch bei Walen und Delfinen[449] sowie bei Elefanten[450] gibt. Daraus zu schlussfolgern, dass eine Maus weniger gut denken oder sozial interagieren kann, ist aber gefährlich, denn möglicherweise gibt es diesen Zelltyp bei Mäusen nicht, weil in ihren Gehirnen keine großen Distanzen überwunden werden müssen.

Es haben sich aber nicht nur bei Säugetieren intelligente Gehirne entwickelt. Ein Vogelgehirn hat beispielsweise keinen in Falten gelegten Cortex. Würde man unseren Maßstab anwenden, so müsste man Vögel für ziemlich dämlich halten, denn ihr Gehirn hätte keine Oberflächenvergrößerung und demnach nicht viel Platz zum Denken. Daher titelten auch kürzlich einige Wissenschaftler ihren Artikel mit »Denken ohne Cortex«.[451] Tatsächlich sind Vögel einen ganz anderen Weg gegangen. Ihr Gehirn ist keine hohle Blase, an der nur in der Oberfläche gedacht wird. Im Gegensatz zu unserem, also dem Säugetiergehirn denkt bei Vögeln das gesamte Großhirn als eine Masse. Vermutlich lässt sich so viel Gewicht sparen. In jedem Fall erklärt es, warum ein nur wenige Gramm schweres Gehirn so leistungsstark sein kann und in unzähligen Experimenten so unglaublich gut abschneidet.

Erst vor wenigen Monaten wurde ein Artikel veröffentlicht, der vorschlägt, die Fähigkeiten zum Spracherwerb bei Kleinkindern mit dem Erlernen des Vogelgesangs zu vergleichen.[452] Man verspricht sich davon ein besseres Verständnis der Entstehung der Sprache, denn es lassen sich zwei gleichwertige, aber unabhängig voneinander entwickelte Systeme vergleichen. Wer das nicht glaubt, dem hilft vielleicht die folgende Beobachtung: Wir alle kennen die verheerende Wirkung von Alkohol auf unsere Sprachfähigkeit. Den zugrunde liegenden neurobiochemischen Mechanismus hat man noch nicht verstanden, doch man erhofft sich durch die Untersuchung an alkoholisierten Finken Aufschluss. Diese beginnen nämlich genauso, wie wir Menschen unter Alkoholeinfluss ihre Lieder zu lallen.[453] Womit wir auch gleich beim nächsten Thema wären: Nehmen Tiere Drogen, und behandeln sie sich mit Medikamenten?

Doch bevor wir zu diesem spannenden Thema kommen, darf ich Ihnen einen wichtigen Trend in der Gehirnforschung nicht vorenthalten. Wie Sie wissen, findet die Hirnforschung an Tieren hautsächlich statt, weil wir unser Gehirn besser verstehen wollen. Letztlich verspricht man sich viel Geld vom Verkauf von Medikamenten gegen Gehirnerkrankungen wie Alzheimerdemenz, Parkinson, Multiple Sklerose, Epilepsie, Kopfschmerzen und Migräne, aber auch gegen Depression und Schizophrenie. Aufgrund der hohen anatomischen und physiologischen Ähnlichkeit wird seit einigen Jahren auch an Fischen geforscht.[454] Ein Narr, wer als Angler noch an die Mär glaubt, dass Fische keine Schmerzen empfinden oder nicht leiden können.

26. Die Schamanen

Der Begriff Schamane stammt ursprünglich aus Sibirien. Gemeint sind weise Männer, die mit Hilfe ihrer Kenntnisse über die pharmazeutische Wirkung von Pflanzen als Heiler auftraten oder sich selbst einen Rausch verpassten, um mit der spirituellen Welt in Kontakt zu treten. Ganz ähnlich mögen auch einige sibirische Braunbären empfunden haben, als sie auf der Halbinsel Kamtschatka entdeckten, dass man sich, an Kerosinfässern schnüffelnd, herrlich berauschen kann. 2013 titelte die »Welt« sogar: »Kamtschatkas Drogen-Bären sind kerosinsüchtig«[455] und machte auf ein ökologisches Problem aufmerksam, dass von den Umweltschützern selbst verursacht wurde. Diese hatten nämlich Kerosinfässer, die als Treibstoffreservoir für Hubschrauber in den Wäldern verteilt waren, ungesichert zurückgelassen. Bären sind neugierige Tiere, und so wird man beispielsweise im Yellowstone-Nationalpark darauf hingewiesen, Essen gut zu verschließen und bärensicher zu verstauen. Es dauerte also nicht lange, bis die Bären den Wert der Fässer erkannt hatten und zu nutzen wussten.

Ein bisschen komisch erscheint die Geschichte aber schon. Auf dem Coverbild unseres Buches ist eine Grizzlybärin aus Alaska in großer Eintracht mit ihrem Jungtier zu sehen. Grizzlybären (*Ursus arctos horribilis*) sind eine Unterart der Braunbären (*Ursus arctos*) und leben, nur durch die Beringstraße voneinander getrennt, genauso wie ihre nahen Verwandten auf Kamtschatka als Einzelgänger. Sie sind keine Nomaden, sondern haben ein deutlich abgegrenztes Territorium. Dieses wird sogar durch Grenzbäume markiert. Die Tiere suchen sich gut sichtbare Bergkämme mit freistehenden Bäumen, die sie ungefähr auf Brusthöhe mit Kratzern und Bissen markieren. Männliche Rivalen können an der Höhe der Markierung leicht die Größe und Stärke des Besitzers ablesen,

Drogensüchtige Braunbären auf Kamtschatka warten auf Treibstoff. Kerosin ist der Stoff ihrer Wahl, wenn es darum geht, sich schnüffelnd ein High zu verpassen.

und Weibchen erschnüffeln anhand der Markierung die Libido des Grundbesitzers.[456]

Aufgrund dieser territorialen Beschränkung ist es eigentlich nicht logisch, dass die Bären, wie in der »Welt« beschrieben, über große Distanzen wandern, um sich an den Kerosinlagern zu ergötzen und anschließend den Rausch auszuschlafen. Die Wahrscheinlichkeit, in einem fremden Territorium herumtorkelnd erwischt zu werden und heftige Prügel zu beziehen, ist meiner Meinung nach recht hoch. Ich habe daraufhin ein bisschen in den wissenschaftlichen Veröffentlichungen gestöbert. Tatsächlich gab es nur eine einzige Publikation, in der dieses Verhalten in fünf Zeilen beschrieben wurde. Die Forscher sprachen von einer von Alter und Geschlecht unabhängigen Präferenz für Kerosin. Weiter berichteten sie von einem Mutter-Kind-Paar, das im Gegensatz zu den anderen beobachteten Tieren sogar täglich zu einem Kerosindepot kam. Nachdem die Mutter, aus welchen Gründen auch immer gestorben war, behielt der junge Bär wohl sein Verhalten bei.[457] Aufgrund dieser Einzelfälle von kerosinsüchtigen Bären auf Kamtschatka zu sprechen, ist also schon ein bisschen übertrieben. Doch was ist dran am Mysterium der berauschten Tiere?

Im Rausch der Droge

Am Ende meiner Studienzeit in Kiel wollte ich, gemeinsam mit meiner Frau, als Mitsegler einen Katamaran von Panama City nach Florida überführen. Es sollte ein großes Abenteuer werden, denn wir beide sind extrem gern auf dem Meer, und wir malten uns schon die schönsten Karibikstrände aus. In unserem Hotel in Panama City angekommen, schmissen wir unsere Klamotten in die Ecke und begaben uns auf direktem Weg zum Yachthafen am Panamakanal. Es versprach ein wunderschöner Spaziergang an der Küstenpromenade zu werden. Leider endete der Ausflug auf einem Polizeirevier, und der freundliche Polizist malte uns ein paar Kreise auf den Stadtplan. Die solle man als Tourist lieber meiden, war sein lapidarer Kommentar. Wir waren gerade durch so einen Kreis durch. Am Abend saßen wir dann mit unseren Nachbarn auf dem Balkon eines alten, im Kolonialstil erbauten Hotels und blickten auf den Plaza De La Independencia hinunter. Die Luft war schwül und heiß, die zollfreie Flasche Jack Daniel's schmeckte hervorragend und half mir, die vier bewaffneten Jugendlichen, das Messer vor meinem Bauch und die Angst um meine Frau zu vergessen. Mir hat der Whisky damals so gut geschmeckt, dass ich mir vorgenommen habe, keine harten Sachen mehr zu trinken. Eine bewusste Entscheidung, die ich dank dieser traurigen Erfahrung getroffen habe. Doch warum genau ist Alkohol so attraktiv und gefürchtet, und gibt es Tiere mit Affinität zu geistigen Getränken?

Zum Glück sind wir Menschen nicht allein mit unserem Laster. Vor ein paar Jahren machte eine Meldung die Runde, dass sogar Fruchtfliegen (*Drosophila*), die zu wenig Sex hatten, einen Ausweg im Alkohol suchten.[458] In der Untersuchung ging es um die molekularen Mechanismen der Wirkung von Alkohol und die Entstehung von Sucht. Man entdeckte bei den Fliegen das sogenannte Neuropeptid Y, das auch von unseren Nervenzellen als Botenstoff produziert wird. Die Forscher interessieren sich für das Molekül, da man einen Zusammenhang mit Stress und Fettleibigkeit[459] sowie Alkoholismus[460] vermutet.

In den Medien wurde das Thema sexueller Frust und Alkoholkonsum natürlich ausgiebig gefeiert. Die Analogie zu uns Menschen war einfach zu schön, denn endlich waren wir nicht die Einzigen, die ihren Frust im Alkohol ertränkten. Doch dies war gar nicht im Sinne der Autoren, die sich ausschließlich für den molekularen Mechanismus interessiert haben, und so wurde zwei Jahre später in einer Fachzeitschrift für Fruchtfliegenforscher (ja, tatsächlich, so etwas gibt es) richtiggestellt, dass die Fliegen Alkohol aus ganz anderen Gründen präferieren.[461]

Alkohol ist energetisch fast so ergiebig wie Zucker, und Fliegen sind auf diese hervorragende Nahrungsquelle angewiesen. Dies gilt im Besonderen für Fliegen, die ihren Drang zur Fortpflanzung noch nicht ausleben konnten. Diese Tiere waren den Weibchen schlichtweg zu wenig imposant, sie waren zu klein und zu schmächtig. Letztlich hatten sie sich noch nicht auf die Größe eines attraktiven Männchens gefuttert. Im Gegensatz zu uns können Fliegen nicht beherzt in einen Apfel beißen. Sie müssen warten, bis das Obst auf den Boden fällt und die Zellulose in den pflanzlichen Zellwänden durch Mikroorganismen abgebaut wird. Auch wenn ein frischer knackiger Apfel für uns sehr attraktiv ist, die für den Biss verantwortliche Zellulose können wir auch nicht abbauen. Das übernehmen Bakterien in unserem Dickdarm. Wie auch immer, für uns hat verfaultes Obst keine hohe Attraktivität, aber für eine Fliege ist es eine Köstlichkeit, denn nur in Form der verfaulten schleimigen Masse können sie mit ihrem Rüssel die Nahrung aufsaugen.

Ein Nebeneffekt dieses Fäulnisprozesses ist die Entstehung von Alkohol. Da auch Fliegen nicht permanent zugedröhnt herumsummen wollen, haben sie Enzyme entwickelt, die ihnen beim Abbau und bei der Umwandlung von Alkohol in Energie behilflich sind. Insofern versuchen die Fliegen nicht, ihren Frust im Alkohol zu ertränken, sondern sie ernähren sich von Alkohol, wachsen und werden attraktiver für ihre Weibchen. In direkter Folge sind sie nicht mehr sexuell frustriert und brauchen weniger Alkohol zum Wachsen.

Doch unabhängig davon gibt es viele Tiere, die genauso wie wir auf eine gute Dröhnung stehen. So kommen in einer alten BBC-Dokumentation[462] Schweine, Paviane, Hörnchen, Giraffen, Elefanten und weitere Tiere unter einem Marula-Baum, auch Elefantenbaum genannt, zusammen, um sich an den in Gärung befindlichen Früchten zu erfreuen.

Vor einigen Jahren, als in Deutschland noch kaum jemand etwas von Amarula gehört hatte, saß ich im Flieger von Südafrika zurück nach Deutschland. Der Likör aus den Marulafrüchten war wirklich himmlisch und versüßte mir den Rückflug. Wer weiß, vielleicht hat sich ja die südafrikanische Brauerei von der BBC-Dokumentation inspirieren lassen. In jedem Fall wurde dank der finanziellen Unterstützung der Brauerei das »Amarula Elephant Research Programme«[463] an der University of KwaZulu-Natal ins Leben gerufen, das dem Schutz von Elefanten dient.

Doch eines ist seltsam, Wissenschaftler haben hochgerechnet, dass zumindest Elefanten von den Früchten gar nicht betrunken werden können. Selbst wenn man die höchstmögliche Alkoholkonzentration in den Früchten annimmt, dann müsste ein Elefant über 5000 Früchte fressen, um betrunken zu werden. Die maximale Tagesdosis eines Elefanten beträgt aber nur circa 700 Früchte.[464]

Ein alter Freund von mir, Solvin Zankl, ist Fotograf für die Zeitschrift »Geo«. Er hat mir erzählt, dass es heute ein strenges Ethos unter Naturfotografen gibt und dass keine Redaktion ihm Bilder abnehmen würde, die den Anschein haben, gestellt zu sein. Früher jedoch haben die großen Filmproduzenten gern getrickst. Flipper, das Idol meiner Kindheit, war nicht ein Delfin, sondern mehrere. Aufgrund der schlechten Haltungsbedingungen haben die Tiere nicht lange überlebt und wurden einfach durch ein anderes Tier ersetzt. Die Zuschauer haben es nicht bemerkt. In Dokumentationen wurde gern mal eine Ziege als Köder für ein Raubtier angebunden, und ich wäre nicht überrascht, zu erfahren, dass die betrunkenen Tiere von der BBC ein Schnäpschen spendiert bekommen hatten. Tatsache ist aber, dass sich die Bilder von betrunkenen Tieren einer ganzen Generation eingeprägt haben. Der Gedanke, dass wir mit unserem Laster nicht allein sind, erscheint einfach zu attraktiv. Doch was ist nun wirklich dran, alles nur Mache der Medien?

In Indien ist es bereits zu mehreren Unfällen gekommen, bei denen berauschte Elefanten sich selbst[465] oder Menschen[466] verletzt haben. In allen Fällen wurde aber keine natürliche Alkoholquelle verwendet. Das wäre den klugen Dickhäutern vermutlich zu mühsam gewesen, sie hielten sich lieber an Reisbier, ein beliebtes und preiswertes Getränk in den entlegenen Dörfern im nordöstlichen Indien. Ähnlich opportunistisch haben sich Kängurus in Tasmanien auf Schlafmohnplantagen gütlich getan.[467] Hoffen wir für die Beutelträger, dass Australien auch weiterhin Marktführer in der Produktion von medizinischen Opiaten bleibt.

In Nordamerika wissen vor allem Farmer von berauschten Tieren zu berichten. Sowohl Kühe als auch Pferde scheinen verrückt nach Locoweed, einem Schmetterlingsblütler, zu sein. Der Begriff leitet sich vom spanischen loco = wahnsinnig ab. Auch um diese Weidetiere ranken sich die verschiedensten Mythen. Allerdings kam eine wissenschaftliche Untersuchung zu dem Schluss, dass das Locoweed die einzige grüne Pflanze war und dass die Tiere diese grüne Pflanze gegenüber vertrockneten Gräsern bevorzugten. Hatten sie die Wahl, dann wollten sie vom Locoweed nichts mehr wissen und fraßen es höchsten aus Versehen einfach mit.[468]

Recherchiert man im Internet, dann könnte man die Liste drogensüchtiger Tiere beliebig erweitern. Da gibt es Rentiere, die auf Fliegenpilze stehen, Katzen, die Katzenminze lieben, alkoholisierte Bienen die Flugverbot bekommen, und Delfine, die sich hochgiftige Kugelfische wie einen Joint hin und her reichen.

Zweifelsfrei gibt es viele Anekdoten und Beobachtungen von betrunkenen oder durch andere Drogen beeinflussten Tieren. Doch die Evolution kennt keine Gnade, wenn ein Tier zugedröhnt ist, ist es Raubtieren oder Feinden schutzlos ausgeliefert. Die große Frage ist also. ob sich die Tiere freiwillig dem Einfluss der Substanzen aussetzen. Entscheiden sie sich bewusst, vergorene Früchte zu essen oder an Kerosinfässern zu schnüffeln? Oder passieren diese Dinge aus Versehen. Man könnte nun argumentieren, dass die Tiere nicht wiederholen würden, was ihnen unangenehm oder für sie gefährlich ist. Das klingt zwar logisch, muss aber nicht unbedingt sein. So würde ein Hund beispielsweise nicht zögern, durch ein Dornendickicht zu jagen, wenn er dort eine Spur aufgenommen hat. Selbst wenn er sich an den Dornen verletzt, er würde es wieder tun, der Reiz muss nur groß genug sein. Genau so mag es einem Bären gehen, der gelernt hat, dass die Hinterlassenschaften von Menschen oft kleine Köstlichkeiten sind. Vielleicht schnüffelt er deshalb an den Fässern. Letztlich ist Kerosin ein Öl, und Öl ist Nahrung.

Müsste ich mich hier und heute entscheiden, ob Tiere freiwillig Drogen nehmen, um sich zu berauschen, ich würde sagen, nein. Obwohl es mir wirklich gefallen würde und ich den Tieren diese Freude gönne, so muss man doch eingestehen, dass es derzeit kaum ein stichhaltiges Argument gibt, das für den freiwilligen Konsum von Drogen spricht. Hingegen lässt sich eine Vielzahl von Beobachtungen auf andere Art und plausibler erklären. Im Besonderen gilt dies für den wiederholten Alkoholkonsum.

Es gibt sogar eine Theorie, nach der praktisch alle Früchtefresser eine Präferenz für Alkohol haben. Dazu muss man folgenden Zusammenhang verstehen: Der größte Teil unseres Planeten unterliegt einem jahreszeitlichen Wechsel, auf den sich alle Lebewesen einstellen. Besonders für Tiere ist es eine große Herausforderung, die kalte Jahreszeit zu überstehen. Seit jeher garantieren süße Früchte am Ende der Saison eine hohe Überlebenschance für den nächsten Winter, denn der Zucker in Früchten ist ein hervorragender Energielieferant. Er besteht zur Hälfte aus Glukose, die nicht gespeichert werden kann und somit im Tagesverlauf verbraucht wird, und zur anderen Hälfte aus Fructose, die in der Leber sofort in Fett umgesetzt wird. Fett lässt sich prima speichern, und wenn wir es im Unterhautfettgewebe ablegen, dann bietet es sogar Isolation vor der Kälte.

Unser Körper bekommt somit am Ende der Sommersaison einerseits den richtigen Stoff, um Fett einzulagern, und andererseits auch ein süßes Signal, genau das zu tun. Ernährungswissenschaftler sehen in diesem Sachverhalt sogar einen Zusammenhang zum Übergewicht. In den vergangenen Jahrmillionen gab es nur einmal im Jahr Süßes zu essen, und zwar in Form von Früchten. Unsere Körper sind darauf programmiert, aus der Fructose so viel Fett wie möglich zu gewinnen und für die folgende kalte Jahreszeit zu speichern. In unserer westlichen Welt gibt es aber ganzjährig Süßigkeiten, und so bekommt unser Körper permanent das Signal, daraus Fett zu machen und zu speichern. Dieser Zusammenhang erklärt auch, warum so viele Amerikaner trotz fettreduzierter, aber leider gesüßter Nahrung dick werden. Früchten kommt somit eine besondere Bedeutung als Nahrungsquelle und Energiespeicher zu.

Der Zucker in den Früchten ist aber nicht nur für Tiere attraktiv, und so wird jede vom Baum gefallene und im Idealfall sogar aufgeplatzte Frucht sofort von Mikroorganismen besiedelt und zersetzt. Nur wenige Millimeter unter der Oberfläche ist allerdings kein Sauerstoff vorhanden, und die alkoholische Gärung beginnt. Alkohol ist jedoch ein recht flüchtiger Stoff, und alle Früchtefresser können ihn gut riechen. So wie wir ein Weinglas schwenken, um uns an dem Duft zu erfreuen, geht es Tieren, die Früchte lieben. Es spielt keine Rolle, ob ich ein 700 Kilogramm schwerer Grizzlybär oder ein kleiner Piepmatz bin. Alkohol zieht uns alle magisch an, denn er bedeutet Zucker, und Zucker bedeutet Fett. Fett als Isolation, Fett als Energiereserve, ein Stoff, mit dem man den nächsten Winter überlebt. Ich schmücke mich hier aber mit fremden Federn, denn der Gedanke stammt von Robert Dudley,[469] einem Biologieprofessor aus Texas.

Doch gibt es durchaus Abhängigkeiten im Tierreich. Die Akazie lebt beispielsweise in Symbiose mit Ameisen, die sie vor Fraßfeinden schützt und die sie im Gegenzug mit Nahrung versorgt. Doch ganz so einhellig ist die Beziehung nicht, denn die Akazie hat die Ameisen vorher von sich abhängig gemacht. Der Baum produziert ein Gift, das ein Verdauungsenzym der Ameisen, die Invertase, hemmt. Ohne dieses Enzym können die Tiere keinen Zucker verdauen. Die einzige für sie verfügbare Nahrungsquelle ist der Nektar der Akazie, und den gibt es nur vergiftet. Der Baum hält sich somit eine Garnison abhängiger Verteidiger.[470]

Windpockenpartys und andere
Formen der Medizin

Jeder, der einige Zeit mit einer Katze oder einem Hund zusammengelebt hat, weiß, dass diese ab und an Gras fressen. Die Gründe für dieses Verhalten sind vielfältig. So regt Gras durch seinen hohen Anteil an Ballaststoffen die Verdauung an, führt in großen Mengen zum Erbrechen oder hilft beim Kampf gegen Krankheitserreger. Das Verhalten hat auch nichts damit zu tun, dass die Tiere krank sind, es ist Teil ihres ganz normalen Verhaltensspektrums. So fressen junge Hunde mehr Gras als erwachsene, aber nur erwachsene erbrechen sich.[471]

Anders als der Drogenkonsum ist die Selbstmedikation als Therapie und Prophylaxe bei Tieren weniger umstritten. Es gibt unzählige Beispiele dafür, wie sich Tiere mit Hilfe von Pflanzen oder sogar Tieren selbst therapieren oder sich mit deren Hilfe präventiv vor Krankheiten bewahren.

Das Fressen von Gras unterstützt die Verdauung, indem die enthaltenen Ballaststoffe den Mikroorganismen im Darm der Hunde als Nahrung dienen. Es hilft aber allem Anschein nach auch im Kampf gegen unerwünschte Keime. So konnte in einer Studie, die zur Verbesserung von Hundevollnahrung durchgeführt wurde, gezeigt werden, dass Pflanzenbestandteile unerwünschte Bakterien im Darm von Hunden reduzieren.[472] Das deckt sich auch mit Beobachtungen bei Marderhunden.[473] Die Studie zeigte, dass kranke Marderhunde mehr Gras im Verdauungstrakt hatten als gesunde. Vielleicht fragen Sie sich nun, woher die Wissenschaftler denn den Mageninhalt von gesunden und kranken Marderhunden kennen? Die putzigen Tierchen, die im Englischen raccoon dog, also Waschbärhund, genannt werden und tatsächlich wie eine Mischung aus Waschbär und Hund aussehen, gehören nicht zur einheimischen Fauna in Europa und sind zum Abschuss freigegeben. Somit ist es also für Forscher nicht schwer, an tote Tiere zu kommen. Allein in Deutschland betrug die Jagdstrecke[474] von 2003 bis 2013 insgesamt 250 000 Tiere,[475] immerhin mehr als die Einwohnerzahl meiner Heimatstadt Erfurt.

Marderhunde sehen aus wie Mischlinge aus Waschbär und Hund und werden im Englischen auch so genannt, raccoon dog. Kranke Marderhunde fressen mehr Gras als gesunde Tiere und behandeln damit pathogene Darmkeime. Sie gehören zur Familie der Hunde und sind aus Asien nach Deutschland eingewandert.

Ganz ohne Zweifel ist dies kein zufälliges Verhalten, die Tiere fressen das Gras aus gutem Grund. Doch was geht in den Köpfen der Tiere vor, wenn sie es tun? Für die meisten Menschen ist das ein klassischer Fall für tierischen Instinkt. Wie Sie beim Thema Kultur vielleicht schon gelesen haben, stehe ich dem Begriff Instinkt sehr kritisch gegenüber. Genau genommen hat er für mich keine Bedeutung, denn er erklärt überhaupt nichts. Unsere Vorfahren haben Gewitter dem Donnergott zugeschrieben. Irgendwann hatten wir dann die atmosphärischen Mechanismen verstanden und wissen heute, wie ein Gewitter entsteht. Mit dem Begriff Instinkt ist es ganz ähnlich, er beschreibt eine Beobachtung, die früher nicht anders erklärt werden konnte. Für Darwin beispielsweise war der Instinkt ein angeborenes Verhalten, das sich im Verlauf der Evolution durch Selektion herausgebildet hat. Tinbergen, ein niederländischer Verhaltensforscher und Nobelpreisträger, unterschied etwas genauer zwischen vererbten Verhaltensmustern (ultimaten Ursachen) und aktuellen Auslösereizen (proximaten Ursachen). Im allgemeinen Verständnis der Öffentlichkeit hat sich trotz umfangreicher Forschung kaum etwas geändert. Dem instinkthaften Verhalten steht das vernünftige Verhalten gegenüber. Diese Betrachtung zementiert einen deutlichen Unterschied zwischen dem vernunftbegabten Menschen und allen anderen instinktbehafteten Tieren. Wir haben aber im Verlauf des Buches deutlich gesehen, dass diese Einteilung heute nicht mehr aufrechterhalten werden sollte. Trotzdem: Wie mag es sich wohl anfühlen oder wie denkt man, wenn man sich »instinkthaft« verhält?

Stellen Sie sich einfach vor, Sie haben Durst. Die Osmorezeptoren im Hypothalamus, einem wichtigen Teil des Gehirns, öffnen mechanische Ionenkanäle und verursachen einen kleinen elektrischen Kurzschluss. Dieser Kurzschluss rast als Aktionspotenzial zur Neurohypophyse, die infolgedessen das Antidiuretische Hormon (ADH) produziert. Dieses wiederum gelangt über das Blut in die Niere und signalisiert ihr, vermehrt Wasser aus dem Primärharn zurückzugewinnen. Zeitgleich nehmen wir ein Gefühl wahr, das wir als Durst bezeichnen und das uns von innen heraus antreibt zu trinken. Nach Tinbergen wäre das die innere oder ultimate Ursache. Werden wir in diesem Moment von außen beobachtet, so sieht ein Beobachter erst einmal überhaupt nichts. Erst wenn wir einen Wasserhahn sehen, kommt eine proximate Ursache hinzu, und es kann beobachtet werden, wie wir den Wasserhahn aufdrehen und trinken.

Wenn sich ein Hund unwohl fühlt, weil er zu viel oder etwas Falsches gefressen hat, hat er vermutlich »Durst« auf Gras. Er beginnt nicht, plötzlich an einem grünen Teppich zu knabbern, sondern wartet bis zum nächsten Spaziergang, auf dem er möglicherweise dem proximaten Reiz Gras ausgesetzt ist. Wir können ihn dann beobachten, wie er dieses frisst. Ebenso, wie wir uns nach unserem Appetit für die Speise entscheiden, die uns gerade guttut, verfügen viele Tiere, die sich selbst therapieren, mit großer Wahrscheinlichkeit über einen vergleichbaren Mechanismus. Es ist also für uns gar nicht so schwer, das nachzuempfinden.

Egal, ob Wasser oder Heilpflanze, eine innere Kraft treibt uns zu deren Aufnahme. Doch wie funktioniert das eigentlich, ist das Instinkt?

Mein Hund Darwin wurde auf einem Bauernhof in Mecklenburg geboren und kannte, bis wir ihn gekauft haben, nur die paar Quadratmeter auf diesem Hof. Er kam also als Welpe zu uns, und ich kann ausschließen, dass er jemals von einem anderen Hund gelernt haben könnte, dass man bei Bauchbeschwerden Gras fressen muss. Er tut es aber. Genau so wenig, wie wir wissen, warum wir gerade auf das eine oder andere Appetit haben, weiß auch Darwin nicht, dass ihm Gras hilft. Sein Verhalten ist genetisch vorgegeben oder prädisponiert. Ein Reiz löst eine Kaskade von biochemischen und neurologischen Prozessen aus, und am Ende steht das Bedürfnis, Gras zu fressen. Wenn er sich unwohl fühlt, hat er theoretisch unzählig viele Möglichkeiten, er könnte an Baumrinde nagen oder Erde fressen, aber es fällt ihm im Moment des Unwohlseins einfach leichter, Gras zu fressen.

Vielleicht ist das folgende Beispiel für genetische Prädisposition verständlicher. Wenn zum Beispiel ein Kind aus einer musikalischen Familie kommt, dann wird es ihm viel leichter fallen, ein Instrument zu lernen, als einem Kind, dessen Vorfahren niemals ein Instrument gespielt haben. Natürlich weiß auch ein musikalisches Kind nicht, warum es lieber Musik macht, aber Fußball nicht mag. Auf einer vergleichbaren kognitiven Grundlage behandeln sich auch Ameisen selber. Ameisen, aber auch andere Insekten auf der ganzen Welt leiden unter einem Pilz (*Beauveria bassiana*), der sie von innen auffrisst. Dieser Pilz wird sogar schon als biologische Variante der Schädlingsbekämpfung genutzt. Man lockt selektiv durch Pheromone (siehe »Pheromon-Partys«) bestimmte Schädlinge in eine Falle. Dort werden sie von dem Pilz infiziert. Handelt es sich um sozial lebende Insekten, ist das Drama programmiert, denn sie stecken alle anderen mit an. Das ist natürlich ein starker evolutionärer Druck, und so ist es vielleicht nicht verwunderlich, dass sich Abwehrmechanismen entwickelt haben. So konnte kürzlich in einer Untersuchung gezeigt werden, dass befallene Ameisen mehr Nahrung zu sich nehmen, die freie Radikale enthalten. Dabei handelt es sich zum Beispiel um tote Tierkadaver oder den Saft von Blattläusen, den die Ameisen melken. Wieder so ein Mysterium, Ameisen leben tatsächlich in Symbiose mit Blattläusen, die sie vor Angreifern beschützen und sogar zu anderen Pflanzen tragen. Im Gegenzug bekommen sie einen zuckerhaltigen Saft, den die Ameisen regelrecht abmelken.

Doch der Saft enthält nicht nur Zucker, sondern auch einen hohen Anteil an freien Radikalen, mit denen sich die Pflanzen ursprünglich vor Fressfeinden schützen wollten. Da die Blattläuse den Pflanzensaft aufsaugen, nehmen sie natürlich auch diese Schutzstoffe auf. Diese freien Radikale nutzen nun die Ameisen ihrerseits als Fungizid, um sich vor dem oben erwähnten Pilz zu schützen. Doch Vorsicht, kein Medikament ohne Nebenwirkung. Freie Radikale unterscheiden nicht zwischen Freund und Feind, und so geht die Therapie schwer zu Lasten der Gesundheit der betroffenen Tiere. Doch selbst wenn die Ameisen ihre Selbsttherapie nicht überstehen, so haben sie wenigstens dafür gesorgt, dass der Pilz mit ihnen stirbt und sie nicht ihren ganzen Stamm anstecken. Die Krankheit selbst könnte aus einem schlechten Science-Fiction-Film sein, denn der Pilz wächst durch den ganzen Körper der Ameise. Noch zu Lebzeiten des armen Tierchens wächst der Pilz aus den Körperöffnungen heraus, und sind die Ameisen erst mal tot, dann quillt ein weißer Pilzflaum aus Gelenken und Augen.

Freie Radikale sind übrigens nicht nur für den Pilz gefährlich, auch wir Menschen leiden unter ihnen, und viele Krankheiten wie Krebs, Parkinson oder Gefäßerkrankungen gehen auf ihr Konto. Perfide ist, dass wir sie sogar selber herstellen, denn sie sind zum großen Teil Abbauprodukte unseres Stoffwechsels.

Doch was genau machen diese freien Radikale eigentlich? Einfach gesagt, sind es chemische Verbindungen, denen ein Elektron fehlt. Um es zu bekommen, reagieren sie mit für uns wichtigen organischen Verbindungen, die im Anschluss an diese Reaktion oftmals ihre Aufgabe nicht mehr erfüllen können. Sie zerstören die Wände unserer Zellen, verändern Stoffwechselvorgänge, indem sie die beteiligten Enzyme beeinflussen, und schädigen sogar unser Erbgut. Zum Glück gibt es Antioxidantien, die sich, bildhaft gesprochen, vor die Radikale werfen und mit ihnen reagieren. Ihre molekulare Opferbereitschaft ist unsere Rettung, und dank ihrer verschwenderischen Konzentration in Früchten und Nüssen sind wir von Mutter Natur gut gewappnet.

Doch zurück zu unseren Ameisen. Ihnen wurden in einem Experiment unterschiedliche Nahrungsquellen angeboten: eine Alternative mit normaler Nahrung und die andere mit erhöhter Konzentration an freien Radikalen. Sie werden es schon erraten, nur die kranken Ameisen stürzten sich auf die Nahrung mit den freien Radikalen. Die gesunden Tiere mieden die an sich ungesunde Kost.[476]

Vor einiger Zeit habe ich gefastet. Eine der Begleitmaßnahmen war, dass ich Heilerde gegessen habe. Das hat mich natürlich interessiert: Warum soll ich denn Erde essen, wenn ich faste? Also habe ich ein bisschen recherchiert und festgestellt, dass es eine weitverbreitete Tradition ist, Erde zu sich zu nehmen, und dass es auch Tiere tun. Es gibt dafür sogar einen Namen: Geophagie. Klingt irgendwie nach Gruselfilm, aber ich fühlte mich gleich in meine Kindheit zurückversetzt, in der meine Oma sagte: »Ach, so ein bisschen Dreck ist gesund.« Ich kann mich auch noch an einen Besuch auf einem Bauernhof erinnern, bei dem mir meine Tante erzählte, dass ihre Hühner Dreck fressen, weil die Steinchen helfen, die Nahrung zu zermahlen. Tatsächlich essen größere Vögel größere Steine und kleine Vögel kleinere. Doch meine Heilerde war ein extrem feines Pulver und hatte wirklich nichts mehr mit Steinchen zu tun. Nach einigem Suchen habe ich eine spannende Veröffentlichung aus dem Jahre 1999 gefunden, in der die Forscher Papageien untersucht haben.[477] Unter Vogelfreunden ist es kein Geheimnis, dass Papageien und andere Vögel ab und zu Erde aufnehmen, und so stellten sich die Forscher dieselbe Frage, die auch mich beschäftigte: Warum? Die Antwort ist genial und erklärt auch, warum Heilerde beim Fasten so guttut. Die Forscher stellten fest, dass die untersuchten Papageien relativ häufig Pflanzen fressen, die für sie giftig sind. Letztlich ist das ein alter Trick der Natur.

Nachdem auch Tiere aus dem Wasser an Land gekrochen waren und sich mit großer Begeisterung auf die schier unerschöpfliche pflanzliche Kost stürzten, erfanden die Pflanzen Gegenmaßnahmen. Sie ließen sich Dornen wachsen oder vergifteten sich selbst, um ungenießbar zu sein. Die Tabakpflanze zum Beispiel ist so giftig, dass sie fast ausschließlich von der Raupe des Tabakschwärmers befallen wird. Auch die Raupe ihrerseits hat kaum Fressfeinde, denn sie hat das Nervengift Nicotin in sich angereichert, und schon eine kleine Raupe könnte einem Menschen seine letzte Mahlzeit bescheren. Auch die Papageien fressen Pflanzen, die eigentlich für sie giftig sind.

Die Forscher erkannten nun, dass die Aufnahme der sehr feinen Erde den Nahrungsbrei im Magen-Darm-Trakt entgiftet. Dabei saugen die mikroskopisch kleinen und sehr porösen Erdklumpen die Gifte praktisch auf. Die Idee mit der Heilerde beim Fasten ist also gar nicht so dumm, denn die große Oberfläche der staubfeinen Partikel ist in der Lage, viele Stoffe und eben auch giftige Substanzen an sich zu binden. Letztlich betreiben die Papageien also eine Art Prävention, die sie davor bewahrt, von den gefressenen Pflanzen vergiftet zu werden.

Viele Vögel, aber auch Säugetiere nutzen andere Tiere, um sich selbst vor Parasitenbefall zu bewahren oder aktiv gegen ihn vorzu-

Papageien fressen Erde und schützen sich so vor Vergiftungen.

gehen. Unter anting (engl. ant = Ameise) versteht man ein weit
verbreitetes Verhalten von Vögeln, bei denen sie sich in ein Amei-
sennest setzen und sich mit ihren Schnäbeln einzelne Ameisen
greifen. Die sind davon natürlich gar nicht begeistert und ver-
spritzen Methansäure, auch Ameisensäure genannt. Im Deutschen
nennt man das Verhalten übrigens Einemsen. Allerdings ist die
therapeutische Wirkung dieses weitverbreiteten Vogelverhaltens

Drei Mohrenmaki. Im Gegensatz zu ihren namengebenden Männchen sind die Weibchen braun. Ihr Verhalten, sich mit giftigem Tausendfüßlersekret einzureiben, um sich vor Parasiten zu schützen, ließ viel Spekulation über den Nutzen von psychedelischen Drogen im Tierreich zu.

auch umstritten, denn in der von den Ameisen gewonnenen Konzentration dürfte es kaum eine Wirkung entfalten.[478] Von Mohrenmakis, einer Lemurenart, die nur auf Madagaskar vorkommt, wird berichtet, dass sie giftige Tausendfüßler anbeißen und sich dann mit dem von den Tausendfüßlern produzierten giftigen Sekret einreiben, um sich vor Parasiten zu schützen.[479] Auf YouTube kann man sich dieses Verhalten in einer BBC-Dokumentation ansehen (ab 1:40[480]). Der Kleine dort hat offenkundig zu stark zugebissen, denn sein Verhalten bleibt von dem Gift nicht unberührt. Beobachtungen wie diese regten zu unzähligen Diskussionen über den Drogenkonsum im Tierreich an – zu putzig sieht es aus, wie der Kleine sabbernd und mit verdrehten Augen in der Astgabel sitzt.

Ich könnte jetzt unzählige weitere Beispiele anfügen. So gibt es eine Anekdote, nach der Holly T. Dublin, eine bekannte Elefantenforscherin, eine sich sehr merkwürdig verhaltende trächtige Elefantenkuh beobachtete. Das trächtige Weibchen verließ ihre Herde, um in mehr als 20 Kilometer Entfernung eine ganz be-

Evolution oder Spatzenkultur: Zigarettenkippen werden in Spatzen-
nestern verbaut, um Parasiten abzuwehren.

stimmte, sonst nicht auf ihrem Speiseplan stehende Pflanze zu
verspeisen. Die Elefantendame gebar kurz nach ihrer ungewöhnlichen Mahlzeit ihr Junges. Angeblich wird die Pflanze von Einheimischen zur Verstärkung von Wehen eingesetzt.[481] In einem
anderen Beispiel behandelt sich eine Spinnenaffen-Dame mit
Phytohormonen und regelt damit ihre Empfängnisfähigkeit.[482]

Die phantastischen Beispiele könnte man endlos fortsetzen.
Was mich aus Sicht der Verhaltensbiologie aber besonders interessiert, ist, ob die Tiere ähnlich wie unsere Hunde einem inneren
Antrieb folgen oder ob sie die Verwendung von bestimmten Substanzen gelernt haben. Leider lassen sich solche Experimente schwer
durchführen, und die Frage muss derzeit unbeantwortet bleiben.
Vielleicht sollte uns aber eine Veröffentlichung zu denken geben,
nach der Spatzen (von wegen Spatzenhirn!) Zigarettenkippen in
ihren Nestern verbauen.[483] Sie tun das, um sich vor Parasiten zu
schützen. Klingt vorerst nach nichts Besonderem, oder? Die Frage
ist nur, seit wann gibt es Zigarettenkippen auf unseren Straßen
und wie viele Spatzengenerationen braucht es, um evolutionär ein
solches Verhalten entstehen zu lassen? Berücksichtigt man die be-

eindruckenden kognitiven Fähigkeiten von Vögeln, so bin ich geneigt, ihnen zuzutrauen, dass sie die Verwendung von Zigarettenkippen gelernt haben.

Der emeritierte Tierarzt Benjamin Hart von der University of California in Davis gilt als einer der Vordenker im Bereich der »tierischen Medizin«. In seinem maßgeblichen Artikel aus dem Jahr 1990 definiert er Aspekte, die seiner Meinung nach erfüllt sein müssen, damit wir von tierischer Medizin sprechen können.[484] Ein Aspekt wäre die Einnahme von Wirkstoffen. Ich denke, wir sind uns einig, dass die Beispiele, die wir bisher kennengelernt haben, ausreichen, um das zu belegen. Ein weiterer Punkt ist die körperliche Behandlung. Ein Affe, der einen anderen laust, würde in diese Kategorie fallen, denn es geht nicht nur darum, den Partner von Läusen zu befreien, sondern auch darum, dafür zu sorgen, dass diese daran gehindert werden, Krankheiten zu übertragen.

Bei den nächsten beiden Aspekten wird es etwas kritischer, doch aus dem richtigen Blickwinkel betrachtet, sind auch diese gegeben. Es geht um Quarantäne und Impfungen. In seiner etwas neueren Veröffentlichung von 2011 analysiert Hart teilweise sehr alte Publikationen aus der Freilandforschung an Primaten.[485] So wurde dort beschrieben, dass kranke Tiere aus der sozialen Gemeinschaft ausgeschlossen wurden. Bemerkenswert war dabei, dass dies sogar ohne körperlichen Kontakt vonstatten ging. Hart ist daher der Meinung, dass auch sein Quarantänekriterium erfüllt ist. Doch was ist mit Impfungen?

Jeder, der Kinder hat, beschäftigt sich damit, ob man sein Kind impfen lässt oder nicht. In meiner Doktorarbeit habe ich mich mit der Delfintherapie beschäftigt. Viele der dort therapierten Kinder hatten nach Angaben der Eltern Impfschäden. Wenn man dann plötzlich selbst in der Situation ist und diese schwerstbehinderten Kinder vor dem inneren Auge sieht, dann fällt es wirklich schwer, eine vernünftige Entscheidung zu treffen. Dennoch bin ich der Statistik gefolgt und habe das extrem kleine Risiko einer schweren Behinderung gegenüber dem Schutz vor teilweise sogar tödlichen Krankheiten in Kauf genommen.

Nicht alle Eltern entscheiden sich so. Unter ihnen sind zum Beispiel Windpockenpartys sehr beliebt. Man trifft sich gemeinsam mit anderen Eltern sowie deren Kindern und besucht eine erkrankte Familie. Großzügig verteilen die Gastgeber ihre Keime an die Besucher, und im Idealfall werden die Kinder mit einer milden Variante der Windpocken infiziert. Ganz ähnlich werden, wenn man den oben erwähnten alten Berichten folgt, Affenbabys nach ihrer Geburt und auch später noch von einem Gruppenmitglied nach dem anderen gekuschelt und geherzt. Hart sieht darin eine natürliche Form der Immunisierung, denn das Jungtier wird so mit den unterschiedlichen Keimen der unterschiedlichen Tiere konfrontiert. Somit wäre auch dieses Kriterium erfüllt.[486]

Ein kluger Gedanke am Ende: Für Hart sind Strategien gegen Krankheiten genauso wichtig wie Verhaltensstrategien, die vermeiden, gefressen zu werden. Ein wichtiger Punkt, der deutlich macht, wie groß der evolutionäre Druck war, Verhaltensstrategien gegen Krankheitserreger zu entwickeln.

VI. GEFÜHLSDUSELEI

In unserer rationalen und auf Ökonomie getrimmten Welt ist der Begriff Gefühlsduselei negativ besetzt. Er steht für eine übertriebene Hinwendung zu meist negativ bewerteten Gefühlen. Die menschliche Sprache kennt Hunderte Begriffe, um Emotionen zu beschreiben. Die Liste beginnt bei Abneigung und endet mit Zwiespältigkeit. Einige dieser Begriffe lassen sich unter Umständen bestimmten Verhaltensäußerungen zuordnen. Abneigung könnte beobachtet werden, wenn ein Tier ein anderes meidet. Aber dann stellt sich die Frage nach dem Warum. Vielleicht hasst das eine Tier das andere? Doch wie soll ich denn Hass testen?

Cogito ergo sum = *Ich denke, also bin ich* ist der erste Grundsatz des Philosophen René Descartes. Gilt womöglich auch: *Ich fühle, also bin ich*? Haben Gefühle überhaupt etwas mit Denken zu tun?

Irgendwie schon: Wollen wir wirklich wichtige Entscheidungen treffen, dann fragen wir unser »Bauchgefühl«. Wie fühlen wir uns in der Wohnung, die wir gerade besichtigen? Rechtfertigt die Aussicht und das damit verbundene erhabene Gefühl den hohen Preis, oder tut es auch ein Souterrain? Nehme ich für den tollen Job eine Fernbeziehung in Kauf, oder bleibe ich bei meiner Liebsten und verzichte auf den Karrieresprung? Was macht mich glücklicher? Und ist Glück überhaupt ein Maßstab?

Hunderte, wenn nicht Tausende von Philosophen und Psychologen haben sich mit Emotionen beschäftigt, doch noch fehlt eine allgemein anerkannte Definition. Ich bin weit davon entfernt, hier einen Beitrag leisten zu können, doch möchte ich versuchen, aus der Perspektive der biologischen Evolution einige hilfreiche Gedanken zu präsentieren. Denn eines ist sicher: Ohne das, was wir als Emotion bezeichnen, ist ein komplexes Leben kaum denkbar.

27. Die Schnittstelle

Für die meisten Menschen ist unser Verhalten an das Wirken unserer Nervenzellen gebunden. Rein biologisch gesehen, stimmt das, aber nur zur Hälfte. Wir haben ein zweites, dem Nervensystem gleichwertig gegenüberstehendes Steuer- und Regelsystem: unser Hormonsystem. Diesem System verdanken wir die Müdigkeit am Abend (Melatonin) und dass unser Blut (Insulin) nicht überzuckert und zu Sirup wird. Neben diesen und unzähligen weiteren physiologischen Regelkreisen sind Hormone, wie am Beispiel von Oxytocin bereits gezeigt, auch für unser Sozialverhalten verantwortlich.

Anders als das Wirken unserer Nerven genießen Hormone eine gewisse Freiheit. Fettlösliche Hormone können, als wäre es Magie, durch (Zell-)Wände gehen, ihre Wirkung direkt im Zellkern entfalten und dafür sorgen, dass bestimmte DNA-Abschnitte ausgelesen werden. Andere Hormone sind auf den Transport im Blut angewiesen und brauchen Empfängermoleküle, sogenannte Rezeptoren, an der Oberfläche jeder einzelnen Zelle, die sie ansprechen sollen. Eine dritte Gruppe wirkt direkt in unserem Nervensystem. Hier kommen die genialen Synapsen ins Spiel. Wie oben erläutert, werden die Signale in den Nervenzellen elektrisch weitergeleitet. Für Hormone ist da kein Rankommen. Wenn ein Signal von einer Zelle zur nächsten übertragen wird, schlägt die Stunde der Hormone, aber auch der Drogen. Denn in dem Synapsenspalt zwischen den beiden Nervenzellen übernehmen sie die Funktion von Neurotransmittern, ja, sie werden zu Neurotransmittern. Dort greifen sie direkt in unser Denken ein, und je nach Typ einer Synapse kann der Eingriff sehr spezifisch sein. Das Tolle an diesem System ist die große Autonomie. Wir müssen uns darüber keine Gedanken machen, aber: Hormone machen uns Gedanken. Durch ihr Wirken in den Synapsen mischen sie sich in unser Denken ein und helfen uns bei der Entscheidung, was sich richtig anfühlt.

Ich könnte jetzt unzählige Beispiele über die Wirkung verschiedener Hormone auflisten, aber damit würden wir sinnlos an der Oberfläche plätschern. Daher möchte ich auf ein Hormon/Neurotransmitter, das wir schon des Öfteren besprochen haben, näher eingehen: das Dopamin.

28. Dopamin, der Bleifuß auf dem Glückspedal?

Vielleicht können Sie sich noch daran erinnern, dass ich beim Spielverhalten und Vogelgesang bereits vom sogenannten Belohnungssystem gesprochen habe. Gemeint ist das mesocorticolimbische dopaminerge Belohnungssystem, ein über mehrere Hirnareale verzweigtes Netz aus Neuronen. Es verspricht Sehnsucht, Verlangen und himmlische Befriedigung. Entdeckt wurde das Belohnungssystem durch Zufall.

In den 50er Jahren des vergangenen Jahrhunderts war es unter Verhaltensbiologen, Psychologen und Neurologen sehr beliebt, Elektroden in den Gehirnen von Tieren zu versenken und zu schauen, was passiert, wenn man die angrenzenden Nerven mit elektrischen Impulsen reizt. Angeblich legten die amerikanischen Lernforscher James Olds und Peter Milner vom California Institute of Technology ihre Elektrode an ein falsches Gehirnareal und machten eine ungewöhnliche Entdeckung: Die Ratte war verzückt von jedem Stromschlag. Daraufhin wurden mehrere Ratten mit den Elektroden an der falschen Stelle ausgerüstet. Die so präparierten Tiere kamen in einen Käfig, in dem sie sich mittels einer Taste selbst die Stromstöße verabreichen konnten. Nach wenigen Minuten hatten die Tiere das Mysterium der Taste verstanden und betätigten sie infolgedessen alle fünf Sekunden. Das Drücken der Taste war so schön, dass Essen und Trinken zur Nebensache wurde. Letztlich brachen die Tiere dehydriert und erschöpft zusammen. Das Belohnungszentrum war entdeckt.[487]

Doch was haben nun elektrische Impulse mit Dopamin zu tun? Richtig, das eine funktioniert elektrisch und das andere chemisch. Das Geniale ist die Verschränkung beider Systeme an den Synapsen. Signalisieren beispielsweise die im Kapitel »Im Rausch der Droge« beschriebenen Osmorezeptoren Wassermangel, und ich

Die Entdeckung des Belohnungssystems. Laborratten gaben sich freiwillig mit einer Taste elektrische Impulse ins Gehirn. Sie vergaßen, zu essen und zu trinken, doch klickten sie bis zur Erschöpfung auf der Taste herum.

habe Durst, dann wird unter anderem ein sehr altes, im Mittelhirn angelegtes Hirnareal aktiviert. Es handelt sich um das ventrale Tegmentum. Der Bereich besteht aus Neuronen, die am Ende ihrer Nervenbahnen, also an den Synapsen ihrer Axone, Dopamin als Neurotransmitter ausscheiden. Diese Enden befinden sich aber in ganz anderen Gehirnarealen und entfalten dort ihre Wirkung. Auf diese Weise werden Gehirnareale wie der Nucleus accumbens, der frontale Cortex und der Hippocampus mit Dopamin geflutet und dadurch angeregt.

Fast 40 Jahre lang glaubte man, dass Dopamin die bekannten Glücksgefühle einer Befriedigung auslöst. Dann kam ein Forscher auf die Idee, die Nervenbahnen zwischen dem ventralen Tegmentum und den Empfängerstationen zu durchtrennen. Plötzlich fehlte den Tieren der Appetit. Aber sie aßen mit Vergnügen, wenn man ihnen die Nahrung in den Mund steckte. Ihnen fehlte einfach nur die Motivation, nach etwas Essbarem zu suchen oder auch nur zum Futternapf zu gehen.[488]

Die eigentliche Belohnung hat somit nur indirekt etwas mit dem Dopamin zu tun, denn Dopamin regt letztlich nur die Areale an, die körpereigene Opiate und Oxytocin produzieren. Diese sorgen schlussendlich für die angenehmen Gefühle. Hat das Gehirn diesen Zusammenhang verstanden, passiert etwas Erstaunliches. Es lernt, die Arbeit zur Erreichung eines Zieles mit der Erreichung gleichzusetzen. Als Workaholic arbeitet man nicht mehr für den Erfolg im Beruf oder für mehr Geld, nein, es reicht schon, zu arbeiten, um sich gut zu fühlen.

Dies gilt natürlich auch für andere Beispiele: Ein Vogel singt, auch wenn er gerade gar keine Partnerin sucht, und Erwachsene spielen mit großer Leidenschaft, obwohl sie doch schon alles gelernt haben. Nicht das Ziel, also die Reproduktion oder die soziale Stellung, führt zur Befriedigung, es sind die Handlungen, die zum Ziel führen. Auch wieder ein Mechanismus, der schöner und genialer nicht sein könnte. Erkannt wurde dieser Zusammenhang schon vor 2500 Jahren von Konfuzius, als er sagte: »Der Weg ist das Ziel.«

Seit dem Erkennen dieser Zusammenhänge unterscheidet man drei fundamentale und getrennte Aspekte (wanting, liking, learning) des Belohnungssystems:

- Motivationssystem (wanting) mit Dopamin als Transmitter, hier wird Verlangen produziert, es sorgt für Motivation, eine Beeinträchtigung sorgt für Inaktivität und Depression.
- Genuss-System (liking), hier wird das Mögen produziert, erreicht wird dies mit Endorphinen und Oxytocin.
- Lernsystem (learning), hier wird der Zusammenhang zwischen Sehnsucht und Befriedigung zementiert, wir lernen, dass es sich lohnt.

Diese Prozesse laufen im Übrigen unbewusst ab, und die vielen Suchtkranken zeigen deutlich, wie begrenzt unsere Macht über unser eigenes Belohnungssystem ist. Dies liegt daran, dass die Drogen direkt in den Synapsen der Gehirnareale des Belohnungssystems wirken (Heroin und Nicotin am ventralen Tegmentum und Kokain am Nucleus accumbens). Extrem betroffen sind übrigens Jugendliche in der Pubertät. Ihr genetischer Bauplan sieht eine höhere Anzahl von Dopaminrezeptoren vor. Infolgedessen sind sie explorativer und offen für neue und auch extreme Herausforderungen. Aus biologischer Sicht ist dies natürlich sinnvoll, denn es geht darum, sich aus der Sicherheit der Familie herauszubewegen und eigene Erfahrungen zu machen.

Eine Analogie zu Tieren muss in diesem Fall nicht gezogen werden, denn das Wissen um diese Zusammenhänge stammt ja aus dem Tierexperiment. Wir dürfen daher ungestraft unsere eigenen Gefühle mit denen von Tieren vergleichen. Wenn wir Durst haben oder etwas Leckeres essen, dann fühlt es sich genauso an. Wenn uns Singen guttut, dann kennen wir das Gefühl einer singenden Drossel. Wenn wir unermüdlich am Computer spielen, dann wissen wir, warum junge Wölfe bis zur Erschöpfung miteinander toben.

Fehlt der Antrieb des Belohnungssystems, dann entsteht Depression.[489] Auf Grundlage der oben erwähnten Tierexperimente zu Dopamin und anderen Botenstoffen wie Serotonin und Noradrenalin basteln die Pharmakologen Medikamente, um unsere Gefühle zu beeinflussen. Die sogenannten Dopamin-Wiederaufnahmehemmer, die dafür sorgen, dass mehr Dopamin in den Spalten der Synapsen bleibt, waren als Antidepressiva sehr wirksam, haben sich aber nicht bewährt. Sie führten schon nach kurzer Zeit zu starker Abhängigkeit, und letztlich verhielten sich die Patienten wie unsere Ratten mit den Stromstößen im Kopf. Serotonin- und Noradrenalin-Wiederaufnahmehemmer wirken dagegen recht gut, und ihr Suchtpotenzial ist weitaus geringer, da sie nicht direkt im Belohnungssystem, das man vielleicht auch Suchtzentrum nennen könnte, wirken.

Es gibt aber einen Trost, zumindest für Frauen. Aus Versuchen mit Ratten wissen wir, dass das Stillen von Säuglingen das Belohnungssystem stärker anregt, als es durch Kokain angeregt wird.[490] Immerhin wirkt Kokain 1000-mal stärker als Alkohol, und an dessen Abhängigkeit sterben allein in Deutschland jährlich etwa 40 000 Menschen.[491] Eigentlich komisch, dass wir unter diesen Umständen kein Überbevölkerungsproblem haben.

29. Kalt wie ein Fisch

Fische gelten gemeinhin als gefühllos, ja, sie sollen noch nicht einmal Schmerzen spüren, wenn sie auf einen Angelhaken beißen. Begründet wird dies beispielsweise von dem Hirnforscher Professor Brian Key von der University of Queensland mit der Tatsache, dass Fische keinen Cortex, also ein in Falten gelegtes Großhirn, haben und infolgedessen auch keinen Schmerz spüren können.[492] Folgt man dieser Logik, dann dürften rein formal auch Vögel keinen Schmerz empfinden, denn sie haben ja, wie wir erfahren haben, ebenfalls keinen Cortex.

Ich könnte jetzt sehr detailliert in die aktuelle Schmerzforschung bei Fischen einsteigen, aber dazu gibt es einen schönen Artikel im »Spiegel«.[493] Für mich ist die Idee, dass Fische keinen Schmerz empfinden können, geradezu absurd, und außer Brian Key gibt es heute wohl kaum einen unabhängigen Forscher, der das Schmerzempfinden bei Fischen noch bezweifelt. Die Literatur lässt da nicht viel Spielraum für Diskussion. Ich möchte daher hier gern einen Schritt weitergehen. Im Kapitel »Der Denkapparat« haben wir bereits erfahren, dass immer öfter Fische zur Erforschung von Abläufen im Gehirn herangezogen werden. Wir benutzen also Fischgehirne, um unser Gehirn besser zu verstehen und Medikamente zu entwickeln, die bei uns wirken. Hier kommt ein spannender Gedanke: Vielleicht geben Sie mir Recht, dass die menschliche Psyche ein sehr komplexes und immer noch nicht vollständig verstandenes Gebilde ist. Zweifelsfrei haben Psychopharmaka auf dieses Gebilde einen beachtlichen Einfluss. Sie können aus einem deprimierten, antriebslosen und in sich gekehrten Menschen ein freundliches, energiegeladenes und aktives Wesen machen. Phantastisch, selbst schwere Geisteserkrankungen bekommt man mit ein paar Molekülen in den Griff. Den kleinen

Der Kampffisch *Betta splendens* attackiert einen vermeintlichen Gegner, sein Spiegelbild. Chlorpromazin, ein bereits 1950 entdecktes Psychopharmakum, hilft auch ihm, seine Aggression in den Griff zu bekommen.

Eingriff in die Biochemie unseres Gehirns wagt in Deutschland jeder Zwanzigste und in Island jeder Zehnte.[494]

Ob man das gut oder schlecht findet, ist hier egal, denn worum es mir eigentlich geht, ist die Frage: Glauben Sie, dass Psychopharmaka auch bei Fischen wirken? Wenn ja, haben Fische dann eine Psyche oder einen Geist? Immerhin haben wir ja schon erfahren, dass Fische ein Derivat des Liebeshormons Oxytocin haben, das auch bei ihnen für eine stabile Partnerschaft sorgt.

Können Sie sich noch an unser Experiment mit dem Spiegel und dem Erkennen der eigenen Person erinnern? Ich hatte Ihnen erzählt, dass viele Tiere mit Sozialverhalten auf einen Spiegel reagieren. Meist mit Aggression, denn sie halten das Spiegelbild für einen Rivalen. Das bekannteste Beispiel ist der Kampffisch *Betta splendens*, der bis zur Erschöpfung gegen sein Spiegelbild oder einen Rivalen kämpft. Unter dem bereits 1950 entdeckten Psychopharmakum Chlorpromazin bekommt aber auch er seine Aggression in den Griff und wird zu einem friedlichen Zeitgenossen.[495] Dieses Experiment wurde übrigens vor über 30 Jahren durchgeführt, und es ist mir wirklich schleierhaft, wie heute immer noch ernsthaft gezweifelt werden kann, ob Fische fühlen können.

Man muss aber gar nicht zu Psychopharmaka greifen, um einen Fisch zu beruhigen. In der Natur hilft auch Streicheln. Kein Witz! Einige gestreichelte Fische haben einen niedrigeren Cortisolspiegel und somit weniger Stress.[496] Zunutze machen sich dies die Putzerfische, die besser arbeiten können, wenn ihre große Kundschaft nicht nervös herumzappelt. Dies ist übrigens keine Kooperation, sondern eine Symbiose. Die Beteiligten haben einen gegenseitigen Nutzen. Symbiosen gibt es schon bei sehr einfachen Organismen, wie beispielsweise Pilzen und Algen, die gemeinsam die grünen Flechten auf Steinen bilden. Symbiosen darf man aber nicht mit Kooperationen verwechseln. Bei Symbiosen haben zwei Organismen unterschiedlicher Art unterschiedliche Ziele und nützen sich gegenseitig. Bei Flechten zum Beispiel gibt der Pilz Festigkeit und hält die Feuchtigkeit, die Algen wiederum machen aus Sonnenlicht Glukose und ernähren den Pilz. Beide Partner haben sich im Verlauf der Evolution spezialisiert, und diese Spezialisierung ist in ihren Genen gespeichert. Bei einer Kooperation haben zwei Individuen derselben Art das gleiche Ziel. Die Interaktion ist nicht genetisch festgelegt, sondern ein kognitiv gesteuertes Verhalten. Kooperationen sind keine allgemeinen Verhaltensweisen, sondern eher die Ausnahme, denn sie setzen ein gewisses Verständnis der Situation und einen Abstimmungsprozess voraus sowie Verhaltensregeln, die man sich merken muss. Eine Schafherde, die ihre Jungen in die Mitte nimmt, um sie vor Raubtieren zu schützen, ist, wie wir schon gesehen haben, keine Kooperation. Das Verhalten entsteht durch Auslese. Eine Kooperation ist aber beispielsweise das Wachehalten bei Erdhörnchen.

Können Sie sich vorstellen, dass Fische kooperieren und dass

Wenn man einen Doktorfisch *Ctenochaetus striatus* streichelt, sinkt, wie bei uns Menschen, sein Cortisolspiegel, und er ist weniger gestresst. Putzerfische (*Labroides dimidiatus*) beruhigen so ihre nervöse Kundschaft.

einer Wache hält, während der andere frisst? Kooperatives Verhalten bei Fischen, basierend auf dem Prinzip der Gegenseitigkeit – kann es so etwas wirklich geben? Es ist kaum zu glauben, aber seit kurzem wissen wir, dass Kaninchenfische (*Siganus*), bunte Bewohner von Korallenriffen, kooperieren. Das hat einen großen Vorteil, denn einzeln lebende Kaninchenfische werden schnell zu einer leckeren Mahlzeit, wenn sie sich zu tief zwischen die Korallenstöcke begeben und Raubtiere dort kaum noch wahrnehmen. In der Kooperation wird dieses Risiko minimiert. Einer passt auf, und der andere kann tief in eine Felsspalte hineinschwimmen, um die sonst kaum genutzte üppige Nahrungsquelle zu erschließen.[497] In der Verhaltensbiologie nennt man dieses Verhalten Vigilanz, und man hat es bisher nur Vögeln und Säugetieren zugetraut. Ob dieses Verhalten bei Fischen auch wie bei der Brutpflege unter dem Einfluss von dem Fisch-Oxytocin steht, muss noch geklärt werden. Ich wäre nicht überrascht, denn es ist zweifelsfrei ein Sozialverhalten, das auf Vertrauen beruht. Ungeklärt ist auch, ob es Alarmrufe wie bei den Erdhörnchen gibt, aber auch das würde mich nicht überraschen.

Bedenkt man weiterhin, dass das menschliche Partnerwahlverhalten mittels Stichlingen (siehe »Hormone, die Bewohner der Chefetage«) erforscht wird, dann bleibt wohl nur, einzugestehen, dass uns Fische weitaus näher sind, als wir bisher angenommen haben.

30. Ratten feiern gern Partys

Man mag es kaum glauben, aber Ratten können lachen. Sie lachen, wenn sie gekitzelt werden und beim Spielen. Außerdem bevorzugen lachende Ratten andere lachende Ratten und lassen die Miesepeter links liegen.[498] Ihre Laute liegen aber oberhalb des von uns Menschen hörbaren Bereichs. Ähnlich wie Mäuse, Delfine und Fledermäuse nutzen sie Ultraschall, und womöglich haben wir sie deshalb einfach noch nicht über uns lachen hören. Hunde lachen übrigens auch, und Lachgebell aus dem Lautsprecher senkt bei Hunden im Tierheim den Stress.[499]

Doch warum habe ich Ihnen darüber nicht im Kapitel »Die Spaßgesellschaft« berichtet? Ganz einfach, es geht hier um Gefühle, aber nicht darum, was die Ursache für die Gefühle ist und welches Verhalten oder welche Umstände zum Beispiel zu Freude führen. Hier geht es um die biochemischen Zusammenhänge, die uns Freude empfinden lassen. Es spielt somit überhaupt keine Rolle, ob wir Grund zur Freude haben. Im Gegenteil, wenn wir die biochemischen Moleküle kennen, die uns Freude machen, reicht das schon. Genau aus diesem Grund sind die lachenden Ratten für die Pharmaindustrie von unglaublicher Bedeutung. Die zugrunde liegenden biochemischen Prozesse sind bei Ratten und Menschen so ähnlich, dass die Forscher optimistisch sind, Medikamente gegen Depression zu entwickeln. Dazu werden die lustigsten Ratten, also die, die im Vergleich zu anderen Ratten am meisten Zeit mit Lachen verbringen, gezüchtet.[500] Mit ihnen wird dann experimentiert, es werden die Stoffe gesucht, bei denen den Tieren das Lachen vergeht, oder es werden jene Nervenstränge durchtrennt, von denen man glaubt, sie würden eine Bedeutung haben. Kennt man schließlich Ursache und Wirkung, kann man Medikamente entwickeln, die diese Prozesse wieder anstoßen.

Doch das ist noch lange nicht das Ende der Möglichkeiten. Das größte Potenzial steckt in der Gewaltbekämpfung. Wir wissen bereits seit den 50er Jahren des vergangenen Jahrhunderts, dass Gewalt viel mit dem Verlust von Empathie und Mitgefühl zu tun hat. Wenn ich mich nicht in mein Opfer hineindenken oder -fühlen kann und mir somit seine Schmerzen nicht vorstellen kann, dann hält mich auch nichts von meinem Gewaltakt ab. Ich kann mir einfach nicht vorstellen, wie schlimm mein Handeln für andere ist. Entdeckt hatte man diesen Zusammenhang kurz nach dem Zweiten Weltkrieg, als man beobachtete, dass besonders die vielen elternlosen Kinder, die in Heimen aufgewachsen waren, ihren Opfern gegenüber offenkundig gefühllos waren und Gewalt bei diesen Kindern zunahm. Es entstand die Bindungstheorie,[501] und es entwickelte sich der Begriff des sogenannten Urvertrauens.

Vor ungefähr vier Jahren war das Thema Urvertrauen das größte Thema in meinem Leben. Jeder Schrei unserer Zwillingssöhne bedeutete sofortige Aktivität bis an die Schmerzgrenze der Eltern. Von unseren Eltern kamen nur Kopfschütteln und Kommentare wie: Nun übertreibt ihr es aber, das Schreien festigt die Stimmen, und die Kleinen müssen doch auch lernen, allein klarzukommen. Nach der Idee des Urvertrauens wird durch ununterbrochene Zuwendung der Bezugsperson(en) emotionale Sicherheit gegeben. Später entwickelt sich daraus ein vertrauensvoller Umgang mit anderen Menschen und der Umwelt. Fehlt diese Zuwendung oder wird Vertrauen enttäuscht, entsteht ein Urmisstrauen, und der Umgang mit anderen und der Umwelt ist oft geprägt von Ängsten. Man vertraut nur sich selbst und kämpft sich durch. Dieser Kampf war bei den oben beschriebenen Nachkriegskindern oft von Aggressionen und Gewalt begleitet. Durch die geringe Zuwendung verliert man die Fähigkeit des Mitgefühls und der Empathie, und die Gewalt eskaliert. Die Betroffenen leben in einer alttestamentarischen Welt und folgen der Verhaltensempfehlung *Auge um Auge …*, als hätte es Mahatma Gandhis Ergänzung … *und die ganze Welt wird blind sein!*, nicht gegeben.

Obwohl in Deutschland die Gewalt in den vergangenen Jahren zurückgegangen ist, bleibt Gewalt eines der weltweit bedeutendsten Probleme der menschlichen Gesellschaft, und so ist das Verständnis der biochemischen Grundlage ein attraktives und auch lukratives Forschungsfeld.

Doch was ist der Unterschied zwischen angemessener Gewalt und einer gefährlichen Eskalation? Zweifelsfrei sind die meisten Menschen zu einer gewissen Gewalt fähig, und aus eigener Erfahrung weiß ich, wie schnell ich von einem friedlichen Passanten zu einer Furie werden kann. Adrenalin macht's möglich. Doch meine Gewalt hat Grenzen, ich würde nie über eine angemessene, meiner Selbstverteidigung dienende, Gewalt hinausgehen. Was mich zurückhält, ist nicht nur mein Gerechtigkeitssinn, nein, es ist mein Mitgefühl nach dem Motto: Wer weiß, was dem vorher passiert ist oder was ihn zu dem gemacht hat. Es ist daher auch nicht verwunderlich, dass die Forschung als Gegenspieler zu eskalierender Gewalt das Mitgefühl identifiziert hat.

Nun kann man Mitgefühl bei Tieren natürlich nur erforschen, wenn die Tiere Mitgefühl haben. In der Verhaltensbiologie spricht man von Prosocial-Verhalten. Erinnern Sie sich an unser Experiment mit den Weintrauben, bei dem der Schimpanse, der bevorzugt wurde, auch auf seine Weintraube verzichtet hat, als sein Kumpel keine Weintraube bekam? Oder an die Ratte, die ihren Freund aus der Falle befreit hat? Beide hatten nichts von ihrem Verhalten. Im Gegenteil, sie haben sogar verzichtet. Der Schimpanse auf die Weintraube und die Ratte auf Lebenszeit. Sie haben aus Mitgefühl selbstlos agiert. Da Tierversuche mit Menschenaffen ethisch umstritten sind und auch Ratten in Experimenten Mitgefühl bekunden, konzentriert sich die Forschung derzeit auf Letztere.[502] Im Fokus steht die Amygdala, auch Mandelkernkomplex genannt, ein Hirnareal, das bei sozialen Interaktionen eine wichtige Rolle spielt.

Betrachtet man einige der auch heute noch durchgeführten Experimente an Tieren, speziell an Nagern wie unseren Labormäusen und Laborratten, dann stellt sich mir nicht die Frage, ob die Tiere Mitgefühl haben. Es stellt sich mir die Frage, ob die Experimentatoren Mitgefühl haben? Wissenschaftlich lässt sich aber auch dieses Verhalten überzeugend erklären. Je höher die kognitive Entwicklung, desto stärker können auch kognitive Prozesse auf das Handeln Einfluss nehmen. Dies gilt natürlich nicht nur für das menschliche Verhalten bei vielen Tierversuchen und in der Massentierhaltung, sondern auch gegenüber uns selbst. Anderenfalls wären viele Kriegsverbrechen und organisierte Kriminalität kaum zu erklären.

VII. DIE KRONE DER SCHÖPFUNG

Am Beginn dieses Buches habe ich Ihnen versprochen, dass ich
den Menschen nicht von seinem Thron stoßen möchte, und das
tue ich auch nicht, selbst wenn wir unzählige Beispiele dafür kennengelernt haben, dass wir uns von Tieren weder im Denken noch
im Fühlen maßgeblich unterscheiden. Dennoch gibt es eine sehr
vernünftige Erklärung für den Erfolg und die Dominanz der
menschlichen Art.

31. Unser Alleinstellungsmerkmal

Wir Menschen sind schon eine merkwürdige Tierart. Vielleicht können Sie sich noch daran erinnern, dass sich nur Menschen freiwillig quälen, ausbeuten, pervertieren, erniedrigen und beleidigen lassen. Das war die Quintessenz im Kapitel »BDSM«. Dieses Verhalten war nur dadurch zu erklären, dass einige wenige menschliche Individuen dazu in der Lage sind, sich über Verhältnisse, die normalerweise einen sofortigen Fluchtreflex auslösen, hinwegzusetzen. Unabhängig von jedem Wertsystem ist dies tatsächlich eine beeindruckende geistige Leistung, denn ein solches Verhalten ist nur möglich, wenn ich kognitiv dazu in der Lage bin, mich über innere Zustände, die normalerweise mein Verhalten steuern, hinwegzusetzen. Wir Menschen können uns bewusst dafür entscheiden, einen Tag lang nichts zu trinken oder vier Wochen lang nichts zu essen, obwohl wir dreimal täglich gemeinsam mit unserer Familie am gedeckten Tisch sitzen. Wir Menschen sind auch dazu in der Lage, uns über Abhängigkeiten hinwegzusetzen. Selbst wenn wir unter dem Einfluss eines fehlgesteuerten Belohnungssystems (siehe »Gefühlsduselei«) leiden, können wir jederzeit eine Alkohol- oder Nikotinabhängigkeit beenden. Freilich, es bedarf dazu therapeutischer Unterstützung, und viele Abhängige fallen wieder zurück in ihre Abhängigkeit, aber theoretisch ist es möglich.

Wir haben aber auch Grenzen. Obwohl ich ziemlich lange die Luft anhalten kann, bin ich doch nicht dazu in der Lage, meine Luft so lange anzuhalten, bis ich ersticke. Grundsätzlich sind wir zwar in der Lage, uns selbst zu töten, und setzen uns natürlich auch in diesem Moment über den tief verwurzelten Selbsterhaltungs»trieb« hinweg, aber wir können uns nicht das Leben nehmen, indem wir einfach die Luft anhalten und uns ersticken.

Delfine können das möglicherweise. Der ehemalige Delfintrainer Richard O'Barry berichtet beispielsweise davon, dass einer der fünf für die Flipperserie verwendeten Delfine sich in seinen Armen selbst erstickt hat. Auch wenn eine solche Anekdote keine Beweiskraft hat, so gibt es doch viele vergleichbare Geschichten. Obwohl Selbstmord bei Tieren in der Wissenschaft als unbewiesene Spekulation gilt, haben sich doch kürzlich 20 führende Gehirnforscher für eine Erforschung der neurologischen Mechanismen des Selbstmords am Tiermodell ausgesprochen.[503]

Sie schlagen vor, Tierversuche durchzuführen, um das Phänomen »Selbstmord« besser zu verstehen. Dabei geht es ihnen nicht um die Frage, ob Tiere Selbstmord begehen können, nein, es geht um das Verständnis des menschlichen Selbstmords, der immerhin auf Platz 15 aller Todesursachen steht. Betroffen sind besonders Individuen, die einige wertvolle kognitive Leistungen in sich vereinen. So sind Selbstmörder in überdurchschnittlich hohem Maße zur Selbstreflexion fähig und haben abstrakte und komplexe Emotionen. An diesen Fähigkeiten sind verschiedene Strukturen (wie VMPFC, DMPFC, pgACC, sgACC, die Amygdala und die Inselrinde) im Gehirn beteiligt, und so will man gerade die Interaktion dieser Gehirnareale am Tiermodell genauer untersuchen.[504]

In jedem Fall handelt es sich beim Selbstmord um ein Verhalten, bei dem es die hohe kognitive Entwicklung möglich macht, sich über andere innere Steuerungsmechanismen hinwegzusetzen.

Wir Menschen weisen aber noch eine weitere skurrile Eigenart auf. Kein anderes Tier ordnet sich nämlich so gern der Masse unter. Mit anderen Worten: Nur wir Menschen ignorieren unsere eigenen Bedürfnisse, damit wir weiter mitspielen dürfen. Dieses Verhalten beginnt im Kindergarten und endet in höchsten diplomatischen Kreisen, wenn sich beispielsweise unsere Bundeskanzlerin mit Herrn Putin trifft, obwohl sie dazu gar keine Lust hat.[505] In der Wissenschaft spricht man von normativer Konformität. Gemeint ist die Unterordnung und der Verzicht zugunsten der Zugehörigkeit zu einer Gruppe mit ihren Regeln. Auch wenn es interessant wäre, stehen leider weder Angela Merkel noch Wladimir Putin für verhaltensbiologische Experimente zur Verfügung, und so müssen sich die Wissenschaftler anderer Individuen bedienen, etwa Schimpansen, Orang-Utans oder Kindergartenkinder. Die Frage lautet: Würde sich auch ein Orang-Utan mit Herrn Putin unterhalten, wenn es im Rahmen einer gemeinsamen gesellschaftlichen Konvention erforderlich wäre? Die Antwort lautet: Nein. Im Gegensatz zu Kindergartenkindern, die ihre eigenen Interessen hintanstellen, würden sich Orang-Utans und Schimpansen nicht mit jemandem unterhalten, den sie nicht mögen. Aber vielleicht schauen wir uns das Experiment ein wenig genauer an.

Stellen Sie sich vor, Sie sitzen vor drei Kästen mit Löchern. Nach kurzem Probieren haben Sie herausgefunden, dass aus einem der Kästen eine kleine Belohnung herauspurzelt, wenn Sie einen Ball in das Loch werfen. Sie sind das einzige Kind Ihrer Kindergartengruppe, das diesen Trick herausgefunden hat. Nun kommen drei Ihrer Freunde hinzu und dürfen ebenfalls ihr Glück versuchen. Natürlich kennen nur Sie den Trick, und am liebsten würden Sie ihnen helfen, aber stattdessen müssen Sie sich hinten anstellen und warten, bis Sie wieder dran sind. Was würden Sie tun, wenn jeder Ihrer Freunde den Ball in ein falsches Loch geworfen hätte?

Schimpansen und Orang-Utans würden in freudiger Erwartung der Belohnung die richtige Wahl treffen. Menschliche Kinder hingegen tun das nur, wenn sie sich nicht von ihren Freunden beobachtet fühlen. Empfinden sie sich als Teil der Gruppe, treffen sie mit Absicht die falsche Entscheidung und bekommen keine Belohnung.[506] Der Vorteil dieses Verhaltens liegt darin, dass Sie mit Ihrer Belohnung nicht allein und außerhalb der Gruppe stehen. Ihr Verhalten erweckt keine Begehrlichkeiten oder Neid, und Sie bleiben Teil der kleinen Gemeinschaft, weil Sie sich nicht durch die erhaltene Belohnung absetzen.

Wenn sich Frau Merkel mit Herrn Putin unterhält, verhält sie sich ganz ähnlich. Obwohl es den deutschen und auch europäischen Interessen zuwiderläuft, einen Autokraten und Kriegstreiber diplomatisch durch einen Besuch zu unterstützen, sorgt ihr

Im Gegensatz zu anderen Menschenaffenarten ordnen sich Menschen gern dem Diktat der Gruppe unter und stellen ihre individuellen Bedürfnisse hintan. Möglicherweise ist dies das fundamentale Erfolgsrezept der Menschheit.

diplomatisches Verhalten dafür, dass eine Kommunikation aufrechterhalten bleibt und alle Beteiligten den Eindruck haben, zum gemeinsamen Netzwerk zu gehören.

So ein Unsinn, werden Sie denken, Konformität und Angepasstheit als Heilsbringer der Menschheit. Ist nicht genau das Gegenteil der Fall? Haben nicht gerade die besonders viel Erfolg, die viel wagen und sich durch etwas Besonderes hervortun? Natürlich hätten Sie mit dieser Beobachtung Recht, denn wie wir im Kapitel »Persönlichkeit« erfahren haben, gibt es immer Individuen, die neue Wege beschreiten und dann im Vorteil sind. Letztlich nutzt dieses Verhalten wieder der gesamten Gemeinschaft. Dabei ist es völlig egal, wie viele einzelgängerische Individuen dabei auf der Strecke bleiben, entscheidend ist, dass einer Erfolg hat und ihm alle anderen sicher folgen können.

Der Wert der Individualität wird somit von dem oben beschriebenen Experiment zur menschlichen Konformität nicht widerlegt. Wenn unsere Gemeinschaft aber aus eigensinnigen Individualisten bestünde, dann würde sie sich auflösen, denn alle würden in eine andere Richtung marschieren. Doch genau das Gegenteil ist der Fall. Die allermeisten Menschen verhalten sich extrem gruppenkonform. Das fängt beim Fußballfan an, geht über unser Berufsleben weiter und hört beim Taliban auf. In der Gemeinschaft sind wir stark, und dafür sind wir bereit, auf unsere kleinen egoistischen Bedürfnisse zu verzichten.

Es ist nicht unwahrscheinlich, dass dieser Hang zur Selbstaufgabe und Konformität Wegbereiter für unser hohes Maß an Kooperationsbereitschaft war. Der bekannte Leipziger Verhaltensforscher Michael Tomasello spricht beispielsweise vom Menschen als dem Tier, das »wir« sagt. Natürlich kooperieren auch viele andere Tiere, aber keines auf dem menschlichen Niveau oder mit einer vergleichbaren Intensität. Wenn wir uns nun auf die Suche nach einem menschlichen Alleinstellungsmerkmal begeben, dann werden wir hier fündig. Egal, ob wir Raketen bauen, mit denen wir zum Mond fliegen, oder ein Handybetriebssystem namens Android erfinden, wir tun es in Kooperation mit anderen. Wie wir am Beispiel von CAPTCHA (siehe »Patentamt oder Open-Source«) erfahren haben, können wir sogar mit Millionen anderen Individuen kooperieren und erschließen uns in dieser Kooperation sogar das Wissen von längst verstorbenen Individuen. Selbst unsere Sprache ist in Kooperation entstanden und eher ein Nebenprodukt unserer Lebensweise. Kein noch so kluger Mensch würde allein eine Sprache entwickeln können, er ist aber theoretisch in der Lage, sich die Relativitätstheorie auszudenken.

Aus meiner Sicht ist der hohe Grad der menschlichen Kooperationsbereitschaft der einzige, wirklich große Unterschied zwischen uns und anderen Tieren. Als Menschheit leben wir in einer über Generationen entstandenen Welt. Unsere Städte, die Infrastruktur, Wissenschaft und Kultur sind mit nichts zu vergleichen, was wir kennen. Es ist schlicht phantastisch, was »wir« aufgebaut haben. Als Einzelne sind wir hingegen noch nicht einmal in der Lage, einen durchgebrannten Föhn zu reparieren. Genau genommen sind wir als Einzelne vermutlich noch nicht einmal überlebensfähig, denn wer wüsste noch, wie man sich Nahrung beschafft.

Betrachten wir aber die Fähigkeiten und Leistungen eines einzelnen Individuums, dann fällt es schwer, einen Unterschied zu anderen kognitiv hochentwickelten Tieren zu finden. Viele Tierarten können abstrakt und logisch denken, ja, sie können sogar über ihr Wissen und Denken reflektieren. Sie besitzen eine Biographie und ein Selbstbewusstsein und planen ihre Zukunft auf Grundlage individueller Eigenarten und Erfahrungen. Außerdem spricht vieles dafür, dass viele Wirbeltiere ein vergleichbares Gefühlsleben besitzen. Es scheint fast so, als wäre ein bisschen Vermenschlichung angebrachter als eine strenge Trennung zwischen uns und anderen Tieren. Ist es bei all den Gemeinsamkeiten nicht sogar wahrscheinlicher, dass wir gleich »ticken«? Wo sollte dieser große Unterschied auch herkommen. Der israelische Historiker Yuval Noah Harari hat darauf eine klare Antwort, und ich empfehle jedem seinen TED-Talk.[507]

Unabhängig von den unzähligen bereits beschriebenen Experimenten und Erkenntnissen möchte ich diesen Standpunkt aus zwei weiteren Blickwinkeln beleuchten. Einerseits wenden wir uns der Entwicklung des Gehirns im Verlauf der Zeit und andererseits der neurologischen Erforschung von Geisteskrankheiten zu.

Gehirnentwicklung

Eigentlich ist unser Nervensystem eine Fehlkonstruktion. Vergleicht man eine einzelne Nervenzelle mit einem Wasserkraftwerk, dann hätte die Staumauer unzählige Löcher, über die permanent riesige Wassermassen abfließen, ohne die Turbinen anzutreiben. Genau so funktioniert eine Nervenzelle, nur dass hier kein Wasser, sondern Natrium- und Kaliumionen fließen. Auch diese werden mit großem Energieaufwand dem Strom entgegengepumpt. Die dadurch aufgebaute Spannung sorgt im Falle der Anregung der Nervenzelle für die Reizweiterleitung der Signale. Allerdings sind die Nervenzellen für die Natriumionen nicht völlig dicht, und so fließt permanent ein sogenannter Na^+-Leckstrom, also eine Art Kurzschluss. Jede einzelne Nervenzelle, egal, ob sie gerade benutzt wird oder nicht, verbraucht somit permanent Energie, und das muss sich ein Lebewesen leisten können. Wir Menschen mit unseren circa 86 Milliarden Nervenzellen[508] im Gehirn tragen also ein Organ spazieren, das die meiste Zeit nur als Heizung arbeitet. Um eine Reizweiterleitung kommt ein mehrzelliger Organismus nicht herum, doch warum sind Gehirne mit ihren unzähligen Nervenzellen entstanden? So eine Steuerzentrale hat natürlich ihre Vorzüge. Ich kann einzelne Sinneseindrücke vergleichen, wichtige Informationen speichern und vielleicht sogar einfache Denkaufgaben verrichten.

Doch für solche Aufgaben braucht man kein großes und komplex gebautes Gehirn. Die meiner Meinung nach plausibelste Erklärung ist die Theorie des sozialen Gehirns (social brain hypothesis). Sie geht auf eine circa 40 Jahre alte Idee zurück.[509] Nach dieser Hypothese haben sich große Gehirne nicht entwickelt, um besonders kniffliges Denken zu ermöglichen, sondern um unser komplexes Sozialleben in den Griff zu bekommen. Die Bildung von Gruppen und die somit ermöglichte Kooperation haben viele Vorteile für die einzelnen Individuen. Doch diese Form des Zusammenlebens brachte auch neue Herausforderungen.

Wie konnte beispielsweise sichergestellt werden, dass sich nicht Einzelne auf Kosten der Gruppe durchmogeln? Das ist natürlich nur möglich, wenn man einen Betrüger als Individuum erkennt, sich sein Verhalten auch merken kann und sich ihm gegenüber entsprechend verhält. Doch diese vermeintlich einfachen Leistungen beruhen, wie wir im Verlauf des Buches gesehen haben, auf den verschiedensten kognitiven Leistungen, die alles andere als trivial sind. Letztlich konnte die erforderliche Rechenleistung nur von großen, komplex aufgebauten Gehirnen bewältigt werden.[510]

Der Vollständigkeit halber muss ich aber erwähnen, dass diese »social brain hypothesis« auch Kritiker hat. So schnitten zum Beispiel einzeln lebende Bären in Problemlösungstests ausgesprochen gut ab,[511] und bei Tests zur Selbstkontrolle gab es einen größeren Zusammenhang zwischen Gehirngröße und Ernährungsweise als zwischen Gehirngröße und Sozialleben.[512] Aus meiner Sicht können die Ergebnisse aber die Theorie der sozialen Gehirne nicht wirklich widerlegen. Einerseits wissen wir nicht, wie sich die untersuchten Tiere entwickelt haben, vielleicht waren ja ihre Vorfahren sehr sozial. Andererseits wurde mit nur wenigen Testverfahren gearbeitet, und es ist logisch, dass einige Tierarten mit einem bestimmten Test besser umgehen können als andere. Aber wer weiß, vielleicht sind ja der Nahrungserwerb und das Sozialleben gleichermaßen an der Entstehung großer Gehirne beteiligt gewesen.

Wie dem auch sei: Wenn ich als Mensch darüber nachdenke, ob ich jemanden leiden kann oder ob mich jemand ungerecht behandelt hat, dann denke ich vermutlich die gleichen Gedanken wie eine Ratte. Auch sie reflektiert mittels Metakognition über sich selbst, versetzt sich als empathisches Wesen in jemand anders hinein und hat eine Vorstellung von fairem und unfairem Verhalten. Bedenkt man die Beobachtung von Dialekten bei Nagern, so ist es gut möglich, dass auch Ratten einzelne Individuen unterscheiden können. Zugegeben, das klingt alles ganz schön gewagt, aber für Delfine würde ich eine solche Analogie unterschreiben. Es gibt aber, wie wir gleich sehen, einen guten Grund, weshalb ich die Analogie mit einem Nagetier gewählt habe.

Geisteskrankheiten und Psychopharmaka

Wir haben im Kapitel »Ratten feiern gern Partys« bereits erfahren, welche Bedeutung Untersuchungen an Ratten für die Forschung über Depression und Gewalt haben. In einer 2010 erschienenen Studie hat sich ein Team damit beschäftigt, wie unterschiedlich die genetische Ausstattung der Nervenzellen im Mäuse- und im Menschengehirn ist. Die Forscher kommen zu dem Schluss, dass die beteiligten Gene sich kaum unterscheiden, und schlagen daher vor, Mäuse als Forschungsgegenstand zu benutzen, um menschliche neurologische Störungen bzw. die daraus folgenden Geisteskrankheiten zu erforschen.[513] Vielleicht denken Sie: Tierversuche mit Mäusen, das ist doch nichts Neues. Das stimmt, nur ist der Forschungsgegenstand ein anderer. Wenn wir bisher Tierversuche gemacht haben, dann wollten wir wissen, ob ein bestimmtes Medikament bei einem Herzleiden, einer Leberzirrhose oder bei Ausschlag hilft. Es ging um unseren Körper, nicht um unseren Geist. Noch vor wenigen Jahren war es völlig unvorstellbar, Geisteskrankheiten an Tieren zu erforschen. Wie sollte man auch, wenn doch nur der Mensch einen Geist bzw. eine Psyche hat?

Heute wird kein ernstzunehmender Wissenschaftler bezweifeln, dass Tiere eine Psyche haben und auch an dieser erkranken können. Tiere können genauso wie wir glücklich oder deprimiert sein, und mit großer Wahrscheinlichkeit ist die Breite unseres emotionalen Spektrums im Verlauf der Evolution entstanden. Gut möglich, dass wir Menschen der umfangreichen Liste einige Gefühle hinzugefügt haben. So könnte ich mir gut vorstellen, dass Fremdschämen ein rein menschliches Gefühl ist. Allerdings ist dieses Gefühl ausgesprochen komplex, und wir Deutschen können uns glücklich schätzen, dafür ein Wort gefunden zu haben. Im Angelsächsischen bedarf es mindestens eines Absatzes, um den Begriff zu erklären.

Grundsätzlich kann man wohl davon ausgehen, dass sich die Psyche einer Maus nicht von der eines Menschen unterscheidet. Andernfalls würden die entwickelten Medikamente bei uns nicht wirken. Wie wir oben gelesen haben, senken Psychopharmaka sogar die Aggression bei Fischen. Doch was machen wir mit dieser Erkenntnis?

Betrachten wir dazu die Geschichte einer der wichtigsten wissenschaftlichen Zeitschriften für Verhaltensbiologen. »Ethology« wurde im Jahre 1937 gegründet und veröffentlichte so berühmte Verhaltensforscher wie Konrad Lorenz und Nikolaas Tinbergen. Bemerkenswert ist ihr Gründungsname »Zeitschrift für Tierpsychologie«. Ja, Sie haben richtig gelesen: Psychologie. Das Verhalten von Tieren wurde damals mit ihrer Psyche erklärt. 1985 erschien den Wissenschaftlern der Name nicht mehr wissenschaftlich genug, und so fand eine Namensänderung in »Ethology« (Verhaltensbiologie) statt. Der innere Geisteszustand von Tieren blieb unberücksichtigt, weil man ihn nicht erforschen konnte. Stattdessen konzentrierte man sich auf Verhaltensbeobachtungen, die rein formal nichts mit dem Geist in der Blackbox Gehirn zu tun hatten. Man suchte jeweils nach der einfachsten logischen Erklärung für ein bestimmtes Verhalten und sah in Tieren nicht viel mehr als biologische Roboter.

Auf dieser Lehrmeinung beruht zu großen Teilen der Umgang der menschlichen Gesellschaft mit Tieren. Tierschutzgesetze wurden von Experten erarbeitet, die sich selbst stolz als Behavioristen bezeichneten und damit betonen wollten, dass sie rational denkende Wissenschaftler sind, die sich nicht von irgendwelchen unangemessenen Emotionen oder Vermenschlichung leiten lassen. Nachdem heute kaum ein ernstzunehmender Wissenschaftler Tieren einen Geist oder eine Psyche absprechen kann, sollte die Zeitschrift »Ethology« eigentlich wieder in ihren Ursprungstitel umbenannt werden.

Aus meiner Sicht sollte aber noch viel mehr geschehen. Wir sollten unseren Umgang mit Tieren neu überdenken und an die aktuellen Erkenntnisse anpassen. Was dies im Einzelnen bedeutet und welches die moralisch richtigen Konsequenzen sind, ist kaum vorauszusehen. Fakt ist aber, dass unser derzeitiger Umgang mit Tieren, egal, ob in der freien Wildbahn oder in Menschenhand, nicht angemessen ist und sich auf Grundlage nicht zutreffender Annahmen und Vereinfachungen entwickelt hat. Vielleicht gibt es aber ein Licht am Horizont.

32. Forschungsfehler

Wissenschaftliche Erkenntnisse gelten gemeinhin als gesicherte Basis für eine Entscheidung. Doch bekommen schon Schüler gepredigt, dass sie zu ihren Experimenten eine Fehlerbetrachtung anfertigen sollen. Aus diesem Grund wenden wir uns nun dem wirklich äußerst wichtigen Thema der Forschungsfehler zu.

Fehlinterpretationen

Auf der ersten Seite dieses Buches haben Sie erfahren, dass ich in Florida bei meiner Vorstudie zur Doktorarbeit einer gewaltigen Fehleinschätzung unterlag. Ich hatte beobachtet, dass Delfine in dem Schwimmprogramm die Nähe zu den Schwimmern suchten. Dies war, wie sich später anhand meiner Daten zeigte, falsch. Genau genommen war sogar das Gegenteil der Fall, die Tiere versuchten den Schwimmern in dem beengten Becken auszuweichen. Für einen Beobachter sah es allerdings so aus, als würden die Delfine ständig in der Nähe der Menschen sein. Der Grund für diese Fehlinterpretation ist die Form der menschlichen Aufmerksamkeit. Wir neigen dazu, unsere Aufmerksamkeit immer dorthin zu lenken, wo sich etwas bewegt. Nach einer halben Stunde Beobachtung hat man leicht den Eindruck, dass Delfine permanent um die Schwimmer herumschwänzeln. Tatsächlich hatten die Tiere nur zu wenig Platz, um auszuweichen. Für mich war diese späte Erkenntnis, die ich erst durch die Auswertung meiner Daten erlangte, ein Schock. Dennoch machte dieses Erlebnis deutlich, wie schnell man sich irren kann, schließlich war ich ein Jahr lang in Florida und habe die Interaktionen tagtäglich gesehen, ohne von meiner Einschätzung aus der Pilotstudie abzuweichen.

Manche Sachlagen entziehen sich einfach unserer Aufmerksamkeit, und wir können uns die Realität nur durch Statistik erschließen. Glücklicherweise bin ich nicht der Einzige, dem Fehlinterpretationen passieren. So glaubte Darwin beispielsweise, dass Schimpansen lachen, wenn sie ihre Lippen nach oben ziehen und ihre Zähne zeigen. Tatsächlich bekundet ein rangniedriges Tier auf diese Weise seine Angst und Unterlegenheit gegenüber einem dominanten Tier. Viele Menschen glauben, dass auch Delfine lachen, obwohl sie überhaupt keine Mimik haben und ihnen das »Lachen« genetisch ins Gesicht geschrieben ist.

Wirklich lustig wird es, wenn Beobachter einem Roboter Gefühle zusprechen, nur weil dieser sich wie ein Hund bewegt und »freudig« mit dem Schwanz wedelt.[514] Auf den oben schon erwähnten genialen Computerforscher Alan Turing geht beispielsweise der Turing-Test zurück.[515] In diesem Test kommunizieren Probanden über einen Bildschirm mit einem Gesprächspartner. Sie berichten auf Nachfrage von ihren Beschwerden. Auf Grundlage dieser Anamnese wird ihnen eine Diagnose gestellt. Im Anschluss an diesen Chat müssen sie sich entscheiden, ob sie mit einem Computer oder mit einem echten menschlichen Arzt in Kontakt standen. Für die meisten war es überraschend, zu erfahren, dass ihr Arzt ein Computer war. Lustig ist auch ein Video[516] aus den 1950er Jahren, auf dem die Probanden einander jagende geometrische Figuren sehen.[517] Diese skurrilen Beispiele haben übrigens einen großen finanziellen Wert, schließlich geht es darum, Roboter zu bauen, die wir als Sozialpartner ansehen und daher lieber kaufen. Doch sie zeigen auch, wie schnell wir vermenschlichen und auf kleine Tricks hereinfallen.

Worauf ich hinauswill, ist aber eines: Wir Menschen müssen aufpassen, dass wir nicht unsere eigenen Maßstäbe und Erwartungen übertragen. Bitte behalten Sie dies im Hinterkopf, wenn Sie meiner Anregung folgen und das Verhalten von Tieren ein wenig vermenschlichen. Es ist im wahrsten Sinne des Wortes ein Drahtseilakt, und jede Vermenschlichung sollte auf sachlicher Grundlage geschehen. So ist es aus meiner Sicht durchaus angemessen, die menschliche Wahrnehmung von Gefühlen auch auf Tiere zu übertragen, wenn die biochemische Grundlage die gleiche ist. Auch halte ich es für angemessen, Vergleiche zuzulassen, wenn Tiere in vergleichenden Experimenten vergleichbare Ergebnisse zeigen.

Falsche negative Ergebnisse

Falsche negative Ergebnisse? Was soll denn das sein? Es klingt mal wieder nach einer sinnlosen Verkomplizierung, und doch verbirgt sich hinter diesem Begriff eines der größten Probleme der Wissenschaft. Die Grundidee ist einfach: Wenn ich eine Hypothese habe, dann möchte ich diese natürlich testen, und so erhoffe ich mir positive Ergebnisse. Bekomme ich aber negative Ergebnisse, dann muss ich meine Hypothese verwerfen. Doch was ist, wenn meine Hypothese richtig war, aber mein Experiment falsch? Wenn ich also negative Ergebnisse bekomme, obwohl ich ursprünglich Recht hatte? In diesem Fall spricht man von falschen negativen Ergebnissen. Schauen wir uns das an einem schon besprochenen Beispiel an.

Der Leipziger Verhaltensforscher Michael Tomasello beschäftigt sich seit Jahrzehnten mit vergleichenden Untersuchungen zwischen Kindern und anderen Menschenaffenarten. Einer seiner wichtigsten Forschungsbereiche ist die Frage nach einer Theory of Mind bei Tieren (siehe »Ich weiß, dass du bist – Theory of Mind«). Er untersucht also, ob Tiere dazu in der Lage sind, sich in jemand anderen hineinzuversetzen. Um diese Frage zu klären, führte er in den letzten Jahrzehnten unzählige Experimente durch. Er kam zu dem Schluss, dass nur wir Menschen dazu fähig sind, die höchste Form der Theory of Mind, die Erkenntnis des falschen Glaubens, anzuwenden. Seiner Meinung nach waren also nur wir Menschen dazu in der Lage, zu erkennen, dass andere Individuen die gleiche Situation ganz anders beurteilen können. Wir hatten uns sehr intensiv mit der Frage beschäftigt, denn letztlich basieren viele unserer moralischen Entscheidungen auf der Fähigkeit, zu erkennen, ob jemand beispielsweise etwas absichtlich, also mit Vorsatz tut oder ob jemand auf Grundlage einer Unfähigkeit oder Fehleinschätzung agiert. In Paragraph 20 unseres Strafgesetzbuches steht beispielsweise:»Ohne Schuld handelt, wer bei Begehung der Tat wegen einer krankhaften seelischen Störung, wegen einer tief greifenden Bewusstseinsstörung oder wegen Schwachsinn oder einer schweren anderen seelischen Abartigkeit unfähig ist, das Unrecht der Tat einzusehen oder nach dieser Einsicht zu handeln.« Ohne die Fähigkeit, einen falschen Glauben zu erkennen, wären wir nicht in der Lage gewesen, diesen Satz zu formulieren oder gar anzuwenden.

Heute wissen wir, dass Tomasello mit seiner Einschätzung falschlag und über Jahrzehnte falsche negative Ergebnisse publiziert hat. Natürlich hat er dies nicht aus bösem Willen getan, sondern weil seine Ergebnisse keine anderen Schlussfolgerungen zuließen. Er nutzte einfach nicht die richtige Methode. Die Tatsache, dass er Koautor der neuen Veröffentlichung war, in der auch andere Menschenaffenarten eine Theory of Mind und ein Verständnis des falschen Glaubens zeigten, macht deutlich, wie Wissenschaft funktionieren sollte. Es geht nicht darum, Recht zu behalten, es geht darum, die eigene Einschätzung jederzeit auf Grundlage neuer Erkenntnisse ändern zu können.

Problematisch wird es, wenn auf Grundlage des aktuellen Wissensstandes politische Entscheidungen zugunsten oder zuungunsten von Tieren gefällt werden. Wenn wir beispielsweise gesetzlich vorgeben, dass alle Wirbeltiere schmerzlos getötet werden müssen, aber Fische von dieser Regelung ausnehmen. Der Gesetzgeber ging davon aus, dass Fische keine Schmerzen empfinden. Diese Regelungen zieht täglich millionenfachen mörderischen Schmerz und infolge der neurologischen Verarbeitung und der daraus resultierenden Ausschüttung von Hormonen Leid nach sich.

Eine ganz ähnliche Situation hatten wir beim logischen Denken. Hier fielen Hunde mit Pauken und Trompeten durch den Test, bis man ihn auf Hunde angepasst hat und die Tiere erfolgreich getestet wurden (siehe »Logik«). Ein weiteres Beispiel ist der Spiegeltest auf Selbstbewusstsein, auch er konnte zu Beginn der Experimente nur von Tieren bewältigt werden, die dazu in der Lage waren, sich an die Stirn zu fassen.

Es gibt unzählige Gründe, warum ein Tier in unseren Experimenten eine bestimmte Fähigkeit nicht zeigt. Mal fehlt die emotionale Beteiligung oder ein gewisses Maß an Aggression, mal ist die Belohnung einfach nicht attraktiv genug, und mal ist der getestete Sinneseindruck einfach nicht der richtige. Ein Spiegelexperiment beruht auf der optischen Wahrnehmung, aber was, wenn sich ein Schwein riechen muss, um sich selbst zu erkennen, und es eine Markierung mit einem fremden Duft braucht, um eine Reaktion zu erhalten?

Das Ganze funktioniert aber natürlich auch umgedreht, denn ich kann auch falsche richtige Ergebnisse haben. Es gibt kaum eine Veröffentlichung, die nicht auch Kritiker herausfordert. So wurde kürzlich Raben das abstrakte Denken wieder abgesprochen,[518] und Delfine sollen kein Selbstbewusstsein haben.[519] Zwangsläufig werden dann auch die Kritiker kritisiert.

Dennoch vermute ich, dass wir in den kommenden Jahren noch viele und vor allen Dingen überraschende Erkenntnisse zur Kognition von Tieren erfahren werden. Wir werden lernen, dass unser Selbstverständnis im Umgang mit Tieren zu großen Teilen auf einer Fehleinschätzung beruht und letztlich das Resultat von falschen negativen Ergebnissen ist. Die in diesem Buch vorgestellten Erkenntnisse zu den kognitiven Fähigkeiten von Tieren sind meist relativ neu, doch gibt es viele überraschende Erkenntnisse, die 20 Jahre alt und älter sind. Doch sucht man dieses Wissen selbst in den aktuellen Fachbüchern von Studenten der Biologie, vergeblich. So beschäftigt sich gerade eines von 59 Kapiteln des 2000-seitigen Biologiestandardwerkes »Purves« mit dem Verhalten von Tieren. Beispiele zu kognitiven Leistungen, wie ich sie hier zu Hunderten angeführt habe, fehlen. Das war übrigens auch für mich eine Überraschung, und so habe ich im Frühjahr 2017 ein interdisziplinäres Seminarangebot an fast 300 deutschsprachige Universitäten, Hochschulen und Pädagogischen Hochschulen geschickt. Lediglich eine Handvoll Einrichtungen will versuchen, das Angebot in den nächsten ein bis zwei Jahren zu integrieren. Von den Pädagogischen Hochschulen kamen meist Absagen wie die folgende: »Da Curricula eine gesetzliche Vorgabe sind, ist es rechtlich nicht möglich, andere Inhalte in Lehrveranstaltungen anzubieten.« Ist somit die Politik dafür verantwortlich, dass wir so wenig über das Denken und Fühlen von Tieren wissen?

Vergleichende Verhaltensforschung

Die vergleichende Verhaltensforschung, wie sie beispielsweise von Michael Tomasello angewendet wird, gilt als wissenschaftlich extrem korrekt, und es ist schwer, sich der bestechend einfachen Logik zu entziehen. Wenn ich zwei unterschiedliche Tierarten mit der gleichen Methode auf eine bestimmte Fähigkeit teste, dann lässt sich schlüssig belegen, ob die beiden Tierarten die Fähigkeiten teilen oder nicht. Wenn ein Tier einen Test auf logisches Denken genauso besteht wie wir, dann konnte zweifelsfrei gezeigt werden, dass das Tier logisch denken kann. Eine wunderschöne, einfache Sache. Leider steckt der Teufel wie so oft im Detail, und so ist die Gefahr, falsche negative Ergebnisse zu bekommen, relativ hoch.

Beispielsweise kann es sein, dass zwei zu vergleichende Tierarten unterschiedliches Fressen als Belohnung bekommen. Möglicherweise ist diese Belohnung aber nicht gleichermaßen attraktiv. So wurden die zweijährigen Kinder in Tomasellos Konformitätstest (siehe »Unser Alleinstellungsmerkmal«) mit Schokolade und die Affen mit Nüssen belohnt. Auch spielt es eine Rolle, ob ein Tier hungrig ist oder nicht. Wird dies nicht berücksichtigt, werden wir fälschlich feststellen, dass hungrige Tiere intelligenter sind. In dem aktuellen Experiment zur Theory of Mind bei Menschenaffen wurde die Situation durch Elemente aggressiven Verhaltens emotional geladen und somit attraktiver. Was aber, wenn diese emotionale Beteiligung bei der zu vergleichenden Art nicht in gleichem Maß gegeben ist?

Die vergleichende Verhaltensforschung hat auch noch einen weiteren gravierenden Nachteil. Sie ist auf Experimente mit gefangenen Tieren angewiesen. Besonders bei der Erforschung von kognitiven Fähigkeiten gerät man daher schnell an methodische Grenzen. Spätestens ab einem Alter von zwei Jahren haben menschliche Kinder einen »common ground«, also ein gemeinsames, auf Kooperation beruhendes Selbstverständnis im Umgang mit anderen Menschen. Kritiker der vergleichenden Verhaltensforschung legen sehr überzeugend dar, dass menschliche Kinder bei Experimenten, in denen andere Menschen die Experimentatoren sind, einen deutlichen Vorteil haben. Sie sind darauf sozialisiert, mit fremden Menschen in Interaktion zu treten. Die Kritiker halten es für sehr wahrscheinlich, dass die in Gefangenschaft gehaltenen Tiere mit den Forschern und Tierpflegern keinen oder nur einen extrem eingeschränkten »common ground« teilen.[520] Es ist daher vielleicht nicht überraschend, dass Tomasello in seinen Experimenten keinen »common ground« erkennen kann und daher komplexes kooperatives Interagieren für ausgeschlossen hält.

Sein Leipziger Kollege Christophe Boesch ist da ganz anderer Ansicht, er schreibt: »Tomasello und Kollegen ignorieren einen Großteil der wissenschaftlichen Erkenntnisse über wild lebende Schimpansen. Ihre Behauptung, dass gemeinsame Ziele und Absichten nur beim Menschen vorkommen, erscheint als reiner Glaube.«[521]

33. Von Menschen und Tieren: Whale Watching contra Walfang und Treibjagd

Das Verhältnis zwischen Menschen und Tieren ist ausgesprochen ambivalent. Für die einen sind Schweine dreckig, und für die anderen sind Kühe heilig. Die einen essen Hunde, und für die anderen ist dies unvorstellbar. Es gibt Menschen, die geben Tausende für die medizinische Behandlung eines geliebten Haustiers aus, aber kaufen Schweinefleisch für 4,49 Euro pro Kilogramm. Jeder hat seine Gründe, sich so oder so zu verhalten, und die meisten Menschen halten sich für tierlieb. Rational ist das alles nicht, und jeder hat seine eigenen kleinen Dämonen, die uns ein schlechtes Gewissen machen, denn wie so oft liegen die brutale Ausbeutung und ein friedliches Miteinander sehr nah zusammen.

Für mich trafen diese beiden Welten in einem Taxi in Kapstadt aufeinander. Ich war gerade vom Flughafen auf dem Weg in mein Hotel, als mich etwas aus meinen Tagträumen riss: »Wo kommen Sie her?«, übertönte eine Stimme den Motorlärm. »Aus Deutschland.« – »Und was machen Sie hier in Kapstadt, Urlaub?« Gute Frage, ja, was machte ich hier in Kapstadt? Ursprünglich sollte ich ein paar Worte auf einer Pressekonferenz zu einem neuen Film mit Veronica Ferres, Mario Adorf und dem Idol meiner Jugend, Christopher Lambert, alias der Highlander, sagen. Ich sollte bestätigen, dass der Umweltthriller »Das Geheimnis der Wale« zwar eine Fiktion sei, aber doch auf realen Umständen beruhe. Die Produktionsfirma hatte mich zuvor gebeten, ihr Drehbuch zu kommentieren und, soweit es ging, an die Realität anzupassen. Doch aus meinen paar Minuten auf der Pressekonferenz wurde eine Art Rundumbetreuung für eine kleine Gruppe von Journalisten, die sich für den Film, aber auch für das Problem der Lärmverschmutzung im Meer interessierten.

»Nein, Urlaub ist es nicht, und genau genommen weiß ich auch noch gar nicht, was auf mich zukommt. Aber im Prinzip bin ich wegen der Wale hier in Südafrika«, lautete deshalb meine Antwort. Die nächsten Worte trafen mich wie ein Schlag: »Ja, vor 35 Jahren bin ich auch wegen der Wale nach Kapstadt gekommen, das war früher ein prima Geschäft, bis die Wale dann weg waren. Dann wurde uns sogar verboten, die wenigen, die noch geblieben waren, zu jagen. Aber so ist das, den kleinen Mann fragt ja niemand.« Nun war ich endgültig munter. Vor mir saß ein Zeitzeuge der Walfang-Ära! Mir bot sich die einmalige Möglichkeit, mich mit einem früheren Walfänger persönlich zu unterhalten, und ich hatte höchstens noch 15 Minuten bis zum Hotel. Im Nachhinein fallen mir Dutzende von Fragen ein: Wie lange dauerte es, bis ein Wal an seinen Verletzungen verendet war? Wurden auch Kälber gejagt? Gab es damals jemanden, der den Walfang ethisch bedenklich fand? In diesem Moment jedoch wollte ich nur wissen, was er seither gemacht hatte. »Oh, da gibt es nicht viel zu erzählen. Ich habe hier und dort Hilfsarbeiten gemacht, und seit sieben Jahren fahre ich Taxi hier in Kapstadt, dabei hätte ich mein Wissen zu Gold verwandeln können. Einige ehemalige Kollegen arbeiten jetzt im Whale Watching. Die haben wirklich einen tollen Boom gehabt. Die Wale sind nämlich nicht dumm, müssen Sie wissen. Als wir aufgehört haben, sie zu jagen, sind sie zurückgekommen, und diejenigen, die nichts Besseres zu tun hatten, haben begonnen, Touristen an die Buchten zu führen. So, wir sind da, macht 240 Rand.«

Immer noch verwirrt, bezahlte ich und bedankte mich für das interessante Gespräch. Was hätte ich noch erwidern können? Dass die Tiere nicht einfach weggeschwommen sind, sondern der Walfang sie damals fast ausgerottet hätte? Dass Südafrika eines der wenigen Beispiele ist, wo sich eine Walpopulation mit einer Reproduktionsrate vergrößert, die das Maximum des biologisch Möglichen darstellt? Was hätte er wohl dazu gesagt, dass Whale Watching mittlerweile in 60 Ländern angeboten wird und Südafrika Nummer 5 auf der Liste ist? Vermutlich hätte er sein zahnloses Lachen gelacht und den Kopf geschüttelt.

Tatsächlich ist Südafrika ein Sonderfall, denn nicht überall auf der Welt kann man Wale sogar vom Land aus beobachten. Whale Watching ist ein noch recht junger Wirtschaftszweig, und so fanden die ersten gezielten Walbeobachtungstouren erst im Jahr 1955 in Südkalifornien statt. In Europa begann sich, ausgehend von Gibraltar, dieser Tourismuszweig sogar erst 1983 zu entfalten. Heute hat sich der Waltourismus zu einem mehrere Hundert Millionen Dollar schweren Wirtschaftszweig ausgewachsen, der zahlreiche Arbeitsplätze schafft, aber nur nachhaltig betrieben von Bestand sein kann. Darüber hinaus kann Whale Watching eine unglaublich effiziente Umweltbildungsmaßnahme sein. Ein interessantes Beispiel dafür ist die immer noch bewegte Geschichte Islands. Anfang des 20. Jahrhunderts hatten norwegische Walfänger die Walbestände in isländischen Gewässern derart dezimiert, dass bereits 1915 die isländische Regierung ein 20-jähriges Fangverbot erließ. Der Fang wurde jedoch wieder aufgenommen und endete erst 1989. Obwohl schon 1986 der kommerzielle Walfang auf internationaler Ebene verboten wurde, tötete die isländische Walfangflotte zwischen 1986 und 1989 jährlich durchschnittlich 100 Finn- und Seiwale unter dem Vorwand der »wissenschaftlichen Forschung«. Als 1991 das erste Unternehmen auf der Insel der heißen Quellen und Gletscher einen Walbeobachtungsausflug anbot und diesen im gesamten Jahr gerade 100 Personen mitmachten, ahnte niemand, dass die Zahl auf über 100 000 anwachsen würde. Whale Watching ist somit eine echte wirtschaftliche Alternative zum Walfang, und Whale Watcher sehen es gar nicht gern, wenn vom Nachbarboot auf Wale geschossen wird.

Die Schattenseite der Kommerzialisierung ist natürlich der verstärkte Konkurrenzdruck, und so kann man leider immer wieder beobachten, dass ein Skipper versucht, den Walen besonders nahe zu kommen. Dieses allzu menschliche Verhalten bedarf der Kontrolle und vor allen Dingen der Selbstkontrolle innerhalb der Gemeinschaft der Whale-Watching-Anbieter. In diesem Zusammenhang kommt auch den Touristen eine besondere Bedeutung zu, nur zu leicht können sie Druck auf die Skipper ausüben. Aus diesem Grund sollten grundsätzlich alle Whale-Watching-Aktivitäten mit einem Bildungsauftrag verbunden sein. Nur wenn die Besucher verstehen, warum die Anbieter auf Abstand bleiben, lässt sich ein verträgliches Whale Watching langfristig durchsetzen.

Ein weiterer negativer Effekt des Whale Watching, aber auch einer missverstandenen Bildungspolitik in Delfinarien ist ein wahrer Fluch für die Tiere, denn mehr und mehr Menschen haben das Bedürfnis, Wale und Delfine nicht nur zu sehen, sondern sie auch zu füttern und mit ihnen zu kuscheln. Spätestens seit Flipper erkennen wir Menschen in Delfinen unser Ebenbild im Wasser und verspüren den Wunsch, den Tieren so nahe wie nur möglich zu kommen. Ihre Fremdartigkeit, Intelligenz, Anmut und ihr scheinbarer Frohsinn haben unser Bild geprägt, und die wenigsten Menschen nehmen Delfine noch als wildlebende Art oder gar als potentiell gefährliche Raubtiere wahr. Die über 100 spitzen Zähne im Delfinkiefer haben bereits zu tiefen Bissen geführt, und der Stoß mit der Schnauze bzw. der Schlag mit dem Schwanz hat schon viele menschliche Knochen gebrochen.

Das historische Bild des Delfins und seine Darstellung in den unterschiedlichen mythologischen Kulturen beruht, wie wir heute vermuten, auf einer Fehl- bzw. Überinterpretation der Beobachtung von solitär lebenden Küstendelfinen. Von diesen Einzelgängern sind sowohl historische als auch aktuelle Beispiele bekannt. Tatsächlich handelt es sich aber um ein Ausnahmeverhalten, das am ehesten mit menschlichen Eremiten zu vergleichen wäre. Es ist zwangsläufig falsch, von diesen wenigen Tieren auf das Verhalten einer gesamten Tierart Rückschlüsse zu ziehen. Hinzu kommt, dass, abgesehen von einigen wenigen Ausnahmen, diese solitär lebenden Delfine zu Problemen führen und die wenigsten Tiere die Nähe zu uns Menschen lange überleben.[522]

Grundsätzlich sind Delfine zwar neugierig, aber auch ausgesprochen scheu, und eine nahe Begegnung im Wasser, möglicherweise sogar mit Körperkontakt, ist so wahrscheinlich wie ein Lottogewinn. Unsere menschliche Vorstellung und die Darstellung in den Medien liegen somit kräftig daneben.

Letztlich möchte ich Ihnen noch ein weiteres ungewöhnliches menschliches Verhalten nahebringen. Vielleicht haben Sie den oscarprämierten Dokumentarfilm »Die Bucht« gesehen? In ihm begleiten wir den ehemaligen Trainer des berühmten Fernsehdelfins »Flipper«, Ric O'Barry, zu einer idyllischen Bucht im Süden Japans. Was dort geschieht, ist aber alles andere als idyllisch. Jedes Jahr aufs Neue bricht die Treibjagdsaison an, und sowohl die Bucht von Taiji als auch andere Buchten färben sich rot vom Blut bestialisch gemetzelter Delfine. Ric O'Barry's Credo: Wenn wir das nicht stoppen können, wie sollen wir dann die ganze Welt retten?

Ein Aufschrei ging durch die Welt, und viele Menschen verstanden, dass dieses blutige Schlachten beendet wäre, wenn nicht Delfinarien aus aller Herren Länder junge gesunde Weibchen ordern würden. Doch Japan ist weit, und wie sieht es bei uns in Europa aus? Hier gibt es so etwas doch nicht oder doch? Die überraschende Antwort lautet: ja. Etwas Vergleichbares ist im Königreich Dänemark jährliche Praxis. Auf den Färöer Inseln, einer europäischen Inselgruppe im Nordatlantik, sind regelmäßige Treibjagden auf Grindwale und andere Delfinarten Realität. Die Färinger, obwohl Teil des dänischen Königreiches, halten allerdings nicht viel von europäischen Tierschutznormen, und das müssen sie auch nicht, denn im Gegensatz zu Dänemark sind sie kein Mitglied der EU.

Aber wie immer ist die Situation nicht so einfach, und Konfrontation hat in der Vergangenheit gar nichts gebracht. Doch eins nach dem anderen. Die Färinger jagen Grindwale (auch Pilotwale genannt). Genau genommen sind diese Wale keine Wale, sondern zählen genauso wie Orcas und Große Tümmler zu den Delfinen. Sehr unwissenschaftlich formuliert, sind Grindwale eine Mischung zwischen Wal und Delfin. Sie haben ein ausgesprochen komplexes Sozialleben, ähnlich wie viele Delfine, sind aber größer und zeigen ein entsprechend gelassenes Verhalten. Die kompakten, an raue Wetterbedingungen gut angepassten Grindwale leben in Gruppen in einer den Orcas vergleichbaren Sozialstruktur. Allerdings ist die Gruppengröße mit etwa 20 bis 90 Tieren um einiges größer. Die Gruppen bestehen aus Männchen, Weibchen, Jungtieren und Kälbern, wobei die älteren Weibchen die wichtigste soziale Rolle spielen: Sie sind die Leitfiguren einer Gruppe. Es ist nicht ungewöhnlich, Gruppen von vielen hundert Individuen zusammen zu sehen. Außerdem sieht man sie häufig mit anderen Wal- und Delfinarten gemeinsam schwimmen.[523]

Über ihre kognitiven Fähigkeiten ist nicht viel bekannt, denn ihr Lebensraum in den höheren nördlichen und südlichen Breiten lädt Wissenschaftler nicht unbedingt zum Verweilen ein. Aufgrund ihrer Größe und Lebensweise und vielleicht auch wegen ihres im Vergleich zu Orcas unspektakulären Aussehens sind sie nur selten Gäste in Delfinarien und stehen somit der Forschung in Gefangenschaft nicht zur Verfügung. Ihre Verwandtschaft mit Großen Tümmlern und Orcas sowie ihr Sozialverhalten und lange Stillzeiten von über drei Jahren deuten darauf hin, dass sie eine vergleichbar hohe kognitive Entwicklung erreicht haben. Diese Spekulation wird auch durch hirnanatomische Untersuchungen bestätigt, bei denen allein im Neocortex circa 37 Milliarden Nervenzellen gezählt wurden.[524] Zum Vergleich: Der Mensch hat im gesamten Gehirn circa 86 Milliarden Nervenzellen.

Die gemeinsame Geschichte von Menschen und Grindwalen ist, wie so viele Mensch-Tier-Verhältnisse, recht ambivalent. Während Grindwale zum Beispiel auf den kanarischen Inseln eine der Hauptattraktionen für Abertausende von Walbeobachtungstouristen sind, machen sich die Färinger die starke emotionale Bindung zwischen Familienmitgliedern und befreundeten Tieren zunutze und treiben sie gemeinsam in flache Buchten, um dort ein Tier nach dem anderen abzustechen. Der Todeskampf dauerte früher nicht selten mehrere Minuten, während immer wieder auf ein Tier eingestochen wurde. In dieser Zeit konnten die Grindwale beobachten, wie ihre Familienmitglieder, Nachkommen, Geschwister und Eltern, und andere, zu denen sie im Verlaufe ihres Lebens eine nahe emotionale Bindung aufgebaut hatten, getötet wurden. Allein in Neufundland wurden auf diese Weise zwischen 1947 und 1971 über 50 000 Tiere getötet. Auf den Färöer Inseln begann diese Praxis mit der Besiedlung vor circa 1200 Jahren. Damals fuhr man mit stabilen Ruderbooten aufs Meer. Der Kampf Muskelkraft gegen Natur sicherte nicht selten das Überleben ganzer Gemeinden. Blieben die Grindwale auf ihren Wanderungen aus, bedeutete dies einen harten Winter.

Die heutigen Färinger sind Nachkommen der Wikinger und dürfen zu Recht stolz auf ihre Geschichte sein, denn mit über 1000 Jahren haben sie eines der ältesten Parlamente auf der ganzen Welt. Heute sind die Färöer Inseln ein entwickelter Sozialstaat, dessen Wohlstandsniveau durchaus mit der Schweiz und Norwegen verglichen werden kann.

Seit mindestens 50 Jahren wird die Grindwaltreibjagd nur noch als Sport betrieben, und die Einwohner sind nicht mehr auf die Jagd angewiesen.[525] Dennoch wird diese Tradition von den Einheimischen als wichtig erachtet, denn sie stärkt den Zusammenhalt in den Gemeinden. Die Treibjagd ist zu einer Art Volksfest geworden, bei dem man mit Freunden und Verwandten ein gemeinsames Ziel hat und dieses dank moderner Boote und ausgefeilter Technik zumeist auch sicher erreicht.

Früher wurde mit allerlei Gegenständen auf den Bootsboden geschlagen und kräftig Lärm gemacht. Darüber hinaus wurden an Seilen befestigte Steine über Bord geworfen, um die Tiere vor sich herzutreiben. Heute ist es bequemer, man schaltet einfach das Echolot an, und dessen unangenehmer Lärm treibt die Tiere in eine der 23 zur Treibjagd zugelassenen Buchten. Der Erfolg wird gemeinsam gefeiert, und das Fleisch kostenfrei und gerecht verteilt. Im gemeinsamen Miteinander und im Zusammenleben der Färinger ist die Treibjagd also ein schützenswertes Kulturgut.

Wem die blutigen Videos auf YouTube[526] zu viel sind, dem reichen vielleicht die folgenden Zeilen: Nachdem die Tiere in knietiefes Wasser getrieben wurden, stürzen sich oft mehrere Hundert mit Metallhaken bewaffnete Männer auf die Grindwale. Die Haken werden in den Körper oder in das empfindliche Blasloch getrieben, um die Tiere daran an Land zu ziehen. Wer sich schon einmal verschluckt hat, weiß, wie empfindlich unsere Luftröhre ist, und kann sich vielleicht vorstellen, wie es sich anfühlt, am Blasloch aus dem Wasser geschleift zu werden. Zugegeben, es fließt weniger Blut. Die eigentliche Tötung der Tiere erfolgt mit einer eigens für diesen Zweck hergestellten Lanze und mit einem gewaltigen Schnitt in den Hinterkopfbereich.

Für einen erfahrenen Jäger ist das nur eine Angelegenheit von

Tiefe Schnitte am Hinterkopf töten die Tiere. Es werden grundsätzlich alle Tiere ohne Rücksicht auf Geschlecht und Alter getötet (Foto © Hans Peter Roth). Die Kinder spielen auf den getöteten Tieren und zeigen dabei keinerlei Unrechtsbewusstsein.

wenigen Sekunden. Die Jagd und der damit verbundene Stress und die Todesangst dauern allerdings deutlich länger. Ein befreundeter Umweltjournalist, Hans Peter Roth, beschreibt sie mit folgenden Worten: »Mütter verlieren ihre Kinder und umgekehrt. Andere Muttertiere kalben im Stress zu früh.« An Land bot sich ihm dann folgendes Bild: »Kinder, Mädchen und Jungen im Alter von 4 bis 14 Jahren spielten und sprangen mit schmutzigen Schuhen auf den Walen herum. Für uns ein groteskes, befremdliches Spektakel.«

Wie mir Hans Peter Roth[527], der auch die Situation in Taiji gut kennt, berichtete, gibt es aber einen großen Unterschied zwischen Japanern und Färingern. Während sich die Japaner gegen ihn und die Filmcrew von »Die Bucht« mit Abneigung und teilweise handgreiflicher Aggression wendeten, laden die Färinger interessierte Journalisten zu sich ein und gestatten eine detaillierte Dokumentation der Jagd und der Tötung. Diese Offenheit und Freundlichkeit macht deutlich, dass die Färinger gegenüber ihrem Handeln kein Unrechtsempfinden haben. So sind spielende Kinder auf den toten Delfinkörpern Ausdruck der Weitergabe einer landestypischen Kultur. Mit Selbstbewusstsein und einer gewissen Berechtigung wird auf qualvolle Massentierhaltung in der EU und die naturnahe Tierhaltung vor Ort hingewiesen. Hauptfleischquelle der Färinger sind Schafe, und die laufen frei auf den Inseln herum. Auch müssten wir ehrlich eingestehen, dass der minutenlange qualvolle Erstickungstot unserer Schweinswale in den Stellnetzen nicht weniger abscheulich ist.

Dennoch ist für jeden, der auch nur im Entferntesten in Erwägung zieht, dass Grindwale ihrer selbst bewusste, mitfühlende und planvoll handelnde Individuen mit einer Vorstellung von Raum und Zeit sind, die blutige Kultur der Grindwaltreibjagd eine abscheuliche Gräueltat. Aus meiner Sicht ist genau das der entscheidende Punkt: Solange man nicht weiß, was bzw. wem man etwas antut, steht selbst solche Brutalität im Einklang mit der eigenen Ethik und Moral.

VIII. EPILOG

Ebenso wie Luther bin ich mit der Thüringer Bratwurst groß geworden. In Ermangelung von Döner, Sushi und Co. konnte man sich in meiner Kindheit durch die gesamte Innenstadt von Erfurt schnüffeln und passierte alle paar hundert Meter einen neuen duftenden Grill. Diese Zeiten sind vorbei, dennoch genießt die Thüringer Bratwurst höchsten kulinarischen Stellenwert, und ich habe vor vielen Jahren sogar auf der Wall Street in New York eine echte Thüringer Bratwurst von einem echten Thüringer gekauft. Der Mann muss heute Millionär sein. Auch gehören zu meinen schönsten Kindheitserinnerungen an meinen Vater der heimliche Besuch unserer Speisekammer und die miteinander geteilten dicken Salamischeiben. Mit anderen Worten, Fleisch essen ist Teil meiner persönlichen Kultur, und obwohl ich Vegetarier bin, mag ich den Geschmack von Fleisch. Viele Thüringer mögen den Geschmack, und so nehmen wir auch im Vergleich zu anderen deutschen Bundesländern eine Spitzenposition im Fleischverzehr ein. Obwohl wir mit 85 000 Tonnen vergleichsweise viel Schweinefleisch produzieren, importieren wir zusätzlich 25 Prozent unseres Bedarfs.

Nach 20-jähriger Abwesenheit bin ich vor einigen Jahren wieder in meine Heimatstadt Erfurt zurückgezogen. Dennoch bekomme ich noch heute regelmäßig einen Kulturschock, wenn ich einen großen Thüringer Supermarkt besuche. Dort kann es schon passieren, dass die Fleisch- und Wursttheke über 20 Meter lang ist. Die Käsetheke kommt meist nur auf kümmerliche zwei Meter. Mehrere emsige Fleischverkäufer und Verkäuferinnen bedienen in großer Hektik, aber bis die Fachkräfte an die Käsetheke kommen, kann man gemütlich zum Telefon greifen und ein bis zwei Anrufe erledigen. In Berlin war das genau andersherum.

Trotz der Umweltbelastung durch die Fleischproduktion, der Warnung der Weltgesundheitsorganisation vor zu viel Fleischkonsum und der steigenden Sensibilität der Bevölkerung gegenüber Aspekten des Tierwohls ist in den letzten 20 Jahren in Deutschland die Schweinefleischproduktion um 50 und die Hühnerfleischproduktion um fast 200 Prozent gestiegen. Eigentlich seltsam, denn die Bevölkerungszahl ist nicht gewachsen, sondern liegt seit Jahrzehnten bei circa 80 Millionen. Es gibt sogar weniger fleischproduzierende Betriebe, nur leider werden die verbleibenden immer größer. In der idyllischen Gemeinde Bad Kleinen am nördlichen Ufer des Schweriner Sees liegt so ein Großbetrieb. Laut Fleischatlas 2016[528] leben in der Schweinemastanlage »Tierzucht Gut Losten GmbH & Co. KG« circa 34 000 Schweine. Auf Google Earth kann man die Fläche der Ställe leicht ausmessen, und nach meiner Schätzung sind es circa 100 000 Quadratmeter. Es kommen also auf jedes Schwein circa drei Quadratmeter. Ein Schwein kann über 200 Kilogramm schwer werden, wird aber bereits bei der Hälfte des Gewichts geschlachtet. Ein durchschnittlicher Mensch in Europa wiegt 80 Kilogramm, ist also etwas kleiner als ein Schwein zur Schlachtung, und hat in Deutschland eine Wohnfläche von circa 47 Quadratmetern zur Verfügung. Ich kann mir beim besten Willen nicht vorstellen, wie es mir gehen würde, wenn ich meine statistischen 47-Quadratmeter-Wohnraum mein Leben lang nicht verlassen dürfte.

Nun stellen Sie sich aber vor, Sie dürften Ihre drei Quadratmeter ein Leben lang nicht verlassen. Nach deutschem Tierschutzgesetz ruft eine solche Haltung bei Schweinen keine Schäden hervor. Anderenfalls hätte die Anlage gar keine Genehmigung oder würde von den zuständigen staatlichen Stellen sofort geschlossen. Im Übrigen fordert der deutsche Gesetzgeber auch nur zwei Quadratmeter.[529]

Natürlich wird die Haltung von Schweinen wissenschaftlich untersucht, denn auch die Bauern wissen, dass gestresste Schweine weniger Ertrag bringen. Sie haben somit ein natürliches Interesse daran, dass es ihren Schweinen gutgeht. Eine Möglichkeit zu erkennen, ob ein Schwein gestresst ist oder nicht, wurde am Leibniz-

Institut für Nutztierbiologie in Dummerstorf bei Rostock entwickelt. Dort hat man ein Gerät erfunden, dass an den Rufen der Schweine erkennt, ob die Tiere Stress haben oder nicht.[530] Ich bin kein Landwirt, und ich gebe zu, dass ich von industrieller Tierhaltung nicht viel weiß, aber ich frage mich, was die Angestellten des Gutes Losten wohl tun, wenn eines oder vielleicht auch mehrere Schweine Stress haben? Gehen Sie in die Ställe und trösten die Tiere? Haben sie genügend Platz, die Tiere zeitweilig voneinander zu trennen, und haben sie dann auch genügend Zeit, den Tieren eine stressfreie Wiederbegegnung zu ermöglichen? Ich weiß es nicht. Als Biologe weiß ich aber, dass ich mit einem Stressdetektor nicht nur Tiere identifizieren kann, die gestresst sind. Im Umkehrschluss weiß ich auch, welche Tiere nicht gestresst sind. Als Züchter würde es mir nicht schwerfallen, eine kommerziell sinnvolle Entscheidung zu fällen und nur die Tiere zur Zucht auszuwählen, die mit meinen Haltungsbedingungen besser klarkommen. Ob diese Form der Selektion legal ist, wage ich zu bezweifeln, denn nach deutschem Gesetz sollen die Haltungsbedingungen an die Tiere angepasst werden und nicht umgekehrt. Aber wer kann und will so etwas kontrollieren?

Doch was mag nun im Gehirn eines Schweines vorgehen? Stellen wir uns dazu zunächst eine Sau vor. Wir sehen die dreckverschmierte Schnauze und womöglich ein Hinterteil mit vergleichbarer Färbung. Alles in allem ein Tier, dem man sich lieber in Gummistiefeln nähert. 1965 ging eine verhaltensbiologische Beobachtung aus Japan um die Welt. Forscher hatten entdeckt, dass die einheimischen Affen verdreckte Süßkartoffeln in einem nahe gelegenen Flüsschen waschen.[531] Noch heute ist dieses Beispiel fester Bestandteil in den Listen für bemerkenswertes tierisches Verhalten.

Tatsächlich ist dieses Verhalten wirklich sehr bemerkenswert, denn es müssen verschiedene kognitive Fähigkeiten dafür entwickelt sein. Erstens muss ich in der Lage sein, zu erkennen, ob meine Nahrung schmutzig ist oder nicht. Zweitens muss ich wissen, dass ich die Nahrung im Wasser säubern kann. Drittens muss ich absichtlich die Nahrung von einem Ort zum anderen bringen. Nicht zuletzt muss ich ein gewisses Maß an Selbstkontrolle besitzen, denn ich verschiebe die Freude des Verzehrs auf einen späteren Zeitpunkt.

All diese Beispiele haben wir im Verlauf des Buches schon einmal betrachtet und entsprechend eingeordnet. Können Sie sich aber vorstellen, dass Schweine ihre Nahrung ebenfalls waschen, wenn sie die Möglichkeit haben? Vermutlich nicht, und um ehrlich zu sein, wäre ich sogar eine entsprechende Wette eingegangen. Doch ich hätte sie verloren. Tatsächlich konnte ein solches Verhalten bei seltenen Gelegenheiten im Freiland beobachtet werden. Die Forscher waren von ihrer Beobachtung so beeindruckt, dass sie im Baseler Zoo ein entsprechendes Experiment durchführten. Die Schweine dort bekamen halbierte Äpfel, die entweder mit Sand beschmutzt waren oder ihnen sauber gegeben wurden. Tatsächlich entschieden sich die Schweine nur für eine Apfelsäuberung, wenn die Äpfel auch dreckig waren.[532] Der Spruch »Du alte Drecksau« liegt also ziemlich daneben.

In einem kürzlich erschienenen Übersichtsartikel vergleichen die Forscher die Kognition von Schweinen mit anderen Tieren und uns Menschen. Sie präsentieren einige Eigenschaften, die man einem Schwein nicht zugetraut hätte:[533]

- Sie besitzen ein Langzeitgedächtnis.
- Sie haben eine räumliche Vorstellung.
- Sie verstehen symbolhafte Informationen und haben die Fähigkeit, entsprechend präsentierte Abläufe lernen zu können.
- Sie besitzen ein ausgeprägtes Spielverhalten.
- Sie leben in sozialen Gemeinschaften mit Kenntnissen über andere Individuen.
- Sie besitzen die Fähigkeit, voneinander zu lernen und zu kooperieren.
- Sie können einen Joystick in vergleichbarer Weise bedienen wie Primaten.
- Sie können die Reflexion in einem Spiegel nutzen, um Futter zu finden.
- Sie zeigen Empathie.

In einem Interview sagt die verantwortliche Neurowissenschaftlerin Lori Marino von der Emory University: »Wir konnten zeigen, dass Schweine eine Reihe von kognitiven Eigenschaften mit anderen hochintelligenten Tieren wie Hunden, Schimpansen, Elefanten, Delfinen und sogar uns Menschen teilen.«[534] Wem das zu theoretisch ist, dem empfehle ich ein ziemlich interessantes Video auf YouTube, in dem experimentell sechs Wochen alte Schweine mit 18 Monate alten Kindern verglichen werden.[535] Raten Sie mal, wer da besser abschneidet? Die Ferkel in der Massentierhaltung werden übrigens in diesem Alter von ihren Müttern getrennt. In der Natur bleiben sie 18 Monate zusammen.

Tatsächlich steht die Kognitionsforschung an Schweinen noch am Beginn. Am Messerli Forschungsinstitut der Veterinärmedizinischen Universität Wien hat vor kurzem ein Projekt zum Verhalten der Kune-Kune-Schweine, einer neuseeländischen Hausschweinrasse, begonnen. Im Gegensatz zur typischen Nutztierforschung, bei der die Gewinnmaximierung im Vordergrund steht, geht es hier um Grundlagenforschung und das natürliche Verhalten. Vielleicht lernen wir aus den Daten, wie Schweine wirklich gehalten werden müssen. Die zwei Quadratmeter, die der deutsche Gesetzgeber vorschreibt, sind einfach absurd, und jedem Beamten in den zuständigen Ämtern muss bewusst sein, dass die Tiere unter den gegebenen Haltungsbedingungen sowohl körperlichen als auch psychischen Schaden erleiden, und das ist nun mal nicht legal.

Doch was machen wir jetzt mit diesem Wissen? Natürlich nichts! Dafür gibt es sogar einen wissenschaftlichen Namen: kognitive Dissonanz. Bemühen wir den alten Äsop noch mal. In seiner Fabel »Der Fuchs und die Trauben« rümpft der Fuchs die Nase und meint hochmütig: »Sie sind mir noch nicht reif genug, ich mag keine sauren Trauben.« Diesen Kommentar gab er natürlich nur ab, weil er an die hoch hängenden Trauben nicht herankam. Eine gute Freundin hat Äsops Fabel zu ihrem Lebenskredo gemacht und fragt sich jeden Tag, was sie sich heute schönredet, und das funktioniert.

Das Problem ist nur, dass unsere Wahrnehmungen, Gedanken, Gefühle, Meinungen und Wünsche oft nicht im Einklang miteinander stehen. Die Gehaltserhöhung entspricht nicht unseren Erwartungen, und die gewählte Partei hält nicht, was sie versprochen hat. Diese Dissonanz fühlt sich unangenehm an, und wir wollen irgendwie raus aus dem Dilemma.

Zwei Beispiele: Kennen Sie den Benjamin-Franklin-Effekt? Der kluge Politiker hat erkannt, dass uns Menschen, denen wir helfen, sympathischer werden. Wir müssen sie uns einfach sympathischer denken, denn nur so ist unsere Hilfeleistung eine angemessene Handlung. Das geht auch umgedreht. Bei der Opfer-Abwertung werden Individuen, denen man Schreckliches antut, ihrer Menschlichkeit beraubt und auch gedanklich diffamiert. Opfer häuslicher Gewalt werden zu »Schlampen« und »Schlappschwänzen«, Opfer von Rassismus zu »Kanaken« oder »Fidschis«, Opfer von Diskriminierung aus Tradition zu Sklaven und Opfer von Gewalt gegen Tiere zu »Vieh«. Es ist doch nur Schlachtvieh, das haben wir schon immer gemacht, das ist Teil unserer Kultur und unser gutes Recht.

Wir reden uns die Welt so, wie wir sie gerne hätten. Ganze Hundertschaften von Sozialpsychologen beschäftigen sich mit diesem Thema, denn es ist eine der wichtigsten Ursachen dafür, dass wir Menschen so oft nicht rational und vernünftig handeln.

Betrachten wir das im Detail. In der Fachliteratur spricht man von welfare, also vom Wohlergehen bei Tieren. In der Praxis bedeutet das die Vermeidung von Schmerzen, Stress und Leiden. In Paragraph 2 des deutschen Tierschutzgesetzes heißt es: Die artgemäße Bewegung eines Tieres darf nicht so eingeschränkt werden, dass ihm Schmerzen oder vermeidbares Leiden oder Schäden zugefügt werden. Doch selbst wenn es in der Realität so wäre und ein Schwein sich tatsächlich auf zwei Quadratmetern artgemäß bewegen kann, wäre das Wohlergehen? Der bekannte Verhaltensbiologe Jonathan Balcombe spricht sich dafür aus, den Fokus auf Belohnung und Freude zu setzen, da genau diese Mechanismen im Verlauf der Evolution eine Entwicklung überhaupt erst möglich gemacht haben. Wie wir in verschiedenen Kapiteln gesehen haben, handelt es sich sogar um die Mechanismen, die die weitaus meisten Verhaltensweisen erst auslösen. Seiner Meinung nach hat somit ein jedes Lebewesen ein natürliches Recht auf diese Anreize.[536]

Rechte können in unserem allgemeinen Rechtsempfinden nur Individuen haben, die auch dazu in der Lage sind, selber Rechte zu gewähren. So nach dem Motto, wenn ich Rechte einfordere, muss ich mich auch selber daran halten (können).

Wenn ich also will, dass mir niemand mein Haus oder meine Banane wegnimmt, dann darf auch ich niemand anders das Haus oder die Banane stehlen. Doch kann ich jemandem etwas stehlen, der gar kein Verständnis von Besitz hat? Wie wir in den Kapiteln »Totenkult und Krieg« und »Selbstbewusstsein« schon erfahren haben, gibt es den Endowment-Effekt. Der amerikanische Ökonom Herbert Gintis ist der Meinung, dass man den Begriff des Privateigentums sogar zwingend bei Tieren anwenden muss, da sich das Verteidigungsverhalten zum Besitzerhalt ja evolutiv und völlig unabhängig von unserem Rechtssystem entwickelt hat.[537]

Tiere haben also Rechte. In der Realität, also in unserem Rechtssystem, haben sie die aber nicht. Sie brauchen auch keine Rechte, denn wir haben ja unsere Schutzgesetze. Das Tierschutzgesetz schützt die Tiere in unserer Obhut, und das Naturschutzgesetz schützt die Tiere in der freien Natur. Wenn man davon ausgeht, dass ein Schwein, das man sein Leben lang auf zwei Quadratmetern hält, keinen Schaden nehmen soll, erscheint unser Tierschutzgesetz jedoch wenig effektiv, oder? Einen ähnlich absurden Fall im Naturschutz habe ich kürzlich am Beispiel der Klage des NABU gegen den Windpark Butendiek beschrieben.[538] Nach fast 20 Jahren Arbeit im Natur- und Tierschutz bin ich heute der Meinung, dass die Schutzgesetze nicht funktionieren. Wenn Schutzgesetze einen effektiven juristischen Mechanismus darstellen würden, dann können Sie sicher sein, dass wir Aktiengesellschafts- und GmbH-Schutzgesetze hätten. Haben wir aber nicht, stattdessen haben wir juristische Personen.

Die Rechtswissenschaftlerin Carolin Raspé vertritt in ihrer Doktorarbeit die These, dass wir neben der natürlichen Person, also uns Menschen, und der juristischen Person, also Firmen, Ver-

einen und Stiftungen, gleichsam eine dritte Person einführen sollten. Sie bezeichnet sie als »tierliche Person«.[539] Diese »tierliche Person« könnte von jedem Anwalt vertreten werden. Ihrer Meinung
nach spielt es auch überhaupt keine Rolle, ob es sich um ein kognitiv hoch entwickeltes Tier wie einen Schimpansen handelt oder
um eine Schnecke. Letztlich müsste der Anwalt in einem möglichen Verfahren die Rechte des Tieres herleiten, und diese würden
sich zwangsläufig an den Fähigkeiten und Ansprüchen orientieren.

Für mich war dieser Standpunkt eine wahrhafte Erleuchtung. In
meinem Buch »Persönlichkeitsrechte für Tiere«[540] habe ich mich
dafür ausgesprochen, Delfinen, Menschenaffen und Elefanten den
Status einer Person zuzusprechen. Berechtigt ist dieser Standpunkt, denn auch renommierte Wissenschaftler sprechen sich dafür aus.[541] Leider hatte ich immer das ungute Gefühl, damit eine
Zweiklassengesellschaft für Tiere zu fordern. Unser Rechtssystem
um eine weitere Person, die »tierliche Person«, zu erweitern, ist da
viel eleganter. Auf dieser Grundlage könnten wir unser Verhältnis
zu Tieren neu definieren und hätten die bewährten und flexiblen
Mechanismen unseres Rechtssystems zur Verfügung.

Um diese Idee durchzusetzen, hat sich vor kurzem eine lose
Gruppe von Wissenschaftlern zusammengefunden. In der vorwie-
gend deutschsprachigen Gruppe, die sich Individual Rights Initiative (Initiative für individuelle Rechte) genannt hat, ist fast jeder vertreten, der sich wissenschaftlich mit dem Thema Tierschutz
beschäftigt. Vielleicht besuchen Sie einfach mal die Webseite
www.iri.world und unterstützen deren Bemühungen.

Obwohl viele kognitiv hoch entwickelte Tiere auf einer individuellen Ebene vermutlich so denken und fühlen wie wir, sind sie
nicht dazu in der Lage, sich mit Gewalt gegen unseren strategisch
geplanten und gemeinschaftlich verübten Missbrauch zu wehren.

Doch halt, es gibt einen, und auch er plant sein Verhalten strategisch. Die Pfleger im schwedischen Zoo von Furuvik haben mit
ihm ihre liebe Mühe, denn obwohl sie sein Gehege regelmäßig
nach Steinen absuchen, ist kein Zoobesucher in seiner Nähe wirklich sicher. Er hat seine Wurftechnik und die Steinproduktion
über viele Jahre perfektioniert und legt planvoll Verstecke an.

Ein Schimpanse setzt auf Gegenwehr und bewirft die Zoobesucher mit scharfkantigen Steinen. Sein aufgerichteter Gang und das gesträubte Nackenhaar sprechen für seine Anspannung.

Auch hat er gelernt, den Klang seiner Betonwände zu verstehen, denn die lösen sich langsam auf und bilden Hohlräume. Eine »nachwachsende Rohstoffquelle«, aus der man prima neue Munition herausbrechen kann.[542] Sollte diese einmal verbraucht sein, ist die Mauer weg, und es winkt die Freiheit.

ANMERKUNGEN

1 Hebert, P. D. N. : Tardigrada. Encyclopedia of Earth 2008, http://www.eoearth. org/view/article/156414.
2 Reinhardt, K., Siva-Jothy, M. T.: Biology of the Bed Bugs, Annual Review of Entomology (2007) 52, S. 351–374.
3 Tautz, J., Heilman, H. R.: Phänomen Honigbiene, Wiesbaden 2012.
4 Wallberg, A., Pirk, C. W., Allsopp, M. H., Webster, M. T.: Identification of Multiple Loci Associated with Social Parasitism in Honeybees. PLoS Genet (2016) 12 (6).
5 Rijksen, H. B.: A Fieldstudy on Sumatran Orang Utans (Pongo pygmaeus abellii (Lesson 1827). PhD thesis, Nature Conservation Department, Agricultural University Wageningen 1978.
6 Thomsen, R., Sommer, V.: Masturbation (nonhuman primates). The International Encyclopedia of Human Sexuality 2015.
7 https://www.youtube.com/watch?v=Gn64WPzw6_I.
8 https://www.youtube.com/watch?v=qVE60zwXx1k.
9 www.hotdollfordog.com.
10 McGrew, W. C.: Chimpanzee technology. Science (2010) 328, S. 579–580.
11 http://www.nytimes.com/2010/05/04/science/04tier.html?_r=1.
12 Nishida, T.: The leaf-clipping display: a newly-discovered expressive gesture in wild chimpanzees. Journal of Human Evolution (1980) 9, S. 117–128.
13 Bentley-Condit, V. K., Smith, E. O.: Animal tool use: current definitions and an updated comprehensive catalog. Behaviour (2010) Bd. 147, Nr. 2.
14 http://www.youtube.com/watch?v=cZU2YYYxEsw.
15 Boesch, C.: From material to symbolic cultures: Culture in primates. The Oxford Handbook of Culture and Psychology. Oxford Library of Psychology 2012.
16 Cissewski, J., Boesch, C.: Communication without language – How great apes may cover crucial advantages of language without creating a system of symbolic communication. Gesture (2016) 15:2, S. 224–249.
17 Thornhill, R., Palmer, C.: Natural History of Rape: Biological Bases of Sexual Coercion. Cambridge 2001.
18 Schmotzer, B., Zimmerman, A.: Über die weiblichen Begattungsorgane der gefleckten Hyäne. Anatomischer Anzeiger (1922) 55, S. 257–264.
19 Glickman, S. E., Zabel, C. J., Yoerg, S. I., Weldele, M. L., Drea, C. M., Frank, L. G.: Social facilitation, affiliation, and dominance in the social life of spotted hyenas. Annals of the New York Academy of Sciences (1997) 807, S. 175–184.
20 http://www.spiegel.de/spiegel/print/d-122760764.html.
21 Izzoab, T. J., Rodriguesabc, D. J., Meninad, M., Limaa, A. P., Magnussona, W. E.: Functional necrophilia: a profitable anuran reproductive strategy? Journal of Natural History (2012) Bd. 46, Nr. 47–48.

22 Oelze, V. M., Fuller, B. T., Richards, M. P., Fruth, B., Surbeck, M., Hublin, J. J., Hohmann, G.: Exploring the contribution and significance of animal protein in the diet of bonobos by stable isotope ratio analysis of hair. Proceedings of the National Academy of Sciences of the United States of America (2011) 108 (24), S. 9792–9797.

23 Manson, J. H., Perry, S., Parish, A. R.: Nonconceptive Sexual Behavior in Bonobos and Capuchins. International Journal of Primatology (1997) 18 (5), S. 767–786.

24 De Waal, F. B. M.: Bonobo Sex and Society, Scientific American Special Edition (2006) Bd. 16, Nr. 2, S. 14–21.

25 Surbeck, M., Deschner, T., Schubert, G., Weltring, A., Hohmann, G.: Mate competition, testosterone and intersexual relationships in bonobos (Pan paniscus). Animal Behaviour (2012) Bd. 83, Nr. 3, S 659–669.

26 Connor, R. C., Watson-Capps, J. J., Sherwin, W. B., Krützen, M.: A new level of complexity in the male alliance networks of Indian Ocean bottlenose dolphins (Tursiops sp.), Biology Letters (2011) Bd. 7, Nr. 4, S. 623–626.

27 Cummins, F. S. et al.: Extreme Aggression in Male Squid Induced by a b-MSP-like Pheromone. Current Biology (2011) Bd. 21, Nr. 4, S. 322–327.

28 Buston, P.: Social hierarchies: Size and growth modification in clownfish. Nature (2003) 424, S. 145 f.

29 Dunkel, L. P. et al.: Variation in developmental arrest among male orangutans: a comparison between Sumatran and a Bornean population. Frontiers in Zoology (2013) 10.

30 Benensona, J. F., Tennysona, R., Wranghama, R. W.: Male more than female infants imitate propulsive motion. Cognition (2011) Bd. 121, Nr. 2, S. 262 bis 267.

31 Hassett, J. M., Siebert, E. R., Wallen, K.: Sex differences in rhesus monkey toy preferences parallel those of children. Hormones and Behavior (2008) 54 (3), S. 359–364.

32 Kahlenberg, S. M., Wrangham, R. W.: Sex differences in chimpanzees' use of sticks as play objects resemble those of children. Current Biology (2010) 20, S. 1067 f.

33 Pinker, S.: Das unbeschriebene Blatt. Berlin 2003.

34 Colapinto, J.: Der Junge, der als Mädchen aufwuchs. München 2002.

35 Bartels, A., Zeki, S.: The neural correlates of maternal and romantic love. NeuroImage (2004) Bd. 21, Nr. 3, S. 1155–1166.

36 Damasio, A.: Human Behavior – Brain trust. Nature (2005) 435, S. 571 f.

37 Lukas, D., Clutton-Brock, T. H.: The Evolution of Social Monogamy in Mammals. Science (2013) Bd. 341, Nr. 6145, S. 526–530.

38 Burkett, J. P. et al.: Oxytocin-dependent consolation behavior in rodents. Science (2016) Bd. 351, Nr. 6271, S. 375–378.

39 Kosfeld, M., Heinrichs, M., Zak, P. J., Fischbacher, U., Fehr, E.: Oxytocin increases trust in humans. Nature (2005) 435, S. 673–676.

40 Reddon, A. R., O'Connor, C. M., Marsh-Rollo, S. E., Balshine, S.: Effects of isotocin on social responses in a cooperatively breeding fish. Animal Behaviour (2012) Bd. 84, Nr. 4, S. 753–760.

41 Oliva, J. L., Rault, J. L., Appleton, B., Lill, A.: Oxytocin enhances the appropriate use of human social cues by the domestic dog (Canis familiaris) in an object choice task. Animal Cognition (2015) Bd. 18, Nr. 3, S. 767–775.

42 Crews, D., Garstka, W.: The Ecological Physiology of a Garter Snake. Scientific American (1982) 247, S. 159–168.

43 Piertney, S., Oliver, M.: The evolutionary ecology of the major histocompatibility complex. Heredity (2006) Nr. 96, S. 7–21.

44 Woelfing, B., Traulsen, A., Milinski, M., Boehm, T.: Does intra-individual major histocompatibility complex diversity keep a golden mean? Philosophical Transactions of the Royal Society A (2009) Bd. 364, Nr. 1513.

45 Sommerfeld, R. D., Boehm, T., Milinski, M.: Desynchronising male and female reproductive seasonality: dynamics of male MHC-independent olfactory attractiveness in sticklebacks. Ethology Ecology & Evolution (2008) 20 (4), S. 325–336.

46 Bei Pheromon-Partys handelt es sich um eine Datingmode, bei der an anonymisierter Kleidung geschnüffelt wird. Gefällt der Geruch, ist der erste Schritt getan.

47 Rozin, P., Gruss, L., Berk, G.: The reversal of innate aversions: Attempts to induce a preference for chili peppers in rats. Journal of Comparative and Physiological Psychology (1993) 79, S. 1001–1014.

48 Kish, G. B., Donnenwerth GV: Sex differences in the correlates of stimulus seeking. Journal of Consulting and Clinical Psychology (1972) 38 (1), S. 42.

49 Byrnesa, N. K., Hayesa, J. E.: Behavioral measures of risk tasking, sensation seeking and sensitivity to reward may reflect different motivations for spicy food liking and consumption. Appetite (2016) Bd. 103, S. 411–422.

50 Tylor, E. B.: Anthropology, London 1881.

51 Rendell, L., Whitehead H: Culture in whales and dolphins. Behavioral and Brain Sciences (2001) 24, S. 309–382.

52 Culture is information or behaviour acquired from conspecifics through some form of social learning. Boyd, R., Richerson, P. J.: Why culture is common, but cultural evolution is rare. Proceedings of the British Academy (1996) 88, S. 77–93.

53 Whiten, A., Goodall, J., McGrew, W. C., Nishida, T., Reynolds, V., Sugiyama, Y., Tutin, C. E., Wrangham, R. W., Boesch, C.: Chimpanzee cultures. Nature (1999) 399, S. 682–685.

54 Laland, K. N., Galef, B. G.: The question of animal culture, Cambridge 2009.

55 Laland, K. N., Janik, V. M.: The animal cultures debate. Trends in Ecology and Evolution (2006) Bd. 21, Nr. 10.

56 Krützen, M., van Schaik, C., Whiten, A.: Response to Laland and Janik: The animal cultures debate. Trends in Ecology and Evolution (2006) Bd. 22, Nr. 1.

57 Huber, S. K.: Reproductive isolation of sympatric morphs in a population of Darwin's finches. Proceedings of the Royal Society (2007) Bd. 274, Nr. D 709 bis 1714.

58 Esposito, G. et al.: Infant Calming Responses during Maternal Carrying in Humans and Mice. Current Biology (2013) Bd. 23, Nr. 9, S. 739–745.

59 Warner, R. R. Traditionality of mating-site preferences in a coral reef fish. Nature (1988) 335, S. 719–721.

60 McGrew, W. C.: The cultured chimpanzee. Cambridge 2004.

61 Whiten, A., Schaik, C. P.: The evolution of animal ›cultures‹ and social intelligence. Philosophical Transactions of the Royal Society (2007) Bd. 362, S. 603–620.

62 Haidle, M. N., Conard, N. J., Bolus, M. (Hg.): The Nature of Culture. Book publication based on an Interdisciplinary Symposium The Nature of Culture, Tübingen. Vertebrate Paleobiology and Paleoanthropology, 2016.

63 www.youtube.com/watch?v=RxFCIXEAf8c.

64 http://au.youtube.com/watch?v=OlB7oVP8MPY.

65 Payne, K., Payne, R.: Large-scale changes over 19 years in songs of humpback whales in Bermuda. Zeitschrift für Tierpsychologie (1985) 68, S. 89–114.

66 Noad, M. J. et al.: Cultural revolution in whale song. Nature (2001) 408, S. 537.

67 Garland, E. C. et al.: Dynamic horizontal cultural transmission of humpback whale song at the ocean basin scale. Current Biology (2011) 21(8), S. 687–691.

68 Riesch, R., Barrett-Lennard, L. G., Ellis, G. M., Ford, J. B., Deecke, V. B.: Cultural traditions and the evolution of reproductive isolation: ecological speciation in killer whales? Biological Journal of the Linnean Society (2012) 106, S. 1–17.

69 Rendell, L. E., Whitehead, H.: Culture in whales and dolphins. Behavioral and Brain-Sciences (2001) 24, S. 309–324 sowie Lennard, L. G., Deecke VB, Yurk H, Ford JKB: A sound approach to the study of culture. Behavioral and Brain Sciences (2001) 24, S. 325–326.

70 Riesch, R., Barrett-Lennard, L. G., Ellis, G. M., Ford, J. B., Deecke, V. B.: Cultural traditions and the evolution of reproductive isolation: ecological speciation in killer whales? Biological Journal of the Linnean Society (2012) 106, S. 1–17.

71 Richerson, P. J., Boyd, R.: Not by genes alone: how culture transformed human evolution. Chicago 2005.

72 Ford, J. K. B., Ellis, G. M.: Transients – mammal-hunting killer whales. Vancouver 1999.

73 Matkin, C. O., Saulitis, E. L., Ellis, G. M., Olesiuk, P., Rice, S. D.: Ongoing population-level impacts on killer whales Orcinus orca following the ›Exxon Valdez‹ oil spill in Prince William Sound, Alaska. Marine Ecology Progress Series (2008) 356, S. 269–281.

74 Milius, S.: Getting the gull: Baiting trick spreads among killer whales. (Orcinus orca). Science News (2005) 168(8), S. 118.

75 Semaw, S.: The World's Oldest Stone Artefacts from Gona, Ethiopia: Their Implications for Understanding Stone Technology and Patterns of Human Evolution Between 2 · 6–1 · 5 Million Years Ago. Journal of Archaeological Science (2000) Bd. 27, S. 1197–1214.

76 Sauciuc, G. A., Persson, T., Bååth, R., Bobrowicz, K., Osvath, M.: Affective forecasting in an orang-utan: predicting the hedonic outcome of novel juice mixes. Animal Cognition (2016) Bd. 19, Nr. 6, S. 1081–1092.

77 www.ted.com/talks/luis_von_ahn_massive_scale_online_ collaboration#t-128360.

78 Luncz, L. V., Mundry, R., Boesch, C.: Evidence for Cultural Differences between Neighboring Chimpanzee Communities. Current Biology (2012) Bd. 22, Nr. 10, S. 922–926.

79 Mercader, J., Barton, H., Gillespie, J., Harris, J., Kuhn, S., Tyler, R., Boesch, C.: 4,300-Year-old chimpanzee sites and the origins of percussive stone technology. Proceedings of the National Academy of Sciences (2007) 104 (9) S. 3043–3048.

80 Whiten, A., Spiteri, A., Horner, V., Bonnie, K. E., Lambeth, S. P., Schapiro, S. J., de Waal, F. B. M.: Transmission of Multiple Traditions within and between Chimpanzee Groups. Current Biology (2007) 17(12), S. 1038–1043.

81 www.youtube.com/watch?v=ScqG54B4KtE.

82 Sommer, V., Buba, U., Jesus, G., Pascual-Garrido, A.: Sustained myrmecophagy in Nigerian chimpanzees: Preferred or fallback food? American Journal of Physical Anthropology (2017) Bd. 162, Nr. 2, S. 328–336.

83 Humle, T., Matsuzawa, T.: Ant-dipping among the chimpanzees of Bossou, Guinea, and some comparisons with other sites. American Journal of Primatology (2002) 58, S. 133–148.

84 Reindl, E., Beck, S. R., Apperly, I. A., Tennie, C.: Young children spontaneously invent wild great apes' tool-use behaviours. Proceedings of the Royal Society B (2016) Bd. 283, Nr. 1825.

85 Fishlock, V., Caldwell, C., Lee, P. C.: Elephant resource-use traditions. Animal Cognition (2016) 19, S. 429–433.

86 Hart, B. L., Hart, L. A., McCoy, M., Sarath, C. R.: Cognitive behaviour in Asian elephants: use and modification of branches for fly switching. Animal Behaviour (2001) 62, S. 839–847.

87 Nihei, Y., Higuchi, H.: When and where did crows learn to use automobiles as nutcrackers? Tohoku Psychologica Folia (2001) 60, S. 93–97.

88 Aplin, M. L., Farine, D. R., Morand-Ferron, J., Cockburn, A., Thornton, A., Sheldon, B. C.: Experimentally induced innovations lead to persistent culture via conformity in wild birds. Nature (2015) 518 (7540) S. 538–541.

89 https://www.ncbi.nlm.nih.gov/pmc/articles/PMC4344839/bin/NIHMS60796-supplement-video3.mp4.

90 Smolker, R. A.: Sponge carrying: A puzzle in the behavior of bottlenose dolphins. In: Seventh Biennial Conference on the Biology of Marine Mammals (1987) 5. bis 9. December, Miami, Florida, S. 65.

91 Smolker, R. A., Richards, A., Connor, R. C., Mann, J., Berggren, P.: Sponge carrying by dolphins (Delphinidae, Tursiops sp): a foraging specialization involving tool use? Ethology (1997) 103(6), S. 454–465.

92 Krützen, M., Mann, J., Heithaus, M. R., Connor, C., Bejder, L., Sherwin, W. B.: Cultural transmission of tool use in bottlenose dolphins. Proceedings of the National Academy of Sciences (2005) 102, S. 8939–8943.

93 Allen, S. J., Bejder, L., Krützen, M.: Why do Indo-Pacific bottlenose dolphins (Tursiops sp.) carry conch shells (Turbinella sp.) in Shark Bay, Western Australia? Marine Mammal Science (2011) 27, S. 449–454.

94 Endler, J. A., Endler, L. C., Doerr, N. R.: Great Bowerbirds create theaters with forced perspective when seen by their audience. Current Biology (2010) 20, S. 1679–1684.

95 Bravery, B. D., Nicholls, J. A., Goldize, A. W.: Patterns of painting in satin bowerbirds Ptilonorhynchus violaceus and males' responses to changes in their paint. Journal of Avian Biology (2006) 37, S. 77–83.

96 Chisholm, A. H.: The use by birds of »tools« or »instruments«. Ibis (1954) Bd. 96, Nr. 3, S. 380–383.

97 Neville, B.: The strange case of Billy the bowerbird, Geo (1988) 10, S. 73 bis 79.

98 Madden, J. R.: Do bowerbirds exhibit cultures? Animal Cognition (2008) 11, S. 1–12.

99   Bernardi, G.: The use of tools by wrasses (Labridae). Coral Reefs (2011) 31(1), S. 39.
100   www.youtube.com/watch?v=P_MYQy_eeTQ&feature=youtube.
101   Brockmann, H. J.: Tool use in digger wasps (Hymenoptera: Sphecinae). Psyche (1985) 92, S. 309–330.
102   Banschbach, V. S., Brunelle, A., Bartlett, K. M., Grivetti, J. Y., Yeamans, R. L.: Tool use by the forest ant Aphaenogaster rudis: Ecology and task allocation. Insectes Sociaux (2006) Bd. 53, Nr. 4, S. 463–471.
103   Henry, P. Y., Aznar, C.: Tool-use in Charadrii: Active Bait-Fishing by a Herring Gull. Waterbirds (2006) 29 (2), S. 233 f.
104   Robinson, S. K.: Use of Bait and Lures by Green-Backed Herons in Amazonian Peru. The Wilson Bulletin (1994) Bd. 106, Nr. 3, S. 567 ff.
105   www.youtube.com/watch?v=y_8hPcnGeCI.
106   Levey, D. J., Duncan RS, Levins CF: Use of dung as a tool by burrowing owls. Nature (2004) 431, S. 39.
107   Marshall, M.: Alligators use tools to lure in bird prey. New Scientist (2013) Bd. 220, Nr. 2948–2949, S. 16.
108   www.youtube.com/watch?v=wsVphW7jVgc.
109   Matrosova, V. A., Schneiderová, I., Volodin, I. A., Volodina, E. V.: Species-specific and shared features in vocal repertoires of three Eurasian ground squirrels (genus Spermophilus) Acta Theriologica (2012) Bd. 57, Nr. 1, S. 65–78 sowie Slobodchikoff, C. N., Kiriazis, J., Fischer, C., Creef, E.: Semantic information distinguishing individual predators in the alarm calls of Gunnison's prairie dogs, Animal Behaviour (1991) 42, S. 713–719.
110   Molnár, C., Pongrácz, P., Faragó, T., Dóka, A., Miklósi, A.: Dogs discriminate between barks: The effect of context and identity of the caller. Behavioural Processes (2009) 82, S. 198–201.
111   Enggist-Dueblin, P., Pfister, U.: Cultural transmission of vocalizations in ravens, Corvus corax. Animal Behaviour (2002) 64, S. 831–841.
112   Griesser, M.: Mobbing calls signal predator category in a kin group-living bird species. Proceedings. Biological Sciences (2009) 276 (1669), S. 2887 bis 2892.
113   Ratnayake, C. P., Goodale, E., Kotagama, S. W.: Two sympatric species of passerine birds imitate the same raptor calls in alarm contexts. Naturwissenschaften (2010) 97, S. 103–108.
114   Stoeger, A. S., Mietchen, D., Oh, S., de Silva, S., Herbst, C. T., Kwon, S., Fitch, W. T.: An Asian Elephant Imitates Human Speech. Current Biology (2012) Bd. 22, Nr. 22, S. 2144–2148.
115   Ridgway, S., Carder, D., Jeffries, M., Todd, M.: Spontaneous human speech mimicry by a cetacean. Current Biology (2012) Bd. 22, Nr. 20, S. 860–861.
116   https://www.youtube.com/watch?v=K4Uy_QOQfbs.
117   http://www.spiegel.de/wissenschaft/natur/verschwinde-da-hoover-der-sprechen-de-seehund-a-308758.html.
118   Fitch, W. T., Jarvis, E. D.: Birdsong and other animal models for human speech, song, and vocal learning. Language, music and the brain, Cambridge 2012, S. 499–540.
119   Pepperberg, I. M.: Evolution of Communication from an Avian Perspective. D. Kimbrough Oller and Ulrike Griebel, editors, Evolution of Communication Systems: A Comparative Approach, Cambridge 2004, S. 171–192.

120 Pepperberg, I. M., Gordon, J. D.: Numerical comprehension by a Grey Parrot (Psittacus erithacus), including a zero-like concept. Journal of Comparative Psychology (2005) 119, S. 197–209.

121 http://www.bmel.de/SharedDocs/Downloads/Tier/Tierschutz/GutachtenLeitlinien/HaltungPapageien.pdf?__blob=publicationFile.

122 www.youtube.com/watch?v=utkb1nOJnD4.

123 Laland, K., Wilkins, C., Clayton, N.: The evolution of dance. Current Biology (2016) Bd. 26, Nr. 1, S. 5–9.

124 Falk, D.: Comparative Anatomy of the Larynx in Man and the Chimpanzee: Implications for Language in Neanderthal. American Journal of Physical Anthropology (1975) 43, S. 123–132.

125 www.johnclilly.com.

126 Herzing, D. L., Delfour, F., Pack, A. A.: Responses of Human-Habituated Wild Atlantic Spotted Dolphins to Play Behaviors Using a Two-Way Human/Dolphin Interface. International Journal of Comparative Psychology (2012) 25, S. 137–165.

127 https://play.google.com/store/apps/details?id=com.shazam.android&hl=de.

128 http://www.wilddolphinproject.org/chat-is-it-a-dolphin-translator-or-an-interface.

129 http://www.ted.com/talks/denise_herzing_could_we_speak_the_language_of_dolphins.

130 Herman, L. M., Richards, D. G., Wolz, J. P.: Comprehension of sentences by bottlenosed dolphins. Cognition (1984) 16, S. 129–219.

131 Herman, L. M., Morrel-Samuels, P., Pack, A.: Bottlenosed dolphin and human recognition of veridical and degraded video displays of an artificial gestural language. Journal of Experimental Psychology: General (1990) 119, S. 215–230.

132 Herman, L. M., Kuczaj, S., Holder, M. D.: Responses to anomalous gestural sequences by a language-trained dolphin: Evidence for processing of semantic relations and syntactic information. Journal of Experimental Psychology: General (1993) 122, S. 184–194.

133 Reiss, D., McCowan, B.: Spontaneous vocal mimicry and production by bottlenose dolphins (Tursiops truncatus): Evidence for vocal learning. Journal of Comparative Psychology (1993) 107, S. 301–312.

134 Brensing, K., Linke, K., Todt, D.: Sound source location by phase differences of signals. Journal of the Acoustical Society of America (2001) 109, S. 430–433.

135 Herzing, D. L.: Clicks, whistles and pulses: Passive and active signal use in dolphin communication. Acta Astronautica (2014) Bd. 105, Nr. 2, S. 534–537.

136 Bradbury, J. W., Balsby, T. J. S.: The functions of vocal learning in parrots. Journal Behavioral Ecology and Sociobiology (2016) Bd. 70, Nr. 3, S. 293–312.

137 Suzuki, T. N., Wheatcroft, D., Griesser, M.: Experimental evidence for compositional syntax in bird calls. Nature Communications (2016) 7, Nr. 10986.

138 Ford, J. K. B.: Vocal traditions among resident killer whales (Orcinus orca) in coastal waters of British Columbia. Canadian Journal of Zoology (1991) 69, S. 1454–1483.

139 Deeke, V. B.: Stability and change of killer whale (Orcinus orca) dialects. Thesis University of British Columbia Library 1998.

140 Filatova, O. A., Fedutin, I. D., Burdin, A. M., Hoyt, E.: The structure of the discrete call repertoire of killer whales Orcinus orca from Southeast Kamchatka. Bioacoustics (2007) 16, S. 261–280.

141 Deecke, V. B., Slater, Ü. J. B., Ford, J. K. B.: Selective habituation shapes acoustic predator recognition in harbour seals. Nature (2002) 420, S. 171ff.

142 Foote, A. D., Griffin, R. M., Howitt, D., Larsson, L., Miller, P. J. O., Hoelzel, A. R.: Killer whales are capable of vocal learning. Biology Letters (2006) Bd. 2, Nr. 4, S. 509–512.

143 Musser, W. B., Bowles, A. E., Grebner, D. M., Crance, J. L.: Differences in acoustic features of vocalizations produced by killer whales cross-socialized with bottlenose dolphins. The Journal of the Acoustical Society of America (2014) Bd. 136, Nr. 4.

144 Hausberger, M., Bigot, E., Clergeau, P.: Dialect use in large assemblies: a study in European starling Sturnus vulgaris roosts. Journal of Avian Biology (2008) Bd. 39, Nr. 6, S. 672–682.

145 Enggist-Dueblin, P., Pfister, U.: Cultural transmission of vocalizations in ravens, Corvus corax. Animal Behaviour (2002) 64, S. 831–841.

146 Chen, Y. et al.: ›Compromise‹ in Echolocation Calls between Different Colonies of the Intermediate Leaf-Nosed Bat (Hipposideros larvatus). Public Library of Science One (2016) 11(3).

147 Melendez, K. V., Feng, A. S.: Communication calls of little brown bats display individual-specific characteristics. Journal of the Acoustical Society of America (2010) 128(2), S. 919–923.

148 Crockford, C., Herbinger, I., Vigilant, L., Boesch, C.: Wild chimpanzees produce group-specific calls: a case for vocal learning? Ethology (2004) 10, S. 221–243.

149 https://www.youtube.com/watch?v=3KJzDhMfWW8.

150 Arriaga, G., Zhou, E. P., Jarvis, E. D.: Of Mice, Birds, and Men: The Mouse Ultrasonic Song System Has Some Features Similar to Humans and Song-Learning Birds. Public Library of Science One (2012) 7(10).

151 Hoier, S., Pfeifle, C., von Merten, S., Linnenbrink, M.: Communication at the Garden Fence – Context Dependent Vocalization in Female House Mice. Public Library of Science One (2016) 11(3).

152 Persönliche Korrespondenz mit Frau Christine Pfeifle, MPI Plön Leitung Maushaltung.

153 Oostenbroek, J. et al.: Comprehensive Longitudinal Study Challenges the Existence of Neonatal Imitation in Humans, Current Biology (2016) 26(10), S. 1334–1338.

154 Hobaiter, C., Byrne, R. W.: The gestural repertoire of the wild chimpanzee. Animal Cognition (2011) 14, S. 745–767.

155 Byrne, R. W., Cochet, H.: Where have all the (ape) gestures gone? Psychonomic Bulletin & Review (2016) Bd. 24, Nr. 1, S. 68–71.

156 Douglas, P. H., Moscovice, L. R.: Pointing and pantomime in wild apes? Female bonobos use referential and iconic gestures to request genito-genital rubbing. Scientific Reports (2015) 5, Artikelnr. 13999.

157 Gardner, R. A., Gardner, B. T., van Cantfort, T. E.: Teaching Sign Language to Chimpanzees, Albany 1989.

158 Gardner, R. A., Gardner, B. T.: Comparative psychology and language acquisition. Annals of the New York Academy of Sciences (1978) Bd. 309, Psychology: The State of the Art, S. 37–76.

159 www.nytimes.com/2007/11/01/science/01chimp.html?_r=2.

160 Fouts, R. S.: Language: Origins, definition, and chimpanzees. Journal of Human Evolution (1974) 3, S. 475–482.

161 Rumbaugh, D. M.: Language learning by a chimpanzee. New York 1977.
162 Savage-Rumbaugh, E. S., McDonald, E., Sevcik, R. A., Hopkins, W. D., Rupert, E.: Spontaneous symbol acquisition and communicative use by pygmy chimpanzees [Pan paniscus], Journal of Experimental Psychology (1986) 112, S. 211–235.
163 Savage-Rumbaugh, S., Lewin, R.: Kanzi. The Ape at the Brink of the Human Mind. Hoboken 1994.
164 Clarke, E., Reichard, U. H., Zuberbühler, K.: The Syntax and Meaning of Wild Gibbon Songs. Public Library of Science One (2006).
165 https://www.youtube.com/watch?v=JLOn8F0p96s.
166 Brandt, R.: Können Tiere denken? Ein Beitrag zur Tierphilosophie. Frankfurt/M. 2009.
167 Hare, B., Tomasello, M.: Domestic dogs (Canis familiaris) use human and conspecific social cues to locate hidden food. Journal of Comparative Psychology (1999) 113, S. 173–177.
168 Mangelsdorf, M.: Interaktion zwischen Menschen und Pferden – im Vergleich zu Wölfen und Hunden in Interspezies-Kommunikation. Voraussetzungen und Grenzen. PeriLog Freiburger Beiträge zur Kultur- und Sozialforschung (2014) Bd. 7, S. 42–64.
169 Malavasi, R., Huber, L.: Evidence of heterospecific referential communication from domestic horses (Equus caballus) to humans. Animal Cognition (2016) 19 (5).
170 Tschudin, A., Call, J., Dunbar, R. I. M., Harris, G., van der Elst, C.: Comprehension of signs by dolphins (Tursiops truncatus). Journal of Comparative Psychology (2001) 115, S. 100–105.
171 Xitco Jr., M. J., Gory, J. D., Kuczaj, S. A.: Dolphin pointing is linked to the attentional behavior of a receiver. Animal Cognition (2004) Bd. 7, Nr. 4, S. 231 bis 238.
172 Bräuer, J., Call, J., Tomasello, M.: All Great Ape species follow gaze to distant locations and around barriers. Journal of Comparative Psychology (2005) 119, S. 145–154.
173 Leavens, D. A. Hopkins, W. D.: Intentional communication by chimpanzees (Pan troglodytes): A cross-sectional study of the use of referential gestures. Developmental Psychology (1998) 34, S. 813–822.
174 Pika, S., Bugnyar, T.: The use of referential gestures in ravens (Corvus corax) in the wild. Nature Communications (2011) 2, Artikelnr. 560.
175 Tomasello, M.: Why don't apes point? Endfield, N., Levinson, S.: Roots of Human Sociality. Oxford 2006.
176 Scott-Phillips, T. C.: Meaning in animal and human communication. Animal Cognition (2015) 18 (3), S. 801–805.
177 Moore, R.: Meaning and ostension in great ape gestural communication. Animal Cognition (2015) 19(1).
178 http://www.cms.int/sites/default/files/document/COP11_Doc_23_2_4_Conservation_Implications_Cetacean_En.pdf.
179 McComb, K., Moss, C., Durant, S. M., Baker, L., Sayialel, S.: Matriarchs as repositories of social knowledge in African elephants. Science (2001) 292, S. 491–494.
180 Bradshaw, G. A., Schore, A. N., Brown, J. L., Poole, J. H., Moss, C. J.: Elephant breakdown Social trauma: early disruption of attachment can affect the phy-

siology, behaviour and culture of animals and humans over generations. Nature (2005) Bd. 433.

181 Ford, J. K. B., Ellis, G. M., Balcomb, K. C.: Killer whales: The natural history and genealogy of Orcinus orca in British Columbia and Washington State. Vancouver 2000 sowie Barrett-Lennard, L. G., Deecke, V. B., Yurk, H., Ford, J. K. B.: A sound approach to the study of culture. Behavioral & Brain Sciences (2001) 24, S. 325 f.

182 Teaney, D. O.: The insignificant killer whale: A case study of inherent flaws in the wildlife services' distinct population segment policy and a proposed solution. Environmental Law (2004) 34, S. 647–702.

183 Ryan, S. J.: The role of culture in conservation planning for small or endangered populations. Conservation Biology (2006) 20, S. 1321–1324.

184 Owen-Smith, N.: Foraging behavior, habitat suitability, and translocation success, with special reference to large mammalian herbivores. Festa-Bianchet, M., Apollonio, M.: Animal behavior and wildlife conservation. Washington 2003, S. 93–109.

185 Der Propellerantrieb bei Bakterien: Die Flagellen bestehen aus einem langen, wendelförmigen, etwa 15 bis 20 nm dicken Proteinfaden. Die Drehfrequenz liegt bei ca. 40–50 Hz und mehr. Die bisher schnellsten sind zwei Archaeenarten (Methanocaldococcus jannaschii und Methanocaldococcus villosus) mit Geschwindigkeiten von bis zu 400 bis 500 bps (Körperlängen pro Sekunde). Ein Sportwagen mit 400 bps wäre 6000 km/h schnell). https://idw-online.de/de/news465303.

186 Mikrobiologischer Lehrpfad Max Plank Institut für terrestrische Mikrobiologie, Lehrtafel: Bakterien mit Gemeinschaftssinn.

187 www.aberwitzig.com.

188 North, G.: The Biology of Fun and the Fun of Biology. Current Biology (2015) Bd. 25, Nr. 1, S. R1–R2.

189 www.youtube.com/watch?v=3dWw9GLcOeA.

190 Emery, N. J., Clayton, N. S.: Do birds have the capacity for fun? Current Biology (2015) Bd. 25, Nr. 1, S. R16–R20.

191 www.youtube.com/watch?v=bsiqdl6vsGQ.

192 Berridge, K. C., Kringelbach, M. L.: Affective neuroscience of pleasure: reward in humans and animals. Psychopharmacology (2008) 199, S. 457–480.

193 Meijer, J. H., Robbers, Y.: Wheel running in the wild. Proceedings of the Royal Society B (2014) Bd. 281, Nr. 1786.

194 Riters, L. V.: Pleasure seeking and birdsong. Neuroscience & Biobehavioral (2011) 35, S. 1837–1845.

195 https://www.youtube.com/watch?v=_mOyzDCC8ww.

196 www.youtube.com/watch?v=xHHIABb_qP4.

197 Burghardt, G. M.: A brief glimpse at the long evolutionary history of play. Animal Behavior and Cognition (2014) 1, S. 90–98.

198 Burghardt, G. M., Dinets, V., Murphy, J. B.: Highly Repetitive Object Play in a Cichlid Fish (Tropheus duboisi). Ethology (2015) Bd. 121, Nr. 1, S. 38 bis 44.

199 Burghardt, G. M.: Play in fishes, frogs and reptiles. Current Biology (2015) Bd. 25, Nr. 1.

200 https://www.youtube.com/watch?v=0GvMAg25sVA.

201 https://www.youtube.com/watch?v=p-zGIS-WWZQ.

202 Zylinski, S.: Fun and play in invertebrates. Current Biology 2015, Bd. 25, Nr. 1.

203 Dapporto, L., Turillazzi, S., Palagi, E.: Dominance interactions in young adult paper wasp (Polistes dominulus) foundresses: A playlike behavior? Journal of Comparative Psychology (2006) 120, S. 394–400.

204 Pruitt, J. N., Burghardt, G. M., Riechert, S. E.: Non-conceptive sexual behavior in spiders: a form of play associated with body condition, personality type, and male intrasexual selection. Ethology (2012) 118, S. 33–40.

205 Meijer, J. H., Robbers, Y.: Wheel running in the wild. Proceedings of the Royal Society B (2014) Bd. 281, Nr. 1786.

206 Bekoff, M.: Play signals as punctuation: The structure of social play in canids. Behaviour (1995) 132, S. 419–429.

207 Bekoff, M.: Playful fun in dogs. Current Biology (2015) Bd. 25, Nr. 1.

208 Thalmann, O. et al.: Complete Mitochondrial Genomes of Ancient Canids Suggest a European Origin of Domestic Dogs. Science (2013) Bd. 342, Nr. 6160, S. 871–874.

209 Blumstein, D. T., Chung, L. K., Smith, J. E.: Early play may predict later dominance relationships in yellow-bellied marmots (Marmota flaviventris). Proceedings of the Royal Society B (2013) Bd. 280, Nr. 1759.

210 Behncke, I.: Play in the Peter Pan ape. Current Biology (2015) Bd. 25, Nr. 1, S. R24.

211 www.youtube.com/playlist?list=PLipu9sylv7l75dT3sFJXQa174M7bwfEvg.

212 De Waal, F. B. M.: Bonobo Sex and Society. Scientific American Special Edition (2006) Bd. 16, Nr. 2, S. 14–21.

213 https://www.youtube.com/watch?v=rNWPqfCJDnc.

214 Ross, M. D., Owren, M. J., Zimmermann, E.: Reconstructing the Evolution of Laughter in Great Apes and Humans. Current Biology (2009) Bd. 19, Nr. 13, S. 1106–1111.

215 https://www.youtube.com/watch?v=jdzi8JFx0ys.

216 Surbeck, M., Mundry, R., Hohmann, G.: Mothers matter! Maternal support, dominance status and mating success in male bonobos (Pan paniscus). Proceedings of the Royal Society B (2011) Bd. 278, Nr. 1705.

217 Emma, A. et al.: Adaptive Prolonged Postreproductive Life Span in Killer Whales. Science (2012) Bd. 337, Nr. 6100, S. 1313.

218 Kruuk, H: The Spotted Hyena: A Study of Predation and Social Behaviour. Berkeley 1972.

219 Macdonald, D.: The Velvet Claw: A Natural History of the Carnivores. New York 1992.

220 Lewin, N., Treidel, L. A., Holekamp, K. E., Place, N. J., Haussmann, M. F.: Socioecological variables predict telomere length in wild spotted hyenas. Biology Letters (2015) Bd. 11, Nr. 2.

221 Strandburg-Peshkin, A., Farine, D., Couzin, I., Crofoot, M. C.: Shared decision-making drives collective movement in wild baboons. Science (2015) 348 (6241), S. 1358–1361.

222 Haun, D. B. M., Rekers, Y., Tomasello, M.: Majority-Biased Transmission in Chimpanzees and Human Children, but not Orangutans. Current Biology (2012) 22(8).

223 Kulik, L., Langos, D., Widdig, A.: Mothers Make a Difference: Mothers Develop Weaker Bonds with Immature Sons than Daughters. Public Library of Science One (2016) 11(5).

224 CITES ist das internationales Abkommen zum Handel mit geschützten Tieren und Pflanzen (Convention on International Trade in Endangered Species of Wild Fauna and Flora) www.cites.org.

225 Loftus, E.: Creating False Memories. Scientific American (1997) Bd. 277, Nr. 3, S. 70–75.

226 http://faculty.washington.edu/eloftus/.

227 http://www.ted.com/talks/elizabeth_loftus_the_fiction_of_memory#t-1034451.

228 Chekea, L. G., Simonsa, J. S., Claytona, N. S.: Higher body mass index is associated with episodic memory deficits in young adults. The Quarterly Journal of Experimental Psychology (2016) Bd. 69, Nr. 11.

229 Roy, D. S. et al.: Memory retrieval by activating engram cells in mouse models of early Alzheimer's disease. Nature (2016) 531, S. 508–512.

230 Ramirez, S. et al.: Creating a False Memory in the Hippocampus. Science (2013) Bd. 341, Nr. 6144, S. 387–391.

231 http://science.sciencemag.org/highwire/filestream/594601/field_highwire_adjunct_files/0/Ramirez-SM.pdf.

232 Byrne, R. W., Bates, L. A., Moss, C. J.: Elephant cognition in primate perspective. Comparative Cognition & Behavior Reviews (2009) 4, S. 1–15.

233 Foley, C. A. H., Pettorelli, N., Foley, L.: Severe drought and calf survival in elephants. Biology Letters (2008) 4, S. 541–544.

234 Bruck, J. N.: Decades-long social memory in bottlenose dolphins. Proceedings of the Royal Society (2013) Bd. 280, Nr. 1768.

235 Clayton, N. S., Russell, J., Dickinson, A.: Are Animals Stuck in Time or Are They Chronesthetic Creatures? Topics in Cognitive Science (2009) 1, S. 59 bis 71.

236 Zhang, S., Schwarz, S., Pahl, M., Zhu, H., Tautz, J.: Honeybee memory: A honeybee knows what to do and when. Journal of Experimental Biology (2006) 209(22) S. 4420–4428.

237 Hamilton, W. D.: Geometry of the selfish herd. Journal of Theoretical Biology (1971) 31(2), S. 295–311.

238 van Schaik, C. P.: The socioecology of fission-fusion sociality in Orangutans. Biomedical and Life Sciences (1999) 40 (1), S: 69–86.

239 Archie, E. A., Moss, C. J., Alberts, S. C.: The ties that bind: genetic relatedness predicts the fission and fusion of social groups in wild African elephants. Proceedings of the Royal Society B. (2005) 273, S. 513–522.

240 Meggan, E. C., Volz, E., Packer, C., Ancel Meyers, L.: Disease transmission in territorial populations: the small-world network of Serengeti lions. Journal of The Royal Society Interface (2011) 8, S. 776–786.

241 Smith, J. E., Sandra, K. M., Kay, E. H.: Rank-related partner choice in the fission-fusion society of the spotted hyena (Crocuta crocuta). Behavioral Ecology and Sociobiology (2007) 61 (5), S. 753–765.

242 Albon, S. D., Staines, H. J., Guinness, F. E., Clutton-Brock, T. H.: Density-dependent changes in the spacing behaviour of female kin in red deer. Journal of Animal Ecology (1992) 61, S. 131–137.

243 Bercovitch, F. B., Berry, P. S. M.: Herd composition, kinship and fission-fusion social dynamics among wild giraffe. African Journal of Ecology (2013) 51, S. 206–216.

244 Sundaresan, S. R., Fischhoff, I. R., Dushoff, J., Rubenstein, D. I.: Network me-

trics reveal differences in social organization between two fission-fusion species, Grevy's zebra and onager. Oecologia (2007) 151(1), S. 140–149.

245 Popa-Lisseanu, A. G., Bontadina, F., Mora, O., Ibáñez, C.: Highly structured fission-fusion societies in an aerial-hawking, carnivorous bat. Animal Behaviour (2008) Bd. 75, Nr. 2, S. 471–482.

246 Croft, D. P., Krause, J., James, R.: Social networks in the guppy (Poecilia reticulate). Biology Letters (2004) 271, S. 516–519.

247 Lusseau, D. et al.: Quantifying the influence of sociality on population structure in bottlenose dolphins. Journal of Animal Ecology (2006) Bd. 75, Nr. 1, S. 14–24.

248 Stanton, M. A., Gibson, Q. A., Mann, J.: When mum's away: a study of mother and calf ego networks during separations in wild bottlenose dolphins (Tursiops sp.). Animal Behaviour (2011) 82, S. 405–412.

249 Connor, R. C., Watson-Capps, J. J., Sherwin, W. B., Krützen, M.: A new level of complexity in the male alliance networks of Indian Ocean bottlenose dolphins (Tursiops sp.) Biology Letters (2011) Bd. 7, Nr. 4, S. 623–626.

250 Davidsen, J., Ebel, H., Bornholdt, S.: Emergence of a small world from local interactions: modeling acquaintance networks. Physical Review Letters (2002) 88, Artikelnr. 128701.

251 Barabasi, A. L., Albert, R.: Emergence of scaling in random networks. Science (1999) 286, S. 509–512.

252 McComb, K., Moss, C., Sayailel, S., Baker, L.: Unusually extensive networks of vocal recognition in African elephants. Animal Behavior (2000) 59, S. 1103 bis 1109.

253 Kondo, N., Izawa, E. I., Watanabe, S.: Crows cross-modally recognize group members but not non-group members. Proceedings of the Royal Society B (2012) 279 (1735), S. 1937–1942.

254 www.uni-erfurt.de/kit/.

255 McAuliffea, K., Jordan, J. J., Warneken, F.: Costly third-party punishment in young children. Cognition (2015) Bd. 134, S. 1–10.

256 www.ted.com/talks/rebecca_saxe_how_brains_make_moral_judgments (ab Minute 3:50).

257 http://www.spiegel.de/wirtschaft/tuerkei-weist-hollaendische-kuehe-aus-a-1138952.html.

258 https://www.youtube.com/watch?v=meiU6TxysCg.

259 Brosnan, S. F., de Waal, F. B. M.: Monkeys reject unequal pay. Nature (2003) 425, S. 297 ff.

260 Brosnan, S. F., Schiff, H. C., de Waal, F. B. M.: Tolerance for inequity may increase with social closeness in chimpanzees. Proceedings of the Royal Society B (2005) 272, S. 253–258.

261 Brosnan, S. F., Flemming, T., Talbot, C. F., Mayo, L., Stoinski, T.: Orangutans (Pongo pygmaeus) do not form expectations based on their partner's outcomes. Folia Primatologica (2010) 82, S. 56–70.

262 Talbot, C. F., Freeman, H. D., Williams, L. E., Brosnan, S. F.: Squirrel monkeys' response to inequitable outcomes indicates a behavioural convergence within the primates. Biology Letters (2011) 7, S. 680 ff.

263 Van Schaik, C. P., Damerius, L., Isler, K.: Wild Orangutan Males Plan and Communicate Their Travel Direction One Day in Advance. Public Library of Science One (2013) 8 (9).

264 Krützen, M., Willems, E. P., van Schaik, C. P.: Culture and Geographic Variation in Orangutan Behaviour. Current Biology (2011) Bd. 21, Nr. 21.

265 Massen, J. J. M., van den Berg, L. M., Spruijt, B. M., Sterck, E. H. M.: Inequity aversion in relation to effort and relationship quality in long-tailed macaques (Macaca fascicularis). American Journal of Primatology (2012) 74, S. 145–156.

266 Range, F., Leitner, K., Viranyi, Z.: The influence of the relationship and motivation on inequity aversion in dogs. Social Justice Research (2012) 25, S. 170–194.

267 Wascher, C. A. F., Bugnyar, T.: Behavioral responses to inequity in reward distribution and working effort in crows and ravens. Public Library of Science One (2013) 8(2), S. e56885. https://doi.org/10.1371/journal.pone.0056885.

268 Oberliessen, L. et al.: Inequity aversion in rats, Rattus norvegicus. Animal Behaviour (2016) 115, S. 157–166.

269 Clay, Z., Ravaux, L., de Waal, F. B. M., Zuberbühler, K.: (2016) Bonobos (Pan paniscus) vocally protest against violations of social expectations. Journal of Comparative Psychology, Bd. 130, Nr. 1, S. 44–54.

270 Shaw, A., Olson, K. R.: Children discard a resource to avoid inequity. Journal of Experimental Psychology: General (2012) Bd. 141, Nr. 2, S. 382–395.

271 Brosnan, S. F., Talbot, C., Ahlgren, M., Lambeth, S. P., Schapiro, S. J.: Mechanisms underlying responses to inequitable outcomes in chimpanzees, Pan troglodytes. Animal Behaviour (2010) 79 (6), S. 1229–1237.

272 Leimgruber, K. L., Rosati, A. G., Santos, L. R.: Capuchin monkeys punish those who have more, Evolution and Human Behavior (2016) Bd. 37, Nr. 3, S. 236 bis 244.

273 Riedl, K., Jensen, K., Call, J., Tomasello, M.: No third-party punishment in chimpanzees. Proceedings of the National Academy of Sciences (2012) 109, S. 14824–14829.

274 Haney, C., Banks, C., Zimbardo, P. G.: Interpersonal Dynamics in a Simulated Prison. International Journal of Criminology and Penology (1973) 1, S. 69 bis 97 oder https://de.wikipedia.org/wiki/Stanford-Prison-Experiment.

275 Andrews, K: Understanding norms without a theory of mind. Inquiry (2009) 52(5), S. 433–448.

276 Bojanowski, E.: Vocal behaviour in bottlenose dolphins (Tursiops truncatus): Ontogeny and contextual use in specific interactions. Doctoral dissertation, Free University of Berlin, Germany 2002.

277 Gonçalves, A.: Blanket stealing in captive chimpanzees (Pan troglodytes verus): An observed case of spontaneous fairness related behavior. Cadernos do GEEvH (2015) 4 (1), S. 25–40.

278 Thaler, R. H.: Toward a Positive Theory of Consumer Choice. Journal of Economic Behavior and Organization (1980) 1 (1), S. 39–60.

279 Davies, N. B.: Territorial defence in the speckled wood butterfly (Pararge aegeria): the resident always wins. Animal Behaviour (1978) 26, S. 138–147.

280 https://www.youtube.com/watch?v=CPznMbNcfO8, ab 3:30 min.

281 Mitani, J. C., Watts, D. P., Amsler, S. J.: Lethal intergroup aggression leads to territorial expansion in wild chimpanzees. Current Biology (2010) Bd. 20, Nr. 12, S. R507–R508.

282 Goodall, J.: The Chimpanzees of Gombe. Cambridge 1986.

283 Bradshaw, G. A. et al.: Elephant breakdown Social trauma: early disruption of attachment can affect the physiology, behaviour and culture of animals and humans over generations. Nature (2005) Bd. 433.

284 McComb, K., Baker, L., Moss, C.: African elephants show high levels of interest in the skulls and ivory of their own species. Biology Letters (2006) 2, S. 26 ff.
285 Douglas-Hamilton, I., Bhalla, S., Wittemyer, G., Vollrath, F.: Behavioural reac tions of elephants towards a dying and deceased matriarch. Applied Animal Behaviour Science (2006) 100 (1–2), S. 87–102.
286 Ritesh, J: Social behaviour of Asian elephants. How Social are Asian Elephants Elephas maximus? New York Science Journal (2010) 3 (1), S. 27–31.
287 Goodall, J.: The behaviour of free-living chimpanzees in the Gombe Stream Reserve. Animal Behaviour Monographs (1968) 1, S. 163–311.
288 Cronin, K. A., van Leeuwen, E. J. C., Mulenga, I. C., Bodamerm, M. D.: Behavioral response of a chimpanzee mother toward her dead infant. American Journal of Primatology (2011), Bd. 73, Nr. 5, S. 415–421.
289 Kooriyama, T.: The death of a newborn chimpanzee at Mahale: reactions of its mother and other individuals to the body. Pan Africa News (2009) 16 (2).
290 Link zum Artikel und einigen Videos: http://www.sciencedirect.com/science/article/pii/S0960982210002186.
291 Biro, D. et al.: Chimpanzee mothers at Bossou, Guinea carry the mummified remains of their dead infants. Current Biology (2010) Bd. 20, Nr. 8, S. R351 bis R352.
292 *»Nonetheless we hope that further data from this already threatened community will not be quick in coming.«*
293 Dudzinski, K. M., Sakai, M., Masaki, K., Kogi, K., Hishii, T., Kurimoto, M.: Behavioural observations of bottlenose dolphins towards two dead conspecifics. Aquatic Mammals 2003 29(1), S. 108–116.
294 Ritter, F.: Behavioural responses of rough-toothed dolphins to a dead newborn calf. Marine Mammal Science (2007) 23 (2), S. 429–433.
295 Kashkina, M. I.: Dendronasussp. a New Member of the Order Nose-Walkers (Rhinogradentia) Russian Journal of Marine Biology (2004) Bd. 30, Nr. 2, S. 148–150.
296 Stümpke, H.: Bau und Leben der Rhinogradentia. Stuttgart 1961.
297 www.iucnredlist.org.
298 Proust, J.: Das intentionale Tier. In: Perler, D., Wild, M.: Der Geist der Tiere. Frankfurt/Main 2005, S. 223–244.
299 Troje, N. F., Huber, L., Loidolt, M., Aust, U., Fieder, M.: Categorical learning in pigeons: the role of texture and shape in complex static stimuli. Vision Research (1999) 39, S. 353–366.
300 www.sciencedaily.com/releases/2009/02/090212141143.html.
301 Wu, W., Moreno, A. M., Tangen, J. M., Reinhard, J.: Honeybees can discriminate between Monet and Picasso paintings. Journal of Comparative Physiology A (2013) 199 (1), S. 45–55.
302 Piaget, J.: Die Entwicklung des Objektbegriffs. In: Piaget, J.: Der Aufbau der Wirklichkeit beim Kinde. Stuttgart 1969, S. 14–99.
303 Pollok, B., Prior, H., Guentuerkuen, O.: Development of object permanence in food-storing magpies (Pica pica). Journal of Comparative Psychology (2000) 114, S. 148–157.
304 Miller, H. C., Gipson, C. D., Vaughan, A., Rayburn-Reeves, R., Zentall, T. R.: Object permanence in dogs: Invisible displacement in a rotation task. Psychonomic Bulletin & Review (2009) 16, S. 150–155.

305 Triana, E., Pasnak, R.: Object permanence in cats and dogs. Animal Learning & Behavior (1981) 9, S. 135–139.

306 Gomez, J.: Species comparative studies and cognitive development. Trends in Cognitive Sciences (2005) 9, S. 118–125.

307 Call, J.: Inferences about the location of food in the great apes (Pan paniscus, Pan troglodytes, Gorilla gorilla, and Pongo pygmaeus). Journal of Comparative Psychology (2004) 118, S. 232–241.

308 Schloegl, C., Schmidt, J., Boeckle, M., Weiß, B. M., Kotrschal, K.: Grey parrots use inferential reasoning based on acoustic cues alone. Proceedings of the Royal Society B (2012) Bd. 279, Nr. 1745.

309 O'Hara, M., Auersperg, A. M. I., Bugnyar, T., Huber, L.: Inference by Exclusion in Goffin Cockatoos (Cacatua goffini). Public Library of Science One (2015) 10 (8).

310 O'Hara, M. et al.: Reasoning by exclusion in the kea (Nestor notabilis). Animal Cognition (2016) 19, S. 965.

311 Hill, A., Collier-Baker, E., Suddendorf, T.: Inferential reasoning by exclusion in children (Homo sapiens). Journal of Comparative Psychology (2012), Vol. 126 (3), S. 243–254.

312 Bräuer, J., Kaminski, J., Riedel, J., Call, J., Tomasello, M.: Making inferences about the location of hidden food: social dog, causal ape. Journal of Comparative Psychology (2006) 120, S. 38–47.

313 Aust, U., Range, F., Steurer, M., Huber, L.: Inferential reasoning by exclusion in pigeons, dogs, and humans. Animal Cognition (2008) 11(4), S. 587 bis 597.

314 Zaine, I., Domeniconi, C., de Rose, J. C.: Exclusion performance and learning by exclusion in dogs. Journal of the Experimental Analysis of Behavior (2016) Bd. 105, Nr. 3.

315 Taylora, A. H., Miller, R., Gray, R. D.: New Caledonian crows reason about hidden causal agents. Proceedings of the National Academy of Sciences (2012) Bd. 109, Nr. 40, S. 16389–16391.

316 Special Section: Reasoning Versus Association in Animal Cognition: Current Controversies and Possible Ways Forward. Journal of Comparative Psychology (2016) Bd. 130, Nr. 3.

317 Herman, L. M., Richards, D. G., Wolz, J. P.: Comprehension of sentences by bottlenosed dolphins. Cognition (1984) 16, S. 129–219.

318 Bates, L. A., Sayialel, K. N., Njiraini, N., Poole, J. H., Moss, C., Byrne, R. W.: African elephants have expectations about the locations of out-of-sight family members. Biology Letters (2008) 4, S. 34 ff.

319 Martinho. I., Kacelnik, A: Ducklings imprint on the relational concept of »same or different«. Science (2016) 353, S. 286.

320 http://www.cell.com/cms/attachment/2050817622/2059082563/mmc2.mp4.

321 Vonk, J.: Gorilla (Gorilla gorilla gorilla) and orangutan (Pongo abelii) understanding of first- and second-order relations. Animal Cognition (2003) 6, S. 77–86.

322 Flemming, T. M., Thompson, R. K. R., Fagot, J.: Baboons, like humans, solve analogy by categorical abstraction of relations. Animal Cognition. (2013) 16, S. 519–524.

323 Smirnova, A., Zorina, Z., Obozova, T., Wasserman, E.: Crows Spontaneously Exhibit Analogical Reasoning (2015) Bd. 25, Nr. 2, S. 256–260.

324 Plutarch: Plutarch's Morals. Translated from the Greek by several hands. Corrected and revised by Goodwin, W.W. Boston 1874, S.163.

325 Cheke, L.G., Loissel, E., Clayton, N.S.: How Do Children Solve Aesop's Fable? Public Library of Science One (2012) 7(7), S. e40574. https://doi.org/10.1371/journal.pone.0040574

326 Jelbert, S.A., Taylor, A.H., Cheke, L.G., Clayton, N.S., Gray, R.D.: Using the Aesop's fable paradigm to investigate causal understanding of water displacement by new caledonian crows. Public Library of Science One (2014) 9(3), S. e92895. https://doi.org/10.1371/journal.pone.0092895

327 Ghirlandaa, S., Lindd, J.: ›Aesop's fable‹ experiments demonstrate trial-and-error learning in birds, but no causal understanding. Animal Behaviour (2017) Bd.123, S.239–247.

328 Bird, C.D., Emery, N.J.: Rooks use stones to raise the water level to reach a floating worm. Current Biology (2009) 19, S.1410–1414.

329 Hanus, D., Mendes, N., Tennie, C., Call, J.: Comparing the performances of apes (Gorilla gorilla, Pan troglodytes, Pongo pygmaeus) and human children (Homo sapiens) in the floating peanut task. Public Library of Science One (2011) 6(6), S. e19555. https://doi.org/10.1371/journal.pone.0019555.

330 Kuczaj, S.A., Gory, J.D., Xitco Jr., M.J.: How intelligent are dolphins? A partial answer based on their ability to plan their behavior when confronted with novel problems. The Japanese Journal of Animal Psychology (2009) Bd.59, Nr.1, S.99–115.

331 Simila, T., Fugarte, F.: Surface and underwater observations of cooperatively feeding killer whales in Northern Norway. Canadian Journal of Zoology (1993), 71, S.1494–1499.

332 Nottestad, L., Ferno, A., Axelsen, B.E.: Digging in the deep: killer whales' advanced hunting tactic. Polar Biology (2002) 25, S.939–941.

333 Guinet, C., Bouvier, J.: Development of intentional stranding hunting techniques in killer whale (Orcinus orca) calves at Crozet Archipelago. Canadian Journal of Psychology (1995) 73, S.27–33.

334 Visser, I.N., Smith, T.G., Bullock, I.D., Green, G.D., Carlsson, O.G., Imberti, S.: Antartic peninsula killer whales (Orcinus orca) hunt seals and a penguin on floating ice. Marine Mammal Science (2008) 24, S.225–234.

335 Duffy-Echevarria, E.E., Connor, R.C., St. Aubin, D.J.: Observations of strandfeeding behavior by bottlenose dolphins (Tursiops truncatus) in Bull Creek, South Carolina. Marine Mammal Science (2008) Bd.24, Nr.1, S.202 bis 206.

336 Fertl, D., Wilson, B.: Bubble use during prey capture by a lone bottlenose dolphin (Tursiops truncatus). Aquatic Mammals (1997) 23 (2), S.113 f.

337 Lewis, J.S., Schroeder, W.: Mud plume feeding, a unique foraging behavior of the bottlenose dolphin (Tursiops truncatus) in the Florida Keys. Gulf of Mexico. Science (2003) Bd.21, Nr.1.

338 Smolker, R.A., Richards, A.F., Connor, R.C., Mann, J., Berrgren, P.: Sponge carrying by Indian Ocean bottlenose dolphins: possible tool use by a delphinid. Ethology (1997) 103, S.454–465.

339 Pryor, K., Lindbergh, J., Lindbergh, S., Milano, R.: A dolphin-human fishing cooperative in Brazil. Marine Mammal Science (1990) 6, S.77–82.

340 Onishi, S.: Mutualistic fishing between fisherman and Irrawaddy dolphins in Myanmar. Tigerpaper (2008) 35, S.1–8.

341 Guillerault, N. et al.: Does the non-native European catfish Silurus glanis threaten French river fish populations? Freshwater Biology (2015) Bd. 60, Nr. 5, S. 922–928.

342 Die Epigenetik beschäftigt sich mit der umweltbedingten Aktivierung und Deaktivierung von Genen, ohne dass dabei der genetische Code verändert wird.

343 Pruetz, J. D., Bertolani, P.: Savanna Chimpanzees, Pan troglodytes verus, Hunt with Tools. Current Biology (2007) Bd. 17, Nr. 5, S. 412–417.

344 Boesch, C.: Joint cooperative hunting among wild chimpanzees: Taking natural observations seriously. Commentary/Tomasello et al.: Understanding and sharing intentions. Behavioral and Brain Sciences (2005) Bd. 28, Nr. 5.

345 https://de.wikipedia.org/wiki/Mengenunterscheidung_bei_Tieren.

346 http://www.guardian.co.uk/science/2003/jul/03/research.science/print.

347 https://www.youtube.com/watch?v=Y7kjsb7iyms.

348 Sellitto, M., Ciaramelli, E., di Pellegrino, G.: The neurobiology of intertemporal choice: insight from imaging and lesion studies. Reviews in the Neurosciences (2011) Bd. 22, Nr. 5.

349 Mischel, W.: Der Marshmallow-Test: Willensstärke, Belohnungsaufschub und die Entwicklung der Persönlichkeit, München 2015.

350 Call, J., Carpenter, M.: Do apes and children know what they have seen? Animal Cognition (2001) 3(4), S. 207–220.

351 Foote, A. L., Crystal, J. D.: Metacognition in the rat. Current Biology (2007) 17(6), S. 551–555.

352 Haun, D. B. M., Nawroth, C., Call, J.: Great Apes' Risk-Taking Strategies in a Decicion Making Task. Public Library of Science One (2011) 6 (12), S. e28801. Doi:10.1371/journal.pone.0028801

353 Smith, J. D., Schull, J., Strote, J., McGee, K., Egnor, R., Erb, L.: The uncertain response in the bottlenosed dolphin (Tursiops truncatus). Journal of Experimental Psychology: General (1995) 124 (4), S. 391–408.

354 Rosati, A. G., Santos, L. R.: Spontaneous Metacognition in Rhesus Monkeys. Psychological Science (2016) Bd. 27, Nr. 9.

355 Vining, A. Q., Marsh, H. L.: Information seeking in capuchins (Cebus apella): A rudimentary form of metacognition? Animal Cognition (2015) Bd. 18, Nr. 3, S. 667–681.

356 Castro, L., Wasserman, E. A.: Information-seeking behavior: Exploring metacognitive control in pigeons. Animal Cognition (2013) 16, S. 241–254.

357 Perry, C. J., Barron, A. B.: Honey bees selectively avoid difficult choices. Proceedings of the National Academy of Sciences of the United States of America (2013) 110 (47), S. 19155–19159.

358 Broom, D. M., Sena, H., Moynihan, K. L.: Pigs learn what a mirror image represents and use it to obtain information. Animal Behaviour (2009) Bd. 78, Nr. 5, S. 1037–1041.

359 Itakura, S.: Mirror guided behavior in Japanese monkeys (Macaca fuscata fuscata). Primates (1987) 28, S. 149–161.

360 Pepperberg, I. M., Garcia, S. E., Jackson, E. C., Marconi, S.: Mirror use by African Grey Parrots (Psittacus erithacus). Journal of Comparative Psychology (1995) 109, S. 182–195.

361 Medina, F. S., Taylor, A. H., Hunt, G. R., Gray, R. D.: New Caledonian crows responses to mirrors. Animal Behaviour (2011) 82, S. 981–993.

362 Howella, T. J., Bennett, P. C.: Can dogs (Canis familiaris) use a mirror to solve a problem? Journal of Veterinary Behavior: Clinical Applications and Research (2011) Bd. 6, Nr. 6, S. 306–312.

363 Parker, S. T.: A developmental approach to the origins of self-recognition in great apes and human infants. Journal of Human Evolution (1991) 6, S. 435 bis 449.

364 Gallup Jr., G. G.: »Chimpanzees: Self recognition«. Science (1970) 167 (3914), S. 86 f.

365 Patterson, F. G., Cohn, R. H.: Self-Awareness. In: Parker, S. T., Mitchell, R. W., Boccia, M. L.: Animals and Humans. Developmental Perspectives.Cambridge 1994, S. 273–290.

366 Hyatt, C. W.: Responses of gibbons (Hylobates lar) to their mirror images. American Journal of Primatology (1998) 45, S. 30–311/Anderson, J. R.: Responses to mirror image stimulation and assessment of self-recognition in mirror- and peer-reared stumptail macaques. The Quarterly Journal of Experimental Psychology (1983) Bd. 35, Nr. 3, S. 201–212/Bayart, F., Anderson, J. R.: Mirror-image reactions in a tool-using, adult male Macaca tonkeana. Behavioural Processes (1985) Bd. 10, Nr. 3, S. 219–227/Gallup, G. G., Wallnau, L., Suarez, S. D.: Failure to Find Self-Recognition in Mother-Infant and Infant-Infant Rhesus Monkey Pairs. Folia Primatologica (1980) Bd. 33, Nr. 3, S. 210 bis 219/Suarez, S. D., Gallup, G. G. Jr.: Social responding to mirrors in rhesus macaques: effects of changing mirror location. American Journal of Primatology (1986) Bd. 11, S. 239–244/Anderson, J. R., Roeder, J. J.: Responses of capuchin monkeys (Cebus apella) to different conditions of mirror-image stimulation. Primates (1989) Bd. 30, Nr. 4, S. 581–587/Povinelli, D. J.: Failure to find self-recognition in Asian elephants (Elephas maximus) in contrast to their use of mirror cues to discover hidden food. Journal of Comparative Psychology (1989) Bd. 103, Nr. 2, S. 122–131.

367 Reiss, D., Marino, L.: Mirror self-recognition in the bottlenose dolphin: A case of cognitive convergence. Proceedings of the National Academy of Sciences (2001) Bd. 98, Nr. 10, S. 5937–5942.

368 Delfoura, F., Marten, K.: Mirror image processing in three marine mammal species: killer whales (Orcinus orca), false killer whales (Pseudorca crassidens) and California sea lions (Zalophus californianus). Behavioural Processes (2001) Bd. 53, Nr. 3, S. 181–190.

369 Plotnik, J. M. P., de Waal, F. B. M., Reiss, D.: Self-recognition in an Asian elephant. Proceedings of the National Academy of Sciences (2006) 103 (45), S. 17053–17057.

370 Prior, H., Schwarz, A., Güntürkün, O., de Waal, F. B. M.: Mirror-Induced Behavior in the Magpie (Pica pica): Evidence of Self-Recognition. PLoS Biology (2008) 6 (8).

371 Rahde, T.: Stufen der mentalen Repräsentation bei Keas (Nestor notabilis). Dissertation im Fachbereich Biologie, Chemie, Pharmazie der Freien Universität Berlin (2014) www.diss.fu-berlin.de/diss/receive/FUDISS_thesis_ 000000096348.

372 https://www.youtube.com/watch?v=M2I0kwSua44.

373 http://www.wired.com/wiredscience/2010/09/monkey-self-awareness/.

374 Rajala, A. Z., Reininger, K. R., Lancaster, K. M., Populin, L. C.: Rhesus monkeys (Macaca mulatta) do recognize themselves in the mirror: implications for

the evolution of self-recognition. Public Library of Science One (2010) 5(9), S. e12865. https://doi.org/10.1371/journal.pone.0012865

375 Epstein, L., Skinner, R. P., Skinner, B. F.: Self-awareness in the pigeon. Science (1981) 212 (4495), S. 695 f.

376 Lewis, M.: The origins and uses of self-awarenesss or the mental representation of me. Consciousness and Cognition (2011) 20, S. 120–129.

377 Broesch, T., Callaghan, T., Henrich, J., Murphy, C., Rochat, P.: Cultural Variations in Children's Mirror Self-Recognition. Journal of Cross-Cultural Psychology (2011) Bd. 42, Nr. 6, S. 1018–1029.

378 Asendorpf, J. B., Warkentin, V., Baudonniere, P. M.: Self-Awareness and Other Awareness II: Mirror Self-Recognition, Social Contigency Awareness, and Synchronic Imitation. Developmental Psychology (1996) 32 (2), S. 313–321.

379 Derégnaucourt, S., Bovet, D.: The perception of self in birds. Neuroscience and Biobehavioral Reviews (2016) 69, S. 1–14.

380 Ari, C., D'Agostino, D. P.: Contingency checking and self-directed behaviors in giant manta rays: Do elasmobranchs have self-awareness? Journal of Ethology (2016) Bd. 34, Nr. 2, S. 167–174.

381 Cammaerts, M. C., Cammaerts, R.: Are Ants (Hymenoptera, Formicidae) Capable of Self Recognition? Journal of Science (2015) 5, S. 521–532.

382 Schetsche, M.: Interspezies-Kommunikation. Voraussetzungen und Grenzen. PeriLog – Freiburger Beiträge zur Kultur- und Sozialforschung. Berlin 2014.

383 Hodson, H.: I know it's me talking. New Scientist (2015) 18.

384 Caldwell, M. C., Caldwell, D. K.: Individualized whistle contours in bottlenose dolphins (Tursiops truncatus). Science (1965) 207, S. 434 f. sowie Caldwell, M. C., Caldwell, D. K., Tyack, P. L.: Review of the signature-whistle hypothesis for the Atlantic bottlenose dolphin. In: Leatherwood, S., Reeves, R. R.: The Bottlenose Dolphin, New York 1990, S. 199–233.

385 Quick, N. J., Janik, V. M.: Bottlenose dolphins exchange signature whistles when meeting at sea. Proceedings of the Royal Society (2012) Bd. 279, Nr. 1738, S. 2539–2545.

386 Im sogenannten SOFAR-Kanal (SOund Fixing And Ranging) in 500 bis 1000 Meter Tiefe hat der Schall, bedingt durch Temperatur, Druck und Salzgehalt, einen besonders geringen Widerstand und kann besonders gut geleitet werden. Von Pottwalen ist bekannt, dass sie diesen Kanal zur Orientierung über mehrere 1000 Kilometer nutzen.

387 King, S. L., Janik, V.: Bottlenose dolphins can use learned vocal labels to address each other. Proceedings of the National Academy of Sciences of the United States of America. (2013) Bd. 110, Nr. 32, S. 13216–13221.

388 Watwood, S. L., Owen, E. C. G., Tyack, P. L., Wells, R. S.: Signature whistle use by temporarily restrained and free-swimming bottlenose dolphins, Tursiops truncatus. Animal Behaviour (2005) 69, S. 1373–1386.

389 Richards, D. G., Wolz, J. P., Herman, L. M.: Vocal mimicry of computer-generated sounds and vocal labeling of objects by a bottlenosed dolphin, Tursiops truncatus. Journal of Comparative Psychology (1984) 98, S. 10–28.

390 Herman, L. M., Richards, D. G., Wolz, J. P.: Comprehension of sentences by bottlenosed dolphins. Cognition (1984) 16, S. 129–219.

391 Janik, V.: Cetacean vocal learning and communication. Current Opinion in Neurobiology (2014) 28, S. 60–65.

392 Watwood, S. L.; Tyack, P. L.; Wells, R. S.: Whistle sharing in paired male bottlenose dolphins, Tursiops truncatus. Behavioral Ecology and Sociobiology (2004) 55, S. 531–543.

393 Berg, K. S., Delgado, S., Okawa, R., Beissinger, S. R., Bradbury, J. W.: Contact calls are used for individual mate recognition in free-ranging green-rumped parrotlets, Forpus passerinus. Animal Behaviour (2011) 81, S. 241–248.

394 Janik, V., Sayigh L. S.: Communication in bottlenose dolphins: 50 years of signature whistle research. Journal of Comparative Physiology A (2013) 199, S. 479–489.

395 Berg, K. S., Delgado, S., Cortopassi, K. A., Beissinger, S. R., Bradbury, J. W.: Vertical transmission of learned signatures in a wild parrot. Proceedings of the Royal Society B (2012) 279, S. 585–591.

396 Brensing, K: Persönlichkeitsrechte für Tiere: Die nächste Stufe der moralischen Evolution. Freiburg 2013.

397 Umami wird oft auch als herzhaft bezeichnet. Unsere Geschmackssinne reagieren dabei hauptsächlich auf die Aminosäure Glutaminsäure, die als »Stellvertreterprotein« in allen proteinreichen Nahrungsmitteln vorkommt.

398 John O. P., Naumann, L. P., Soto, C. J.: Paradigm Shift to the Integrative Big Five Trait Taxonomy. In: Handbook of Personality Theory and Research, third Edition 2008.

399 Dingemanse, N. J., Réale, D.: Natural selection and animal personality. Behaviour (2005) Bd. 142, Nr. 9–10, S. 1159–1168.

400 Holbrook, C. T., Wright, C. M., Pruitt, J. N.: Individual differences in personality and behavioural plasticity facilitate division of labour in social spider colonies. Animal Behaviour (2014) Bd. 97, S. 177–183.

401 Briffa, M., Sneddon, L. U.: Proximate mechanisms of animal personality among-individual behavioural variation in animals. Behaviour (2016) Bd. 153, Nr. 13–14, S. 1509–1515.

402 Jones, A. C., Gosling, S. D.: Temperament and personality in dogs (Canis familiaris): A review and evaluation of past research. Applied Animal Behaviour Science (2005) Bd. 95, Nr. 1, S. 1–53.

403 Briffa, M., Weiss, A.: Animal Personality. Current Biology (2010) 20, S. R912 bis R914.

404 Kandler, C., Riemann, R., Spinath, F. M., Angleitner, A.: Sources of Variance in Personality Facets: A Multiple-Rater Twin Study of Self-Peer, Peer-Peer, and Self-Self (Dis)Agreement. Journal of Personality (2010) Bd. 78, Nr. 5, S. 1565 bis 1594.

405 Verhulst, C. E., Mateman, A. C., Zwier, M. V., Caro, S. P., Verhoeven, K. J. F., van Oers, K.: Evidence from pyrosequencing indicates that natural variation in animal personality is associated with DRD4 DNA methylation. Molecular Ecology (2016) 25, S. 1801–1811.

406 Brennecke, A. et al.: Biosphäre Sekundarstufe II – Themenbände: Ökologie. Schülerbuch Berlin 2012.

407 http://www2.klett.de/sixcms/media.php/82/biomax_epigenetik.pdf.

408 Bartal, I. B. A., Decety, J., Mason, P.: Empathy and pro-social behavior in rats. Science (2011) Bd. 334, Nr. 6061, S. 1427–1430.

409 Heinzen, T. E., Lilienfeld, S. O., Nolan, S. A.: Clever Hans. What a horse can teach us about self deception. Skeptic (2015) 20 (1), S. 10–18.

410 Ebd.

411 Krall, K.: Denkende Tiere. Beiträge zur Tierseelenkunde auf Grund eigener Versuche. Der kluge Hans und meine Pferde Muhamed und Zarif. Leipzig 1912.

412 https://de.wikipedia.org/wiki/Carl_Georg_Schillings.

413 Mangelsdorf, M.: Interaktion zwischen Menschen und Pferden – im Vergleich zu Wölfen und Hunden in Interspezies-Kommunikation. Voraussetzungen und Grenzen. PeriLog Freiburger Beiträge zur Kultur- und Sozialforschung (2014) Bd. 7, S. 42–64.

414 Malavasi, R., Huber, L.: Evidence of heterospecific referential communication from domestic horses (Equus caballus) to humans. Animal Cognition (2016) 19 (5).

415 In seltenen Fällen spricht man im Deutschen von Metallisierung, aber auch dieser Begriff bedarf einer gewissen Erklärung.

416 Premack, D., Woodruff, G.: Does the chimpanzee have a theory of mind? Behav. Brain Sci. (1978) 1, S: 515–526.

417 www.eco-etho-recherche.com.

418 Kiley-Worthington, M.: Nonhuman mind-reading ability Commentary on Harnad on Other Minds. Animal Sentience (2016) 2016.070.

419 Chen, Q., Panksepp, J. B., Lahvis, G. P.: Empathy Is Moderated by Genetic Background in Mice. Public Library of Science One (2009) 4 (2).

420 Dallya, J. M., Emery, N. J., Claytona, N. S.: Avian Theory of Mind and counter espionage by food-caching western scrub-jays (Aphelocoma californica). In Special Issue: Theory of Mind: Specialized capacity or emergent property? European Journal of Developmental Psychology (2010) Bd. 7, Nr. 1, S. 17 bis 37.

421 http://saxelab.mit.edu/index.php.

422 Call, J., Tomasello, M.: Does the chimpanzee have a theory of mind? 30 years later. Trends in Cognitive Sciences (2008) Bd. 12, Nr. 5.

423 https://www.youtube.com/watch?v=dawfSPx3yPM sowie https://www.youtube.com/watch?v=M0l29ghH2GE.

424 Krupenye, C., Kano, F., Hirata, S., Call, J. Tomasello, M.: Great apes anticipate that other individuals will act according to false beliefs. Science (2016) 354 (6308), S. 110–114.

425 Southgate, V., Senju, A., Csibra, G.: Action Anticipation Through Attribution of False Belief by 2-Year-Olds. Psychological Science (2007) 18, S. 587–592.

426 www.youtube.com/watch?feature=player_embedded&v=CCXx2bNk6UA.

427 https://www.youtube.com/watch?v=h7XjOMUpa1I.

428 Caldwell, M. C., Caldwell, D. K.: Epimeletic (Care-giving) behavior in cetacea. Chapter 33, S: 755–788. In: Norris, K. S. (ed.). Whales, Dolphins and Porpoises. Berkeley 1966.

429 Pilleri, G.: Epimeletic behavior in cetacea: Intelligent or instinctive? In: Pilleri, G.: Investigations on Cetacea. Sastamala 1984, S. 30–48.

430 https://www.youtube.com/watch?v=-lw8_SAtX8o.

431 Connor, R. C., Norris, K. S.: Are dolphins reciprocal altruists? The American Naturalist (1982) 119 (3), S. 372–385.

432 Bates, L. A. et al.: Do Elephants Show Empathy? Journal of Consciousness Studies (2008) Bd. 15, Nr. 10–11, S. 204–225.

433 Kahneman, D., Tversky, A.: Prospect theory: an analysis of decision under risk. Econometrica (1979) 47, S. 263–292.

434 Chen, M. K., Lakshminarayanan, V., Santos, L. R.: The evolution of our preferences: evidence from capuchin monkey trading behavior. Journal of Political Economy (2006) 114, S. 517–537.

435 Latty, T., Beekman, M.: Irrational decision-making in an amoeboid organism: transitivity and context-dependent preferences. Proceedings of the Royal Society B (2010) Bd. 278, Nr. 1703.

436 Reida, C. R., Lattya, T., Dussutourc, A., Beekmana, M.: Slime mold uses an externalized spatial »memory« to navigate in complex environments. Proceedings of the National Academy of Sciences (2012) Bd. 109, Nr. 43, S. 17490 bis 17494.

437 »If I am saving you from turning the wrong way when you are lost, what difference does it make if you don't know I am steering you?« https://www.mondora.com/#!/post/410b0d1b157ffa2dd33f43e504841b66.

438 http://www.ted.com/talks/lang/en/vilayanur_ramachandran_on_your_mind.html.

439 Gazzaniga, M.: Die Ich-Illusion. Wie Bewusstsein und freier Wille entstehen. München 2012.

440 Soon, C. S., Brass, M., Heinze, H. J., Haynes, J. D.: Unconscious determinants of free decisions in the human brain. Nature Neuroscience (2008) 11(5), S. 543 ff.

441 Soona, C. S., Heb, A. H., Bodeb, S., Haynesa, J. D.: Predicting free choices for abstract intentions. Proceedings of the National Academy of Sciences (2013) Bd. 110, Nr. 15.

442 Romero, T., Ito, M., Saito, A., Hasegawa, T.: Social Modulation of Contagious Yawning in Wolves. Public Library of Science One (2014) 9(8) S. e105963. https://doi.org/10.1371/journal.pone.0105963.

443 Miller, M. L., Gallup, A. C., Vogel, A. R., Vicario, S. M., Clark, A. B.: Evidence for contagious behaviors in budgerigars (Melopsittacus undulatus): an observational study of yawning and stretching. Behavioural Processes (2012) 89, S. 264–270.

444 Joly-Mascheroni, R. M., Senju, A., Shepherd, A. J.: Dogs catch human yawns. Biology Letters (2008) 4, S. 446 ff.

445 Keysers, C., Gazzola, V.: A Plea for Cross-species Social Neuroscience. Current Topics in Behavioral Neurosciences (2017) 30, S. 179–191.

446 Lamma, C., Majdandžića, J.: The role of shared neural activations, mirror neurons, and morality in empathy – A critical comment. Neuroscience Research (2015) Bd. 90, S. 15–24.

447 Allman, J. M., Watson, K. K., Tetrault, N. A., Hakeem, A. Y.: Intuition and autism: a possible role for von Economo neurons. Trends in Cognitive Science (2005) 9, S. 367–373.

448 Nimchinsky, E. A., Gilissen, E., Allman, J. M., Perl, D. P., Erwin, J. M., Hof, P. R.: A neuronal morphologic type unique to humans and great apes. Proceedings of the National Academy of Sciences (1999) 96, S. 5268–5273.

449 Butti, C., Sherwood, C. C., Hakeem, A. Y., Allman, J. M., Hof, P. R.: Total number and volume of von Economo neurons in the cerebral cortex of cetaceans. Journal of Comparative Neurology (2009) 515 (2), S. 243 bis 259.

450 Hakeem, A. Y., Sherwood, C. C., Bonar, C. J., Butti, C., Hof, P. R., Allman, J. M.: Von Economo neurons in the elephant brain. Anatomical Record: Ad-

vances in Integrative Anatomy and Evolutionary Biology (2008) 292 (2), S. 242–248.

451 Güntürkün, O., Bugnyar, T.: Cognition without Cortex. Trends in Cognitive Sciences (2016) Bd. 20, Nr. 4, S. 291–303.

452 Prathera, J., Okanoyab, K., Bolhuis, J. J.: Brains for birds and babies: Neural parallels between birdsong and speech acquisition. Neuroscience & Biobehavioral Reviews (2017) accepted manuscript in press https://doi.org/10.1016/j.neubiorev.2016.12.035.

453 Olson, C. R., Owen, D. C., Ryabinin, A. E., Mello, C. V.: Drinking Songs: Alcohol Effects on Learned Song of Zebra Finches. Public Library of Science One (2014) http://dx.doi.org/10.1371/journal.pone.0115427.

454 Bshary, R., Gingins, S., Vail, A. L.: Social cognition in fishes. Trends in Cognitive Sciences (2014) Bd. 18, Nr. 9, S. 465–471.

455 https://www.welt.de/vermischtes/article114579619/Kamtschatkas-Drogen-Baeren-sind-kerosinsuechtig.html.

456 Nikolaenko, V. A.: Kamchatka Bear. Moskau 2003.

457 Seryodkin, I. V.: Marking activity of the Kamchatka brown bear (Ursus arctos piscator). Achievements in the Life Sciences (2014) Bd. 8, Nr. 2, S. 153–161.

458 Shohat-Ophir, G., Kaun, K. R., Azanchi, R., Mohammed, H., Heberlein, U.: Sexual deprivation increases ethanol intake in Drosophila. Science (2012) 335, S. 1351–1355.

459 Kuo, L. E. et al.: Neuropeptide Y acts directly in the periphery on fat tissue and mediates stress-induced obesity and metabolic syndrome. Nature Medicine (2007) 13, S. 803–811.

460 Thiele, T. E., Koh, M. T., Pedrazzini, T.: Voluntary alcohol consumption is controlled via the neuropeptide Y Y1 receptor. Journal of Neuroscience (2002) 22 (3).

461 Guevara-Fiore, P., Endler, J. A.: Male sexual behaviour and ethanol consumption from an evolutionary perspective: A comment on »Sexual Deprivation Increases Ethanol Intake in Drosophila. Fly (2014) Bd. 8, Nr. 4, S. 234 ff.

462 https://www.youtube.com/watch?v=50tlF3kGbT4.

463 http://drinksint.com/news/fullstory.php/aid/4679/Amarula_Trust_funds_elephant_protection_project__.html

464 Morris, S., Humphreys, D., Reynolds, D.: Myth, Marula, and Elephant: An Assessment of Voluntary Ethanol Intoxication of the African Elephant (Loxodonta africana) Following Feeding on the Fruit of the Marula Tree (Sclerocarya birrea). Physiological and Biochemical Zoology (2016) Bd. 79, Nr. 2.

465 http://news.bbc.co.uk/2/hi/south_asia/3423881.stm.

466 http://news.bbc.co.uk/2/hi/south_asia/2583891.stm.

467 http://news.bbc.co.uk/2/hi/asia-pacific/8118257.stm.

468 Pfister, J. A., Stegelmeier, B. L., Gardner, D. R., James, L. F.: Grazing of spotted locoweed (Astragalus lentiginosus) by cattle and horses in Arizona. Journal of Animal Science (2003) Bd. 81, Nr. 9, S. 2285–2293.

469 Dudley, R.: Fermenting fruit and the historical ecology of ethanol ingestion: Is alcoholism in modern humans an evolutionary hangover? Addiction (2002) 97, S. 381–388.

470 Heil, M. et al.: Partner manipulation stabilises a horizontally transmitted mutualism. Ecology Letters (2014) Bd. 17, Nr. 2, S. 185–192.

471 Sueda, K. L. C., Hart, B. L., Cliff, K. D.: Characterisation of plant eating in dogs. Applied Animal Behaviour Science (2008) 111, S. 120–132.

472 Strompfová, V. et al.: Experimental application of Lactobacillus fermentum CCM 7421 in combination with chlorophyllin in dogs. Applied Microbiology and Biotechnology (2015) Bd. 99, S. 8681–8690.

473 Laurimaa, L. et al.: Alien species and their zoonotic parasites in native and introduced ranges: The raccoon dog example. Veterinary Parasitology (2016) Bd. 219, S. 24–33.

474 Als Jagdstrecke bezeichnet man die Anzahl aller getöteten oder zur »Strecke« gebrachten Tiere in einem bestimmten Arial zu einer bestimmten Zeit.

475 https://www.jagdverband.de/sites/default/files/2015_Jahresjagdstrecke%20 Marderhund_13_14.pdf.

476 Bos, N., Sundstrom, L., Fuchs, S., Freitak, D.: Ants medicate to fight disease. Evolution (2015) Bd. 69, Nr. 11, S. 2979–2984.

477 Gilardi, J. D. et al.: Biochemical Functions of Geophagy in Parrots: Detoxification of Dietary Toxins and Cytoprotective Effects. Journal of Chemical Ecology (1999) Bd. 25, Nr. 4, S. 897–922.

478 Revis, H. C., Waller, D. A.: Bactericidal and fungicidal activity of ant chemicals on feather parasites: An evaluation of anting behavior as a method of self-medication in songbirds. The Auk (2004) 121 (4), S. 1262–1268.

479 Birkinshaw, C. R.: Use of Millipedes by Black Lemurs to Anoint Their Bodies. Folia Primatologica (1999) Bd. 70, S. 170 f.

480 https://www.youtube.com/watch?v=iJoYlRH1Xdo.

481 Shuker, K. P. N.: The Hidden Powers of Animals: Uncovering the Secrets of Nature. London 2001.

482 Shurkin, J.: News Feature: Animals that self-medicate. Proceedings of the National Academy of Sciences (2014) Bd. 111, Nr. 49, S. 17339–17341.

483 Suárez-Rodríguez, M., López-Rull, I., Garcia, C. M.: Incorporation of cigarette butts into nests reduces nest ectoparasite load in urban birds: new ingredients for an old recipe? Biology Letters (2013) Bd. 9, Nr. 1.

484 Hart, B. L.: Behavioral adaptations to pathogens and parasites: five strategies. Neuroscience & Biobehavioral Reviews (1990) 14, S. 273–294.

485 Freeland, W. J.: Pathogens and the evolution of primate sociality. Biotropica (1976) 8, S. 12–24.

486 Hart, B. L.: Behavioral defenses in animals against pathogens and parasites: parallels with the pillars of medicine in humans. Philosophical Transaction of the Royal Society B (2011) 366, S. 3406–3417.

487 Olds, J., Milner, P.: Positive reinforcement produced by electrical stimulation of septal area and other regions of rat brain. Journal of Comparative and Physiological Psychology (1954) Bd. 47, Nr. 6, S. 419–427.

488 Berridge, K. C.: Food reward: Brain substrates of wanting and liking. Neuroscience & Biobehavioral Reviews (1996) Bd. 20, Nr. 1, S. 1–25.

489 Tye, K. M. et al.: Dopamine neurons modulate neural encoding and expression of depression-related behavior. Nature (2013) 493, S. 537–541.

490 Ferris, C. F., Kulkarni, P., Sullivan, J. M., Harder, J. A., Messenger, T. L., Febo, M.: Pup suckling is more rewarding than cocaine: evidence from functional magnetic resonance imaging and three-dimensional computational analysis. The Journal of Neuroscience (2005) 25, S. 149–156.

491 http://www.joergo.de/int_heinz_kurz/.

492 Key, B.: Why fish do not feel pain. Animal Sentience (2016) 2016.003.

493 http://www.spiegel.de/spiegel/a-749108.html.

494 https://de.statista.com/statistik/daten/studie/153178/umfrage/konsum-von-antidepressiva-in-ausgwaehlten-laendern/.

495 Beeinflussung des Kampfverhaltens von Betta splendens durch Psychopharmaka. Advances in Ethology (1984) Bd. 66, Nr. S26, S. 42–77 DOI: 10.1111/j.1439–0310.1984.tb00238.x.

496 Soares, M. C., Oliveira, R. F., Ros, A. F., Grutter, A. S., Bshary, R.: Tactile stimulation lowers stress in fish. Nature Communications (2011) 2, S. 534.

497 Brandl, S. J., Bellwood, D. R.: Coordinated vigilance provides evidence for direct reciprocity in coral reef fishes. Scientific Reports (2015) 5, Artikelnr. 14556.

498 Burgdorf, P. J.: »Laughing« rats and the evolutionary antecedents of human joy? Physiology & Behavior (2005) Bd. 79, Nr. 3, S. 533–547.

499 Simonet, P., Versteeg, D., Storie, D.: Dog-laughter: Recorded playback reduces stress related behavior in shelter dogs. Proceedings of the 7th International Conference on Environmental Enrichment July 31 – August 5 (2005).

500 Panksepp, J.: Beyond a Joke: From Animal Laughter to Human Joy? Science (2005) Bd. 308, Nr. 5718, S. 62 f.

501 Bowlby, J.: Child care and the growth of love. London 1953.

502 Hernandez-Lallement, J., van Wingerden, M., Kalenscher, T.: Towards an animal model of callousness. Neuroscience and Biobehavioral Reviews (2016) pii: S0149–7634(16)30124–5.

503 Gould, T. D. et al.: Animal models to improve our understanding and treatment of suicidal behavior. Translational Psychiatry (2017) 7, S. e1092.

504 Ching, E: The Complexity of Suicide: Review of Recent Neuroscientific Evidence. Journal of Cognition and Neuroethics (2016) 3 (4), S. 27–40.

505 https://presse-nachrichten.com/2017/05/03/merkel-und-putin-in-sotschi-waehrend-der-pressekonferenz-wird-der-ton-saeuerlich-video.

506 Haun, D. B. M., Rekers, Y., Tomasello, M.: Children Conform to the Behavior of Peers; Other Great Apes Stick With What They Know. Psychological Science (2014) 25 (12), S. 2160–2167.

507 https://www.ted.com/talks/yuval_noah_harari_what_explains_the_rise_of_humans#t-461325.

508 Herculano-Houzel, S.: The human brain in numbers: a linearly scaled-up primate brain. Frontiers in Human Neuroscience (2009) https://doi.org/10.3389/neuro.09.031.2009.

509 Humphrey, N. K.: The social function of intellect. In: Bateson, Hinde (Eds.) Growing points in ethology, Cambridge University Press (1976), S. 303 bis 317.

510 Seyfarth, R. M., Cheney, D. L.: What are big brains for? Proceedings of the National Academy of Sciences of the United States of America (2002) 99, S. 4141 f.

511 Benson-Amram, S. et al.: Brain size predicts problem-solving ability in mammalian carnivores. Proceedings of the National Academy of Sciences of the United States of America (2016) Bd. 113, Nr. 9, S. 2532–2537.

512 Evan, L., MacLean, E. L. et al.: The evolution of self-control. Proceedings of the National Academy of Sciences of the United States of America (2014) 111 (20), S. E2140–E2148.

513 Miller, J. A., Horvath, S., Geschwind, D. H.: Divergence of human and mouse brain transcriptome highlights Alzheimer disease pathways. Proceedings of the National Academy of Sciences of the United States of America (2010) Bd. 107 (28), S. 12698–12703.

514 Gácsi, M. et al.: Humans attribute emotions to a robot that shows simple behavioural patterns borrowed from dog behavior. Computers in Human Behavior (2016) Bd. 59, S. 411–419.

515 Turing, A. M.: Computing Machinery and Intelligence. Mind (1950) Bd. 59, Nr. 236, S. 433–460.

516 https://www.youtube.com/watch?v=VTNmLt7QX8E.

517 Heider, F., Simmel, M.: An Experimental Study of Apparent Behavior, The American Journal of Psychology (1944) 57 (2), S. 243.

518 Dymond, S., Stewart, I.: Relational and Analogical Reasoning in Comparative Cognition. International Journal of Comparative Psychology (2016) 29.

519 Harley, H. E.: Consciousness in dolphins? A review of recent evidence. Journal of Comparative Physiology A (2013) Bd. 199, Nr. 6, S. 565–582.

520 Leavens, D. A. et al.: Distal Communication by Chimpanzees (Pan troglodytes): Evidence for Common Ground? Child Development (2015) Bd. 86, Nr. 5, S. 1623–1638.

521 Boesch, C.: Joint cooperative hunting among wild chimpanzees: Taking natural observations seriously. Commentary/Tomasello et al.: Understanding and sharing intentions. Behavioral and Brain Sciences (2005) 28.

522 Eisfeld, S. M., Simmonds, M. S., Stansfield, L. R.: Behavior of a Solitary Sociable Female Bottlenose Dolphin (Tursiops truncatus) off the Coast of Kent, Southeast England. Journal of Applied Animal Welfare Science (2010) Bd. 13, Nr. 1.

523 Encyclopedia of Marine Mammals, Second Edition, Oxford 2008.

524 Mortensen, H. et al.: Quantitative relationships in delphinid neocortex. Frontiers in Neuroanatomy (2014) 8, Nr. 132.

525 Exkursionsbericht des Geographischen Instituts der Uni Bern (1959).

526 https://www.youtube.com/watch?v=ep2-_ofP19Q.

527 www.diebucht.info.

528 https://www.boell.de/sites/default/files/fleischatlas_regional_2016_aufl_3.pdf.

529 http://www.gesetze-im-internet.de/tierschnutztv/BJNR275800001.html#BJN R275800001BJNG000502308.

530 Manteuffel, G., Schön, P. C.: Measuring welfare of pigs by automatic monitoring of stress sounds. Measurement Systems for Animal Data. Bornimer Agrartechnische Berichte (2002) (29), S. 110–118.

531 Kawai, M.: Newly-acquired pre-cultural behavior of the natural troop of Japanese monkeys on Koshima Islet. Primates (1965) 6, S. 1–30.

532 Sommer, V., Lowe, A., Dietrich, T.: Not eating like a pig: European wild boar wash their food. Animal Cognition (2016) 19, S. 245.

533 Marino, L., Colvin, C. M.: Thinking Pigs: A Comparative Review of Cognition, Emotion, and Personality in Sus domesticus. International Journal of Comparative Psychology (2015) 28.

534 www.seeker.com/iq-tests-suggest-pigs-are-smart-as-dogs-chimps-1769934406. html.

535 https://www.youtube.com/watch?v=mza1EQ6aLdg.

536 Balcombe, J.: Animal pleasure and its moral significance. Applied Animal Behaviour Science (2009) 118, S. 208–216.

537 Gintis, H.: The evolution of private property. Journal of Economic Behavior and Organization. (2007) 64, S. 1–16.

538 Brensing, K.: Tödliches Hämmern. Die Gefahren der Windkraft zur See für die Meeresfauna. In: Etscheit, G.: Geopferte Landschaften: Wie die Energiewende unsere Umwelt zerstört. München 2016, S. 187–205.

539 Raspé, C.: Die tierliche Person. Vorschlag einer auf der Analyse der Tier-Mensch-Beziehung in Gesellschaft, Ethik und Recht basierenden Neupositionierung des Tieres im deutschen Rechtssystem. Berlin 2013.

540 Brensing, K.: Persönlichkeitsrechte für Tiere: Die nächste Stufe der moralischen Evolution. Freiburg 2013.

541 Sommer, V.: Are Apes Persons? Demanding Legal Rights for Our Next of Kin. Folia Primatologica (2016) Bd. 87, Nr. 3.

542 Osvath, M.: Spontaneous planning for future stone throwing by a male chimpanzee. Current Biology (2009) Bd. 19, Nr. 5, S. R190–R191.

DANK

Zweifelsfrei würde es dieses Buch nicht geben, wenn mir meine Frau Katrin, trotz ihres Jobs als Wissenschaftsjournalistin, nicht so oft den Rücken freigehalten hätte. Auch kann ich nicht zählen, wie oft meine Jungs an meinem Schreibtisch standen und von mir weggeschickt wurden, weil ich noch schreiben musste. Ihr Lieben, ich versuche, es wiedergutzumachen. Unter Kollegen bin ich für meine phantasievolle Rechtschreibung bekannt, dank meiner Mutter, einer Sonderschullehrerin für Legasthenie, wurde mein Manuskript in Einklang mit der deutschen Rechtschreibung gebracht. Danke, Mutsch;-).

Auch möchte ich Oma Bine und Opa Hans danken, die immer eingesprungen sind, wenn es eng wurde und wir keine Zeit für unsere Jungs hatten.

Nicht zuletzt geht mein Dank an meine Lektorin Franziska Günther, der mein Text irgendwie gefallen hat und die ihn von überflüssigem Ballast befreit hat. Für die Bildrecherche danke ich Petra Werba und Philipp Kaufmann.

Außerdem gebührt mein Dank dem Herrn Immanuel Kant, der mit seinem »Kategorischen Imperativ« den Erziehungsreim auf der ersten Seite zum Bestandteil unserer philosophischen Kultur gemacht hat. Mit ambivalenten Gefühlen denke ich an die vielen Tiere in den zitierten Experimenten. Ich hoffe, dass wir Menschen auf der Grundlage unseres Verständnisses besser mit ihnen umgehen.

BILDNACHWEIS

Alamy Stock Foto: S. 37 (Norbert Probst / imageBROKER), S. 41 (Fiona Rogers / Nature Picture Library), S. 114 (John Elk III), S. 277 (Juniors Bildarchiv GmbH), S. 311 (Water-Frame)
Ann Hawthorne: S. 139
Anna Smirnova: S. 212
Anton Zelenov: S. 220
Arco Images: S. 63 (Pete Oxford), S. 67 (Andrew Murray)
Atlantic Spotted Dolphin Adventures: S. 34
Beat Ernst, Basel: S. 48
BiosFoto: S. 81 (Cyril Ruoso), S. 297 (Frans Lanting / Mint Images)
Brian Ralphs: S. 296
Camille Musseau: S. 218
CC0 Public Domain: S. 84, 115, 144, 220, 232, 242, 249, 264, 292, 321
Chimfunshi e.V. / Katherine Cronin, Edwin van Leeuwen: S. 193
Dolphin Innovation Project: S. 88, 89
Ellen C. Garland, Anne W. Goldizen, Melinda L. Rekdahl: S. 71
G. M. Burghardt: S. 141
Getty Images: S. 30 (Norbert Rosing), S. 66 (Dusko Almosa), S. 70 (Rodrigo Friscione), S. 74 (Paul Nicklen), S. 82 (James Balog)
Hans Traxler: S. 229
HZI / Heinrich Lünsdorf: S. 131
I. Pkuczynski: S. 290
Isabel Behncke: S. 147
Johanna H. Meijer: S. 136
Karen McComb: S. 191
Kumamoto Sanctuary & Max-Planck Institute for Evolutionary Anthropology: S. 257
Luc Viatour / GFDL: S. 109
Lucy Aplin et al. / Nature: S. 86
Maria Saegebarth, Zoo Leipzig: S. 38
Mark A. Wilson: S. 49
Meg Crofoot: S. 153
m-louis .*: S. 170
Oliver Höhner: S. 29
Oliver Meckes & Nicole Ottawa / Eye of Science / Foto- und Presseagentur GmbH FOCUS: S. 19
picture alliance: S. 209 (United Archives / DEA PICTURE LIBRARY), S. 282 (WILDLIFES)
REUTERS / Paukine Askin: S. 32
Tim Laman / naturepl.com: S. 91
Tomas Persson, Lund University: S. 76
Toshitaka Suzuki: S. 109
Walter Hilgner, Wiesbaden: S. 45
Wolfgang van der Smissen, Bad Schwartau: S. 96
Zuoxin Wang, Florida State University: S. 44